Die Festigkeit von Druckstäben aus Stahl

Von

Dr. techn. Ing. Karl Ježek
Privatdozent an der Technischen Hochschule in Wien

Mit 120 Textabbildungen und 15 Zahlentafeln

Wien
Verlag von Julius Springer
1937

ISBN-13: 978-3-7091-9751-6   e-ISBN-13: 978-3-7091-9998-5
DOI: 10.1007/978-3-7091-9998-5

Vorwort.

Die Sicherheit eines Bauwerkes kann in verläßlicher Weise nur nach seiner Tragfähigkeit beurteilt werden und ist durch das Verhältnis aus Traglast zu Nutzlast eindeutig bestimmt. Als Tragfähigkeit im allgemeinsten Sinne ist hierbei jene obere Grenze der Belastung zu verstehen, welche mit Rücksicht auf den besonderen Zweck des Bauwerkes einen unerwünschten (gefährlichen) Zustand desselben herbeiführt. Bei der Gestaltung eines Tragwerkes ist demnach von der Festigkeit seiner Einzelteile und deren Verbindungsmittel auszugehen, welche aus wirtschaftlichen Gründen gleich bruchsicher auszubilden sind. Die Wahl des Sicherheitsgrades hängt von einer ganzen Reihe von Umständen, wohl aber in erster Linie von der Unvollkommenheit unserer rechnerischen Untersuchungsmethoden, aber auch von den schwankenden Festigkeitseigenschaften unserer Werkstoffe, von Ungenauigkeiten bei der Feststellung der Lasten und deren Verteilung usw. ab. Die immer häufiger erhobene und zeitgemäße Forderung nach Herabsetzung des behördlich vorgeschriebenen Sicherheitsgrades setzt daher neben einer gründlichen Erforschung der Werkstoffeigenschaften eine eingehende Vertiefung unserer theoretischen Erkenntnisse voraus; denn nur dann, wenn der entwerfende Ingenieur in die Lage versetzt wird, die Festigkeit der Bauwerksteile verläßlich vorausberechnen zu können, ist praktisch an eine Verringerung des Spielraumes zwischen Nutzlast und Traglast und damit an eine wirtschaftlichere Ausnutzung unserer Werkstoffe zu denken. Bei der rechnerischen Ermittlung der Festigkeit eines Bauwerksteiles darf man sich dann im allgemeinen keineswegs mit der üblichen Untersuchung im elastischen Bereich begnügen, sondern muß auch das Tragverhalten im unelastischen Bereich, d. h. im bleibend verformten Zustande in Betracht ziehen. Die hierzu erforderliche Verfeinerung unserer Rechenmethoden erweist sich aber nur als zweckmäßig, wenn sie unter verhältnismäßig einfachen Voraussetzungen erreicht werden kann. Denn ein wirklicher Fortschritt im Sinne einer verläßlichen und doch praktisch brauchbaren Vorausberechnung der Festigkeit eines Bauwerksteiles kann nur dann erzielt werden, wenn das Verhalten des verwendeten Werkstoffes sowohl im elastischen als auch im unelastischen Bereich in verläßlicher Weise und mit einfachen Mitteln rechnerisch zu erfassen ist; diesen Anforderungen im Vereine mit der von jeder Festigkeitsrechnung meist stillschweigend vorausgesetzten Eigenschaft der Isotropie des Werkstoffes genügen, wie die versuchstechnische Erfahrung lehrt, wohl in erster Linie die derzeit verwendeten Stahlsorten. Eine Ausdehnung unserer Festigkeitsuntersuchungen auf den unelastischen Bereich erscheint daher bei Bauwerksteilen aus Stahl besonders aussichtsreich. In der Tat bedeutet z. B. die erst in den letzten Jahren zur Geltung gekommene und bewußte Ausnutzung des plastischen Arbeitsvermögens des Stahles einen wesentlichen Fortschritt und Markstein in der wirtschaftlichen Bemessung statisch unbestimmter Stahlbauten.

Neben der Untersuchung der örtlichen Anstrengung bzw. der Formänderung muß aber unter allen Umständen die Frage entschieden werden, ob der Gleichgewichtszustand des betrachteten Bauwerksteiles auch stabil ist. Dieser Frage ist auch in jenen Belastungsfällen, bei welchen augenscheinlich nur ein sogenanntes „Spannungsproblem" vorliegt, besondere Beachtung zu widmen (Auskippen und Ausbeulen dünnwandiger Querschnittsteile bei auf Biegung beanspruchten Stäben). Unter den Stabilitätsproblemen nimmt wohl die theoretisch und experimentell vielfach untersuchte Aufgabe der Bestimmung der Tragfähigkeit eines auf mittigen Druck (Knickung) beanspruchten geraden Stabes den ersten Platz ein. In diesem Falle läuft die Ermittlung des Tragvermögens auf die Berechnung jener Axialkraft (Knicklast) hinaus, unter welcher die gerade Form der Stabachse labil wird, und der Nachweis der örtlichen Anstrengung ist hier vollkommen bedeutungslos für die Sicherheit des Stabes. Diese Art der Beanspruchung stellt allerdings einen praktisch kaum zu verwirklichenden Idealfall dar, da die geringsten und praktisch unvermeidlichen Abweichungen von den Voraussetzungen — nicht mittiger Kraftangriff, kleine Krümmungen der Stabachse, Wirkung des Eigengewichtes bei waagerecht gelagerten Druckstäben — eine zusätzliche Biegung hervorrufen und damit unter Umständen eine recht erhebliche Herabsetzung der Tragfähigkeit bewirken. Dann liegt zwar der Festigkeitsfall „axialer Druck und Biegung" vor, es besteht jedoch ebenso wie beim mittig gedrückten Stahlstab die Gefahr des Eintrittes eines instabilen Gleichgewichtszustandes. Dies gilt ganz allgemein für alle auf axialen Druck und Biegung beanspruchten Stäbe aus einem elastisch-plastischen Werkstoff, so daß der derzeit noch allgemein übliche Nachweis der größten Randspannung seine ursprüngliche Bedeutung als Maß für die Bruchgefahr verliert.

Die Zusammenfassung und einheitliche Behandlung aller hierhergehörigen und für den Stahlbau bedeutsamen Stabilitätsprobleme, deren Lösung vornehmlich teils veröffentlichten, teils unveröffentlichten eigenen Arbeiten entnommen wurde, bilden den Inhalt des vorliegenden Buches. Im ersten Abschnitt wird die exakte Berechnung von mittig gedrückten, außermittig gedrückten, gekrümmten und querbelasteten Druckstäben mit Rechteckquerschnitt durchgeführt; die Ergebnisse beleuchten zunächst eingehend die Bedeutung des Formänderungsgesetzes bei der vorliegenden Aufgabe und dienen als Grundlage zur Beurteilung der im zweiten und dritten Abschnitt entwickelten Näherungslösungen, welche nicht nur Stäbe mit Rechteckquerschnitt, sondern auch die im Stahlbau am häufigsten verwendeten „Grundquerschnittsformen" umfassen. Als Endergebnis dieser Untersuchung sind die dem Bedürfnis der technischen Praxis entsprechenden und unmittelbar anzuwendenden Näherungsformeln anzusehen, deren Brauchbarkeit im vierten Abschnitt an Hand der zur Verfügung stehenden Versuchsergebnisse nachgewiesen wird. Schließlich wird im fünften Abschnitt ein dem Tragverhalten axial gedrückter und auf Biegung beanspruchter Stahlstäbe entsprechendes Bemessungsverfahren entwickelt, mit den derzeit geltenden behördlichen Vorschriften verglichen und an Zahlenbeispielen erörtert. Die vorliegenden Ausführungen sollen nicht nur eine übersichtliche Darstellung der hier in Betracht kommenden Probleme geben, sondern darüber hinaus vornehmlich dem praktisch tätigen Ingenieur einen brauchbaren Behelf beim Entwurf und der Querschnittsbemessung von Druckstäben aus Stahl bieten. In diesem Sinne sind den einzelnen Abschnitten zahlreiche Schaubilder und Zahlentafeln für die wichtigsten Belastungsfälle, Querschnittsformen und Stahlsorten beigegeben, welche die Durchführung der Berechnung im Einzelfalle erleichtern.

Schließlich möchte ich an dieser Stelle dem Verlag Julius Springer für die rasche Drucklegung und die sorgfältige Ausstattung des Buches meinen verbindlichsten Dank aussprechen.

Wien, im Januar 1937.

Dr. Karl Ježek.

Inhaltsverzeichnis.

Seite

Tafelverzeichnis.

Strenge Lösungen.

Die Ausführungen dieses Abschnittes behandeln die Stabilitätsverhältnisse axial gedrückter und auf Biegung beanspruchter Stäbe unter Berücksichtigung der genauen Form der ausgebogenen Stabachse. Die so erhaltenen Ergebnisse sind als exakt im Sinne einer mathematisch strengen Erfüllung der mechanischen Voraussetzungen anzusehen und werden daher als strenge Lösungen bezeichnet. Den Betrachtungen wird die Untersuchung der Tragfähigkeit eines auf mittigen Druck beanspruchten geraden Stabes vorangestellt. Bei der Lösung dieser als Knickproblem bekannten Gleichgewichtsaufgabe muß schon aus rein didaktischen Gründen zwischen Stäben aus einem unbeschränkt elastischen Werkstoff und solchen aus einem elastisch-plastischen Werkstoff strenge unterschieden werden, um zu einer klaren Erkenntnis der Unterschiede im Tragverhalten unterhalb der Höchstlast zu gelangen. Die aus der Rechnung entspringenden Schlußfolgerungen werden ausführlich besprochen und insbesondere der Begriff des „Knickens", dessen mißverständliche Anwendung auch in jüngster Zeit manchen Anlaß zu irrtümlichen Auffassungen und Begriffsverwirrungen gibt, eindeutig umschrieben. Aus den Ergebnissen dieser Untersuchung, welche die Bedeutung des Formänderungsgesetzes klar hervortreten läßt, können wertvolle Schlüsse hinsichtlich einer im Rahmen der vorliegenden Probleme zulässigen Vereinfachung des Arbeitsgesetzes eines Stahles gezeigt werden, und man erhält damit die gesicherte Grundlage für eine rein analytische Untersuchung des Tragverhaltens außermittig beanspruchter und querbelasteter Druckstäbe, deren Stabilitätsverhältnisse von denen des mittig gedrückten Stabes grundsätzlich verschieden sind.

§ 1. Die Knickfestigkeit.

1. Der unbeschränkt elastische Druckstab.

Die Tragfähigkeit eines geraden, homogenen und mittig gedrückten Stabes aus einem Werkstoff, der unbeschränkt elastisch und bruchsicher ist, war bereits Leonhard Euler bekannt.[1] Die Abb. 1 zeigt einen ur-

---

[1] L. Euler: De curvis elasticis. Lausanne und Genf 1744, deutsch in Oswalds Klassikern der exakten Wissenschaften, Nr. 175. Leipzig. 1910.

sprünglich geraden, beiderseits gelenkig gelagerten Stab von der Länge l, der durch eine in der Richtung der Stabachse wirkende Druckkraft P belastet ist. Dieser Stab sei unbeschränkt elastisch und bruchsicher (Elastizitätsmodul E) und die x-y-Ebene sei die Richtung seiner geringsten Biegesteifigkeit (kleinstes Hauptträgheitsmoment J). Es ist nun zu untersuchen, ob und unter welcher Belastung außer der geraden Form noch die in Abb. 1 angedeutete ausgebogene Form der Stabachse eine Gleichgewichtslage sein kann. Im ausgebogenen Zustande ergibt sich die Krümmung in einem beliebigen Querschnitte zu

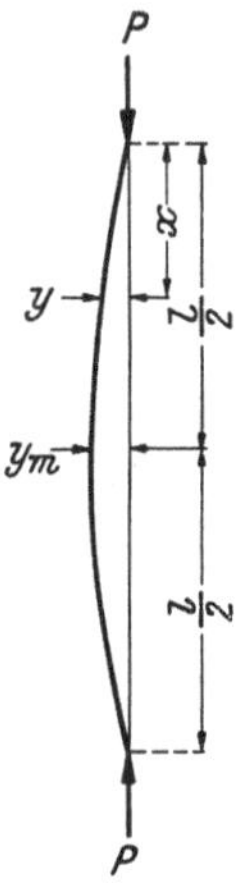

$$\frac{1}{\varrho} = -\frac{Py}{EJ}. \tag{1}$$

Schränkt man die Untersuchung auf kleine Ausbiegungen ein, so kann die Krümmung mit ausreichender Näherung gleich $\frac{d^2y}{dx^2} = y''$ gesetzt werden, und man erhält mit $\alpha^2 = \dfrac{P}{EJ}$ die bekannte homogene und lineare Differentialgleichung 2. Ordnung für die ausgebogene Stabachse:

$$y'' + \alpha^2 y = 0. \tag{2}$$

Die allgemeinste Lösung dieser Gleichung lautet:

$$y = C_1 \sin \alpha\, x + C_2 \cos \alpha\, x. \tag{3}$$

Die Einführung der vorgeschriebenen Randbedingungen ($x = 0, l, \ldots y = 0$) führt zu $C_2 = 0$ und $C_1 \sin \alpha\, l = 0$.

Abb. 1.

Außer der trivialen Lösung $C_1 = 0$ und $y = 0$ (der Stab bleibt gerade) ist eine Lösung der Differentialgleichung 2 und damit eine Ausbiegung des Stabes nur möglich, wenn

$$\alpha^2 = n^2 \frac{\pi^2}{l^2} \ldots (n = 1, 2, 3, \ldots). \tag{4}$$

Die Gl. 4 entspricht den Eigenlösungen des Problems, von denen aber nur der niedrigste Wert $n = 1$ eine praktische Bedeutung besitzt. Man erhält dann die schon von Euler bestimmte Knicklast des beiderseits gelenkig gelagerten Stabes zu

$$P_k = \frac{\pi^2 EJ}{l^2}. \tag{5}$$

Die übrigen Eigenlösungen ($n = 2, 3, \ldots$) entsprechen den höheren Knicklasten, die jedoch nur unter bestimmten Voraussetzungen (Festhalten von Zwischenpunkten) erreicht bzw. erzwungen werden könnten. Die Gl. 5 kann auch bei anderen Lagerungsfällen verwendet werden, wenn l nicht die Stablänge, sondern die sogenannte „Knicklänge" bedeutet. Diese übliche und auf sehr kleine Ausbiegungen abgestimmte Untersuchung führt zu dem Ergebnis, daß der Gleichgewichtszustand des Stabes unter einer bestimmten Axialkraft vieldeutig wird, da die ausgebogene Stabachse die Form einer Sinuslinie mit unbestimmter Amplitude besitzt. (Die Integrationskonstante C_1 und damit die Durchbiegung y kann aus der obigen Rechnung nicht bestimmt werden.) Man darf aber aus dieser Betrachtung nicht etwa — wie es vielfach geschieht — schließen, daß der Stab schon nach der kleinsten „störenden" Ausbiegung „unaufhaltsam" ausweicht, da doch die ganze Ableitung auf der Annahme kleiner Ausbiegungen beruht, sondern kann nur feststellen, daß das Gleichgewicht indifferent gegenüber einer unendlich kleinen Ausbiegung ist. Jene Axialkraft, welcher eine Verzweigungsstelle des Gleichgewichtes entspricht, ist im klassischen Sinn als Knicklast zu bezeichnen. Die vorgeführte Rechnung gestattet somit zwar die Ermittlung der Stabilitätsgrenze, läßt jedoch über das Tragverhalten des Stabes für oberhalb der Knicklast liegende Beanspruchungen keine Aussage zu. Die Unbestimmtheit der Formänderungen folgt aus dem üblichen Näherungsansatz für die Krümmung, der zu der linearen Differentialgleichung 2 führt, und verschwindet, wenn der Rechnung die strenge Gleichung der Biegelinie zugrunde gelegt wird. Diese erweiterte Eulersche Theorie[2] führt zu der nachfolgenden nichtlinearen Differentialgleichung:

$$\frac{1}{\varrho} = \frac{y''}{[1 + (y')^2]^{\frac{3}{2}}} = - \alpha^2 y. \tag{6}$$

Die Grenzbedingungen der Aufgabe bleiben unverändert (an den Stabenden ist die Durchbiegung gleich Null), nur ist jetzt die Bogenlänge gleich der ursprünglichen Stablänge zu setzen (die gleichmäßige Zusammendrückung durch die Axialkraft wird jedoch vernachlässigt). Nach Integration der Gl. 6 erhält man:

$$- \frac{1}{[1 + (y')^2]^{\frac{1}{2}}} + \frac{\alpha^2 y^2}{2} + C = 0. \tag{7}$$

Löst man diese Gleichung, in welcher C eine noch zu bestimmende Integrationskonstante bedeutet, nach y' auf, so ergibt sich die nachstehende Gleichung:

$$\frac{1}{y'} = \frac{\frac{\alpha^2 y^2}{2} + C}{\sqrt{1 - \left(\frac{\alpha^2 y^2}{2} + C\right)^2}}. \tag{8}$$

Aus den beiden Gleichungen 7 und 8 erhält man schließlich, wenn s die Bogenlänge bedeutet:

$$\frac{dy}{ds} = \frac{y'}{\sqrt{1 + (y')^2}} = \sqrt{1 - \left(\frac{\alpha^2 y^2}{2} + C\right)^2}. \tag{9}$$

Ist der Stab im ausgebogenen Zustande einsinnig gekrümmt (siehe Abb. 1), so ist das Problem symmetrisch, und die größte Ausbiegung in Stabmitte kann aus Gl. 7 berechnet werden (für $x = \frac{1}{2} l$ gilt $y' = 0$):

$$y_m = \frac{1}{\alpha} \sqrt{2(1 - C)}. \tag{10}$$

---

[2] Vgl. F. Grashof: Theorie der Elastizität und Festigkeit. Berlin. 1878. — A. Schneider: Zur Theorie der Knickfestigkeit. Z. öst. Ing.- u. Arch.-Ver. 1901. — R. v. Mises: Ausbiegung eines auf Knicken beanspruchten Stabes. Z. angew. Math. Mech. 1924. — O. Domke: Die Ausbiegung eines Druckstabes bei Überschreitung der Knicklast. Bautechn. 1926.

Die Gl. 9 kann nun integriert werden, wobei die Bogenlänge s zwischen $y = 0$ und $y = y_m$ gleich $^1/_2\, l$ zu setzen ist; man erhält dann, wenn zur Abkürzung

$$\mu^2 = \frac{1 - C}{1 + C}$$

eingeführt wird, die folgende Gleichung:

$$\frac{l}{2} = \frac{1}{\alpha}\sqrt{1 + \mu^2}\int_0^1 \frac{d\left(\dfrac{y}{y_m}\right)}{\sqrt{\left[1 - \left(\dfrac{y}{y_m}\right)^2\right]\left[1 + \mu^2\left(\dfrac{y}{y_m}\right)^2\right]}}. \tag{11}$$

Das in der vorstehenden Gleichung enthaltene Integral ist ein vollständiges elliptisches Integral I. Gattung mit imaginärem Modul μ. Aus Gl. 11 kann bei gegebener Stablänge l, Querschnittsabmessung (Trägheitsmoment J), Elastizitätsmodul E und Axialkraft P der Modul μ, bzw. die Integrationskonstante C berechnet werden. Die größte Durchbiegung ist sodann aus Gl. 10 zu bestimmen. Für nicht allzu große Ausbiegungen ist μ^2 sehr klein, und man kann daher den Integrand in Gl. 11 in eine Reihe entwickeln. Nach darauffolgender Integration und unter Vernachlässigung aller Glieder höherer Kleinheitsordnung erhält man zunächst

$$\mu^2 = 2\left(\frac{\alpha^2\, l^2}{\pi^2} - 1\right)$$

und schließlich nach Einsetzen dieses Wertes in Gl. 10 die größte Ausbiegung in der Form

$$y_m = \frac{l}{\pi}\sqrt{8\left(1 - \frac{P_k}{P}\right)}. \tag{12}$$

Die vorstehende Gleichung besitzt jedoch nur für verhältnismäßig kleine Überschreitungen der Knicklast Gültigkeit. Für beliebig große Ausbiegungen gibt O. Domke[2] die nachfolgende Näherungsformel an:

$$y_m = \frac{l}{\pi}\sqrt{8\,\frac{P_k}{P}\left(1 - \frac{P_k}{P}\right)}. \tag{13}$$

Diese Formel, welche nur geringe Abweichungen gegenüber der strengen Lösung nach Gl. 11 aufweist, gestattet die restlose Aufklärung der hier bestehenden funktionalen Zusammenhänge und zeigt, daß die Ausbiegung y_m nach Erreichen eines Höchstwertes $\left(\max y_m = \dfrac{\sqrt{2}}{\pi}\, l = 0{,}45\, l\right)$ bei $P = 2\, P_k$ wieder abnimmt; dies ist auch ohne weiteres einleuchtend, da die Ausbiegung nur so lange anwachsen kann, bis die beiden Endpunkte des Stabes sich berühren (Schleifenform der ausgebogenen Stabachse!). Die Kenntnis dieser Zusammenhänge besitzt natürlich nur theoretisches Interesse, fördert aber das Verständnis für das vorliegende Problem. Die Abb. 2 zeigt die bildliche Darstellung der Gleichungen 12 und 13, aus welcher ganz allgemein geschlossen werden kann: Solange die Axialkraft unterhalb der Euler-Last liegt ($P < P_k$), bleibt der Stab gerade (Gl. 12 ergibt imaginäre Werte für die mittlere Ausbiegung). Erst für oberhalb der Knicklast ($P > P_k$) liegende Axialkräfte ist eine endliche und der Größe nach eindeutig bestimmte Ausbiegung des Stabes möglich, die allerdings schon bei geringfügiger Überschreitung der Knicklast sehr rasch ansteigt. Die wirkliche Tragfähigkeit ist daher grundsätzlich größer als die Euler-Last, wobei allerdings zu bedenken ist, daß für einen im Verband eines Tragwerkes befindlichen Stab selbst unter der Fiktion eines unbeschränkt elastischen und bruchsicheren Werkstoffes eine wesentlich über der Knicklast liegende Axialkraft schon deshalb keine praktische Bedeutung besitzt, da die mit einer großen Ausbiegung verbundene starke Annäherung der Stabenden geometrisch unzulässige Formänderungen des Tragwerkes herbeiführen würde.

Die Ergebnisse der Untersuchung lassen sich zusammenfassend wie folgt darstellen: Ein gerader und mittig gedrückter Stab aus einem unbeschränkt elastischen und bruchsicheren Werkstoff besitzt unterhalb einer bestimmten Axialkraft, die als Knicklast bezeichnet wird, als einzige mögliche Gleichgewichtslage jene mit gerader, verkürzter Stabachse;

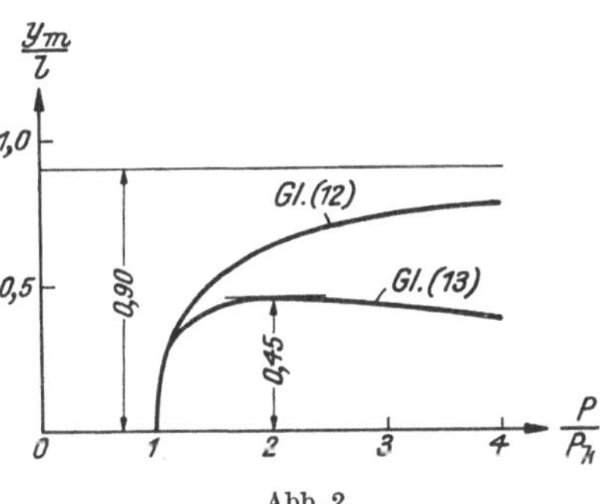

Abb. 2.

diese gerade Form, in welche der Stab nach jeder ihm erteilten, beliebig großen Ausbiegung (eine störende Ausbiegung könnte z. B. durch Schwingungen herbeigeführt werden) wieder zurückkehrt, ist demnach als unbeschränkt stabil zu bezeichnen. Unter der Knicklast selbst ist die gerade Form der Stabachse indifferent gegenüber einer unendlich kleinen Ausbiegung, d. h. es existiert neben der geraden noch eine unendlich nahe benachbarte ausgebogene Gleichgewichtslage. Überschreitet die Axialkraft die durch Gl. 5 gegebene Knicklast (von der Erzwingung höherer Knicklasten wird hier abgesehen), so besteht neben der geraden, labilen Form noch eine ausgebogene Gleichgewichtslage, in welche der Stab nach jeder beliebig großen Störung seiner Ausbiegung zurückkehrt, und die daher als unbeschränkt stabil zu bezeichnen ist. Der Begriff der Knicklast ist durch die vorstehenden Ausführungen eindeutig beschrieben. Die Erscheinung der bei geringster Überschreitung dieser Last und nach erfolgter Störung der geraden, labilen Form stark anwachsenden Ausbiegung, die zwar einem stabilen Gleichgewichtszustand entspricht, praktisch aber einem plötzlichen Versagen des Stabes gleichkommt, wird als „Knicken" bezeichnet.

2. Die Knickfestigkeit mittig gedrückter Stahlstäbe.

Bei der Ermittlung der Tragfähigkeit mittig gedrückter Stäbe aus Stahl, also aus einem elastisch-plastischen Werkstoff, sind zwei Untersuchungsbereiche zu unterscheiden. Je nachdem der Stab beim Erreichen der für seine ursprüngliche, gerade Form maßgebenden Stabilitätsgrenze noch vollkommen elastisch oder bereits bleibend verkürzt ist, unterscheidet man zwischen der sogenannten „elastischen Knickung" und der „unelastischen Knickung". Zuerst soll kurz der erste Fall besprochen

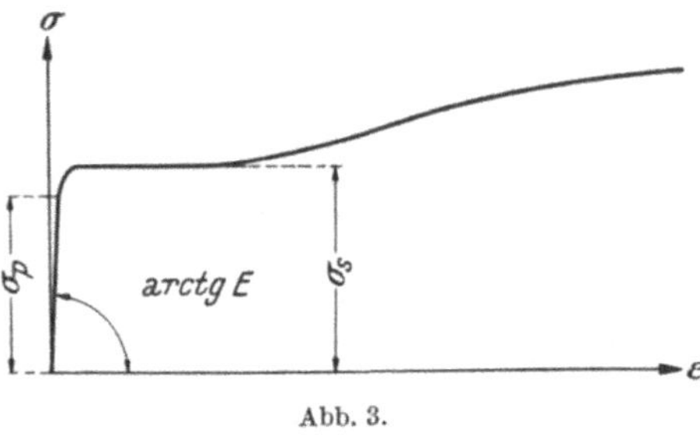

Abb. 3.

werden. Die Knicklast ist dann zwar mit der Euler-Last identisch (Gl. 5), doch unterscheidet sich das Tragverhalten des Stahlstabes bei Störungen der geraden Form sowohl für unterhalb als auch oberhalb dieser Axialkraft liegende Beanspruchungen grundsätzlich von dem eines unbeschränkt elastischen Stabes. Die Klarlegung der Stabilitätsverhältnisse dieses Stahlstabes läuft auf die Ermittlung von ausgebogenen Gleichgewichtslagen hinaus. Diese Aufgabe, bei deren Untersuchung selbstverständlich das gesamte Formänderungsvermögen des Werkstoffes in Betracht zu ziehen ist, d. h. die Untersuchung ist auch auf den unelastischen Bereich zu erstrecken, kann auf zeichnerischem Wege gelöst werden (vgl. § 2/1). Der Berechnung von Biegespannungen ist dann neben der durch Versuche[3] gut bestätigten Bernoullischen Hypothese (Ebenbleiben ebener Querschnitte) das aus dem einachsigen Zug- und Druckversuch ermittelte Formänderungsgesetz zugrunde zu legen, da die in jüngster Zeit von mehreren Seiten aufgestellte, von vornherein zwar unwahrscheinliche, aber viel Verwirrung anstiftende Behauptung von einer „Erhöhung der Fließgrenze bei Biegebeanspruchung"

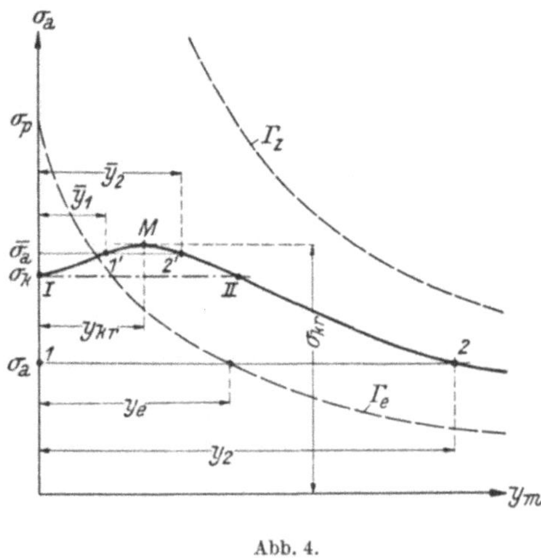

Abb. 4.

nunmehr auch experimentell einwandfrei widerlegt werden konnte.[4] Als Formänderungsgesetz wird die für die derzeit verwendeten Stahlsorten geltende Arbeitslinie mit ausgeprägtem Fließbereich angenommen, wobei die Proportionalitäts-

[3] E. Meyer: Die Berechnung der Durchbiegung von Stäben, deren Material dem Hookeschen Gesetz nicht folgt. Z. VDI 1908.

[4] F. Rinagl: Gibt es eine Erhöhung der Fließgrenze bei Biegebeanspruchung? Vortrag, gehalten am 4. November 1935 im Österr. Verein deutscher Ingenieure in Wien. — Über die Fließgrenzen bei Zug- und Biegebeanspruchung. Bauing. (17) 1936, S. 431.

und Fließgrenze für Zug und Druck erfahrungsgemäß gleich groß vorausgesetzt werden darf (Abb. 3). Das Ergebnis der Untersuchung ist in Abb. 4 dargestellt. Zunächst sei die Bedeutung der strichliert eingezeichneten Linien Γ_e und Γ_z erläutert. Die Linie Γ_e, deren Abszissen jener Ausbiegung $y_m = y_e$ entsprechen, bei welcher am Biegedruckrand gerade die Proportionalitätsgrenze σ_p erreicht wird (es sei hier der Einfachheit halber ein symmetrischer Querschnitt vorausgesetzt), begrenzt den Bereich rein elastischer Formänderung, die Linie Γ_z, deren Abszissen jenen Ausbiegungen entsprechen, bei welchen am Biegezugrand die Zugfestigkeit erreicht wird, begrenzt den Festigkeitsbereich des Werkstoffes; beide Linien haben die Abszissenachse zur Asymptote. Schließlich ist in Abb. 4 die gleichmäßig über den Querschnitt verteilte Druckspannung $\sigma_a = \dfrac{P}{F}$ in Abhängigkeit von der größten Ausbiegung y_m des nach Abb. 1 belasteten Stabes durch die Kurve $\sigma_a = f\,(y_m)$ dargestellt. Für eine unterhalb der Knickspannung liegende Axialspannung $\sigma_a < \sigma_k$ besitzt der Stab zwei mögliche Gleichgewichtslagen. Die primäre Gleichgewichtslage entspricht der geraden Form (Punkt 1, $y_1 = 0$), die sekundäre Gleichgewichtslage einer ausgebogenen Form der Stabachse (Punkt 2), mit der mittleren Ausbiegung y_2. Im Verlauf einer stetig gesteigerten Belastung bleibt der Stab gerade; erfährt diese gerade Lage eine Störung, durch welche eine Ausbiegung des Stabes erzwungen wird, so sind zwei Fälle zu unterscheiden. Solange die durch die Ausbiegung bewirkte Formänderung rein elastisch ist ($y_m \leqq y_e$), kehrt der Stab nach erfolgter Störung von selbst in die gerade Gleichgewichtslage zurück, die sich demnach als beschränkt stabil bezüglich einer endlichen, jedoch auf elastische Formänderungen beschränkten Ausbiegung erweist; eine über dieses Maß hinausgehende Ausbiegung $y_m \geqq y_e$ hat bereits unelastische Formänderungen zur Folge, so daß der Stab nach Beseitigung des Zwanges nicht mehr in seine gerade Form zurückkehrt, sondern dauernd verbogen bleibt, und ist durch den Wert y_2 nach oben hin begrenzt. Dieser Ausbiegung y_2 entspricht jene Grenzlage der gekrümmten Stabachse, in welcher zwischen äußeren und inneren Kräften gerade noch Gleichgewicht besteht, und somit das Höchstmaß transversaler Störung, dessen Überschreitung ein unaufhaltsames Ausweichen des Stabes bis zum Bruche zur Folge hat. Die sekundäre Gleichgewichtslage ist demnach unbeschränkt labil bezüglich jeder Ausbiegungsverstärkung und beschränkt labil gegenüber einer Verkleinerung der Ausbiegung. Die Differenz $\Delta y_m = y_2$ der diesen beiden möglichen Gleichgewichtslagen zugeordneten Durchbiegungen kann als Stabilitätsmaß der primären Gleichgewichtslage angesehen werden, es ist für den unbelasteten Stab unendlich groß und nimmt mit wachsender Belastung ab. Unter der Euler-Last ($\sigma_a = \sigma_k$) ist die gerade, primäre Gleichgewichtslage (Punkt I) indifferent bezüglich einer unendlich kleinen Ausbiegung, jedoch beschränkt stabil bezüglich einer endlichen Ausbiegung, und die sekundäre Gleichgewichtslage besitzt die oben angeführten Eigenschaften. Für oberhalb der Knicklast liegende Beanspruchungen besitzt der Stab drei mögliche Gleich-gewichtslagen, unter denen die gerade Form der Stabachse als labil zu bezeichnen ist. Die Ausbiegung der zweiten Gleichgewichtslage ist innerhalb des elastischen Bereiches ($y_m \leqq y_e$) nach Gl. 13 zu ermitteln und nimmt bei geringerer Überschreitung der Knickspannung rasch zu. Oberhalb der Axialspannung $\bar{\sigma}_a$ entsprechen die zweite und dritte Gleich-gewichtslage (Punkte 1' und 2') bereits unelastischen Formänderungs-zuständen des Stabes. Die zweite Gleichgewichtslage (Ausbiegung $\bar{y}_1$)

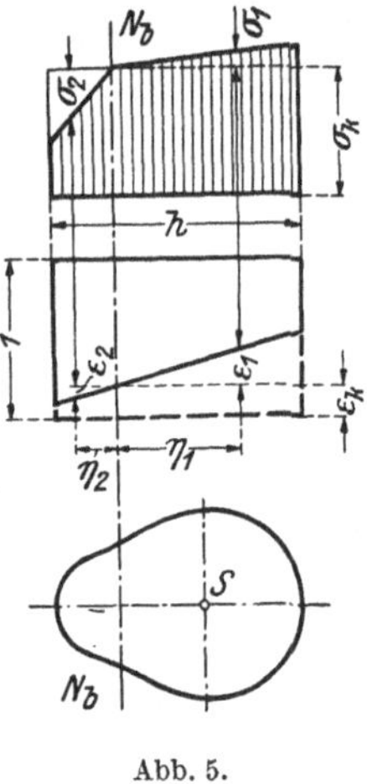

Abb. 5.

ist dann als stabil, die dritte Gleichgewichtslage als labil bezüglich einer unendlich kleinen Verstär-kung der Ausbiegung anzusprechen. Das Stabilitäts-maß der zweiten Gleichgewichtslage $\Delta y_m = \bar{y}_2 - \bar{y}_1$ wird immer kleiner und erreicht schließlich für die Axialspannung σ_{kr}, die als kritische Spannung bezeichnet werden soll, den Wert Null. Die dieser Spannung entsprechende kritische Last P_{kr} stellt die eigentliche Tragkraft des Stabes dar, da oberhalb dieser Beanspruchung überhaupt kein Gleich-gewicht im ausgebogenen Zustande möglich ist. Hierzu sei bemerkt, daß die Tragkraft P_{kr} nur bei außerordentlich schlanken Stäben (Stahlfedern) merklich größer sein könnte als die Euler-Last und bei den im Stahlbau üblichen Querschnitts-abmessungen und Stablängen die theoretisch mög-liche Überschreitung der Knicklast vollkommen be-deutungslos ist. Die Differenz zwischen der Knicklast und der kritischen Last wird mit zunehmender Stablänge kleiner und schließ-lich Null, wenn die Knickspannung die Proportionalitätsgrenze erreicht. In letzterem Falle ist also die Knicklast genau gleich der kritischen Last. Zusammenfassend kann gesagt werden, daß im elastischen Bereich die Eulersche Knicklast praktisch als obere Grenze des Tragvermögens anzusehen ist, was durch zahlreiche Versuche bestätigt wird.

Liegt jedoch die Knickspannung oberhalb der Proportionalitäts-grenze σ_p, so ist der Stab bereits bleibend verkürzt (Gebiet der „un-elastischen Knickung"). Die auf den unelastischen Bereich erweiterte theoretische Untersuchung der Stabilität eines mittig gedrückten Stahl-stabes wurde von Engesser[5] durchgeführt und später von v. Kármán[6] durch Versuche bestätigt. Der nachfolgend kurz wiedergegebenen Rech-nung liegen die üblichen Annahmen zugrunde: Voraussetzung der Gültig-keit der Bernoullischen Hypothese und Ermittlung der Biegespannungen unter Verwendung der aus dem Zug- und Druckversuch gefundenen Arbeitslinie (Abb. 3). Die Problemstellung ist dieselbe wie in den vorher-gehenden Fällen, d. h. es ist jene Axialkraft zu bestimmen, unter welcher die gerade Form der Stabachse labil wird. Die zugeordnete Axialspan-

[5] F. Engesser: Knickfragen. Schweiz. Bauztg. 1895.

[6] Th. v. Kármán: Untersuchungen über Knickfestigkeit. — Mitteilungen über Forschungsarbeiten. Z. VDI, H. 81. 1910.

nung soll wieder als Knickspannung bezeichnet werden, und man erhält unter der Annahme einer unendlich kleinen Ausbiegung die in Abb. 5 dargestellte Spannungsverteilung in einem beliebigen Querschnitte. Der gleichmäßig über den Querschnitt verteilten axialen Druckspannung σ_k werden Biegespannungen überlagert, deren Nullinie N_b nicht durch den Schwerpunkt des Querschnittes geht. Der Krümmung des Stabes entsprechend (s. Abb. 4) entstehen in den rechts von der Nullinie gelegenen Fasern weitere Verkürzungen und damit zusätzliche Druckspannungen σ_1, dagegen findet in den links von der Nullinie gelegenen Fasern eine Entlastung statt. Bei eben bleibenden Querschnitten verlaufen daher die Biegedruckspannungen σ_1 nach der Arbeitslinie für Druck, die Biegezugspannungen σ_2 dagegen nach dem Proportionalitätsgesetz mit dem Elastizitätsmodul E. Für sehr kleine Ausbiegungen sind aber die Biegedruckspannungen σ_1 ebenfalls nur sehr klein, und es kann dann die Arbeitslinie innerhalb des zugehörigen kleinen Stauchungsintervalls (ε_k bis $\varepsilon_k + \varepsilon_1$) genau genug durch ihre Tangente $E_1 = \dfrac{d\,\sigma_k}{d\,\varepsilon_k}$ ersetzt werden. Die Biegespannungen ergeben sich daher zu

$$\left.\begin{aligned}\sigma_1 &= E_1\,\varepsilon_1\\\sigma_2 &= E\,\varepsilon_2\end{aligned}\right\}. \tag{14}$$

Durch die beiden Gleichungen 14 sind die elastischen Bedingungen (Zusammenhang zwischen Spannung und Formänderung) festgelegt. Die geometrische Bedingung lautet:

$$\frac{1}{\varrho} \doteq -\frac{\varepsilon_1}{\eta_1} = -\frac{\varepsilon_2}{\eta_2}, \tag{15}$$

wobei $\dfrac{1}{\varrho}$ die Krümmung des betrachteten Stabelementes bedeutet und nach dem in Abb. 1 angenommenen Koordinatensystem negativ ist. Schließlich sind noch die Gleichgewichtsbedingungen zwischen äußeren und inneren Kräften zu erfüllen. Da die Biegespannungen keine Resultierende besitzen, gilt:

$$\int\limits^{F_1} \sigma_1\,df = \int\limits^{F_2} \sigma_2\,df$$

oder mit Benutzung der Gleichungen 14 und 15

$$E_1\,S_1 = E\,S_2. \tag{16}$$

Hierbei bedeuten S_1 und S_2 die statischen Momente der rechts bzw. links von der Nullinie N_b gelegenen Flächenteile F_1 und F_2. Die Gl. 16 bestimmt daher die Lage der Nullinie der Biegespannungen. Die zweite Gleichgewichtsbedingung fordert, daß das Moment der inneren Kräfte gleich dem Moment M der Axialkraft P ist:

$$\int\limits^{F_1} \sigma_1\,\eta_1\,df + \int\limits^{F_2} \sigma_2\,\eta_2\,df = M = P\,y.$$

Das Moment der Axialkraft ist auf die Schwerachse zu beziehen; das Moment der Biegespannungen ist von der Bezugsachse unabhängig und

kann daher mit Vorteil für die Nullinie der Biegespannungen bestimmt
werden. Die obige Gleichung geht unter Verwendung der Gleichungen 14
und 15 über in

$$\frac{1}{\varrho}\,(E_1 J_1 + E J_2) = - P y, \tag{17}$$

wobei J_1 und J_2 die Trägheitsmomente der zu beiden Seiten der Nulllinie gelegenen Flächenteile bezüglich dieser Achse bedeuten. Ist J das
Trägheitsmoment des Gesamtquerschnittes (kleineres Hauptträgheitsmoment), so bedeutet

$$T = \frac{1}{J}\,(E_1 J_1 + E J_2) \tag{18}$$

den Engesserschen Knickmodul, mit dessen Verwendung die Differentialgleichung der Biegelinie die nachfolgende Form annimmt:

$$\frac{1}{\varrho} = - \frac{P\,y}{T\,J}. \tag{19}$$

Es ist von wesentlicher Bedeutung, daß der Knickmodul T längs der
ganzen Stabachse denselben Wert besitzt, da er nur von der Knickspannung σ_k und der Querschnittsform abhängig ist. Im elastischen Bereich gilt $E_1 = E$, und der Knickmodul T ist dann, da die Nullinie der
Biegespannungen in diesem Falle mit der Schwerachse zusammenfällt
und $J_1 + J_2 = J$ wird, gleich dem Elastizitätsmodul E. Die Gl. 19 stellt
somit die allgemeinste Form der Differentialgleichung für die ausgebogene Schwerachse eines mittig gedrückten geraden Stabes dar. Die
Integration dieser Gleichung ergibt nach Einführung der Randbedingungen die Engessersche Knicklast im unelastischen Bereich zu:

$$P_k = \frac{\pi^2\,T\,J}{l^2}. \tag{20}$$

Aus dieser Gleichung erhält man die Knickspannung als Funktion der
Schlankheit des Stabes $\lambda = \dfrac{l}{i}$ (wobei i den Trägheitshalbmesser bedeutet)
zu

$$\sigma_k = \frac{\pi^2\,T}{\lambda^2}. \tag{21}$$

Da der Knickmodul nicht nur von der Knickspannung, sondern auch
vom Querschnitt abhängt, erhält man bei gleicher Arbeitslinie je nach
der Querschnittsform verschieden große Knickspannungen. Gedrungene
Querschnitte (Kreuz- und Rechteckquerschnitt) ergeben bei gleicher
Schlankheit höhere Knickspannungen als solche Profile, deren Material
mehr gegen den Querschnittsrand zu angehäuft erscheint (**I**-Querschnitt);
die Unterschiede bewegen sich jedoch innerhalb der in den Festigkeitseigenschaften (Stauchgrenze) zu erwartenden Schwankungen, so daß
man sich auch im unelastischen Bereich mit einer unveränderlichen,
etwa unter Zugrundelegung des **I**-Querschnittes ermittelten Knickspannungslinie begnügen kann. Für den **I**-Querschnitt mit unendlich
dünnem Stege errechnet Kármán den Knickmodul zu

$$T = \frac{2\,E\,E_1}{(E + E_1)}. \tag{22}$$

Diese auf **unendlich kleine** Ausbiegungen beschränkte Ermittlung der Stabilitätsgrenze ermöglicht keine Aussage über die Stabilitätsverhältnisse für unterhalb der Knicklast liegende Beanspruchungen. Zur endgültigen Klarlegung der hier bestehenden funktionalen Zusammenhänge ist die Untersuchung auf **endliche** Stabausbiegungen zu erstrecken, d. h. es ist festzustellen, ob der Stab außer der geraden Form noch endlich ausgebogene Gleichgewichtslagen besitzt. Die diesbezüglichen Untersuchungsergebnisse von E. Chwalla,[7] denen eine Arbeitslinie nach Abb. 3 zugrunde liegt, sind in Abb. 6 veranschaulicht. Die Axialspannung $\sigma_a = \dfrac{P}{F}$ ist in Abhängigkeit von der mittleren Ausbiegung für Stäbe verschiedener Schlankheitsgrade $\lambda_\mathrm{I} > \lambda_\mathrm{II} > \lambda_\mathrm{III}$ dargestellt. Diese Spannungen verlaufen innerhalb des zwischen den Linien Γ_e (Grenze des elastischen Formänderungsbereiches) und Γ_z (Festigkeitsgrenze) liegenden Diagrammbereiches und zweigen von der Ordinatenachse $y_m = 0$ in der Höhe der Engesserschen Knickspannung mit waagrechter Tangente ab; hierzu sei ausdrücklich festgestellt, daß die Knickspannung σ_k bei einem Werkstoff mit ausgeprägtem Fließbereich grundsätzlich unterhalb der Stauchgrenze liegt (erreicht näm-

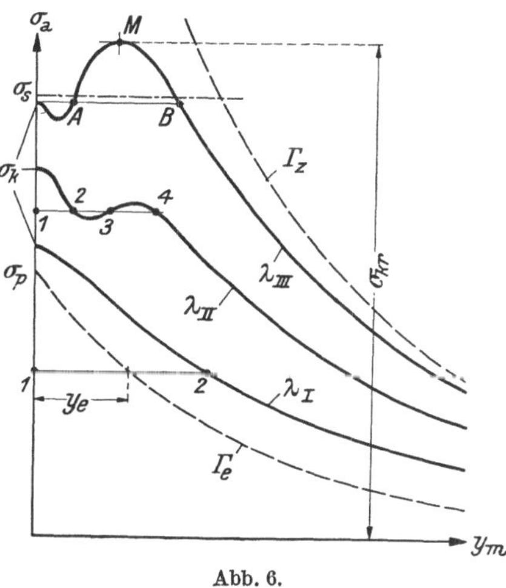

Abb. 6.

lich die Knickspannung die Stauchgrenze, so wird E_1 und damit auch der Knickmodul T und die Schlankheit λ gleich Null). Die Eigenschaften der Funktion $\sigma_a = f(y_m)$ seien nun in Abhängigkeit von λ an Hand der Abb. 6 erläutert. Liegt die Knickspannung nicht wesentlich höher als die Proportionalitätsgrenze σ_p (Linie λ_I), so entspricht diesem Werte auch gleichzeitig die Grenze des Tragvermögens und unterhalb dieser Beanspruchung besitzt der Stab eine **gerade**, bezüglich einer unendlich kleinen Ausbiegung **stabile** Form (solange übrigens die Axialspannung **unterhalb** der Proportionalitätsgrenze liegt, ist die gerade Form beschränkt stabil bezüglich der endlichen Ausbiegung y_e), und eine **ausgebogene**, bezüglich einer unendlich kleinen Ausbiegungsverstärkung **labile** Gleichgewichtslage. Mit abnehmender Schlankheit des Stabes weist die Funktion $\sigma_a = f(y_m)$ ein immer deutlicher in Erscheinung tretendes **sekundäres Maximum** auf, dessen Entstehung auf die mit zunehmender Belastung

---

[7] E. Chwalla: Die Stabilität zentrisch und exzentrisch gedrückter Stäbe aus Baustahl. Sitzungsberichte der Akademie der Wissenschaften in Wien, Math.-naturwiss. Kl., Abt. IIa, 137. Bd., 8. H. 1928. Vgl. auch den Schlußbericht des I. Intern. Kongresses für Brückenbau und Hochbau in Paris 1932, S. 53ff.

und Ausbiegung auftretende Verfestigung des Stabes zurückzuführen ist;
dann sind bei bestimmten Axialspannungen sogar vier verschiedene
Gleichgewichtslagen möglich (s. Abb. 6). Dieses sekundäre Maximum ist
zunächst kleiner als die Knickspannung (Kurve λ_{II}), erreicht jedoch und
überschreitet sogar mit weiter abnehmender Schlankheit die Engesser-
sche Stabilitätsgrenze (Kurve λ_{III}) und damit auch die Stauchgrenze σ_s.
Hinsichtlich der Stabilitätsverhältnisse gilt dann ganz allgemein: Die
Abszissen (Ausbiegungen) der auf ansteigenden bzw. abfallenden Kurven-
ästen der Funktion $\sigma_a = f(y_m)$ gelegenen Punkte entsprechenden Gleichgewichtslagen, die bezüglich einer unendlich kleinen Ausbiegungsverstärkung als stabil (z. B. die Punkte 1 und 3) bzw. als labil (z. B.
die Punkte 2 und 4) zu bezeichnen
sind. Die Kurve λ_{III} veranschaulicht
die Stabilitätsverhältnisse eines
extrem gedrungenen Stabes, dessen Knickspannung bereits nahezu
gleich der Stauchgrenze ist. Beim
Erreichen der Knicklast, bzw. bei
deren geringster Überschreitung wird
die gerade Form der Stabachse labil,
der Stab biegt sich bei der geringsten
Störung aus, verfestigt sich aber und
erreicht nach einer endlichen Ausbiegung wieder eine stabile Gleichgewichtslage (Punkt A); bei derselben Axialspannung ist außerdem eine
stärker ausgebogene Gleichgewichts-

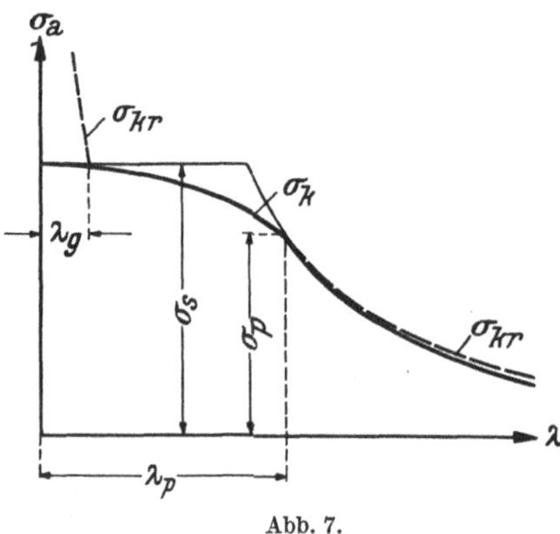

Abb. 7.

lage möglich (Punkt B), die sich als labil bezüglich jeder Ausbiegungsverstärkung erweist (Grenzlage). Mit weiter zunehmender Belastung
wird das Stabilitätsmaß der schwächer ausgebogenen Gleichgewichtslage ($y_B - y_A$) immer kleiner und unter einer bestimmten Axialspannung,
die wieder als kritische Spannung bezeichnet werden soll, gleich Null.
Die kritische Spannung entspricht der eigentlichen Tragkraft des
Stabes, da oberhalb derselben kein Gleichgewicht im ausgebogenen Zustande möglich ist.

Ein anschauliches Bild der in diesem Abschnitt besprochenen Stabilitätsverhältnisse eines mittig gedrückten, geraden Stahlstabes bietet das
Diagramm in Abb. 7. Die vollgezeichnete Linie entspricht dem Verlauf
der Knickspannungen σ_k in Abhängigkeit vom Schlankheitsverhältnis λ. Diese Knickspannungslinie wird im elastischen Bereich
($0 \leqq \sigma_k \leqq \sigma_p$) aus der Euler-Hyperbel, im unelastischen Bereich
($\sigma_p \leqq \sigma_k \leqq \sigma_s$) aus der Engesser-Linie gebildet und erreicht für $\lambda = 0$
die Stauchgrenze σ_s. Die so ermittelte Knickspannung entspricht der auf
unendlich kleine Ausbiegungen beschränkten Tragfähigkeit des
geraden Stabes. Die strichliert eingezeichneten Linien der kritischen
Spannung σ_{kr} begrenzen das auf Ausbiegungen endlicher Größe erstreckte
und absolute Tragvermögen des Stabes, doch ist die mögliche Über-

schreitung der Knicklast im elastischen bzw. im unelastischen Bereich ihrer Bedeutung nach grundsätzlich verschieden zu beurteilen. Während nämlich im elastischen Bereich die für die praktisch in Betracht kommenden Schlankheitsgrade nur unwesentlich über der Euler-Spannung gelegene kritische Spannung (die entsprechende Linie ist der deutlichen Zeichnung halber nicht maßstabrichtig eingetragen!) nach Durchlaufen von durchwegs stabilen ausgebogenen Gleichgewichtslagen erreicht wird (s. Abb. 4), könnte im unelastischen Bereich die für extrem gedrungene Stäbe $\lambda < \lambda_g$ über dem Engesser-Wert gelegene kritische Spannung σ_{kr} nur nach Überwindung des beim Überschreiten der Knickspannung vorhandenen labilen Gleichgewichtszustandes (s. Abb. 6,

Kurve λ_{III}) unter plötzlicher Ausbiegung erreicht werden; hierzu tritt
noch die auch von Kármán bei
seinen Versuchen beobachtete, vornehmlich durch die beim Passieren
des Fließbereiches auftretende starke
Längsverkürzung des Stabes bewirkte weitere Unsicherheit der geraden Gleichgewichtslage hinzu, so
daß die oberhalb der Stauchgrenze
liegenden kritischen Spannungswerte für die Praxis vollkommen
bedeutungslos sind. Die unbeschränkte und auch auf den Verfestigungsbereich erstreckte An-

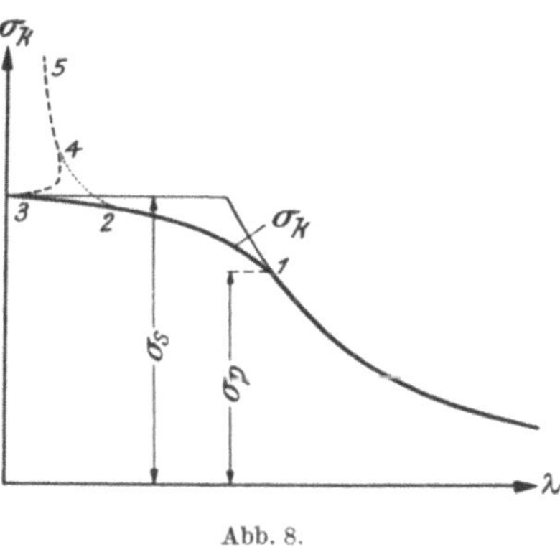
Abb. 8.

wendung der Engesserschen Knickformel ergäbe für die derzeit gebräuchlichen Stahlsorten die in Abb. 8 dargestellte Knickspannungslinie (Punkte 1, 2, 3, 4, 5). Auf die Bedeutung des dem Verfestigungsbereich zugeordneten, strichliert eingezeichneten Astes der Knickspannungslinie hat F. Hartmann[8] ausführlich hingewiesen und kommt zu dem Schluß, daß diese oberhalb der Stauchgrenze liegenden Knickspannungen nur dadurch erreicht werden könnten, wenn man den Stab beim Passieren des Fließbereiches an einer Ausbiegung künstlich, z. B. durch seitliche Festhaltung oder durch Einbetten in ein starres Medium, verhindern würde, so daß praktisch nur die unterhalb der Stauchgrenze liegenden Knickspannungswerte in Betracht zu ziehen sind. In diesem Zusammenhang sei noch hervorgehoben, daß der von Kármán angegebene stetige Verlauf der Knickspannungslinie (Punkte 1, 2, 4, 5) für einen Werkstoff mit ausgeprägtem Fließbereich[9] innerhalb des punktiert gezeichneten Teiles (Punkte 2 bis 4) grundsätzlich unrichtig ist und daß bereits Engesser die Bedeutung der Stauch-

---

[8] I. Intern. Kongreß für Brückenbau und Hochbau, Schlußbericht, S. 40 ff.

[9] Es sei hier ausdrücklich festgestellt, daß das Druckdiagramm des Kármánschen Versuchsstahles einen kleinen, jedoch ausgeprägten Fließbereich aufwies, so daß die Knickspannungslinie grundsätzlich den in Abb. 8 dargestellten Verlauf (Punkte 1, 2, 3, 4, 5) aufweisen müßte.

grenze σ_s als der oberen Grenze für die Knickspannungen voll erkannt hat.

Durch die grundlegenden Untersuchungen von Engesser ist insbesondere der Zusammenhang zwischen Arbeitslinie und Knickspannungslinie eindeutig festgelegt. Man kann demnach aus dem Verlauf der Arbeitslinie auf den Verlauf der Knickspannungslinie schließen und umgekehrt aus der Knickspannungslinie das Formänderungsgesetz des Werkstoffes bestimmen. So entspricht beispielsweise der von Tetmajer[10] für den unelastischen Bereich aufgestellten und derzeit noch vielfach in Gebrauch stehenden empirischen Knickformel $\sigma_k = 3{,}1 - 0{,}0114\,\lambda$ die in Abb. 9 dargestellte, mit Hilfe des Engesserschen Knickmoduls berechnete Arbeitslinie (strichlierte Linie), welche ein ganz anderes Ver-

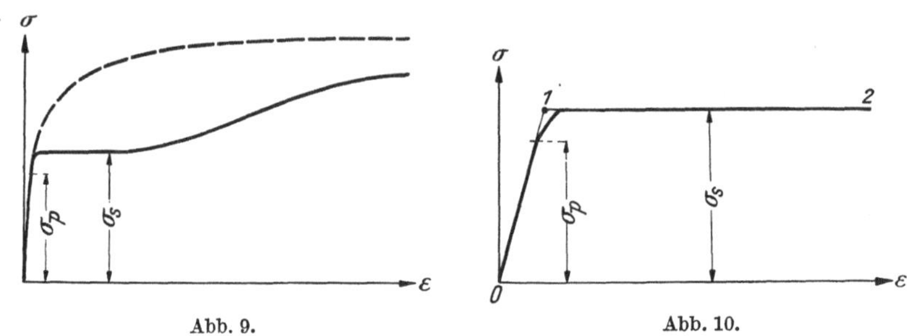

Abb. 9.Abb. 10.

halten zeigt als das zum Vergleich eingezeichnete Formänderungsgesetz der derzeit gebräuchlichen Stahlsorten. Der Gebrauch der Tetmajer-Formel bei der Berechnung der Knickspannung für die derzeit verwendeten Stahlsorten ist daher insbesondere für kleinere Schlankheiten als unzutreffend abzulehnen (Österreichische Vorschriften). Die Deutschen Vorschriften begrenzen die Knickspannungslinie durch die Stauchgrenze, tragen daher den hier besprochenen Untersuchungsergebnissen grundsätzlich Rechnung und führen zu der in Abb. 10 dargestellten Arbeitslinie mit unbestimmt bleibendem Fließbereich. Die in Abb. 8 vollgezeichnete Knickspannungslinie, gegen deren Richtigkeit heute wohl kein ernstlich begründeter Einwand erhoben werden kann, ist also nur vom Verlauf der Arbeitslinie zwischen Proportionalitätsgrenze und Stauchgrenze abhängig und kann daher aus einem nahezu ideal-plastischen Formänderungsgesetz abgeleitet werden. Nun haben außerdem die neuesten und sorgfältig durchgeführten Druckversuche mit dem meist verwendeten Stahl St 37 gezeigt, daß die Arbeitslinie nahezu bis zur Stauchgrenze σ_s dem Hookeschen Gesetze folgt;[11] dann kann aber das Formänderungsgesetz mit ausreichender Genauigkeit durch die von

---

[10] L. v. Tetmajer: Die Gesetze der Knickungs- und zusammengesetzten Druckfestigkeit der technisch wichtigsten Baustoffe. Leipzig und Wien. 1903.

[11] W. Rein: Versuche zur Ermittlung der Knickspannungen für verschiedene Baustähle. H. 4 der Berichte des Ausschusses für Versuche im Stahlbau. Berlin: J. Springer. 1930.

Prandtl[12] erstmalig verwendete **ideal-plastische Arbeitslinie** beschrieben werden (s. Abb. 10, Linienzug 0, 1, 2). Dieser ideal-plastischen Arbeitslinie entspricht dann eine Knickspannungslinie, die aus der **Euler**-Hyperbel bis zur Stauchgrenze und von hier ab durch die Gerade $\sigma_k = \sigma_s$ gebildet wird. Diese bedeutungsvolle, aus theoretischen Erkenntnissen gewonnene Vereinfachung des Formänderungsgesetzes bildet die Grundlage für eine **analytische** Lösung des Gleichgewichtsproblems axial gedrückter und auf Biegung beanspruchter Stahlstäbe.

§ 2. Der außermittig gedrückte Stab.

Ein Stab ist auf außermittigen Druck beansprucht, wenn die Wirkungslinie der Axialkraft nicht mit der Schwerachse des Stabes zusammenfällt; dann treten zu der gleichmäßig über den Querschnitt verteilten axialen Druckspannung noch Biegespannungen hinzu und der Stab erfährt bereits unter kleinen Axialkräften endliche Ausbiegungen. Hinsichtlich der **technischen Bedeutung** des Festigkeitsfalles „axialer Druck und Biegung" sei bemerkt, daß einerseits eigentlich jeder „entwurfsgemäß mittig gedrückte Stab" infolge der praktisch **niemals streng** erfüllten Forderung eines genau mittigen Kraftangriffes eine zusätzliche Biegung erfährt und daß anderseits sehr oft aus konstruktiven Gründen ein einseitiger Kraftangriff von endlicher Größe nicht zu vermeiden ist. Die Bedeutung von sehr kleinen, unbeabsichtigten und kaum meßbaren Exzentrizitäten des Kraftangriffes und ihr Einfluß auf die Tragfähigkeit kommt in der trotz gleichbleibender Werkstoffeigenschaften verhältnismäßig starken Streuung der Ergebnisse von Knickversuchen, insbesondere im elastisch-plastischen Formänderungsbereich, sinnfällig zum Ausdruck; hierbei ist außerdem zu bedenken, daß für einen innerhalb eines Bauwerkes befindlichen Druckstab die mittige Kraftübertragung noch weit weniger gesichert erscheint als beim Versuchsstab. Diese **Unsicherheit in den Berechnungsannahmen** wird bei mittig gedrückten Stäben gewöhnlich durch einen unverhältnismäßig hohen **Sicherheitsgrad** gedeckt. Es wäre wohl zweckmäßiger, bei der Bemessung derart belasteter Stäbe einen der praktischen Erfahrung und den besonderen konstruktiven Umständen entsprechenden außermittigen Kraftangriff bei gleichzeitiger Senkung des Sicherheitsgrades in Rechnung zu stellen, was natürlich eine eingehende Kenntnis einer derartigen Beanspruchung voraussetzt.

Untersucht man zunächst das Verhalten eines außermittig gedrückten Stabes aus einem **unbeschränkt elastischen und bruchsicheren Werkstoff**, so ergibt sich, daß ein derartiger Stab nur eine einzige stabile und **ausgebogene** Gleichgewichtslage besitzt. Ohne die Rechnung selbst auszuführen, sei folgendes bemerkt: Wird die Untersuchung in üblicher Weise unter Verwendung der linearisierten Differential-

---

[12] L. **Prandtl**: Über die Eindringungsfestigkeit (Härte) plastischer Baustoffe und die Festigkeit von Schneiden. Z. angew. Math. Mech. 1921.

gleichung der Biegelinie (Stabkrümmung gleich der zweiten Ableitung
der Durchbiegung) durchgeführt, so zeigt sich, daß die Durchbiegung
mit wachsender Axialkraft rasch zunimmt; bei unbeschränkter Anwendung der aus dieser Näherungsrechnung gewonnenen Zusammenhänge
zwischen Belastung und mittlerer Stabausbiegung erhält man unter
der der Euler-Last des mittig gedrückten Stabes gleicher Abmessungen
entsprechenden Axialkraft eine unendlich große Ausbiegung!
Dieses paradoxe Ergebnis wird leider sehr häufig als „Kriterium"
eines „Stabilitätswechsels" angesehen und führt zu dem immer
wiederkehrenden Irrtum, daß ein außermittig gedrückter Stab aus einem
unbeschränkt elastischen Werkstoff unter der Euler-Last der Knickung

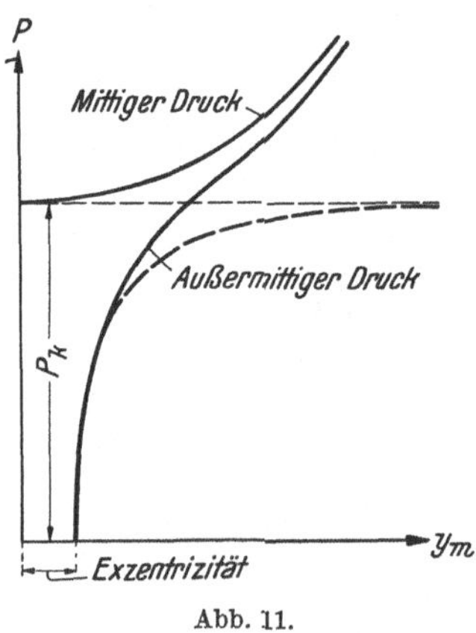

Abb. 11.

unterliegt. Das starke Anwachsen der Ausbiegung weist aber lediglich darauf hin, daß
für größere Axiallasten eine genauere
Untersuchung unter Zugrundelegung des
exakten analytischen Ausdruckes für die
Stabkrümmung (Gl. 6) erforderlich wird. Der
Lösungsvorgang ist dann im Prinzip derselbe
wie beim mittig gedrückten Stab, nur ist die
Randbedingung an den Stabenden entsprechend zu ändern.[13] Die Abb. 11 enthält eine
anschauliche Darstellung des funktionalen
Zusammenhanges zwischen der Axialkraft P
und der mittleren Stabausbiegung y_m für
außermittige Beanspruchung, wobei die stark
gezeichnete Linie dem Ergebnis der genauen
Untersuchung (exakte Differentialgleichung)
und die strichliert gezeichnete Linie dem Ergebnis der Näherungsrechnung
(linearisierte Differentialgleichung) entspricht. Aus dem Vergleich mit
der für mittigen Druck ebenfalls eingetragenen Kurve der Durchbiegungen
folgt der wesentliche Unterschied zwischen mittiger und außermittiger
Beanspruchung: Für den mittig gedrückten Stab ist das Gleichgewicht
unterhalb einer bestimmten Axialkraft, die als Knicklast bezeichnet
wird, eindeutig, dagegen oberhalb dieser Verzweigungsstelle des
Gleichgewichtes mehrdeutig, für den außermittig gedrückten Stab
ergibt sich bei jeder beliebigen Belastung grundsätzlich eine eindeutige
Gleichgewichtslage, die unbeschränkt stabil ist.· Die außermittige
Beanspruchung eines unbeschränkt elastischen Stabes stellt demnach
ein reines Spannungsproblem und kein Stabilitätsproblem dar.

Untersucht man nun das Tragverhalten eines außermittig gedrückten Stahlstabes, so gelangt man zu grundlegend anderen Ergebnissen. Eine zahlenmäßige Abschätzung der Tragfähigkeit außermittig gedrückter Stahlstäbe wurde auf Grund der theoretischen und
experimentellen Untersuchungen Th. v. Kármáns möglich,[6] welche zu

---

[13] Vgl. L. Karner: Stabilität und Festigkeit von auf Druck und Biegung
beanspruchten Bauteilen. Vorbericht des I. Intern. Kongresses für Brückenbau und Hochbau in Paris 1932, S. 17ff.

der Erkenntnis führten, daß die Ermittlung der Tragfähigkeit eines derart belasteten Stabes ein Gleichgewichtsproblem darstelle, daß also die Festigkeit durch den Eintritt eines **instabilen Gleichgewichtszustandes** begrenzt ist. Dieses eigenartige Tragverhalten, welches an die besonderen Werkstoffeigenschaften (plastisches Verformungsvermögen) gebunden und nur unter Berücksichtigung des Einflusses der Formänderungen auf das Kräftespiel (Theorie II. Ordnung) feststellbar ist, besitzt für den Stahlbau größte Bedeutung, da nur bei Kenntnis der Festigkeit die Einhaltung eines vorgeschriebenen oder angestrebten Sicherheitsgrades und damit eine wirtschaftliche Querschnittsbemessung derart beanspruchter Stäbe verbürgt erscheint. Durch diese Erkenntnis wird aber auch die bis in die jüngste Zeit vertretene Auffassung dieser Beanspruchung als Spannungsproblem hinfällig, da der übliche Nachweis der größten Randspannung ohne Kenntnis der Festigkeit keineswegs als ausreichende Sicherung gegen den Eintritt des kritischen Gleichgewichtszustandes angesehen werden kann.

I. Zeichnerisches Lösungsverfahren.

Die Untersuchung erstreckt sich auf einen beiderseits gelenkig gelagerten Stab von der Länge $L = 2l$ und mit Rechteckquerschnitt $(b . h)$, welcher in der zur Seite h parallelen Hauptträgheitsebene durch eine Axialkraft P auf außermittigen Druck beansprucht wird (Abb. 12). Wird der Rechnung das in Abb. 3 dargestellte, analytisch kaum erfaßbare Formänderungsgesetz des Baustahles zugrunde gelegt, so kann die Lösung der vorliegenden Aufgabe nur auf **zeichnerischem Wege** erfolgen. Wächst die Axialkraft in ihrer außermittigen Lage — wie dies praktisch, d. h. bei allen konstruktiv bedingten Exzentrizitäten, der Fall ist — von Null bis zu einem bestimmten Grenzwert des Tragvermögens stetig an, so ist hinsichtlich der diesem Grenzzustand entsprechenden Normalspannungsverteilung folgendes zu bemerken. Solange die von der Axialkraft herrührende Stauchung rein **elastisch** ist $(\sigma_a < \sigma_p)$, wachsen die Biegespannungen rascher an als die Axialspannung und folgen daher bei eben bleibenden Querschnitten den Arbeitslinien für Zug und Druck. Dies gilt aber nicht mehr, wenn die am Biegezugrand gelegenen Fasern bereits unelastisch gestaucht sind. Ist das Schlankheitsverhältnis des Stabes sehr klein und nähert sich die Exzentrizität des Kraftangriffes dem Werte Null $(a \to 0)$, dann nimmt die Ausdehnung derartiger Entlastungszonen an der Biegezugseite immer mehr zu, bis schließlich im

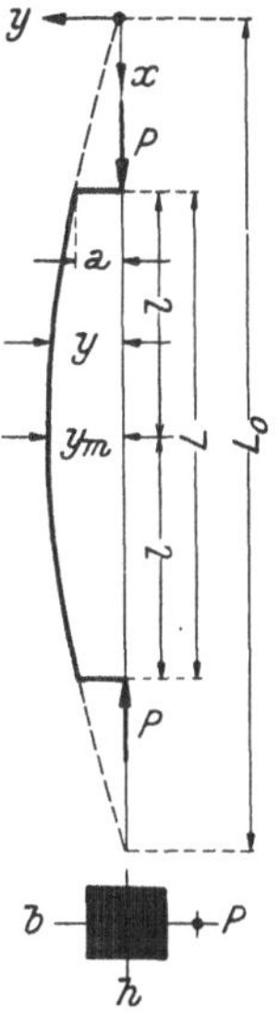

Abb. 12.

Grenzfalle $a = 0$ (mittiger Druck) auf der Biegezugseite ausschließlich das **Entlastungsgesetz** Geltung besitzt (man erhält dann eine Normalspannungsverteilung nach Abb. 5). Demgemäß verwendete **Kármán**, der sich nur die Feststellung des Einflusses sehr kleiner „unvermeidlicher" Exzentrizitäten des Kraftangriffes zum Ziele setzte, Normal-spannungsverteilungen, welche am Biegedruckrand der Arbeitslinie für Druck und auf der Biegezugseite dem Entlastungsgesetz (Elastizitäts-modul E) folgen. Bei endlichen, und zwar bei verhältnismäßig kleinen Exzentrizitäten des Kraftangriffes $\left(a = \dfrac{h}{50}\right)$ kommt jedoch auf der Biege-zugseite nicht mehr das Entlastungsgesetz, sondern das Formänderungs-gesetz der Belastung (Arbeitslinie für Zug) zur Geltung, und dieser Fall, welcher von E. Chwalla in Anknüpfung an die Gedankengänge Kármáns eingehend untersucht wurde,[14] soll hier besprochen werden.

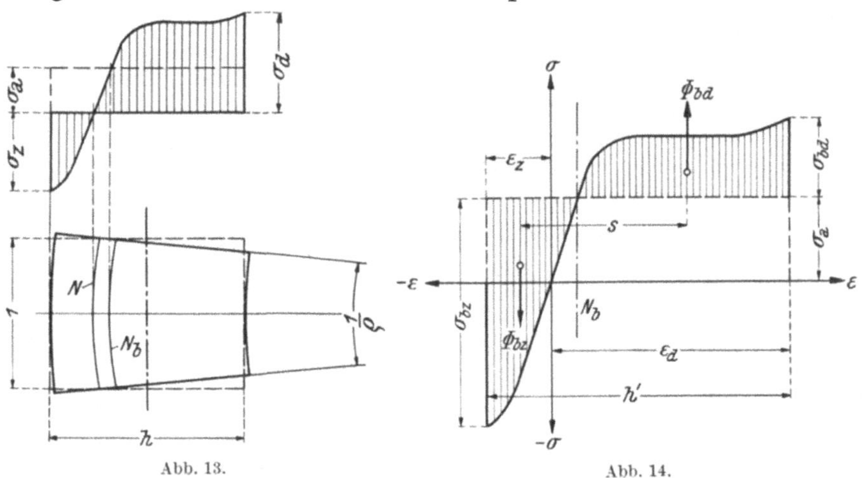

Abb. 13.   Abb. 14.

Unter der Axialkraft P, die an beiderseits gleich großen Hebelarmen angreift, besitzt der Stab eine bestimmte Gleichgewichtslage $y = f(x)$, deren Ermittlung das Ziel der nachstehenden Untersuchung bildet. Die Normalspannungen, die hierbei in den einzelnen Querschnitten ent-stehen, müssen dem vorhandenen Biegemoment $M = P\,y$ und der Axial-kraft P das Gleichgewicht halten. Zerlegt man die Normalspannung in die gleichmäßig über den Querschnitt verteilte axiale Druckspannung $\sigma_a = \dfrac{P}{F}$ und in die Biegespannung σ_b, so können die beiden Gleich-gewichtsbedingungen in der Form

$$\int\limits^{F} \sigma_b\,df = 0, \qquad \int\limits^{F} \sigma_b\,\zeta\,df = M = P\,y \tag{1}$$

angeschrieben werden, wenn ζ den Abstand einer Faser von der Stab-achse bedeutet. Bezeichnet man die Biegerandspannungen mit σ_{bd} und σ_{bz}, so sind die wirklichen Randspannungen ihrem Absolutwerte nach gleich $\sigma_d = \sigma_a + \sigma_{bd}$ und $\sigma_z = \sigma_{bz} - \sigma_a$ (s. Abb. 13). Ein Stabelement von der

---

[14] E. Chwalla: Die Theorie des außermittig gedrückten Stabes aus Bau-stahl. Stahlbau 1934, S. 161.

Länge Eins, welches aus dem ausgebogenen Stabe herausgeschnitten wird, nimmt unter der Einwirkung der Axialkraft P und des Biegemomentes M die in Abb. 13 dargestellte Form an, wenn eine lineare Verteilung der spezifischen Längenänderungen quer zur Stabachse vorausgesetzt wird; dann ist die in Abb. 13 angegebene Normalspannungsverteilung affin verwandt mit der Arbeitslinie für Zug und Druck, d. h. der zwischen den Abszissen ε_d und ε_z — die spezifischen Längenänderungen am Biegedruck- und Biegezugrand werden ebenfalls mit ihrem Absolutwerte in die Rechnung eingeführt — gelegene Ast der Arbeitslinie erscheint über die Querschnittshöhe h abgebildet (s. Abb. 14). Die örtliche Krümmung erhält man mit der üblichen Annäherung (Beschränkung auf große Krümmungshalbmesser) zu

$$\frac{1}{\varrho} = \frac{\varepsilon_d + \varepsilon_z}{h}. \qquad (2)$$

Aus der gegebenen Axialspannung σ_a und für ein angenommenes Biegemoment M kann die Krümmung aus der Querschnittsform und der Arbeitslinie eindeutig wie folgt bestimmt werden. Man wählt zu σ_a einen beliebigen Wert ε_d und findet die zugehörige spezifische Dehnung am Biegezugrand ε_z aus der Bedingung, daß die Biegezugspannungsfläche Φ_{bz} gleich der Biege-

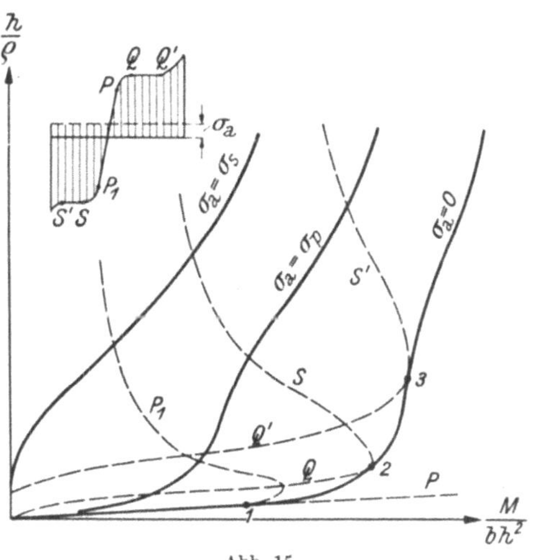

Abb. 15.

druckspannungsfläche Φ_{bd} ist (1. Gleichgewichtsbedingung). Im Arbeitsdiagramm sind die Spannungen und Längenänderungen in einem bestimmten Längenmaßstab aufgetragen (Ordinaten 1 cm = μ kg/cm²), so daß bei der Ermittlung von Kräften oder Momenten die Abszissen im Verhältnis $\frac{h}{h'}$ zu reduzieren sind. Man findet dann die Resultierende der Biegedruckspannungsfläche bzw. der Biegezugspannungsfläche zu

$$D = Z = \mu\,\Phi_{bd}\,b\,\frac{h}{h'}$$

und schließlich das Moment der inneren Kräfte zu

$$M = D\,s\,\frac{h}{h'} = \mu\,\Phi_{bd}\,b\,s\left(\frac{h}{h'}\right)^2. \qquad (3)$$

Nun kann die diesem Moment zugeordnete Krümmung nach Gl. 2 berechnet werden. Durch die Wahl verschiedener Werte für ε_d bei gleichbleibender Axialspannung σ_a erhält man für ein bestimmtes Formänderungsgesetz die Krümmung als Funktion des Biegemoments (Abb. 15).

Die stark eingezeichneten Linien gelten für den Fall, daß die Axialspannung gleich Null (reine Biegung), bzw. gleich der Proportionalitätsgrenze σ_p, bzw. gleich der Stauchgrenze σ_s angenommen wird. Die strichliert eingezeichneten Linien P, Q und Q' sind Spannungsverteilungen zugeordnet, bei welchen am Biegedruckrand gerade die Proportionalitätsgrenze, bzw. die Stauchgrenze, bzw. der Beginn der Verfestigung erreicht wird, während sich die Linien P_1, S und S' sinngemäß auf den biegezug-

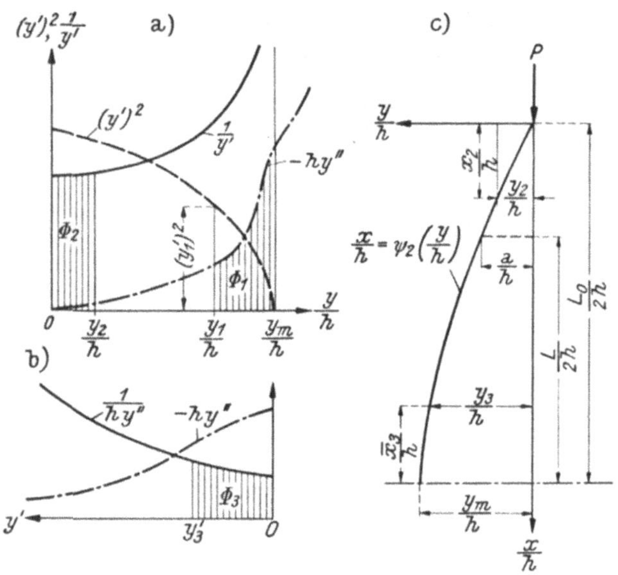

Abb. 16.

seitigen Rand beziehen. Die nach dem Parameter σ_a geordneten Linien des Diagramms in Abb. 15 legen den funktionalen Zusammenhang

$$\frac{h}{\varrho} = -h\,y'' = \psi\left(\frac{P\,y}{b\,h^2}\right) = \psi\left(\sigma_a \cdot \frac{y}{h}\right) = \psi_1\left(\frac{y}{h}\right) \tag{4}$$

fest, aus welchem durch zweimalige Integration die Gleichung der Biegelinie bestimmt werden kann. Man erhält mit den Randbedingungen $x = \dfrac{L_0}{2} \ldots y' = 0$ und $x = 0 \ldots y = 0$ (s. Abb. 12) die Gleichgewichtsform eines ausgebogenen, mittig gedrückten Stabes von der Länge L_0, welche jedoch mit Rücksicht auf die angenommene entlastungsfreie Normalspannungsverteilung nur für Axialspannungen $\sigma_a < \sigma_p$ mit der wirklichen Biegelinie identisch ist und aus welcher, wie später gezeigt wird, die Gleichgewichtslänge $L < L_0$ des Stabes gleicher Abmessungen bei außermittiger Belastung, jedoch unter der Einschränkung $a \geqq \dfrac{h}{50}$ (für kleinere Exzentrizitäten würde das Entlastungsgesetz die Ergebnisse bereits wesentlich beeinflussen), abgeleitet werden kann.

Die graphische Integration der Differentialgleichung 4 erfolgt nach v. Kármán in zwei Quadraturstufen und soll an Hand der Abb. 16 erläutert werden. Man entnimmt zunächst die einer vorgegebenen Axialspannung zugeordnete Linie der inneren Momente aus Abb. 15 und stellt die affine Funktion $-h\,y'' = \psi_1\!\left(\dfrac{y}{h}\right)$ dar (strichpunktierte Linie in Abb. 16a). Nun kann die erste Quadratur mit Hilfe der Beziehung

$$(y')^2 = 2 \int\limits_{y}^{y_m} (-h\,y'')\, d\!\left(\frac{y}{h}\right) \tag{5}$$

durchgeführt werden. Die erste Randbedingung $y = y_m$ für $y' = 0$ ist dann erfüllt. Für eine angenommene mittlere Durchbiegung y_m kann nun der Verlauf der Funktion $(y')^2$ bestimmt werden: Es entspricht nämlich der einer Durchbiegung $0 \leqq y_1 \leqq y_m$ zugeordnete Wert $(y_1')^2$ dem doppelten Inhalt der in Abb. 16a schraffierten Fläche Φ_1. Schließlich kann auch die Kurve $\dfrac{1}{y'}$ ermittelt werden, welche mit waagrechter Tangente von der Ordinatenachse abzweigt und die Grundlage für die zweite Quadraturstufe bildet. Man erhält nämlich aus Gl. 5

$$\frac{x}{h} = \int\limits_{0}^{y} \left(\frac{1}{y'}\right) d\!\left(\frac{y}{h}\right) = \psi_2\!\left(\frac{y}{h}\right). \tag{6}$$

Die Grenzen sind gemäß der zweiten Randbedingung $x = 0$, $y = 0$ eingesetzt. Die einer Durchbiegung $0 \leqq y_2 \leqq y_m$ zugeordnete Abszisse x_2 wird durch Planimetrierung der Fläche Φ_2 erhalten; in der unmittelbaren Umgebung des Scheitels der gesuchten Gleichgewichtsfigur $y = f(x)$ versagt dieses Verfahren, da dort $\dfrac{1}{y'}$ unendlich groß wird. Man kann jedoch für Ausbiegungen, welche nahezu gleich der mittleren Durchbiegung sind, die zugehörige Entfernung vom Scheitelpunkt $\bar{x} = \left(\dfrac{L_0}{2} - x\right)$ aus der nachstehenden Gleichung bestimmen:

$$\frac{\bar{x}}{h} = \int\limits_{y'}^{0} \left(-\frac{1}{h\,y''}\right) d\,(y'). \tag{7}$$

Unter Verwendung des Diagramms Abb. 16a ist dann in der Umgebung des Scheitels die Funktion $-\dfrac{1}{h\,y''} = \varphi\,(y')$ darzustellen (Abb. 16b), deren Integralkurve die gesuchte Lösung ist (einer bestimmten Durchbiegung $y_3 \leqq y_m$ ist die durch den Inhalt der Fläche Φ_3 gegebene Abszisse $\bar{x}_3$ zugeordnet).

Die nach diesem Verfahren ermittelte Kurve $\dfrac{x}{h} = \psi_2\!\left(\dfrac{y}{h}\right)$, deren obere Hälfte in Abb. 16c dargestellt ist, entspricht dann der Biegelinie eines Stabes von der Länge L_0, welche unter einer Axialkraft $P = F\,\sigma_a$

bei einer mittleren Ausbiegung y_m zur Ausbildung gelangt. Durch Änderung der Werte σ_a und y_m erhält man daher alle möglichen ausgebogenen Gleichgewichtslagen axial gedrückter Stäbe, welche auch im Falle eines außermittigen Kraftangriffes sinngemäß verwendet werden können; liegt z. B. der Belastungsfall Abb. 12 — Stabenden beiderseits gelenkig gelagert, gleich große Hebelarme — vor, so ändert sich nur die zweite Randbedingung in $\bar{x} = \dfrac{L}{2} \ldots y = a$, so daß die Gleichgewichtsfigur des außermittig gedrückten Stabes durch den zwischen den Ordinaten $y = a$ gelegenen Ast der bereits bekannten Funktion $\dfrac{x}{h} = \psi_2\left(\dfrac{y}{h}\right)$

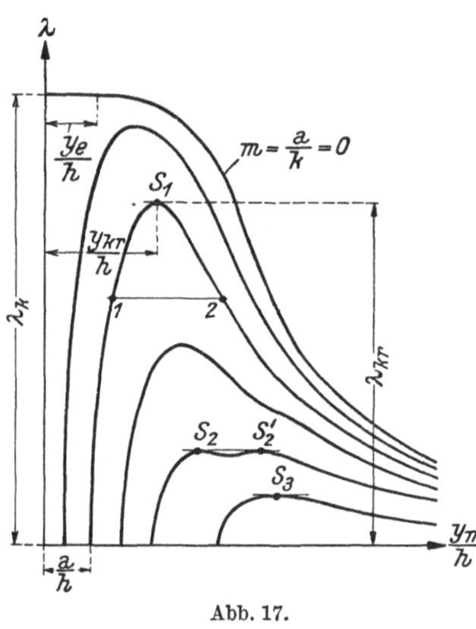

Abb. 17.

gleicher Axialspannung und Scheitelausbiegung bestimmt ist (s. Abbildung 16 c). Das geschilderte Lösungsverfahren ist für verschiedene Axialspannungen und Ausbiegungen systematisch durchzuführen, und man erhält dann für jede Laststufe σ_a eine Schar möglicher Gleichgewichtslagen, aus welchen die einer vorgegebenen Exzentrizität des Kraftangriffes a zugeordnete Gleichgewichtslänge L entnommen werden kann. Führt man das Schlankheitsverhältnis des Stabes

$$\lambda = \frac{L}{i} = \frac{2L}{h}\sqrt{3}$$

in die Rechnung ein und bezeichnet man als **Exzentrizitätsmaß** m den Quotienten aus Exzentrizität des Kraftangriffes durch die dem Hebelarm gegenüberliegende Kernweite k, also

$$\frac{a}{k} = \frac{6a}{h} = m, \tag{8}$$

so erhält man in weiterer Folge unter Benutzung der bereits bekannten Ergebnisse bei unveränderlicher Axialspannung die Schlankheit in Abhängigkeit vom Exzentrizitätsmaß m und der mittleren Durchbiegung y_m; in Abb. 17 ist diese Funktion $\lambda = \Phi\left(m, \dfrac{y_m}{h}\right)$ für den Fall $\sigma_a < \sigma_p$ zeichnerisch dargestellt. Die Grenzkurve der nach dem Parameter $m = \dfrac{a}{k}$ geordneten Schar entspricht der mittigen Beanspruchung ($m = 0$) und zweigt von der Ordinatenachse in der Höhe der **Euler**schen Knickschlankheit $\lambda_k = \pi\sqrt{\dfrac{E}{\sigma_a}}$ mit waagrechter Tangente ab, verläuft bis zur Grenze des elastischen Bereiches (Durchbiegung y_e) parallel zur Abszissenachse (nach der genaueren Theorie steigt diese Linie noch etwas an bis zur Höhe der kritischen Spannung, s. Abb. 4) und fällt dann ab.

Die der außermittigen Beanspruchung zugeordnete Kurve zweigt von der Abszissenachse ($\lambda = 0$) an der Stelle $\dfrac{y_m}{h} = \dfrac{a}{h} = \dfrac{m}{6}$ mit lotrechter Tangente ab, steigt zunächst an und fällt nach Erreichen einer ausgeprägten Extremstelle, deren Ordinate mit wachsender Exzentrizität abnimmt, wieder ab. Die bei kleinen Exzentrizitäten auftretenden Extremstellen, die zwar grundsätzlich außerhalb des Hookeschen Bereiches liegen, denen aber zufolge des noch kleinen Biegemoments eine Spannungsverteilung entspricht, welche auf der Biegezugseite außerhalb des Verfestigungsbereiches bleibt, sollen „Maxima I. Ordnung" genannt werden; die zugeordnete Ordinate entspricht der größten Stablänge, bei welcher noch Gleichgewicht zwischen äußeren und inneren Kräften möglich ist, und soll als kritische Schlankheit λ_{kr} bezeichnet werden. Mit zunehmender Länge nimmt der Stab die der kleineren Ausbiegung entsprechende Lage ein (Punkt 1), in die er nach einer unendlich kleinen Störung von selbst wieder zurückkehrt und die demnach als stabil zu bezeichnen ist. Nach einer endlichen Ausbiegung strebt der Stab ebenfalls in seine frühere Gleichgewichtslage zurück, kann diese jedoch, falls er durch die zusätzliche Ausbiegung bereits bleibend verformt wird, nicht mehr erreichen. Das Ausmaß einer Ausbiegungsverstärkung von endlicher Größe ist aber durch die zweite mögliche Gleichgewichtslage (Punkt 2), in welcher sich der Stab gerade noch im Gleichgewicht befindet, begrenzt; eine darüber hinausgehende Ausbiegung würde ein unaufhaltsames Ausweichen und damit den Zusammenbruch des Stabes bewirken. Die zweite Gleichgewichtslage ist demnach als labil gegenüber einer unendlich kleinen Ausbiegungsverstärkung zu bezeichnen. Mit zunehmender Stablänge ($\lambda \to \lambda_{kr}$) nähern sich die beiden Gleichgewichtslagen und fallen bei der kritischen Stablänge zusammen. Die geringste Vergrößerung der kritischen Schlankheit oder der Axialspannung bzw. der Exzentrizität a hat den endgültigen Zusammenbruch des Stabes zur Folge. Diese Erscheinung soll als kritischer Gleichgewichtszustand und die einer bestimmten Extremstelle entsprechende Axialspannung als kritische Spannung bezeichnet werden, deren Erreichen bei zugeordneten Werten von λ_{kr} und m der obersten Grenze des Tragvermögens gleichzuhalten ist. Die größte Randspannung, die beim Eintritt des kritischen Gleichgewichtszustandes im mittleren Querschnitt herrscht, ist zwar immer größer als die Proportionalitätsgrenze σ_p, kann aber bei sehr kleinen Exzentrizitäten und großen Schlankheitsgraden noch unterhalb der Stauchgrenze liegen.

Mit zunehmender Exzentrizität des Kraftangriffes wachsen die Biegemomente und damit die Randspannungen stark an. Gelangt die Randspannung bereits in den Verfestigungsbereich, so tritt im abfallenden Kurvenast (Abb. 17) ein sekundärer Rücken in Erscheinung, dessen Scheitel zunächst tiefer, mit zunehmender Exzentrizität aber schließlich in gleicher Höhe mit dem nur mehr schwach ausgeprägten Maximum I. Ordnung liegt; in letzterem Falle (Punkte S_2 und S_2') besitzt der Stab knapp unterhalb der kritischen Schlankheit sogar vier mögliche

Gleichgewichtslagen! Für noch größere Exzentrizitäten ist nur mehr diese sekundäre Extremstelle ausgebildet (Punkt S_3'), welche als „Maximum II. Ordnung" bezeichnet werden soll. Diese Maxima II. Ordnung legen die kritischen Gleichgewichtszustände der stark gedrungenen Stäbe fest, besitzen demnach für die Baupraxis keinerlei Bedeutung, sondern beanspruchen nur theoretisches Interesse im Sinne einer vollständigen Lösung.

Wird die in Abb. 17 dargestellte Kurvenschar, welche die Gleichgewichtszustände außermittig gedrückter Stäbe bei konstanter Axialspannung veranschaulicht, für eine ausreichende Anzahl von Laststufen (etwa von 100 zu 100 kg/cm²) ermittelt, dann kann aus diesen Diagrammen der Zusammenhang zwischen Axialspannung, Schlankheitsverhältnis und Stabausbiegung bei unveränderlichem Exzentrizitätsmaß, also die Funktion $\sigma_a = \psi(\lambda, y_m)$ abgeleitet werden. Die in Abb. 18 dargestellte Kurvenschar ist nach dem Parameter λ geordnet. Die einzelnen Kurven $(\lambda_1 > \lambda_2 > \lambda_3)$ zweigen von der Abszissenachse an der Stelle $\dfrac{a}{h} =$ konstant mit lotrechter Tangente ab, steigen zunächst an, erreichen ein Maximum und fallen wieder ab. Diese Extremstellen entsprechen bei schlanken Stäben einem „Maximum I. Ordnung" (Punkt S_1), bei gedrungenen Stäben tritt im abfallenden Aste ein sekundärer Rücken in Erscheinung, dessen Scheitel zunächst tiefer, mit abnehmender Schlankheit aber schließlich in gleicher Höhe mit dem Maximum I. Ordnung liegt (Punkt S_2'); für sehr kleine Schlankheiten wird dann das sekundäre oder „Maximum II. Ordnung" allein maßgebend. Die Ordinaten dieser Extremstellen entsprechen der kritischen Axialspannung σ_{kr}. Die in Abb. 18 dargestellten Linien $\varGamma_e$ und $\varGamma_z$ entsprechen Spannungsverteilungen, bei welchen am Biegedruckrand die Proportionalitätsgrenze (Grenze des elastischen Bereiches) bzw. am Biegezugrand die Zugfestigkeit erreicht wird.

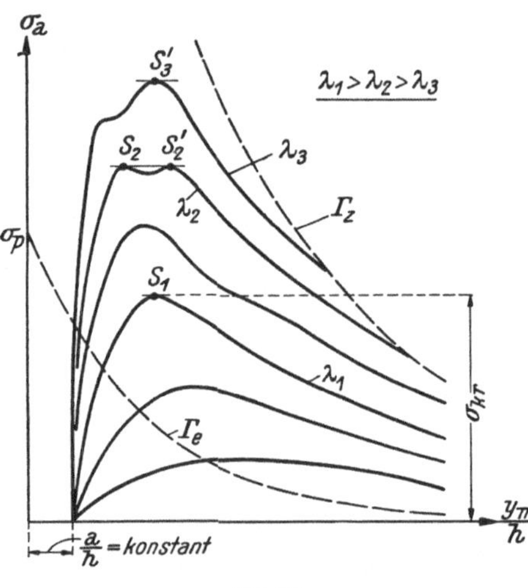

Abb. 18.

Mit abnehmender Exzentrizität $a \to 0$ gelangt der Einfluß des Entlastungsgesetzes auf der Biegezugseite immer mehr zur Geltung, und die Kurven nach Abb. 18 schmiegen sich der Kurvenschar in Abb. 6 an, welche für streng mittigen Kraftangriff gefunden wurde. Ist demnach das Schlankheitsverhältnis und das Exzentrizitätsmaß sehr klein, dann kann das Maximum II. Ordnung, welches hier für das Tragvermögen maßgebend ist, auch oberhalb der Stauchgrenze liegen. Aus einer entspre-

chenden Anzahl von Diagrammen nach Abb. 18 können schließlich die
den Kurvenextremen I. und II. Ordnung zugeordneten und zusammen-
gehörigen Werte σ_{kr}, λ_{kr}, $\dfrac{y_{kr}}{h}$ und $\dfrac{a}{k} = m$ entnommen werden. Die Stabausbiegung im kritischen Gleichgewichtszustande besitzt im allgemeinen
für die Baupraxis kein Interesse, da sie nach den Untersuchungen
Chwallas selbst bei schlanken Stäben nur Teile der Querschnittshöhe
beträgt ($y_{kr} \ll h$), und kann deshalb weiterhin außer Betracht bleiben.
Man kann dann den funktionalen Zusammenhang $\sigma_{kr} = \psi(\lambda, m)$ in

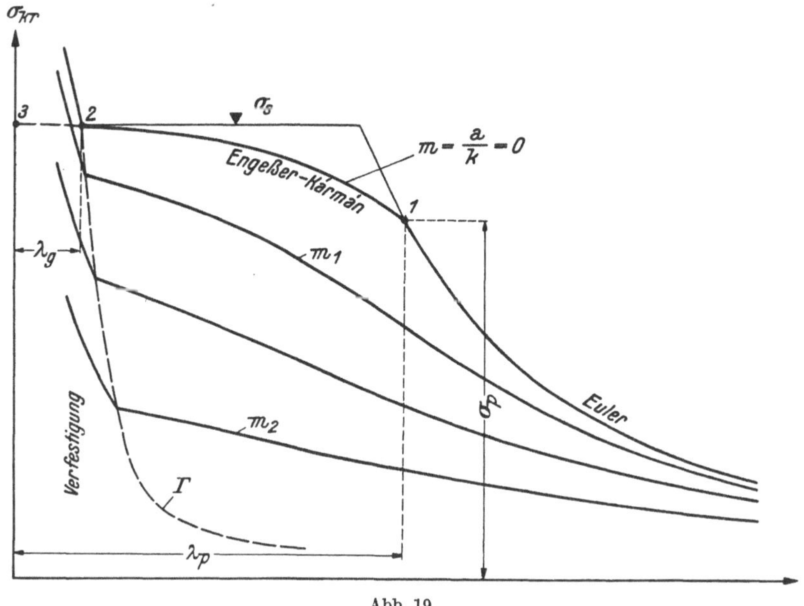

Abb. 19.

einem Diagramm nach Abb. 19 graphisch darstellen. Die obere Grenze
für die nach dem Parameter $m = \dfrac{a}{k}$ geordnete Kurvenschar bildet die
dem mittigen Kraftangriff entsprechende Linie $m = 0$, welche für
$\lambda_p \geqq \pi \sqrt{\dfrac{E}{\sigma_p}}$ aus der Euler-Hyperbel, für $\lambda_g \leqq \lambda \leqq \lambda_p$ aus der
Engesser-Kármánschen Knickspannungslinie (vgl. § 1, 2. Teil) und
für stark gedrungene Stäbe $0 < \lambda \leqq \lambda_g$ aus der steil ansteigenden, den
Kurvenextremen II. Ordnung entsprechenden Linie der kritischen
Spannungen, die dann die obere Grenze des Tragvermögens darstellen,
gebildet werden; den Kurvenextremen I. Ordnung entspricht hier die
der Verzweigungsstelle des Gleichgewichtes zugeordnete Knickspannung, die grundsätzlich unterhalb der Stauchgrenze liegt und diese
für $\lambda = 0$ erreicht (strichlierte Linie 2, 3). Die Grenzlinie Γ scheidet den
Gültigkeitsbereich der Kurvenextreme I. und II. Ordnung und verläuft

für nicht zu kleine Axialspannungen nahezu parallel zur Ordinatenachse, wobei λ_g von der Länge des Fließbereiches abhängig ist. Da nun die gebräuchlichen Stähle einen ziemlich großen Fließbereich aufweisen, wird λ_g sehr klein (bei einer Länge des Fließbereiches von $10^0/_{00}$ erhält man $\lambda_g < 15$), sodaß die links von der Grenzlinie Γ ausgebildeten Lastkurvenextreme II. Ordnung und damit der **Verfestigungsbereich des Werkstoffes** bei den im Stahlbau üblichen Schlankheitsgraden $\lambda > 30$ **gar nicht zur Auswirkung gelangen.** In allen praktisch vorkommenden Fällen wird daher der kritische Gleichgewichtszustand und damit die Grenze des Tragvermögens erreicht, bevor eine Verfestigung eintreten könnte.

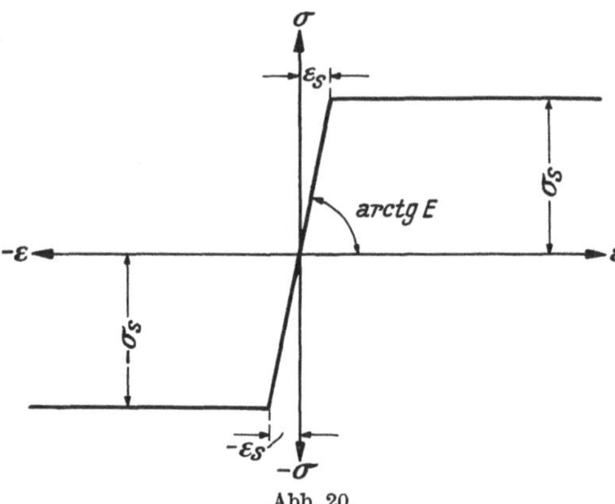

Abb. 20.

Zusammenfassend sei festgestellt, daß die Ergebnisse dieses Verfahrens in hohem Maße von der Querschnittsform und dem Formänderungsgesetz, d. h. für die üblichen Schlankheitsgrade vornehmlich von der Höhenlage der Proportionalitäts- und Fließgrenze — der Elastizitätsmodul kann wohl für alle Stahlsorten als unveränderlich angenommen werden — abhängig sind und daher nicht etwa, wie von mancher Seite der Einfachheit halber angenommen wurde, auf andere Querschnittsformen oder Stahlsorten übertragen werden darf. Außerdem erfordert aber diese Lösungsmethode einen derart **großen Aufwand an Rechen- und Zeichenarbeit,** daß ihre **Anwendung im Einzelfalle** (gegeben ist das Formänderungsgesetz, die Stababmessungen und die Außermittigkeit des Kraftangriffes, gesucht wird die Tragkraft des Stabes) sich als **praktisch unmöglich** erweist.

II. Analytisches Lösungsverfahren.

Das sehr verwickelte Formänderungsgesetz des Baustahles kann nach den Ergebnissen der vorangehenden Untersuchungen für den vorliegenden Zweck durch eine **ideal-plastische Arbeitslinie** (Ideal-Stahl) ersetzt werden, und diese praktisch gerechtfertigte Vereinfachung ermöglicht eine strenge analytische Lösung des Problems.[15] Die nachfolgenden Untersuchungen erstrecken sich auf einen nach Abb. 12 belasteten Stab mit

---

[15] K. Ježek: Die Tragfähigkeit des exzentrisch beanspruchten und des querbelasteten Druckstabes aus einem ideal-plastischen Stahl. Sitzungsberichte der Akademie der Wissenschaften in Wien, Math.-naturwiss. Kl., Abt. II a, 143. Bd., 7. H. 1934.

Rechteckquerschnitt, dessen Arbeitslinie in Abb. 20 dargestellt ist; bis zur Stauchgrenze σ_s und Streckgrenze $-\sigma_s$, welche Spannungen dem Absolutwerte nach gleich groß angenommen werden, gilt das Hookesche Gesetz (Elastizitätsmodul E), mit weiter zunehmender Stauchung bzw. Dehnung wird die Spannung unverändert gleich der Fließgrenze angenommen. Unter Hinzufügung der Gültigkeit der Bernoullischen Hypothese ist das Spannungsbild aus den Gleichgewichtsbedingungen zwischen äußeren und inneren Kräften vollständig bestimmt.[16]

In einem auf axialen Druck und Biegung beanspruchten Rechteckquerschnitt sind im Hinblick auf das gegebene Formänderungsgesetz drei verschiedene Verzerrungszustände möglich, die nachfolgend untersucht werden. In den Rechnungen werden Druckspannungen positiv, Zugspannungen negativ bezeichnet, und es bedeuten σ_d, σ_z die Spannungen und ε_d, ε_z die spezifischen Längenänderungen am Biegedruckrand bzw. am Biegezugrand.

1. Die Äste der Biegelinie.

Verzerrungszustand I (Ast I): $\varepsilon_d \leqq \varepsilon_s$, $\varepsilon_z < -\varepsilon_s$, $\sigma_d \leqq \sigma_s$, $\sigma_z < -\sigma_s$ (Abb. 21).

Die in Abb. 21 dargestellte Spannungsverteilung entspricht einer rein elastischen Formänderung des durch die Axialkraft $P = F\,\sigma_a = b\,h\,\sigma_a$

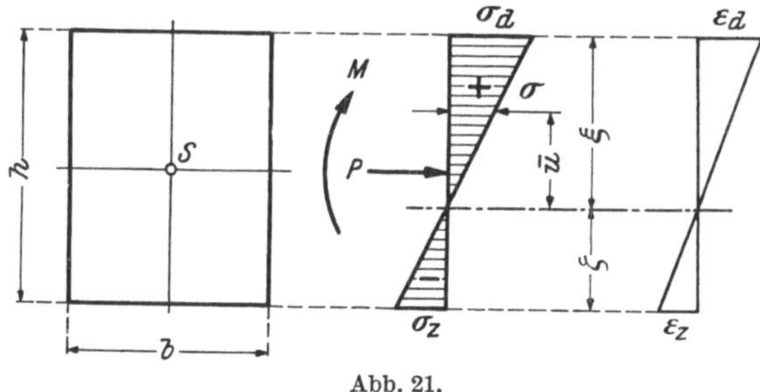

Abb. 21.

und durch das Biegemoment $M = P\,y$ beanspruchten Querschnittes. Bedeutet $\sigma = \dfrac{\bar{u}}{\xi}\,\sigma_d$ die Spannung in einer um den Betrag $\bar{u}$ von der Nulllinie entfernten Faser, so lauten die Gleichgewichtsbedingungen

$$\int\limits^{F} \sigma\,df = P, \qquad \int\limits^{F} \sigma\,\bar{u}\,df = M = P\,y. \tag{1}$$

---

[16] Diese beiden Voraussetzungen — ideal-plastische Arbeitslinie und Bernoullische Hypothese — bilden die Berechnungsgrundlagen auch bei anderen wichtigen Festigkeitsproblemen des Stahlbaues. Vgl. J. Fritsche: Die Tragfähigkeit von Balken aus Stahl mit Berücksichtigung des plastischen Verformungsvermögens. Bauing. 1930. — Ferner: Arbeitsgesetze bei elastisch plastischer Balkenbiegung. Z. angew. Math. Mech. 1931. — K. Girkmann: Die Bemessung von Rahmentragwerken unter Zugrundelegung eines ideal-plastischen Stahles. Sitzungsberichte der Akademie der Wissenschaften in Wien, Math.-naturwiss. Kl., Abt. II a, 140. Bd., 9. u. 10. H. 1931.

Aus diesen Gleichungen erhält man die Lage der Nullinie und die Spannung am Biegezugrand zu

$$\frac{\xi}{h} = \frac{b\,h^2}{12\,M}\,\sigma_d = 1 - \frac{\zeta}{h} \left.\vphantom{\frac{\xi}{h}}\right\} \qquad \sigma_z = -\frac{\zeta}{\xi}\,\sigma_d \tag{2}$$

Dem Biegemoment ist eine bestimmte Krümmung zugeordnet, welche mit Rücksicht auf die bei der Untersuchung in Frage kommenden sehr kleinen Ausbiegungen in üblicher Weise durch den zweiten Differentialquotienten ersetzt werden kann, so daß die Differentialgleichung der Biegelinie die nachfolgende Form annimmt:

$$\frac{1}{\varrho_1} \doteq y_1'' = -\frac{\varepsilon_d}{\xi} = -\frac{12\,M}{E\,b\,h^3}. \tag{3}$$

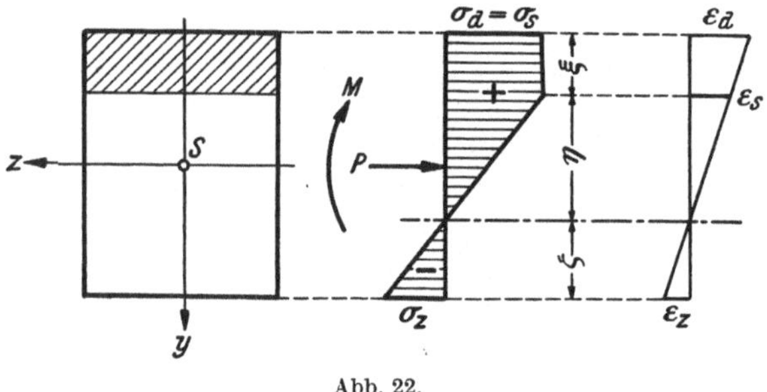

Abb. 22.

Mit $M = P\,y_1$ und den Abkürzungen

$$\alpha_1{}^2 = \frac{12\,\sigma_a}{E\,h^2}, \quad u = \alpha_1\,y_1 \tag{4}$$

nimmt Gl. 3 die nachfolgende Form an:

$$y_1'' = -\alpha_1{}^2\,y_1 = f(y_1). \tag{5}$$

Durch zweimalige Integration dieser Differentialgleichung ergibt sich zunächst die Neigung der Biegelinie

$$y_1' = \sqrt{A^2 + 2\int f(y_1)\,dy_1} = \sqrt{A^2 - u^2} \tag{6}$$

und schließlich die Biegelinie selbst in der Form

$$x_1 = \int \frac{dy_1}{(y_1')^2} + B = \frac{1}{\alpha_1}\,\mathrm{arc\,sin}\,\frac{u}{A} + B, \tag{7}$$

wobei A^2 und B die Integrationskonstanten bedeuten, die aus den Randbedingungen zu ermitteln sind. Die Durchbiegung, bei welcher am Biegedruckrand des Stabes gerade die Stauchgrenze erreicht wird, besitzt den Wert:

$$y_{\mathrm{I}} = \frac{h}{6}\left(\frac{\sigma_s}{\sigma_a} - 1\right). \tag{8}$$

Der Verzerrungszustand I liegt demnach in jenen Teilen des Stabes vor, dessen Durchbiegungen innerhalb der Grenzen

$$0 \leqq y_1 \leqq y_{\mathrm{I}} \tag{9}$$

gelegen sind.

Verzerrungszustand II (Ast II): $\varepsilon_d \geqq \varepsilon_s$, $\varepsilon_z \leqq -\varepsilon_s$, $\sigma_d = \sigma_s$, $\sigma_z \leqq -\sigma_s$ (Abb. 22).

Mit zunehmender Belastung wird am Biegedruckrand die Fließgrenze erreicht. Es wird angenommen, daß sich vom Biegedruckrand ausgehend ein Fließgebiet von der Breite ξ gebildet hat und daß die Spannung am Biegezugrand noch unterhalb der Streckgrenze liegt. Die erste Gleichgewichtsbedingung 1 kann dann in der Form

$$b\,h\,\sigma_s - \frac{b}{2}\,(h-\xi)\,(\sigma_z + \sigma_s) = P = b\,h\,\sigma_a$$

angeschrieben werden. Mit $\sigma_z = \dfrac{\zeta}{\eta}\,\sigma_s$ erhält man hieraus

$$\eta = \frac{(h-\xi)^2}{2\,h\,(\sigma_s - \sigma_a)}\,\sigma_s. \tag{10}$$

Bezieht man das Moment der äußeren und inneren Kräfte auf den Biegezugrand, so lautet die zweite Gleichgewichtsbedingung 1:

$$M + \frac{P\,h}{2} - \frac{b\,h^2}{2}\,\sigma_s + \frac{b}{6}\,(h-\xi)^2\,(\sigma_z + \sigma_s) = 0.$$

Führt man in diese Gleichung für η den Wert aus Gl. 10 ein, so erhält man die Breite des Fließgebietes zu

$$\xi = \frac{3\,M}{b\,h\,(\sigma_s - \sigma_a)} - \frac{h}{2}. \tag{11}$$

Aus den Gleichungen 10 und 11 folgt

$$\left.\begin{aligned} \eta &= \frac{9\,h\left[(\sigma_s - \sigma_a) - \dfrac{2\,M}{b\,h^2}\right]^2}{8\,(\sigma_s - \sigma_a)^3}\,\sigma_s \\[2mm] \zeta &= h - \xi - \eta \end{aligned}\right\} \tag{12}$$

Die Krümmung ergibt sich als Funktion des Biegemoments zu

$$\frac{1}{\varrho_2} \doteq y_2{}'' = -\frac{\sigma_s}{E\,\eta} = -\frac{8\,(\sigma_s - \sigma_a)^3}{9\,E\,h\left[(\sigma_s - \sigma_a) - \dfrac{2\,M}{b\,h^2}\right]^2} \tag{13}$$

Mit $M = P\,y_2$ und den Abkürzungen

$$\left.\begin{aligned} \alpha_2 &= \frac{2\,h\,\sigma_a}{9\,E}\left(\frac{\sigma_s}{\sigma_a} - 1\right)^3 \\[2mm] \beta_2 &= \frac{h}{2}\left(\frac{\sigma_s}{\sigma_a} - 1\right) \\[2mm] v^2 &= \frac{2\,\alpha_2}{(\beta_2 - y_2)} \end{aligned}\right\} \tag{14}$$

nimmt die Differentialgleichung 13 die nachfolgende Form an:

$$y_2{}'' = -\frac{\alpha_2}{(\beta_2 - y_2)^2}. \tag{15}$$

Durch zweimalige Integration dieser Gleichung erhält man zunächst die Neigung der Biegelinie

$$y_2{}' = \sqrt{C^2 - v^2} \tag{16}$$

und schließlich diese selbst in der Form

$$x_2 = -\frac{2\,\alpha_2}{C^2}\left\{\frac{\sqrt{C^2 - v^2}}{v^2} + \frac{1}{2\,C}\ln\frac{C + \sqrt{C^2 - v^2}}{C - \sqrt{C^2 - v^2}}\right\} + D. \tag{17}$$

In den Gleichungen 16 und 17 sind die Integrationskonstanten mit C^2 und D bezeichnet. Jene Durchbiegung, bei welcher am Biegezugrand gerade die Fließgrenze erreicht wird, errechnet sich zu

$$y_{\mathrm{II}} = \frac{h}{6}\left(\frac{\sigma_s}{\sigma_a} - 1\right)\left(\frac{2\,\sigma_a}{\sigma_s} + 1\right) = y_{\mathrm{II}}\left(\frac{2\,\sigma_a}{\sigma_s} + 1\right). \tag{18}$$

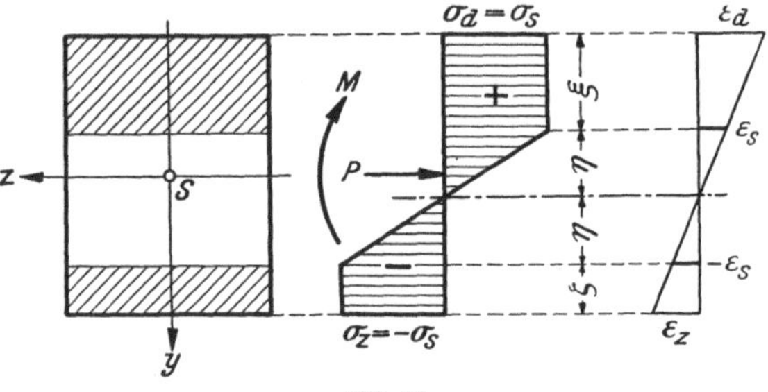

Abb. 23.

Der Verzerrungszustand II liegt demnach in jenen Stabteilen vor, dessen Durchbiegungen innerhalb der nachfolgenden Grenzen liegen:

$$y_{\mathrm{I}} \leqq y_2 \leqq y_{\mathrm{II}}. \tag{19}$$

Verzerrungszustand III (Ast III): $\varepsilon_d > \varepsilon_s$, $\varepsilon_z \geqq -\varepsilon_s$, $\sigma_d = \sigma_s$, $\sigma_z = -\sigma_s$ (Abb. 23).

Mit weiter zunehmender Belastung wird auch am Biegezugrand die Fließgrenze erreicht, so daß auf der Biegedruckseite ein Fließgebiet von der Breite ξ und auf der Biegezugseite ein Fließgebiet von der Breite ζ vorhanden ist. Die erste Gleichgewichtsbedingung 1 lautet dann:

$$b h\,\sigma_s - 2\,b\eta\,\sigma_s - 2\,b\zeta\,\sigma_s = P = b h\,\sigma_a.$$

Aus dieser Gleichung erhält man die Breite des Fließgebietes am Biegezugrand zu

$$\zeta = \frac{h}{2}\left(1 - \frac{\sigma_a}{\sigma_s}\right) - \eta. \tag{20}$$

Bezieht man das Moment der äußeren und inneren Kräfte auf den Biegezugrand, so lautet die zweite Gleichgewichtsbedingung 1:

$$M + \frac{P\,h}{2} - \frac{b h^2}{2}\,\sigma_s + 2\,b\eta\,\sigma_s\left(\frac{2}{3}\,\eta + \zeta\right) + b\,\sigma_s\,\zeta^2 = 0.$$

Führt man in obige Gleichung ζ aus Gl. 20 ein, so ergibt sich die Lage der Nullinie aus

$$\eta = h\sqrt{\frac{3}{4}\left(1 - \frac{\sigma_a{}^2}{\sigma_s{}^2}\right) - \frac{3\,M}{b\,h^2\,\sigma_s}}. \tag{21}$$

Die Breite des Fließgebietes am Biegedruckrand erhält man unter Verwendung der Gl. 20 zu

$$\xi = \frac{h}{2}\left(1 + \frac{\sigma_a}{\sigma_s}\right) - \eta. \tag{22}$$

Die Krümmung kann also als Funktion des Biegemoments berechnet werden und ergibt sich zu

$$\frac{1}{\varrho_3} \doteq y_3{}'' = -\frac{\sigma_s}{E\,\eta} = -\frac{\sigma_s}{E\,h\,\sqrt{\dfrac{3}{4}\left(1 - \dfrac{\sigma_a{}^2}{\sigma_s{}^2}\right) - \dfrac{3\,M}{b\,h^2\,\sigma_s}}} \tag{23}$$

Mit $M = P\,y_3$ und den Abkürzungen

$$\left.\begin{aligned}
\alpha_3{}^2 &= \frac{\sigma_s{}^3}{3\,E^2\,h\,\sigma_a}, \\[2mm]
\beta_3 &= \frac{h\,\sigma_s}{4\,\sigma_a}\left(1 - \frac{\sigma_a{}^2}{\sigma_s{}^2}\right), \\[2mm]
w^2 &= 16\,\alpha_3{}^2\,(\beta_3 - y_3)
\end{aligned}\right\} \tag{24}$$

lautet die Differentialgleichung der Biegelinie

$$y_3{}'' = -\frac{\alpha_3}{\sqrt{\beta_3 - y_3}} \tag{25}$$

Durch zweimalige Integration dieser Gleichung erhält man zunächst die Neigung

$$y_3{}' = \sqrt{w + F} \tag{26}$$

und schließlich die Gleichung der Biegelinie in der Form:

$$x_3 = -\frac{1}{12\,\alpha_3{}^2}\,(w - 2\,F)\,\sqrt{w + F} + G. \tag{27}$$

In den Gleichungen 26 und 27 bedeuten F und G die Integrationskonstanten. Mit zunehmender Belastung wird die Breite $2\,\eta$ des elastisch verformten Querschnittsteiles immer kleiner und schließlich gleich Null; diese Grenzbelastung führt zu einer **vollen plastischen Verformung** des Querschnitts und entspricht dem einer vorgegebenen Axialspannung zugeordneten **absolut größten Tragvermögen**. Aus dieser Bedingung folgt dann die größtmögliche Durchbiegung zu

$$y_\mathrm{III} = y_\mathrm{max} = \beta_3 = \frac{3}{2}\left(1 + \frac{\sigma_a}{\sigma_s}\right)y_\mathrm{I}. \tag{28}$$

Die Durchbiegungen des Verzerrungszustandes III liegen daher innerhalb der Grenzen

$$y_\mathrm{II} \leqq y_3 \leqq y_\mathrm{III}. \tag{29}$$

2. Die Gleichgewichtsformen der Biegelinie.

Die Biegelinie wird je nach dem Verzerrungszustand im End- und Mittelquerschnitt aus einem Ast oder aus mehreren Ästen gebildet. Mit von Null ansteigender Belastung wird zunächst im meistbeanspruchten Mittelquerschnitt ($x = l$) am Biegedruckrand die Fließgrenze σ_s erreicht, so daß die Ausbildung bleibender Formänderungen von dieser Stelle ihren

Ausgang nimmt. Die Ausdehnung der Fließgebiete ist dann nicht nur von der Axialspannung, sondern auch von der Exzentrizität des Kraftangriffes und den Stababmessungen abhängig. Hält man die Querschnittsabmessungen, die Stablänge und den Hebelarm a fest, so ist also zunächst die mittlere Durchbiegung y_m (s. Abb. 12) mit zunehmender Axialkraft zu bestimmen, d. h. der funktionale Zusammenhang $\sigma_a = f(y_m)$ analytisch festzulegen und zu untersuchen, ob diese sogenannte „Lastkurve" einen **Extremwert** besitzt. In diesem Falle gilt für eine bestimmte Durchbiegung

$$\frac{d\,\sigma_a}{d\,y_m} = 0. \tag{30}$$

Die Koordinaten des Scheitelpunktes der Lastkurve entsprechen der kritischen Axialspannung σ_{kr} und der kritischen mittleren Stabausbiegung y_{kr}. Die kritische Belastung $P_{kr} = F\,\sigma_{kr}$ entspricht der **Tragfähigkeit** des Stabes, da oberhalb derselben kein Gleichgewicht möglich ist. Im kritischen Gleichgewichtszustand ist dann ein Teil des Stabes bleibend verformt und die unter Berücksichtigung des Spannungsverlaufes längs der Stabachse möglichen Formen der Biegelinie, welche kurz als „Gleichgewichtsformen der Biegelinie" bezeichnet werden, sollen nachstehend ermittelt werden.

1. Gleichgewichtsform (Ast I): $y_m \leqq y_\mathrm{I}$.

Ist der Stab **rein elastisch** verformt, dann ist die Biegelinie durch die Gleichungen 6 und 7 bestimmt. Zur Ermittlung der Integrationskonstanten dienen die Randbedingungen (hierbei wird x vom Stabende gezählt):

$$\left.\begin{array}{l} x_1 = 0 \ldots y_1 = a \\ x_1 = l \ldots y_1' = 0 \end{array}\right\}. \tag{31}$$

Man erhält dann die Integrationskonstanten zu

$$A = \frac{\alpha_1\,a}{\cos\alpha_1\,l}, \quad B = l - \frac{\pi}{2\,\alpha_1} \tag{32}$$

und schließlich für die mittlere Ausbiegung die bekannte Formel

$$y_m = \frac{a}{\cos\alpha_1\,l}. \tag{33}$$

Diese Rechnung gilt natürlich nur für kleine Ausbiegungen (Voraussetzung für die Linearisierung der Differentialgleichung 3), für größere Ausbiegungen wäre die Krümmung durch den genauen analytischen Ausdruck (s. § 1, Gl. 6) zu ersetzen, und man erhält dann für einen unbeschränkt elastischen Stab die Lastkurve nach Abb. 11, welche keine Extremstelle aufweist. Für den vorliegenden Werkstoff gilt Gl. 33 bis zu jener Axialspannung, für welche am Biegedruckrand die Fließgrenze erreicht wird; diese Axialspannung soll als „gefährliche" Spannung[17] oder auch als „nutzbare Axialspannung des elastischen Bereiches" bezeichnet werden, da ihre Überschreitung bleibende Form-

---

[17] Vgl. den Diskussionsbeitrag von M. T. Huber zur II. Internat. Tagung für Brückenbau und Hochbau in Wien 1928, Vorbericht, S. 310ff.

änderungen des Stabes bedingt. Die mittlere Durchbiegung ist dann gleich der oberen Grenze y_I nach Gl. 8 zu setzen, und man erhält, wenn mit $\lambda = \dfrac{2\,l}{i}\left(i = \dfrac{h}{6}\sqrt{3}\,\right)$ das Schlankheitsverhältnis und mit $m = \dfrac{a}{k} = \dfrac{6\,a}{h}$ das Exzentrizitätsmaß bezeichnet wird (s. a. § 2/3, Gl. 8), das der gefährlichen Spannung zugeordnete Schlankheitsverhältnis aus der nachstehenden Gleichung:

$$\lambda_n = 2\sqrt{\frac{E}{\sigma_n}}\ \mathrm{arc\,cos}\left(\frac{m\,\sigma_n}{\sigma_s - \sigma_n}\right). \tag{34}$$

2. Gleichgewichtsform (Äste I und II): $a \leqq y_\mathrm{I}$, $y_\mathrm{I} \leqq y_m \leqq y_\mathrm{II}$ (Abb. 24).

Nachdem im Mittelquerschnitt am Biegedruckrand die Fließgrenze erreicht wurde, bewirkt eine weiter gesteigerte Belastung eine teilweise plastische Verformung des Stabes. Es wird angenommen, daß sich das Fließgebiet zu beiden Seiten des Mittelquerschnittes (das Problem ist symmetrisch) auf eine Länge $(l - x_\mathrm{I})$ ausgebreitet hat (der unelastisch verformte Teil des Stabes ist in Abb. 24 voll schwarz angedeutet), so daß in einem Querschnitt in der Entfernung x_I vom Stabende gerade die Fließgrenze am Biegedruckrand erreicht wird. Die gesamte Biegelinie des Stabes setzt sich demnach aus den Ästen I und II zusammen, und zur Ermittlung der Integrationskonstanten stehen die nachfolgenden Randbedingungen zur Verfügung:

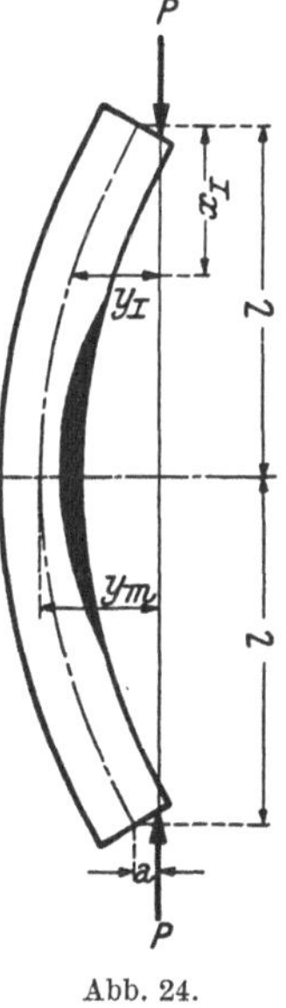

$$\left.\begin{aligned} x_1 &= 0 \ \ldots\ldots\ldots\ y_1 = a \\ x_1 &= x_2 = x_\mathrm{I} \ \ldots\ y_1 = y_2 = y_\mathrm{I} \\ x_1 &= x_2 = x_\mathrm{I} \ \ldots\ y_1{}' = y_2{}' \\ x_2 &= l \ \ldots\ldots\ldots\ y_2{}' = 0 \end{aligned}\right\} \tag{35}$$

Mit diesen Randbedingungen erhält man aus den Gleichungen 6, 7, 16 und 17 unter Verwendung der Abkürzungen

$$\left.\begin{aligned} v_1{}^2 &= \frac{4\,\sigma_a}{3\,E}\left(\frac{\sigma_s}{\sigma_a} - 1\right)^3, \quad v_2{}^2 = \frac{4\,\sigma_s}{3\,E}\left(\frac{\sigma_s}{\sigma_a} - 1\right), \\ u_1 &= \frac{v_1}{2}, \qquad\qquad u_0 = m\sqrt{\frac{\sigma_a}{3\,E}} \end{aligned}\right\} \tag{36}$$

Abb. 24.

zunächst

$$A^2 = C^2 - \frac{3}{4}\,v_1{}^2, \quad B = -\frac{1}{\alpha_1}\,\mathrm{arc\,sin}\,\frac{u_0}{A}, \quad D = l \tag{37}$$

und schließlich für C die nachfolgende Bestimmungsgleichung:

$$\Phi_2 = \left\{\mathrm{arc\,sin}\,\frac{u_1}{A} - \mathrm{arc\,sin}\,\frac{u_0}{A} - \frac{\lambda}{2}\sqrt{\frac{\sigma_a}{E}}\right\}C^2 +$$
$$+ \frac{v_1{}^2\,v_2{}^2}{2\,\sigma_s}\sqrt{3\,E\,\sigma_a}\left\{\frac{\sqrt{C^2 - v_1{}^2}}{v_1{}^2} + \frac{1}{2\,C}\ln\frac{(C + \sqrt{C^2 - v_1{}^2})}{(C - \sqrt{C^2 - v_1{}^2})}\right\} = 0. \tag{38}$$

Die obenstehende Gleichung bestimmt den funktionalen Zusammenhang zwischen der Integrationskonstanten C und den Werten σ_a, λ und m.

Hält man z. B. die Axialspannung σ_a und das Exzentrizitätsmaß fest, so entspricht die Funktion $\Phi_2\,(C, \lambda)$ einer Kurvenschar nach Abb. 25. Die dort dargestellten Linien sind nach dem Parameter λ geordnet und gelten innerhalb des Bereiches $v_1 \leqq C \leqq v_2$ (v_1 und v_2 sind bei gegebenem σ_a unveränderliche Größen). Die Funktion Φ_2 besitzt innerhalb ihres Gültigkeitsbereiches eine oder zwei Wurzeln, d. h. einen oder zwei Schnittpunkte mit der Abszissenachse, von denen die kleinere jener Durchbiegung entspricht, welche der Stab im Verlauf einer stetig gesteigerten Belastung einnimmt (primäre Gleichgewichtslage) und die aus

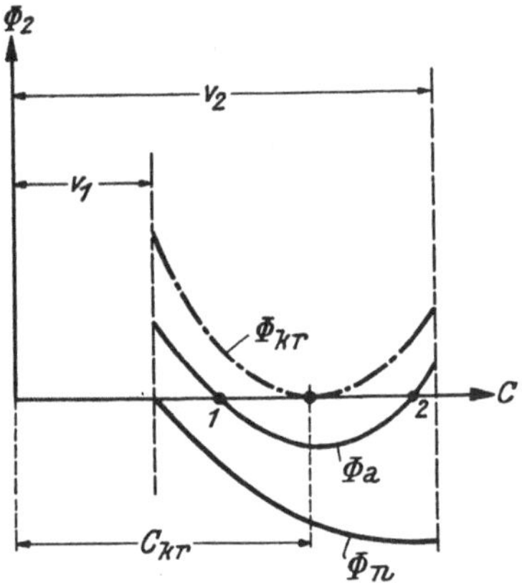

$$\frac{y_m}{h} = \frac{3\,y_{\mathrm{I}}}{h} - \frac{v_1{}^2\,v_2{}^2\,E}{4\,\sigma_s\,C^2} \tag{39}$$

zu berechnen ist. Die Kurve Φ_n entspricht der Grenzschlankheit λ_n des elastischen Bereiches nach Gl. 34 — $C = v_1, y_m = y_{\mathrm{I}}$ — und besitzt für die angenommenen Werte σ_a und m innerhalb des Gültigkeitsbereiches ($C \leqq v_2$) keine weitere Wurzel. Die Kurve Φ_a ist einer Schlankheit $\lambda > \lambda_n$ zugeordnet, schneidet die Abszissenachse in den Punkten 1 und 2 und besitzt daher zwei Lösungswerte, von denen der größere der sekundären Gleichgewichtslage entspricht. Mit zunehmender Schlankheit

Abb. 25.

nähern sich die beiden Schnittpunkte und fallen unter der kritischen Schlankheit $\max \lambda = \lambda_{kr}$ für die strichpunktiert gezeichnete Kurve Φ_{kr} zusammen. Es gilt demnach im kritischen Gleichgewichtszustande

$$\frac{\partial \Phi_2}{\partial C} = 0, \tag{40}$$

d. h. man hat jene Linie zu ermitteln, welche die Abszissenachse gerade berührt. Die Abszisse des Berührungspunktes C_{kr} dient zur Bestimmung der mittleren Ausbiegung im kritischen Gleichgewichtszustande y_{kr} nach Gl. 39, und die Gl. 40 entspricht daher der zur Ermittlung der kritischen Spannung angegebenen Gl. 30. Man erhält dann nach Umformung:

$$\frac{\partial \Phi_2}{\partial C} = 0 = \frac{v_1{}^2\,v_2{}^2}{2\,\sigma_s}\,\sqrt{3\,E\,\sigma_a}\left\{\frac{3\,v_1{}^2 - C^2}{v_1{}^2\,\sqrt{C^2 - v_1{}^2}} - \frac{3}{2\,C}\,\ln\frac{(C + \sqrt{C^2 - v_1{}^2})}{(C - \sqrt{C^2 - v_1{}^2})}\right\} -$$
$$\left\{\frac{u_1}{A^2\,\sqrt{A^2 - u_1{}^2}} - \frac{u_0}{A^2\,\sqrt{A^2 - u_0{}^2}}\right\}C^4. \tag{41}$$

Aus den Gleichungen 38 und 41 ist $C = C_{kr}$ und $\max \sigma_a = \sigma_{kr}$ bei gegebener Schlankheit und Exzentrizität zu ermitteln.

Ist die Integrationskonstante C nach Gl. 38 ermittelt, so erhält man bei unveränderlicher Schlankheit $\lambda = \text{konstant}$ die Axialspannung in Abhängigkeit von der Exzentrizität a und der mittleren Ausbiegung y_m, demnach eine in Abb. 26 nach dem Parameter $m = \dfrac{a}{k}$ geordnete Kurvenschar. Setzt man in Gl. 38 $C = v_1$, d. h. $y_m = y_{\mathrm{I}}$, und außerdem $\dot{m} = u_0 = 0$, so erhält man $\sigma_a = \sigma_k = \dfrac{\pi^2 E}{\lambda^2}$; die der mittigen Beanspruchung zugeordnete Lastkurve zweigt mit waagrechter Tangente in der Höhe der Eulerschen Knickspannung σ_k von der Ordinatenachse ab, verläuft bis $y_m = y_{\mathrm{I}}$ parallel zur Abszissenachse (indifferenter Gleichgewichtszustand) und fällt mit weiter zunehmender Ausbiegung ab (in Wirklichkeit steigt diese Lastkurve nach Abb. 4 bis zur Grenze des elastischen Bereiches noch etwas an und besitzt erst für $y_m > y_{\mathrm{I}}$ ein analytisches

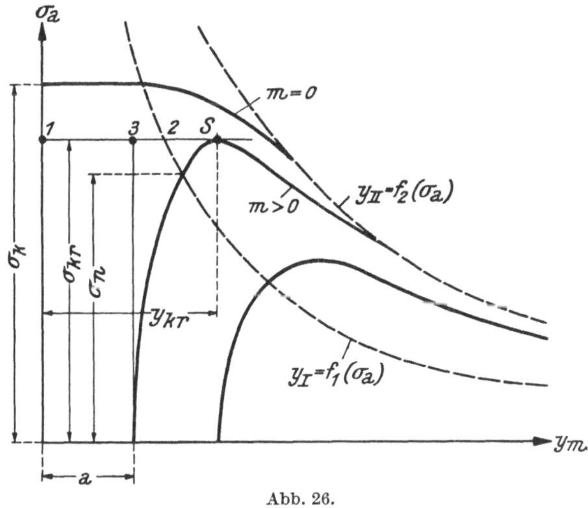

Abb. 26.

Maximum, dessen Scheitel jedoch nur unwesentlich höher liegt als die Knickspannung). Mit wachsender Exzentrizität $a \to \infty$ sinken die Scheitelpunkte der entsprechenden Lastkurven $\sigma_a = f(y_m)$ und befinden sich im betrachteten Falle innerhalb des durch die Linien $y_{\mathrm{I}} = f_1(\sigma_a)$ nach Gl. 8 und $y_{\mathrm{II}} = f_2(\sigma_a)$ nach Gl. 18 abgegrenzten Bereiches. Ordinate und Abszisse des Scheitelpunktes entsprechen der kritischen Spannung σ_{kr} und der kritischen Durchbiegung y_{kr}, die Ordinate des Schnittpunktes einer Lastkurve mit der Grenzlinie y_{I} entspricht der gefährlichen Spannung σ_n. Die abfallenden Äste der Lastkurven sind in Abb. 26 nur bis zur Grenzlinie y_{II} gezeichnet, ihr weiterer Verlauf ist durch den Verzerrungszustand III bestimmt. Im kritischen Gleichgewichtszustande sind bei der gezeichneten Lastkurve die Bedingungen für die vorliegende Gleichgewichtsform $a < y_{\mathrm{I}}$ und $y_{kr} < y_{\mathrm{II}}$ — für σ_{kr} entspricht die Strecke $\overline{1,2} = y_{\mathrm{I}}$, $\overline{1,3} = a$ und $\overline{1,S} = y_{kr}$ — erfüllt.

3. Gleichgewichtsform (Äste I, II und III): $a \leqq y_{\mathrm{I}}$, $y_{\mathrm{II}} \leqq y_m \leqq y_{\mathrm{III}}$ (Abb. 27).

Diese Gleichgewichtsform liegt vor, wenn mit zunehmender Belastung auch am Biegezugrand bleibende Formänderungen auftreten, bevor am

3*

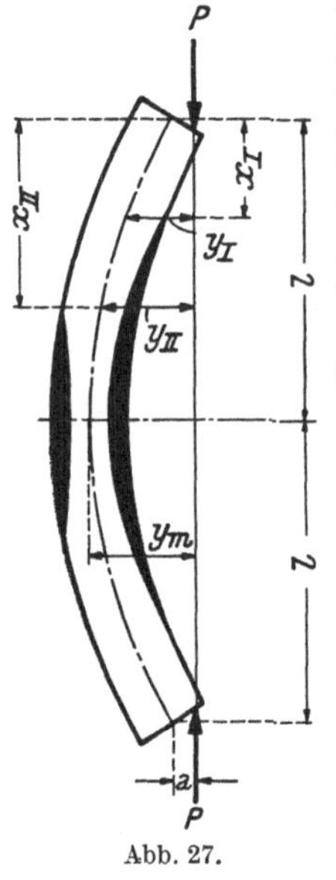

Abb. 27.

Biegedruckrand das Fließgebiet bis zu den Stabenden vorgedrungen ist. Die Fließgebiete am Biegedruckrand bzw. am Biegezugrand erstrecken sich dann auf die Länge $(l - x_\mathrm{I})$ bzw. $(l - x_\mathrm{II})$ zu beiden Seiten des Mittelquerschnittes (die plastisch verformten Teile des Stabes sind in Abb. 27 voll schwarz angedeutet). Die Biegelinie des Stabes wird daher aus den Ästen I, II und III gebildet, und zur Berechnung der sechs Integrationskonstanten dienen die nachfolgenden Randbedingungen:

$$\left.\begin{aligned}
x_1 &= 0 \ldots\ldots\ldots\ y_1 = a \\
x_1 &= x_2 = x_\mathrm{I} \ldots\ y_1 = y_2 = y_\mathrm{I} \\
x_1 &= x_2 = x_\mathrm{I} \ldots\ y_1{}' = y_2{}' \\
x_2 &= x_3 = x_\mathrm{II} \ldots\ y_2 = y_3 = y_\mathrm{II} \\
x_2 &= x_3 = x_\mathrm{II} \ldots\ y_2{}' = y_3{}' \\
x_3 &= l \ldots\ldots\ldots\ y_3{}' = 0
\end{aligned}\right\} \quad (42)$$

Aus diesen Randbedingungen erhält man unter Benutzung der Gleichungen 6, 7, 16, 17, 26 und 27 und der Abkürzungen nach Gl. 36 zunächst:

$$\left.\begin{aligned}
A^2 &= C^2 - \frac{3}{4} v_1{}^2 \\[2mm]
B &= -\frac{1}{\alpha_1} \arcsin \frac{u_0}{A} \\[2mm]
D &= B + \frac{1}{\alpha_1} \arcsin \frac{u_1}{A} + \\[2mm]
&\quad + \frac{2\,\alpha_2}{C^2} \left\{ \frac{\sqrt{C^2 - v_1{}^2}}{v_1{}^2} + \frac{1}{2\,C} \ln \frac{(C + \sqrt{C^2 - v_1{}^2})}{(C - \sqrt{C^2 - v_1{}^2})} \right\} \\[2mm]
F &= C^2 - \frac{3}{2} v_2{}^2 \\[2mm]
G &= l
\end{aligned}\right\} \quad (43)$$

und schließlich für C selbst die nachfolgende Beziehung:

$$\begin{aligned}
\Phi_3 &= \left\{ \arcsin \frac{u_1}{A} - \arcsin \frac{u_0}{A} - \frac{\lambda}{2} \sqrt{\frac{\sigma_a}{E}} + \right. \\[2mm]
&\quad \left. + \frac{E\,\sigma_a}{\sigma_s{}^3} \sqrt{3\,E\,\sigma_a} \left(\frac{7}{4} v_2{}^2 - C^2 \right) \sqrt{C^2 - v_2{}^2} \right\} C^2 + \\[2mm]
&\quad + \frac{v_1{}^2 v_2{}^2}{2\,\sigma_s} \sqrt{3\,E\,\sigma_a} \left\{ \frac{\sqrt{C^2 - v_1{}^2}}{v_1{}^2} - \frac{\sqrt{C^2 - v_2{}^2}}{v_2{}^2} + \right. \\[2mm]
&\quad \left. + \frac{1}{2\,C} \ln \frac{(C + \sqrt{C^2 - v_1{}^2})(C - \sqrt{C^2 - v_2{}^2})}{(C - \sqrt{C^2 - v_1{}^2})(C + \sqrt{C^2 - v_2{}^2})} \right\} = 0.
\end{aligned} \quad (44)$$

Hält man in dieser Gleichung σ_a und m unveränderlich, so entspricht die Funktion $\Phi_3(C, \lambda)$ einer Kurvenschar nach Abb. 28. Die eingezeichneten Linien sind nach dem Parameter λ geordnet und besitzen innerhalb des Gültigkeitsbereiches $v_2{}^2 \leqq C^2 \leqq \frac{3}{2} v_2{}^2$ einen oder zwei Wurzelwerte, d. h. einen oder zwei Schnittpunkte mit der Abszissenachse. Mit wach-

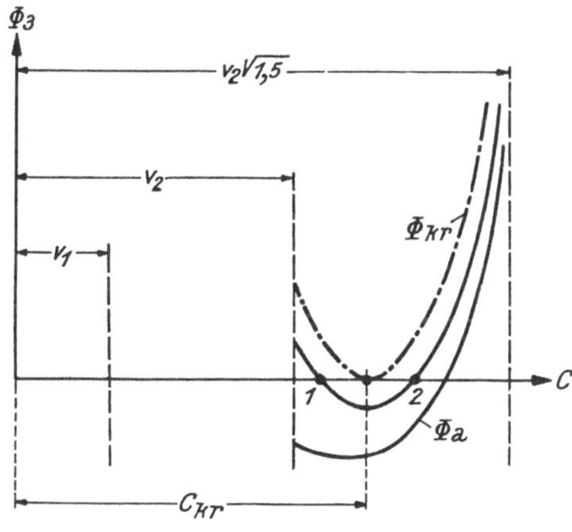

Abb. 28.

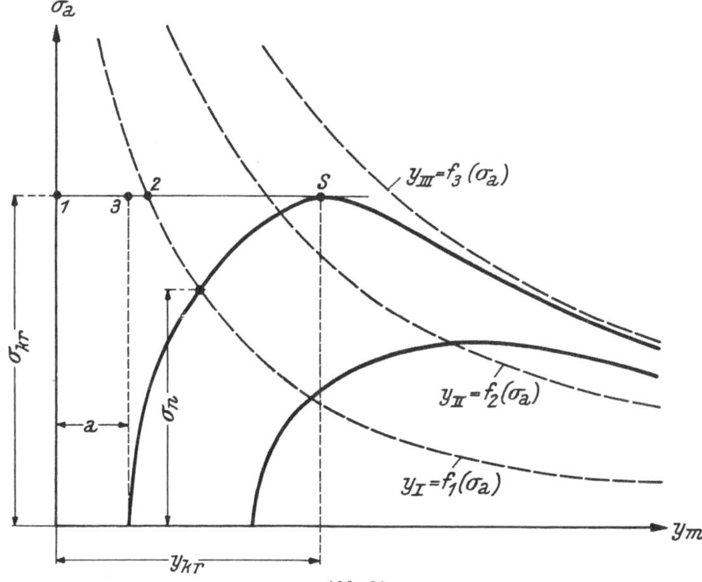

Abb. 29.

sender Belastung erfährt der Stab jene Ausbiegung, die der kleineren Wurzel der Gl. 44 entspricht und sich zu

$$\frac{y_m}{h} = \frac{y_{III}}{h} - \frac{3\,E^2\,\sigma_a}{16\,\sigma_s{}^3}\left(C^2 - \frac{3}{2}\,v_2{}^2\right)^2 \tag{45}$$

ergibt. Mit wachsender Schlankheit nähern sich die beiden Lösungswerte für C und fallen unter der kritischen Schlankheit (Kurve Φ_{kr}) zusammen. Im kritischen Gleichgewichtszustande gilt demnach:

$$\frac{\partial \Phi_3}{\partial C} = 0 = \frac{v_1{}^2 v_2{}^2}{2\,\sigma_s} \sqrt{3\,E\,\sigma_a} \left\{ \frac{3\,v_1{}^2 - C^2}{v_1{}^2 \sqrt{C^2 - v_1{}^2}} - \frac{3\,v_2{}^2 - C^2}{v_2{}^2 \sqrt{C^2 - v_2{}^2}} - \right.$$

$$\left. - \frac{3}{2\,C} \ln \frac{(C + \sqrt{C^2 - v_1{}^2})\,(C - \sqrt{C^2 - v_2{}^2})}{(C - \sqrt{C^2 - v_1{}^2})\,(C + \sqrt{C^2 - v_2{}^2})} \right\} - \qquad (46)$$

$$- \left\{ \frac{3\,E\,\sigma_a \sqrt{3\,E\,\sigma_a}\,(4\,C^2 - 5\,v_2{}^2)}{4\,\sigma_s{}^3 \sqrt{C^2 - v_2{}^2}} + \frac{u_1}{A^2 \sqrt{A^2 - u_1{}^2}} - \frac{u_0}{A^2 \sqrt{A^2 - u_0{}^2}} \right\} C^4.$$

Aus den Gleichungen 44 und 46 ist $C = C_{kr}$ und $\max \sigma_a = \sigma_{kr}$ zu berechnen. In Abb. 29 ist der Verlauf der Funktion $\sigma_a = f(y_m)$ eines Stabes gegebener Schlankheit, dessen Biegelinie die hier besprochene Form besitzt, graphisch dargestellt. Die Scheitelpunkte der nach dem Parameter a geordneten Schar befinden sich innerhalb des durch die Grenzlinien $y_{\mathrm{II}} = f_2(\sigma_a)$ und $y_{\mathrm{III}} = f_3(\sigma_a)$ eingeschlossenen Bereiches und sinken mit wachsender Exzentrizität. Im kritischen Gleichgewichtszustande muß außerdem die Bedingung $a \leqq y_{\mathrm{I}}$ — in Abb. 29 entspricht für $\sigma_a = \sigma_{kr}$ die Strecke $\overline{1,3} = a$, die Strecke $\overline{1,2} = y_{\mathrm{I}}$ — erfüllt sein. Eine bestimmte Lastkurve ($a =$ konstant) verläßt die Abszissenachse mit lotrechter Tangente im Punkte $y_m = a$, schneidet die Grenzlinie des elastischen Bereiches für $\sigma_a = \sigma_n$, erreicht ein Maximum ($\max \sigma_a = \sigma_{kr}$) und nähert sich im abfallenden Aste immer mehr der Grenzlinie $y_{\mathrm{III}} = f_3(\sigma_a)$. Die Koordinaten des Scheitelpunktes S entsprechen der kritischen Axialspannung und der kritischen mittleren Ausbiegung.

4. Gleichgewichtsform (Ast II): $y_{\mathrm{I}} \leqq a < y_{\mathrm{II}}$, $y_{\mathrm{I}} < < y_m \leqq y_{\mathrm{II}}$ (Abb. 30).

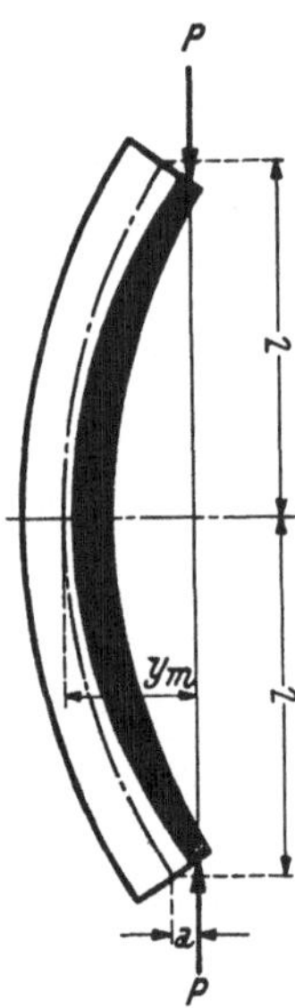

Abb. 30.

Reicht das mit zunehmender Belastung am Biegedruckrand zur Ausbildung gelangende Fließgebiet bis zu den Endquerschnitten, bevor am Biegezugrand bleibende Formänderungen auftreten, so herrscht im ganzen Stab der Verzerrungszustand II, und die Biegelinie ist durch die Gleichungen 16 und 17 bestimmt; die in diesen Gleichungen vorhandenen Integrationskonstanten sind aus den Randbedingungen

$$\left. \begin{aligned} x_2 &= 0 \,\ldots\, y_2 = a \\ x_2 &= l \,\ldots\, y_2{}' = 0 \end{aligned} \right\} \qquad (47)$$

zu berechnen. Man erhält dann $D = l$ und mit

$$v_0{}^2 = \frac{3\,E\,v_1{}^2 v_2{}^2}{2\,\sigma_s \left[3\left(\dfrac{\sigma_s}{\sigma_a} - 1\right) - m \right]} \qquad (48)$$

die nachfolgende Bestimmungsgleichung für die Integrationskonstante C:

$$\Phi_4 = -\lambda C^2 + \frac{v_1{}^2 v_2{}^2 E \sqrt{3}}{\sigma_s}\left\{\frac{\sqrt{C^2 - v_0{}^2}}{v_0{}^2} + \frac{1}{2\,C}\ln\frac{(C + \sqrt{C^2 - v_0{}^2})}{(C - \sqrt{C^2 - v_0{}^2})}\right\} = 0. \quad (49)$$

Aus dieser Gleichung erhält man innerhalb des Gültigkeitsbereiches $v_1 \leqq C \leqq v_2$ einen oder zwei Lösungswerte. Zur Berechnung der mit zunehmender Belastung auftretenden Durchbiegung y_m nach Gl. 39 ist die kleinere Wurzel der Gl. 49 zu verwenden. Die Funktion $\Phi_4(C, \sigma_a)$ entspricht bei unveränderlichen Werten λ und m einer Kurvenschar nach Abb. 25 und für die der kritischen Schlankheit λ_{kr} zugeordnete Linie Φ_{kr} besteht die Bedingung $\dfrac{\partial \Phi_4}{\partial C} = 0$; hieraus ergibt sich die Integrationskonstante im kritischen Gleichgewichtszustande:

$$C_{kr}^2 = \frac{4}{3}\left(\frac{v_1{}^2 v_2{}^2 E}{v_0{}^2 \lambda \sigma_s}\right)^2 + v_0{}^2. \quad (50)$$

Führt man diesen Wert in Gl. 49 ein und setzt man

$$r = \frac{3}{4}\left(\frac{\lambda v_0{}^2 \sigma_s}{v_1{}^2 v_2{}^2 E}\right)^2 v_0{}^2, \quad (51)$$

so erhält man die nachfolgende Bestimmungsgleichung für r:

$$\ln\frac{(\sqrt{r+1}+1)}{(\sqrt{r+1}-1)} - \frac{2\,(2\,r-1)\,\sqrt{r+1}}{3\,r} = 0. \quad (52)$$

Diese Gleichung besitzt als einzige Wurzel $r_0 = 1{,}58$. Nach Einsetzen dieses Lösungswertes in Gl. 51 erhält man die nachfolgende Beziehung, aus welcher das einer bestimmten kritischen Spannung und einem vorgegebenen Exzentrizitätsmaß zugeordnete Schlankheitsverhältnis unmittelbar berechnet werden kann.

$$\lambda^2 = \frac{6\,r_0 E}{\sigma_{kr}}\left\{1 - \frac{m\,\sigma_{kr}}{3\,(\sigma_s - \sigma_{kr})}\right\}^3 = \frac{9{,}48\,E}{\sigma_{kr}}\left\{1 - \frac{m\,\sigma_{kr}}{3\,(\sigma_s - \sigma_{kr})}\right\}^3. \quad (53)$$

Der Gültigkeitsbereich dieser Gleichung ist durch die Grenzbedingungen der vorliegenden Gleichgewichtsform bestimmt. Man erhält für $a = y_{\mathrm{I}}$ aus Gl. 53:

$$\lambda^2_{g,1} = \frac{16\,r_0 E}{9\,\sigma_{kr}} = \frac{2{,}81\,E}{\sigma_{kr}} \quad (54)$$

und aus der zweiten Grenzbedingung $y_m = y_{\mathrm{II}}$ zunächst $C_{kr} = v_2$, d. h. aus Gl. 50:

$$1 - \frac{m\,\sigma_{kr}}{3\,(\sigma_s - \sigma_{kr})} = \frac{2\,(r_0 + 1)}{3\,r_0}\left(1 - \frac{\sigma_{kr}}{\sigma_s}\right).$$

Nach Einführung dieses Wertes in Gl. 53 ergibt sich:

$$\lambda^2_{g,2} = \frac{16\,E\,(r_0 + 1)^3}{9\,\sigma_{kr}\,r_0{}^2}\left(1 - \frac{\sigma_{kr}}{\sigma_s}\right)^3 = \frac{12{,}23\,E}{\sigma_{kr}}\left(1 - \frac{\sigma_{kr}}{\sigma_s}\right)^3. \quad (55)$$

Beide Grenzbedingungen sind erfüllt für

$$\min \sigma_{kr} = \frac{\sigma_s}{(r_0 + 1)} = 0{,}388\,\sigma_s, \quad \max m = r_0 = 1{,}58,$$

$$\lambda = \frac{4}{3}\sqrt{\frac{r_0\,(r_0 + 1)\,E}{\sigma_s}} = 2{,}69\,\sqrt{\frac{E}{\sigma_s}}. \quad (56)$$

Die Gl. 53 darf daher nur für $m \leqq 1{,}58$, $\sigma_{kr} \geqq 0{,}388\,\sigma_s$ innerhalb der Grenzen $\lambda_{g,2} \leqq \lambda \leqq \lambda_{g,1}$ angewendet werden.

Setzt man in die Gl. 39 $C_{kr}^2 = \dfrac{(r_0 + 1)}{r_0}\,v_0{}^2 = 1{,}634\,v_0{}^2$ ein, so ergibt sich die **kritische Durchbiegung** in Abhängigkeit von der Axialspannung und dem Exzentrizitätsmaß aus der nachfolgenden Gleichung:

$$\frac{y_{kr}}{h} = \frac{1}{2\,(r_0 + 1)}\left[\left(\frac{\sigma_s}{\sigma_{kr}} - 1\right) + \frac{m\,r_0}{3}\right] = 0{,}194\left(\frac{\sigma_s}{\sigma_{kr}} - 1\right) + 0{,}102\,m. \tag{57}$$

5. Gleichgewichtsform (Äste II und III): $y_{\mathrm{I}} \leqq a \leqq y_{\mathrm{II}}$, $y_{\mathrm{II}} \leqq y_m \leqq y_{\mathrm{III}}$ (Abb. 31).

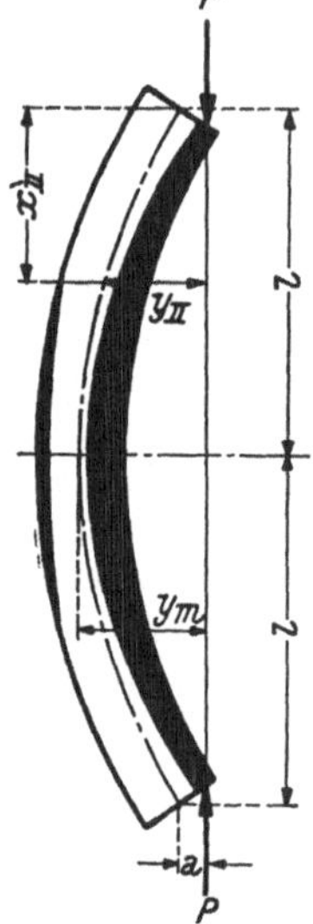

Abb. 31.

Diese Gleichgewichtsform liegt vor, wenn mit zunehmender Belastung am Biegedruckrand ein bis zu den Stabenden reichendes Fließgebiet entsteht und außerdem im mittleren Teil des Stabes am Biegezugrand bleibende Formänderungen auftreten. Dann herrscht im mittleren Stabteil ($x > x_{\mathrm{II}}$) der Verzerrungszustand III, an den Stabenden der Verzerrungszustand II und die Biegelinie ist durch die Gleichungen 16, 17, 26 und 27 bestimmt. Zur Ermittlung der dort aufscheinenden vier Integrationskonstanten dienen die nachfolgenden Randbedingungen:

$$\left.\begin{aligned}
x_2 &= 0 \ldots\ldots\ldots\; y_2 = a \\
x_2 &= x_3 = x_{\mathrm{II}} \ldots\; y_2 = y_3 = y_{\mathrm{II}} \\
x_2 &= x_3 = x_{\mathrm{II}} \ldots\; y_2{}' = y_3{}' \\
x_3 &= l \ldots\ldots\ldots\; y_3{}' = 0
\end{aligned}\right\} \tag{58}$$

Aus diesen Gleichungen erhält man unter Verwendung der bereits benutzten Abkürzungen zunächst

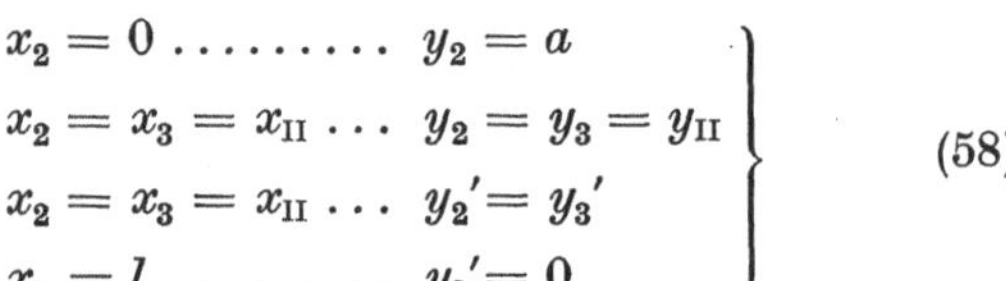

$$\left.\begin{aligned}
D &= \frac{2\,\alpha_2}{C}\left\{\frac{\sqrt{C^2 - v_0{}^2}}{v_0{}^2} + \frac{1}{2\,C}\ln\frac{(C + \sqrt{C^2 - v_0{}^2})}{(C - \sqrt{C^2 - v_0{}^2})}\right\} \\
F &= C^2 - \frac{3}{2}\,v_2{}^2 \\
G &= l
\end{aligned}\right\} \tag{59}$$

und für die Integrationskonstante C die nachfolgende Beziehung:

$$\begin{aligned}
\Phi_5 &= \frac{v_1{}^2 v_2{}^2 E \sqrt{3}}{\sigma_s}\left\{\frac{\sqrt{C^2 - v_0{}^2}}{v_0{}^2} - \frac{\sqrt{C^2 - v_2{}^2}}{v_2{}^2} + \right.\\
&\quad \left. + \frac{1}{2\,C}\ln\frac{(C + \sqrt{C^2 - v_0{}^2})\,(C - \sqrt{C^2 - v_2{}^2})}{(C - \sqrt{C^2 - v_0{}^2})\,(C + \sqrt{C^2 - v_2{}^2})}\right\} - \\
&\quad - \left\{\lambda - \frac{2\,E^2 \sigma_a \sqrt{3}}{\sigma_s{}^3}\left(\frac{7}{4}\,v_2{}^2 - C^2\right)\sqrt{C^2 - v_2{}^2}\right\}C^2 = 0.
\end{aligned} \tag{60}$$

Diese Gleichung besitzt innerhalb ihres Gültigkeitsbereiches $v_2{}^2 \leqq C^2 \leqq \dfrac{3}{2}\,v_2{}^2$ zwei Lösungswerte für C, von denen der kleinere der mit zunehmender Belastung wirklich auftretenden Durchbiegung entspricht. Im kritischen Gleichgewichtszustande besteht die Bedingung $\dfrac{\partial \Phi_5}{\partial C} = 0$, welche nach Umformung ergibt:

$$\frac{\partial \Phi_5}{\partial C} = 0 = v_1^2 v_2^2 \left\{ \frac{3 v_0^2 - C^2}{v_0^2 \sqrt{C^2 - v_0^2}} - \frac{3 v_2^2 - C^2}{v_2^2 \sqrt{C^2 - v_2^2}} - \right.$$
$$\left. - \frac{3}{2 C} \ln \frac{(C + \sqrt{C^2 - v_0^2})(C - \sqrt{C^2 - v_2^2})}{(C - \sqrt{C^2 - v_0^2})(C + \sqrt{C^2 - v_2^2})} \right\} - \frac{3 E \sigma_a (4 C^2 - 5 v_2^2)}{2 \sigma_s^2 \sqrt{C^2 - v_2^2}} C^4. \tag{61}$$

Aus den Gleichungen 60 und 61 ist $C = C_{kr}$ und $\max \sigma_a = \sigma_{kr}$ zu berechnen oder es ist bei gegebener Axialspannung und Exzentrizität aus der Kurvenschar $\Phi_5(C, \lambda)$ nach Abb. 28 jene Kurve Φ_{kr} zu bestimmen, welche die Abszissenachse ($\Phi_5 = 0$) gerade berührt. Die Lastkurve $\sigma_a = f(a, y_m)$ unterscheidet sich von der in Abb. 29 (3. Gleichgewichtsform) dargestellten Linie nur darin, daß im kritischen Gleichgewichtszustande $a > y_\mathrm{I}$ — in diesem Falle wäre also $\overline{1,3} > \overline{1,2}$ — ist; die Scheitelpunkte sämtlicher Lastkurven liegen auch hier innerhalb des durch die Grenzlinien $y_\mathrm{II} = f_2(\sigma_a)$ und $y_\mathrm{III} = f_3(\sigma_a)$ eingeschlossenen Bereiches.

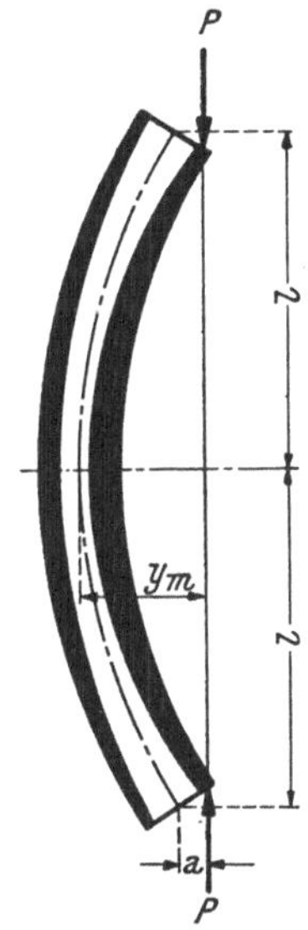

6. Gleichgewichtsform (Ast III): $y_\mathrm{II} \leqq a < y_\mathrm{III}$, $y_\mathrm{II} < y_m \leqq y_\mathrm{III}$ (Abb. 32).

Reichen die mit zunehmender Belastung entstehenden Fließgebiete sowohl am Biegedruckrand als auch am Biegezugrand bis zu den Stabenden, so herrscht im ganzen Stabe der Verzerrungszustand III und die Biegelinie ist durch die Gleichungen 26 und 27 festgelegt. Man erhält dann aus den Randbedingungen

$$\left. \begin{aligned} x_3 = 0 \ \ldots \ y_3 = a \\ x_3 = l \ \ldots \ y_3' = 0 \end{aligned} \right\} \tag{62}$$

zunächst $G = l$ und unter Verwendung von

$$w_0^2 = \frac{4 \sigma_s^3}{3 E^2 \sigma_a} \left(\frac{\sigma_s}{\sigma_a} - \frac{\sigma_a}{\sigma_s} - \frac{2 m}{3} \right) \tag{63}$$

Abb. 32.

zur Berechnung der Integrationskonstanten F die nachfolgende Gleichung:

$$\Phi_6 = \frac{\sigma_s^3}{E^2 \sigma_a \sqrt{3}} \lambda - (w_0 - 2 F) \sqrt{w_0 + F} = 0. \tag{64}$$

Diese Gleichung besitzt innerhalb ihres Gültigkeitsbereiches $- w_0 \leqq F \leqq 0$ zwei reelle Wurzeln. Die mittlere Durchbiegung ergibt sich aus

$$\frac{y_m}{h} = \frac{y_\mathrm{III}}{h} - \frac{3 E^2 \sigma_a}{16 \sigma_s^3} F^2, \tag{65}$$

wobei mit wachsender Belastung jene Ausbiegung erzielt wird, welche der kleineren, d. h. dem Absolutbetrag nach größeren Wurzel (F ist negativ) der Gl. 64 entspricht. Der Funktion $\Phi_6(F, \sigma_a)$ ist bei unveränderlichen

Werten λ und m eine Kurvenschar und im kritischen Gleichgewichtszustand eine Kurve Φ_{kr} zugeordnet, welche die Abszissenachse $\Phi_6 = 0$ gerade berührt; aus der entsprechenden Bedingung $\dfrac{\partial \Phi_6}{\partial F} = 0$ ergibt sich der Wert der Integrationskonstanten im kritischen Gleichgewichtszustande zu

$$F_{kr} = -\frac{w_0}{2}. \tag{66}$$

Führt man diesen Wert in Gl. 64 ein, so erhält man das einer bestimmten kritischen Axialspannung σ_{kr} und einem vorgegebenen Exzentrizitätsmaß m zugeordnete Schlankheitsverhältnis aus

$$\lambda^2 = \frac{16\,E}{\sigma_s \sqrt{3}} \sqrt{\frac{\sigma_{kr}}{\sigma_s}\left(\frac{\sigma_s}{\sigma_{kr}} - \frac{\sigma_{kr}}{\sigma_s} - \frac{2\,m}{3}\right)^3}. \tag{67}$$

Der Gültigkeitsbereich dieser Gleichung ist durch die **Grenzbedingungen** der vorliegenden Gleichgewichtsform bestimmt. Aus der ersten Bedingung $a = y_{\mathrm{II}}$ (im Endquerschnitt wird am Biegezugrande gerade die Fließgrenze erreicht) ergibt sich zunächst das Exzentrizitätsmaß zu

$$m = 1 + \frac{\sigma_s}{\sigma_{kr}} - \frac{2\,\sigma_{kr}}{\sigma_s}$$

und nach Einführung dieses Wertes in Gl. 67 das zugeordnete Grenzschlankheitsverhältnis in der Form:

$$\lambda_g^2 = \frac{16\,E}{9\,\sigma_{kr}}\left(1 - \frac{\sigma_{kr}}{\sigma_s}\right)^3. \tag{68}$$

Aus der zweiten Grenzbedingung $\max y_m = y_{\mathrm{III}}$ (**vollplastische Verformung** des Mittelquerschnittes) folgt aus Gl. 65 $F = 0$, schließlich auch $w_0 = 0$ und $\lambda = 0$. Man erhält daher aus Gl. 67 die einem vorgegebenen Exzentrizitätsmaß entsprechende **größtmögliche Axialspannung** zu

$$\max \sigma_{kr} = \sigma_0 = \frac{\sigma_s}{3}\left(\sqrt{m^2 + 9} - m\right). \tag{69}$$

Die Gl. 67 besitzt demnach unbeschränkt Gültigkeit für Schlankheitsgrade $0 \leqq \lambda \leqq \lambda_g$. Die kritische mittlere Stabausbiegung kann aus den Gleichungen 65 und 66 in Abhängigkeit von der kritischen Spannung und dem Exzentrizitätsmaß berechnet werden und ergibt sich zu:

$$\frac{y_{kr}}{h} = \frac{3\,\sigma_s}{16\,\sigma_{kr}}\left(1 - \frac{\sigma_{kr}{}^2}{\sigma_s{}^2}\right) + \frac{m}{24}. \tag{70}$$

3. Diagramm der kritischen Spannungen für Stahl St$_i$ 37.

Für die Praxis ist vornehmlich die Kenntnis der kritischen Spannung in Abhängigkeit von der Schlankheit und dem Exzentrizitätsmaß von Bedeutung. Von den für die Ausbildung eines kritischen Gleichgewichtszustandes in Betracht kommenden **fünf** Gleichgewichtsformen der Biegelinie gestatten jedoch nur **zwei**, nämlich die 4. und 6. Form, eine Elimination der mittleren Ausbiegung bzw. der Integrationskonstanten und damit eine explizite und unmittelbar brauchbare Lösung in der Form $\lambda_{kr} = \psi_1(\sigma_{kr}, m)$, während die übrigen Gleichgewichtsformen 2, 3 und 5 eine explizite Angabe des Schlankheitsverhältnisses nur in der Form $\lambda_{kr} = \overline{\psi}_1(\sigma_{kr}, m, C_{kr})$ ermöglichen, wobei die Integrationskonstante C_{kr} aus einer transzendenten Gleichung $\dfrac{\partial \Phi}{\partial C} = 0$ zu bestimmen ist. Das angestrebte Ziel einer vollständigen und übersichtlichen Lösung für beliebig große Exzentrizitätsmaße und Schlankheitsgrade kann demnach nur im Wege einer systematischen Berechnung zusammengehöriger Werte λ, m und σ_{kr} für eine bestimmte Stahlsorte und deren Darstellung in einem Diagramm oder in einer Zahlentafel erreicht werden; der hierbei mit Vorteil anzuwendende Rechnungsgang soll nachfolgend kurz erläutert werden.

Bei der Ermittlung der kritischen Belastung eines Stabes vorgegebener Exzentrizität und Schlankheit ist zunächst festzustellen, welcher von den fünf möglichen Gleichgewichtsformen die Biegelinie im kritischen Zustand angehört. Zu diesem Zweck ist die Kenntnis gewisser Grenzwerte für die kritische Spannung erforderlich. Die untere Grenze stellt die gefährliche Spannung σ_n (Grenzspannung des elastischen Bereiches) nach Gl. 34 dar. Bei unveränderlichem Exzentrizitätsmaß ist die größtmögliche Axialspannung durch die „Nullspannung" σ_0 nach Gl. 69 bestimmt. Bezeichnet man ferner mit σ_k die Knickspannung des mittig gedrückten Stabes gleicher Abmessungen, so liegt die kritische Spannung innerhalb der Grenzen

$$\sigma_n \leqq \sigma_{kr} \leqq \sigma_0, \quad \sigma_{kr} \leqq \sigma_k \tag{71}$$

und nähert sich mit abnehmender Schlankheit $\lambda \to 0$ ihrem oberen Grenzwerte σ_0, mit zunehmender Schlankheit $\lambda \to \infty$ ihrem unteren Grenzwerte σ_n. Die Kenntnis von σ_0 und die Funktion $\lambda_n = f(\sigma_n, m)$ nach Gl. 34 vermitteln demnach bereits wertvolle Anhaltspunkte hinsichtlich der gesuchten Funktion $\lambda_{kr} = \psi_1(\sigma_{kr}, m)$. Außerdem können unter der Annahme bestimmter Spannungszustände im Endquerschnitt des Stabes entsprechende Beziehungen zwischen der kritischen Spannung und dem Exzentrizitätsmaß gefunden werden. Man erhält für $a = y_\mathrm{I}$ (Erreichen der Fließgrenze am Biegedruckrand)

$$m_\mathrm{I} = \left(\frac{\sigma_s}{\sigma_{kr}} - 1\right)$$

und für $a = y_\mathrm{II}$ (Erreichen der Fließgrenze am Biegezugrand)

$$m_\mathrm{II} = 1 + \frac{\sigma_s}{\sigma_{kr}} - \frac{2\,\sigma_{kr}}{\sigma_s}.$$

Nimmt man ferner bei der Auflösung der Gleichung $\dfrac{\partial \Phi}{\partial C} = 0$ in vorteilhafter Weise σ_{kr} und m als gegeben an, so ist aus dem unten angegebenen Schema die maßgebende Gleichgewichtsform zu bestimmen.

$$0 \leqq m \leqq m_\mathrm{I} \ldots \begin{cases} \text{Gleichgewichtsform 2} \ldots C \leqq v_2 \\ \text{Gleichgewichtsform 3} \ldots C \geqq v_2 \end{cases}$$

$$m_\mathrm{I} \leqq m \leqq m_\mathrm{II} \ldots \begin{cases} \text{Gleichgewichtsform 4} \ldots C \leqq v_2 - \text{unmittelbare Lö-} \\ \qquad\qquad\qquad\qquad\qquad \text{sung nach Gl. 53} \\ \text{Gleichgewichtsform 5} \ldots C \geqq v_2 \end{cases}$$

$$m_\mathrm{II} \leqq m \ldots\ldots\ldots \text{Gleichgewichtsform 6} \ldots \text{unmittelbare Lösung nach}$$
$$\text{Gl. 67.}$$

Für bestimmte Werte σ_{kr} und m bleibt dann nur mehr die Wahl zwischen zwei Gleichgewichtsformen, die endgültige Entscheidung kann aber erst nach Berechnung der Integrationskonstanten C_{kr} aus der von λ unabhängigen Gleichung $\frac{\partial \Phi}{\partial C} = 0$ — es sind dies die Gleichungen 41, 46 oder 61 — getroffen werden. Die zugeordnete Schlankheit ist dann unmittelbar aus den Gleichungen 38, 44 bzw. 60 zu ermitteln.

Abschließend wird noch untersucht, welchen Höchstwert die kritische Ausbiegung in Stabmitte annehmen darf, damit eine größte Stauchung nicht überschritten wird. Setzt man die Stauchung am Biegedruckrand in Stabmitte gleich einem Vielfachen p der Stauchung an der Fließgrenze σ_s, so erhält man (s. Abb. 22 und 23):

$$\varepsilon_d = p\,\varepsilon_s = \frac{(\xi + \eta)}{\eta}\,\varepsilon_s \tag{72}$$

oder
$$\xi = (p - 1)\,\eta.$$

Herrscht im Mittelquerschnitt der Verzerrungszustand II (Gleichgewichtsformen 2 und 4), so ist ξ und η aus den Gleichungen 11 und 12 zu entnehmen, wobei $M = P y_m$ zu setzen und y_m aus Gl. 39 als Funktion der Integrationskonstanten C einzuführen ist. Der Größtwert für die Integrationskonstante ergibt sich dann aus Gl. 72 zu

$$C^2{}_{\max} = \frac{(p - 1)\,v_2{}^2}{\left\{\sqrt{1 + \dfrac{2\,(p - 1)\,\sigma_s}{(\sigma_s - \sigma_a)}} - 1\right\}} \tag{73}$$

Im kritischen Gleichgewichtszustand gilt dann $C_{kr} = C_{\max}$. Führt man daher in die Gleichung $\frac{\partial \Phi}{\partial C} = 0$ für die Integrationskonstante den Wert aus Gl. 73 ein, so läßt sich hieraus das Exzentrizitätsmaß berechnen und man erhält schließlich eine Beziehung zwischen der kritischen Spannung σ_{kr} und der zugehörigen Schlankheit λ_p. Ist p größer als Eins (z. B. gleich 5), dann reicht das Fließgebiet am Biegedruckrand bereits bis zu den Stabenden (Abb. 30), und es liegt daher die 4. Gleichgewichtsform vor, für welche die Integrationskonstante im kritischen Gleichgewichtszustand aus Gl. 50 explizit darstellbar ist. Setzt man $C_{kr} = C_{\max}$, so erhält man mit Benutzung der Gleichungen 52 und 53:

$$\lambda_p^2 = \frac{12{,}23\,E}{\sigma_{kr}} \left\{ \frac{(\sigma_s - \sigma_{kr})}{\sigma_s\,(p - 1)} \left[\sqrt{1 + \frac{2\,(p - 1)\,\sigma_s}{(\sigma_s - \sigma_{kr})}} - 1 \right] \right\}^3. \tag{74}$$

Herrscht im Mittelquerschnitt der Verzerrungszustand III (Gleichgewichtsformen 3, 5 und 6), so ist ξ und η aus den Gleichungen 21 und 22 zu entnehmen, $M = P y_m$ zu setzen und y_m aus den Gleichungen 45 oder 65 als Funktion der Integrationskonstanten C oder F einzuführen. Aus Gl. 72 kann nun der Größtwert für die Integrationskonstante ermittelt werden:

$$F_{\max} = \frac{2\,\sigma_s}{3\,p\,E} \left(\frac{\sigma_s}{\sigma_a} + 1 \right). \tag{75}$$

Für größere Werte von p kommen nur die Gleichgewichtsformen 5 und 6 in Betracht. Im ersten Fall erhält man zunächst aus Gl. 59 $C_{\max}$, so daß aus Gl. 61 v_0 oder m berechnet werden kann, und schließlich aus Gl. 60 das Schlankheitsverhältnis λ_p als Funktion der kritischen Spannung allein. Für die 6. Gleichgewichtsform ergibt sich die Integrationskonstante im kritischen Zustand aus Gl. 66. Setzt man $F_{kr} = F_{\max}$, so erhält man unter Beachtung von Gl. 67:

$$\lambda_p^2 = \frac{128\,E}{9\,\sigma_{kr}\,p^3}\left(1 + \frac{\sigma_{kr}}{\sigma_s}\right)^3. \tag{76}$$

Für die Zahlenrechnung wird $\sigma_s = 2400\ \text{kg/cm}^2$ und $E = 2100\ \text{t/cm}^2$ — diese Werte entsprechen der genormten Stahlsorte Flußstahl St 37 —

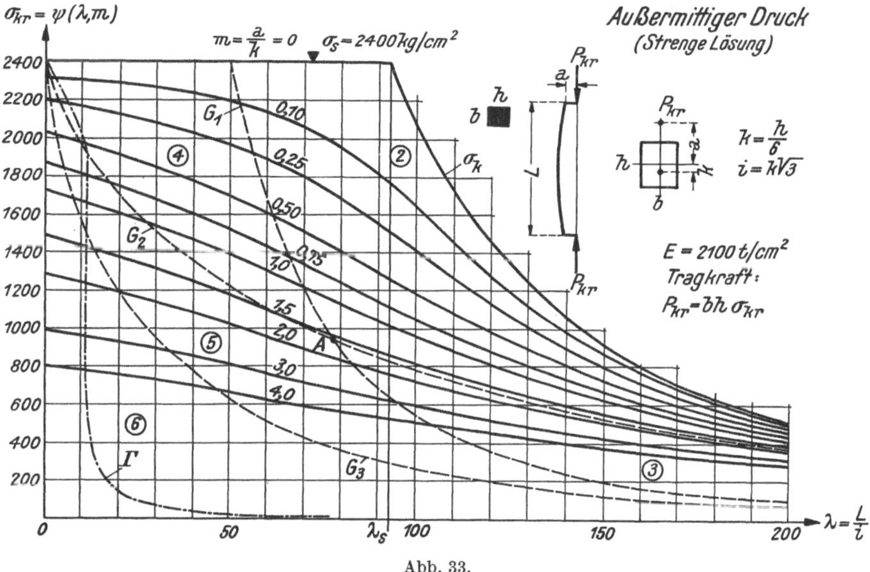

Abb. 33.

angenommen; der diese Eigenschaften und ein Formänderungsgesetz nach Abb. 20 aufweisende Werkstoff soll in Hinkunft als „Ideal-Stahl" St$_i$ 37 — der Index deutet auf die ideal-plastische Arbeitslinie hin — bezeichnet werden. Die Ergebnisse der Berechnungen sind in Abb. 33 dargestellt. Die kritische Spannung $\sigma_{kr} = \psi(\lambda, m)$ wurde für die Exzentrizitätsmaße $m = 0$ bis 4 und für die Schlankheitsgrade $\lambda = 0$ bis 200 berechnet. Die Linie der Knickspannungen ($m = 0$) wird aus der Euler-Hyperbel und der zur λ-Achse parallelen Geraden $\sigma_k = \sigma_s$ gebildet. Die Gültigkeitsbereiche der fünf möglichen Gleichgewichtsformen der Biegelinie sind durch die Grenzlinien G_1, G_2 und G_3 voneinander geschieden; hierbei entsprechen die oberhalb des Punktes A (Koordinaten Gl. 56) gelegenen Äste der Grenzlinien G_1 und G_2 den Gleichungen 54 und 55, die analytische Form der Grenzlinie G_3 ist durch die Gl. 68 gegeben. Die Linien konstanter Exzentrizität, kurz „m-Linien" genannt, schneiden die Ordinatenachse $\lambda = 0$ im Abstande σ_0 nach Gl. 69 vom Ursprung. Um den Einfluß der Vernachlässigung des Verfestigungsbereiches auf die vorliegenden Ergebnisse kennenzulernen, werden alle jene Gleichgewichtslagen ermittelt, bei welchen am Biegedruckrand in Stabmitte eine Verfestigung eintreten würde. Nimmt man den Beginn der Verfestigung bei einer Stauchung $\varepsilon_d = 10^0/_{00}$ — dieser Wert ist erfahrungsgemäß bei Flußstahl St 37 eher zu niedrig angesetzt — an, so entspricht dieser Bedingung die Linie Γ, deren analytische Form innerhalb des Gültigkeitsbereiches der Gleichgewichtsformen 4 und 6 durch die Gleichungen 74 und 76 festgelegt ist ($p = 8,75$); diese Linie größter Stauchung besitzt für $\sigma_{kr} = \dfrac{\sigma_s}{2}$ eine zur Ordinatenachse parallele Tangente (s. Gl. 76), welche die Kurve Γ für $\lambda = 11,2$ berührt, und aus ihrem Verlaufe ist zu erkennen, daß derartige, verhältnismäßig kleine Formänderungen selbst bei großen Exzentrizitäten des Kraftangriffes nur in stark gedrungenen Stäben auftreten würden ($\lambda < 15$). Nimmt man z. B. den Beginn des Verfestigungsbereiches bei der ungewöhnlich kleinen Stauchung von $\varepsilon_d = 5^0/_{00}$ an, dann würden die entsprechenden Formänderungen auch nur bei Stäben mit einer Schlankheit $\lambda < 30$ auftreten. Daraus folgt aber, daß auch unter sehr ungünstigen Umständen, d. h. unter der Annahme eines außergewöhnlich kleinen Fließbereiches in allen praktisch vorkommenden Fällen — Stäbe mit einer Schlankheit $\lambda < 30$ gelangen im Stahlbau selten zur Ausführung —, die kritische Spannung und damit die Grenze des Tragvermögens erreicht wird, bevor eine Verfestigung eintreten könnte. Dieser Umstand bildet die wesentliche Voraussetzung und Rechtfertigung für die Zulässigkeit des verwendeten idealisierten Formänderungsgesetzes zur Beschreibung des Tragverhaltens außermittig gedrückter Stäbe aus Baustahl. Aus dem Verlauf der m-Linien in Abb. 33 ist ferner zu entnehmen, daß gedrungene Stäbe einer außermittigen Belastung gegenüber weitaus empfindlicher sind als schlanke Stäbe und daß die Tragfähigkeit mittelschlanker Stäbe $80 < \lambda < 110$ bereits durch sehr kleine Exzentrizitäten des Kraftangriffes merklich herabgesetzt wird; bei $m = 0,01$, also bei dem praktisch kaum feststellbaren Hebelarm $a = 0,0017\,h$, und $\lambda_s = \pi\sqrt{\dfrac{E}{\sigma_s}} = 93$ liegt die kritische Spannung um rund $\underline{10^0/_0}$ unter der Knickspannung! Diese Rechnung zeigt deutlich den beachtlichen Einfluß von praktisch „unvermeidlichen" Exzentrizitäten auf die Tragfähigkeit mittelschlanker Stäbe und bildet die Grundlage für die im fünften Abschnitt aufgestellten Bemessungsregeln „mittig" gedrückter Stahlstäbe.

Die Bedeutung des unter einer bestimmten Axialkraft ausgebildeten kritischen Gleichgewichtszustandes im Rahmen der hierbei auftretenden Formänderungen bzw. Durchbiegungen wird durch die Abb. 34 veranschaulicht. In diesem Diagramm ist die kritische mittlere Ausbiegung y_{kr}, bezogen auf die Querschnittshöhe h in Abhängigkeit vom Schlankheitsverhältnis und Exzentrizitätsmaß, dargestellt. Die nach dem Parameter m geordnete Kurvenschar ist nach unten hin durch die für mittigen Druck geltende Linie $m = 0$ begrenzt, welche für $0 \leqq \lambda \leqq \lambda_s$ durch die Abszissenachse und für $\lambda_s \leqq \lambda \leqq \infty$ durch die Linie

$$\frac{y_\mathrm{I}}{h} = \frac{1}{6} \left(\frac{\lambda^2\,\sigma_s}{\pi^2\,E} - 1 \right)$$

gebildet wird; die Ordinaten dieser Parabel entsprechen den größtmöglichen Ausbiegungen bei mittigem Druck (Grenze der elastischen Verformung,

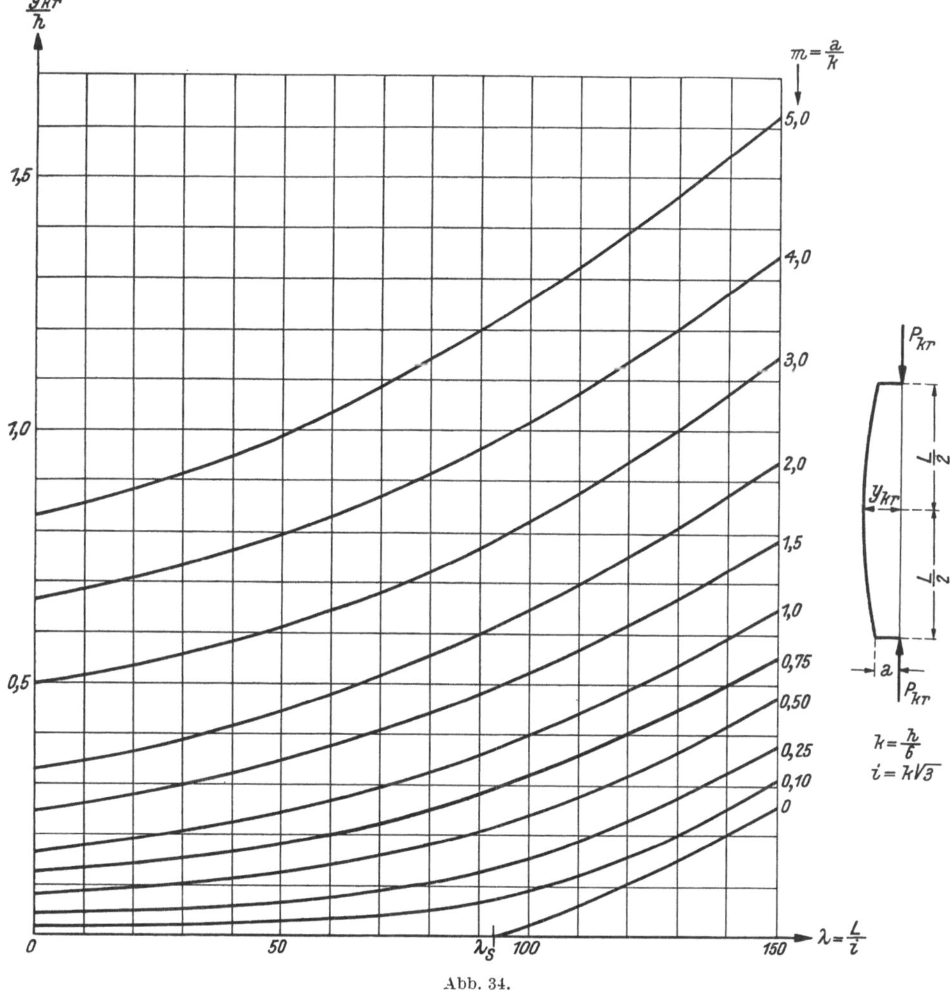

Abb. 34.

vgl. Abb. 26). Man erkennt, daß der kritische Gleichgewichtszustand bei Ausbiegungen erreicht wird, die bei gedrungenen Stäben $30 < \lambda < 80$ und sogar größeren Exzentrizitätsmaßen $m = 2$ nur Teile der Querschnittshöhe h betragen und erst bei sehr schlanken Stäben $\lambda > 150$

und großen Exzentrizitäten dieses Maß erreichen bzw. überschreiten. Die Ausweichgefahr des Stabes tritt demnach bei verhältnismäßig kleinen Durchbiegungen ein; dann ist aber auch die in der Sehne gemessene Entfernung der beiden Endquerschnitte im kritischen Gleichgewichtszustande nur unwesentlich kleiner als die Stablänge, und dieser Umstand ist von größter praktischer Bedeutung, denn er besagt, daß ein innerhalb eines stählernen Tragwerkes eingebauter, außermittig gedrückter Stab tatsächlich bis zur Grenze seines Tragvermögens ausgenutzt werden kann, was im gegenteiligen Falle, d. h. bei großen Ausbiegungen, wegen der damit verbundenen großen Formänderungen des ganzen Systems nicht zulässig wäre. Der Bemessung derart beanspruchter Stäbe kann daher unter der Annahme einer einmaligen Belastung die kritische Last $P_{kr} = F\,\sigma_{kr}$ zugrunde gelegt werden.

§ 3. Der querbelastete Druckstab.

Wird ein Stahlstab nicht nur auf axialen Druck, sondern auch durch eine quer zur Stabachse wirkende Belastung auf Biegung beansprucht, so zeigt er ein der außermittigen Beanspruchung ganz analoges Tragverhalten, d. h. sein Gleichgewichtszustand wird oberhalb der Grenzlast des elastischen Bereiches labil. Bei beliebigem Formänderungsgesetz ist dann nur eine zeichnerische Lösung, die sich ähnlich dem für außermittigen Druck geschilderten Verfahren gestaltet, möglich. Die Durchführung dieser sehr beschwerlichen graphischen Untersuchung erübrigt sich aber im Hinblick auf die bei diesen Problemen allgemein zulässige Vereinfachung des Formänderungsgesetzes nach Abb. 20, durch welche eine analytische Lösung einfacher Belastungsfälle ermöglicht wird. Nachfolgend werden die beiden praktisch wichtigsten Belastungsfälle des mittig gedrückten und durch eine in Stabmitte wirkende Einzelkraft, bzw. durch eine Gleichlast quer zur Stabachse auf Biegung beanspruchten Stabes behandelt, wobei die Untersuchung sich auf Stäbe mit Rechteckquerschnitt, beiderseits gelenkige Lagerung der Stabenden und auf den Fall der Biegung um eine Hauptträgheitsachse beschränkt.

I. Mittiger Druck und Einzellast.

Ein statisch bestimmt gelagerter Stahlstab mit Rechteckquerschnitt von der Länge $2\,l$ wird durch eine Axialkraft $P = b h\,\sigma_a$ auf mittigen Druck und durch eine in Stabmitte wirkende Einzelkraft $Q = n P$ auf Biegung beansprucht (Abb. 35). Die Bestimmung der kritischen Belastung dieses Stabes unter Berücksichtigung der genauen Biegelinie ist unter Voraussetzung einer Arbeitslinie nach Abb. 20 auf analytischem Wege möglich.[18] Die Querlast wird hierbei für jede Laststufe verhältnis-

---

[18] K. Ježek: Die Tragfähigkeit des exzentrisch beanspruchten und des querbelasteten Druckstabes aus einem ideal-plastischen Stahl. Sitzungsberichte der Akademie der Wissenschaften in Wien, Math.-naturwiss. Kl., Abt. IIa, 143. Bd., 7. H. 1934.

gleich der Axialkraft gesetzt; bei einer Laststeigerung wächst dann die Querlast proportional mit der Axialkraft und dies entspricht dem praktisch wohl meist vorliegenden Falle einer gleichen Sicherheit gegen den Eintritt des kritischen Gleichgewichtszustandes. Soll dagegen die Axialkraft auf das ν-fache, die Querlast auf das ν_1-fache der Nutzlast bis zum Versagen des Stabes gesteigert werden können, so wäre im kritischen Gleichgewichtszustande an Stelle von n eine Querbelastungszahl $n\,\dfrac{\nu}{\nu_1}$ in die Rechnung einzuführen. Bleibt aber die Querlast überhaupt unveränderlich — z. B. von einer Eigengewichtsbelastung herrührend — und es wird nur die Axialkraft bis zur Grenze des Tragvermögens gesteigert, so ist im kritischen Gleichgewichtszustande $n = \dfrac{Q}{P_{kr}}$ eine vorläufig noch unbekannte Zahl, und es ist zu untersuchen, welche größte Druckkraft P_{kr} ein derart querbelasteter Stab aufzunehmen vermag.

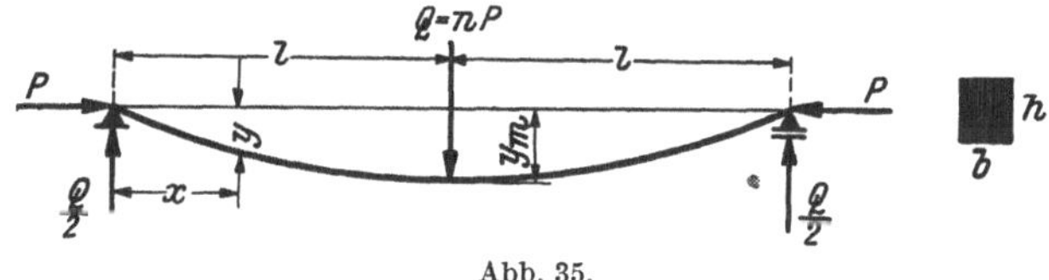

Abb. 35.

Der in Abb. 35 im verformten Zustande dargestellte Stab hat in der Entfernung x vom linken Stabende ein Biegemoment

$$M = P\left(y + \frac{n\,x}{2}\right) \tag{1}$$

aufzunehmen. In dem auf axialen Druck und Biegung beanspruchten Rechteckquerschnitt sind dann drei Verzerrungszustände möglich, die bereits in § 2/II rechnerisch untersucht wurden. Man erhält mit den dort verwendeten Bezeichnungen und Abkürzungen die Krümmung der Biegelinie als Funktion des Biegemoments und der Axialkraft. Die Integration dieser Differentialgleichungen, aus welcher die analytische Form der einzelnen Äste der Biegelinie folgt, wird nachstehend durchgeführt.

1. Die Äste der Biegelinie.

Ast I (Verzerrungszustand I):

Die in Abb. 21 dargestellte Spannungsverteilung entspricht einer rein elastischen Formänderung. Die Lage der Nullinie ist durch die Gleichungen 2, S. 28 bestimmt, die Krümmung ergibt sich aus Gl. 3, S. 28, und man erhält aus dieser Gleichung unter Beachtung von Gl. 1 die Differentialgleichung der Biegelinie in der Form:

$$y_1'' = -\alpha_1{}^2\left(y_1 + \frac{n\,x_1}{2}\right). \tag{2}$$

Unter Verwendung von

$$u = \alpha_1\left(y_1 + \frac{n\,x_1}{2}\right) \tag{3}$$

erhält man durch Integration der Gl. 2 die Neigung der Biegelinie:

$$y_1' = \sqrt{A^2 - u^2} - \frac{n}{2}. \tag{4}$$

Durch Integration dieser Gleichung ergibt sich die Gleichung der Biegelinie in der Form:

$$x_1 = \frac{1}{\alpha_1} \arcsin \frac{u}{A} + B. \tag{5}$$

In den Gleichungen 4 und 5 bedeuten A^2 und B die Integrationskonstanten, welche aus den Randbedingungen der Aufgabe zu berechnen sind. Für jenen Querschnitt $0 \leqq x_\mathrm{I} \leqq l$, in welchem am Biegedruckrand gerade die Stauchgrenze σ_s erreicht wird (Grenze der elastischen Verformung), besteht für die Durchbiegung die Gleichung:

$$y_\mathrm{I} = \frac{h}{6}\left(\frac{\sigma_s}{\sigma_a} - 1\right) - \frac{n\,x_\mathrm{I}}{2}. \tag{6}$$

Der Gültigkeitsbereich des Astes I ergibt sich daher aus

$$0 \leqq \left(y_1 + \frac{n\,x_1}{2}\right) \leqq \left(y_\mathrm{I} + \frac{n\,x_\mathrm{I}}{2}\right). \tag{7}$$

Ast II (Verzerrungszustand II):

Treten am Biegedruckrand bleibende Formänderungen auf, so ergibt sich eine Spannungsverteilung nach Abb. 22, wobei die Lage der Nulllinie und die Breite des Fließgebietes ξ aus den Gleichungen 11 und 12, S. 29 bestimmt ist. Führt man in die für die Krümmung abgeleitete Gl. 13, S. 29 das Biegemoment nach Gl. 1 ein und verwendet die früher benutzten Abkürzungen α_2 und β_2, so lautet die Differentialgleichung der Biegelinie

$$y_2'' = -\frac{\alpha_2}{\left[\beta_2 - \left(y_2 + \frac{n\,x_2}{2}\right)\right]^2}. \tag{8}$$

Unter Verwendung von

$$v^2 = \frac{2\,\alpha_2}{\left[\beta_2 - \left(y_2 + \frac{n\,x_2}{2}\right)\right]} \tag{9}$$

ergibt sich nach Integration der Gl. 8 die Neigung der Biegelinie zu

$$y_2' = \sqrt{C^2 - v^2} - \frac{n}{2}. \tag{10}$$

Durch Integration der Gl. 10 erhält man die Gleichung der Biegelinie

$$x_2 = -\frac{2\,\alpha_2}{C}\left\{\frac{\sqrt{C^2 - v^2}}{v^2} + \frac{1}{2\,C}\ln\frac{(C + \sqrt{C^2 - v^2})}{(C - \sqrt{C^2 - v^2})}\right\} + D, \tag{11}$$

wobei C^2 und D die Integrationskonstanten bedeuten. Die Durchbiegung jenes Querschnittes $x_\mathrm{I} \leqq x_\mathrm{II} \leqq l$, in welchem am Biegezugrand gerade die Streckgrenze erreicht wird, ergibt sich zu

$$y_\mathrm{II} = \frac{h}{6}\left(\frac{\sigma_s}{\sigma_a} - 1\right)\left(1 + \frac{2\,\sigma_a}{\sigma_s}\right) - \frac{n\,x_\mathrm{II}}{2}. \tag{12}$$

Der Verzerrungszustand II liegt daher in jenen Teilen des Stabes vor, für welche die nachstehende Bedingung erfüllt ist:

$$\left(y_{\mathrm{I}} + \frac{n\,x_{\mathrm{I}}}{2}\right) \leqq \left(y_2 + \frac{n\,x_2}{2}\right) \leqq \left(y_{\mathrm{II}} + \frac{n\,x_{\mathrm{II}}}{2}\right). \tag{13}$$

Ast III (Verzerrungszustand III):

Treten sowohl am Biegedruckrand als auch am Biegezugrand bleibende Formänderungen auf, so erhält man eine Spannungsverteilung nach Abb. 23. Die Breite der Fließgebiete und die Lage der Nullinie sind durch die Gleichungen 20, 21 und 22, S. 30 gegeben. Die Differentialgleichung der Biegelinie lautet dann gemäß Gl. 23, S. 31, mit den dort verwendeten Abkürzungen α_3, β_3 und dem für das Biegemoment M geltenden Wert nach Gl. 1:

$$y_3'' = -\frac{\alpha_3}{\sqrt{\beta_3 - \left(y_3 + \dfrac{n\,x_3}{2}\right)}}. \tag{14}$$

Setzt man

$$w^2 = 16\,\alpha_3{}^2 \left[\beta_3 - \left(y_3 + \frac{n\,x_3}{2}\right)\right], \tag{15}$$

so ergibt sich durch zweimalige Integration der Gl. 14 zunächst die Neigung der Biegelinie zu

$$y_3' = \sqrt{w + F} - \frac{n}{2} \tag{16}$$

und schließlich die Gleichung der Biegelinie selbst in der Form:

$$x_3 = -\frac{1}{12\,\alpha_3{}^2}\,(w - 2F)\,\sqrt{w + F} + G. \tag{17}$$

In den beiden letzten Gleichungen bedeuten F und G die Integrationskonstanten. Die größtmögliche Durchbiegung, bei welcher eine volle plastische Verformung des Querschnittes eintritt ($y_3'' = \infty$), ergibt sich zu

$$y_{\mathrm{III}} = \max y_m = \frac{h\,\sigma_s}{4\,\sigma_a}\left(1 - \frac{\sigma_a{}^2}{\sigma_s{}^2}\right) - \frac{n\,l}{2}, \tag{18}$$

und die entwickelten Gleichungen 16 und 17 gelten zwischen den Grenzen

$$\left(y_{\mathrm{II}} + \frac{n\,x_{\mathrm{II}}}{2}\right) \leqq \left(y_3 + \frac{n\,x_3}{2}\right) \leqq \left(y_{\mathrm{III}} + \frac{n\,l}{2}\right). \tag{19}$$

2. Die Gleichgewichtsformen der Biegelinie.

Mit zunehmender Belastung wird im Mittelquerschnitt zunächst am Biegedruckrand und unter Umständen auch am Biegezugrand die Fließgrenze erreicht, so daß die entsprechenden Fließgebiete sich immer mehr gegen die Stabenden zu ausbreiten. Bestimmt man bei gegebenen Querschnittsabmessungen und unveränderlicher Querbelastungszahl n die mittlere Durchbiegung in Abhängigkeit von der Axialspannung, so erhält man die Lastkurvenfunktion $\sigma_a = f(y_m)$. Der kritische Gleichgewichtszustand entspricht einer Extremstelle dieser Funktion, für welche $\dfrac{d\sigma_a}{d\,y_m} = 0$ gilt, und aus dieser Bedingung ist die kritische Axialspannung σ_{kr}

zu berechnen. Die Biegelinie des Stabes wird gemäß den vorhandenen Auflagerbedingungen mit zunehmender Belastung aus einem Ast, zwei oder drei Ästen gebildet. Diese drei möglichen Gleichgewichtsformen der Biegelinie werden nachfolgend untersucht.

1. Gleichgewichtsform (Ast I): $y_m \leqq y_\mathrm{I}$.

Bei rein elastischer Verformung ist die Biegelinie durch die Gleichungen 4 und 5 bestimmt. Aus den Randbedingungen

$$\left. \begin{aligned} x_1 &= 0 \ldots y_1 = 0 \\ x_1 &= l \ldots y_1' = 0 \end{aligned} \right\} \tag{20}$$

erhält man die Integrationskonstanten zu

$$A = \frac{n}{\cos \alpha_1 l}, \quad B = 0 \tag{21}$$

und für die Durchbiegung in Stabmitte den Wert

$$y_m = \frac{n\,l}{2} \left(\frac{\operatorname{tg} \alpha_1 l}{\alpha_1 l} - 1 \right). \tag{22}$$

Bei unbeschränkter Gültigkeit des Hookeschen Gesetzes darf die Gl. 22 nur für kleine Ausbiegungen, d. h. innerhalb des Lastbereiches $\alpha_1 l < \dfrac{\pi}{2}$ angewendet werden. Für größere Ausbiegungen, also insbesondere für Axialspannungen, die bereits in der Nähe der Knickspannung des nicht querbelasteten Stabes gleicher Abmessungen liegen, wäre die genaue Differentialgleichung der Biegelinie der Rechnung zugrunde zu legen, welche zu einer extremfreien Lastkurve — analog der für außermittigen Druck geltenden Linie in Abb. 11 — führt. Im vorliegenden Falle gilt Gl. 22 bis zur nutzbaren Axialspannung σ_n, deren Überschreitung bleibende Formänderungen des Stabes bedingt. Setzt man die mittlere Durchbiegung gleich der oberen Grenze y_I nach Gl. 6, so erhält man das der Axialspannung σ_n zugeordnete Schlankheitsverhältnis aus der nachfolgenden Gleichung:

$$\lambda_n = 2 \sqrt{\frac{E}{\sigma_n}} \ \operatorname{arc tg} \left[\frac{2}{n} \left(\frac{\sigma_s}{\sigma_n} - 1 \right) \sqrt{\frac{\sigma_n}{3E}} \right]. \tag{23}$$

2. Gleichgewichtsform (Äste I und II): $y_\mathrm{I} \leqq y_m \leqq y_\mathrm{II}$.

Mit zunehmender Belastung wird am Biegedruckrand des Mittelquerschnittes die Stauchgrenze erreicht, und das von hier aus entstehende Fließgebiet dringt bis zu einem Querschnitt in der Entfernung x_I von den Stabenden vor; bleiben hierbei die Formänderungen am Biegezugrand elastisch, so wird die Biegelinie aus den Ästen I und II gebildet. Zur Ermittlung der vier Integrationskonstanten dienen die nachfolgenden Randbedingungen:

$$\left. \begin{aligned} x_1 &= 0 \ldots\ldots\ldots y_1 = 0 \\ x_1 &= x_\mathrm{I} \ldots\ldots\ldots y_1 = y_2 = y_\mathrm{I} \\ x_1 &= x_\mathrm{I} = x_2 \ldots y_1' = y_2' \\ x_2 &= l \ldots\ldots\ldots y_2' = 0 \end{aligned} \right\} \tag{24}$$

Man erhält dann aus den Gleichungen 4, 5, 10 und 11 und unter Benutzung der Gleichungen 36, S. 33

$$\left. \begin{aligned} &A^2 = C^2 - \frac{3}{4}\,v_1{}^2, \quad B = 0 \\ &D = \frac{2\,\alpha_2}{C^2}\left\{\frac{2\,n}{(4\,C^2 - n^2)} + \frac{1}{2\,C}\ln\frac{(2\,C + n)}{(2\,C - n)}\right\} + l \end{aligned} \right\} \tag{25}$$

wobei C aus der nachfolgenden Gleichung zu berechnen ist:

$$\begin{aligned} \Phi_2 &= \frac{v_1{}^2 v_2{}^2}{2\,\sigma_s}\sqrt{3\,E\,\sigma_a}\left\{\frac{\sqrt{C^2 - v_1{}^2}}{v_1{}^2} - \frac{2\,n}{(4\,C^2 - n^2)} + \right. \\ &\left. + \frac{1}{2\,C}\ln\frac{(C + \sqrt{C^2 - v_1{}^2})\,(2\,C - n)}{(C - \sqrt{C^2 - v_1{}^2})\,(2\,C + n)}\right\} + \left(\arcsin\frac{u_1}{A} - \frac{\lambda}{2}\sqrt{\frac{\sigma_a}{E}}\right)C^2 = 0. \end{aligned} \tag{26}$$

Diese Beziehung bestimmt den funktionalen Zusammenhang zwischen σ_a, λ, n und C. Hält man z. B. σ_a und n unveränderlich, so entspricht die Funktion $\Phi_2\,(C, \lambda)$ einer Kurvenschar nach Abb. 25; diese nach dem Parameter λ geordneten Kurven schneiden innerhalb des Gültigkeitsbereiches

$$v_1{}^2 \le \left(C^2 - \frac{n^2}{4}\right) \le v_2{}^2$$

die Abszissenachse einmal oder zweimal, d. h. die Gl. 26 besitzt eine oder zwei Wurzeln, von denen die kleinere zur Berechnung der mit zunehmender Belastung entstehenden mittleren Durchbiegung y_m aus

$$\frac{y_m}{h} = \frac{1}{2}\left(\frac{\sigma_s}{\sigma_a} - 1\right) - \frac{n\,\lambda}{8\,\sqrt{3}} - \frac{v_1{}^2 v_2{}^2 E}{\sigma_s\,(4\,C^2 - n^2)} \tag{27}$$

zu verwenden ist. Die zweite größere Wurzel C entspricht der sekundären Gleichgewichtslage. Mit zunehmender Belastung nähern sich diese beiden Werte und fallen im kritischen Gleichgewichtszustande zusammen. Dann gilt $\frac{\partial \Phi_2}{\partial C} = 0$, d. h. die entsprechende Linie Φ_{kr} berührt die Abszissenachse ($\Phi_2 = 0$) und man erhält nach Umformung:

$$\begin{aligned} \frac{\partial \Phi_2}{\partial C} &= 0 = \frac{v_1{}^2 v_2{}^2}{2\,\sigma_s}\sqrt{3\,E\,\sigma_a}\left\{\frac{(3\,v_1{}^2 - C^2)}{v_1{}^2\,\sqrt{C^2 - v_1{}^2}} + \frac{2\,n\,(20\,C^2 - 3\,n^2)}{(4\,C^2 - n^2)^2} - \right. \\ &\left. - \frac{3}{2\,C}\ln\frac{(C + \sqrt{C^2 - v_1{}^2})\,(2\,C - n)}{(C - \sqrt{C^2 - v_1{}^2})\,(2\,C + n)}\right\} - \frac{C^4 u_1}{A^2\,\sqrt{A^2 - u_1{}^2}}. \end{aligned} \tag{28}$$

Aus den Gleichungen 26 und 28 ist bei gegebenen Werten λ und n die kritische Axialspannung $\max\sigma_a = \sigma_{kr}$ und $C = C_{kr}$ zu bestimmen. Zur Berechnung der kritischen mittleren Ausbiegung ist die Gl. 27 heranzuziehen.

3. Gleichgewichtsform (Äste I, II und III): $y_{\mathrm{II}} \le y_m \le y_{\mathrm{III}}$.

Treten mit zunehmender Belastung sowohl am Biegedruckrand als auch am Biegezugrand bleibende Formänderungen auf, so wird in einem Querschnitt in der Entfernung x_{I} vom Stabende am Biegedruckrand gerade die Stauchgrenze und in einem weiter gegen die Stabmitte gelegenen Querschnitt $x_{\mathrm{II}} > x_{\mathrm{I}}$ am Biegezugrand gerade die Streckgrenze erreicht. Die Biegelinie setzt sich demnach aus den Ästen I, II und III zusammen. Zur Bestimmung der sechs Integrationskonstanten dienen dann als Randbedingungen $x_1 = 0 \ldots y_1 = 0$ und die letzten fünf Gleichungen 42, S. 36. Man erhält aus den Gleichungen 4, 5, 10, 11, 16 und 17:

$$\left.\begin{aligned}
&A^2 = C^2 - \frac{3}{4} v_1{}^2, \quad B = 0 \\
&D = \frac{1}{\alpha_1} \arcsin \frac{u_1}{A} + \frac{2\,\alpha_2}{C^2} \left\{ \frac{\sqrt{C^2 - v_1{}^2}}{v_1{}^2} + \frac{1}{2\,C} \ln \frac{(C + \sqrt{C^2 - v_1{}^2})}{(C - \sqrt{C^2 - v_1{}^2})} \right\} \\
&F = C^2 - \frac{3}{2} v_2{}^2 \\
&G = \frac{n}{96\,\alpha_3{}^2} (n^2 - 12 F) + l
\end{aligned}\right\} \quad (29)$$

Die Integrationskonstante C ist aus der nachfolgenden Gleichung zu berechnen:

$$\begin{aligned}
\Phi_3 = 0 = \frac{v_1{}^2 v_2{}^2}{2\,\sigma_s} \sqrt{3\,E\,\sigma_a} &\left\{ \frac{\sqrt{C^2 - v_1{}^2}}{v_1{}^2} - \frac{\sqrt{C^2 - v_2{}^2}}{v_2{}^2} + \right. \\
&+ \frac{1}{2\,C} \ln \frac{(C + \sqrt{C^2 - v_1{}^2})(C - \sqrt{C^2 - v_2{}^2})}{(C - \sqrt{C^2 - v_1{}^2})(C + \sqrt{C^2 - v_2{}^2})} \Bigg\} + C^2 \left\{ \arcsin \frac{u_1}{A} - \right. \\
&- \frac{\lambda}{2} \sqrt{\frac{\sigma_a}{E}} + \frac{E\,\sigma_a}{\sigma_s{}^3} \sqrt{3\,E\,\sigma_a} \left[\left(\frac{7}{4} v_2{}^2 - C^2 \right) \sqrt{C^2 - v_2{}^2} - \right. \\
&\left.\left. - \frac{n}{16} (n^2 - 12\,C^2 - 18\,v_2{}^2) \right] \right\}
\end{aligned} \quad (30)$$

Hält man hier die Axialspannung σ_a und die Querbelastungszahl n unveränderlich, so besitzt die Funktion $\Phi_3(C, \lambda)$ innerhalb ihres Gültigkeitsbereiches $v_2{}^2 \leq \left(C^2 - \frac{n^2}{4} \right) \leq \frac{3}{2} v_2{}^2$ zwei reelle Wurzeln. Der kleinere der beiden Lösungswerte entspricht der sich mit zunehmender Belastung einstellenden primären Gleichgewichtslage und ist zur Berechnung der mittleren Durchbiegung

$$\frac{y_m}{h} = \frac{\sigma_s}{4\,\sigma_a} \left(1 - \frac{\sigma_a{}^2}{\sigma_s{}^2} \right) - \frac{n\,\lambda}{8\,\sqrt{3}} - \frac{3\,E^2\,\sigma_a}{16\,\sigma_s{}^3} \left(\frac{n^2}{4} - F \right)^2 \quad (31)$$

heranzuziehen. Der größere Lösungswert entspricht der sekundären Gleichgewichtslage und damit der Grenzlage des Gleichgewichtes zwischen äußeren und inneren Kräften. Mit zunehmender Stablänge bzw. Belastung nähern sich diese beiden Gleichgewichtslagen und im kritischen Gleichgewichtszustande gilt wieder $\frac{\partial \Phi_3}{\partial C} = 0$, d. h. es ist jene Kurve Φ_{kr} zu suchen, welche die Abszissenachse $\Phi_3 = 0$ zur Tangente hat. Durch partielle Differentiation der Gl. 30 ergibt sich dann nach Umformung:

$$\begin{aligned}
\frac{\partial \Phi_3}{\partial C} = 0 = \frac{v_1{}^2 v_2{}^2}{2\,\sigma_s} \sqrt{3\,E\,\sigma_a} &\left\{ \frac{(3\,v_1{}^2 - C^2)}{v_1{}^2 \sqrt{C^2 - v_1{}^2}} - \frac{(3\,v_2{}^2 - C^2)}{v_2{}^2 \sqrt{C^2 - v_2{}^2}} - \right. \\
&\left. - \frac{3}{2\,C} \ln \frac{(C + \sqrt{C^2 - v_1{}^2})(C - \sqrt{C^2 - v_2{}^2})}{(C - \sqrt{C^2 - v_1{}^2})(C + \sqrt{C^2 - v_2{}^2})} \right\} - \\
&- \left\{ \frac{u_1}{A^2 \sqrt{A^2 - u_1{}^2}} + \frac{3\,E\,\sigma_a \sqrt{3\,E\,\sigma_a}}{2\,\sigma_s{}^3} \left[\frac{(4\,C^2 - 5\,v_2{}^2)}{2\,\sqrt{C^2 - v_2{}^2}} - n \right] \right\} C^4 .
\end{aligned} \quad (32)$$

Aus den Gleichungen 30 und 32 ist bei gegebener Schlankheit λ und Querbelastungszahl n die kritische Axialspannung σ_{kr} und die Integrationskonstante $C = C_{kr}$ bzw. aus Gl. 31 die kritische mittlere Durchbiegung y_{kr} zu berechnen.

3. Diagramm der kritischen Spannungen für Stahl St$_i$ 37.

Die Untersuchung der für die Ausbildung eines kritischen Gleichgewichtszustandes in Betracht kommenden Gleichgewichtsformen 2 und 3 der Biegelinie führt zu der Lösung $\lambda_{kr} = \psi_1(\sigma_{kr}, n, C_{kr})$, wobei die Integrationskonstante C_{kr} aus der den transzendenten Gleichungen 28 und 32 entsprechenden Extremalbedingung $\dfrac{\partial \Phi}{\partial C} = 0$ zu bestimmen ist. Eine explizite Berechnung der kritischen Schlankheit als Funktion der kritischen Spannung σ_{kr} und der Querbelastungszahl n ist demnach hier unmöglich, so daß die für praktische Zwecke benötigte vollständige Lösung $\sigma_{kr} = \psi(\lambda, n)$ nur im Wege einer systematischen Berechnung zusammengehöriger Werte und deren graphischer oder tafelmäßiger Darstellung erhalten werden kann. Hierbei wird mit Vorteil zu angenommenen Werten σ_{kr} und n aus der Extremalbedingung $\dfrac{\partial \Phi}{\partial C} = 0$ die Integrationskonstante C_{kr} bestimmt, so daß aus $\Phi = 0$ — Gl. 26 bzw. 30 — die zugeordnete Schlankheit unmittelbar berechnet werden kann; je nachdem $(4\,C_{kr}^2 - n^2) \lessgtr 4\,v_2^2$ ist, gehört die Biegelinie im kritischen Gleichgewichtszustande der Gleichgewichtsform 2 oder 3 an.

Unter der kritischen Belastung ist der Stab bleibend verformt. Beträgt die größte Stauchung am Biegedruckrand in Stabmitte ein Vielfaches p der Stauchung an der Fließgrenze, so erhält man aus dieser Bedingung — Gleichung 72, S. 44 — die Größtwerte der in den Gleichungen 27 und 31 auftretenden Integrationskonstanten zu

$$\left.\begin{aligned}
C_{\max}^2 &= \frac{n^2}{4} + \frac{v_1^2}{2}\left[1 + \sqrt{1 + \frac{2\,(p-1)\,\sigma_s}{(\sigma_s - \sigma_a)}}\,\right] \\
F_{\max} &= \frac{n^2}{4} - \frac{2\,\sigma_s}{3\,E\,p}\left(\frac{\sigma_s}{\sigma_a} - 1\right)
\end{aligned}\right\} \tag{33}$$

Führt man diese Werte in die Gleichungen 28 bzw. 32 ein, so kann hieraus zunächst die Querbelastungszahl n und schließlich aus den Gleichungen 26 bzw. 30 das zugeordnete Schlankheitsverhältnis λ_p ermittelt werden, bei welchem die angenommene Formänderung auftritt.

Die Ergebnisse der zahlenmäßigen Rechnung für den Ideal-Stahl St$_i$ 37 sind in Abb. 36 graphisch dargestellt. Die kritische Spannung $\sigma_{kr} = \psi(\lambda, n)$ wurde für die Querbelastungszahlen $n = 0,001$ bis $0,10$ und die Schlankheitsgrade $\lambda = 0$ bis 200 ermittelt. Für $n = 0$ erhält man als obere Grenze der nach dem Parameter n geordneten Kurvenschar die Linie der Knickspannungen, die gemäß dem Formänderungsgesetz Abb. 20 aus der Euler-Hyperbel und der Geraden $\sigma_k = \sigma_s$ gebildet wird. Für $\lambda = 0$ erreichen alle n-Linien die Stauchgrenze

($\sigma_0 = \sigma_s$). Die Gültigkeitsbereiche der beiden Gleichgewichtsformen 2 und 3 sind durch Ziffern bezeichnet und durch die Grenzlinie G $\left(C_{rk}^2 = v_2^2 + \dfrac{n^2}{4} \text{ oder } y_{kr} = y_{\mathrm{II}} \right)$ voneinander geschieden. Die Punkte der Kurve Γ entsprechen jenen Gleichgewichtslagen, bei welchen die spezifische Stauchung am Biegedruckrand in Stabmitte gerade $10^0/_{00}$ beträgt (die Integrationskonstanten sind aus Gl. 33 für $p = 8,75$ zu bestimmen). Nimmt man an, daß die Verfestigung des normenmäßigen Baustahles St 37 bei einer Stauchung von $\varepsilon_d = 10^0/_{00}$ beginnt, so erkennt man aus

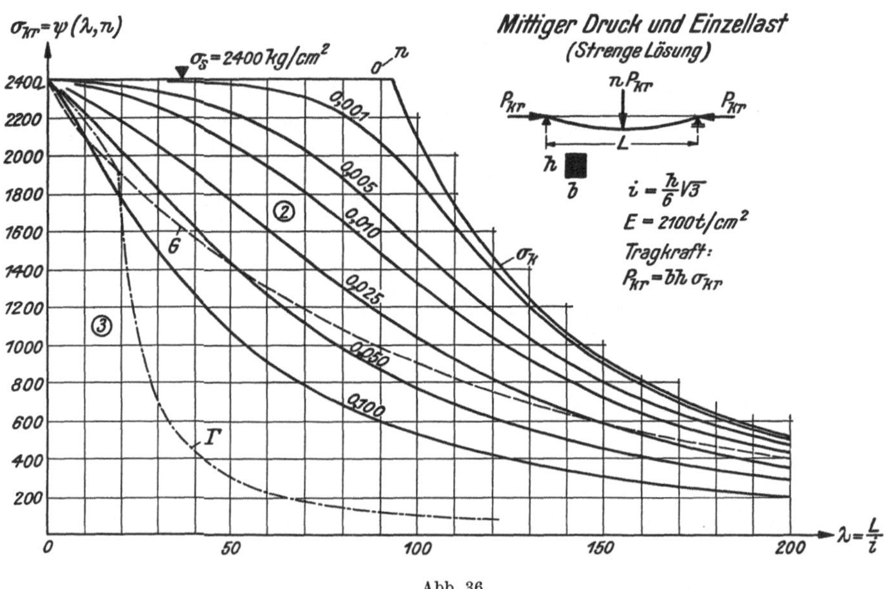

Abb. 36.

dem Verlauf der Γ-Linie, daß eine Verfestigung selbst bei größeren Querbelastungen nur in sehr gedrungenen Stäben auftreten würde (bei $n = 0,10$ nur für Schlankheitsgrade $\lambda < 20$!), die aber für die Praxis keine Bedeutung besitzen. Aus dem Verlauf der n-Linien ist ferner zu ersehen, daß mittelschlanke Stäbe sich bereits sehr kleinen Querbelastungen gegenüber als außerordentlich empfindlich bezüglich ihres Tragvermögens $P_{kr} = F\,\sigma_{kr}$ erweisen; bei der gewiß sehr kleinen Querbelastungszahl $n = 0,001$ und einer Schlankheit $\lambda_s = \pi\sqrt{\dfrac{E}{\sigma_s}} = 93$ liegt die kritische Spannung bereits um rund $\underline{16^0/_0}$ unter der Knickspannung! Abschließend sei noch bemerkt, daß die im kritischen Gleichgewichtszustande vorhandene größte Ausbiegung y_{kr} bei den im Stahlbau üblichen Schlankheitsgraden ähnlich den bei außermittiger Beanspruchung herrschenden Verhältnissen nur Teile der Querschnittshöhe beträgt und somit baupraktisch keine Bedeutung besitzt.

II. Mittiger Druck und Gleichlast.

Die strenge Berechnung der Tragfähigkeit eines nach Abb. 37 statisch bestimmt gelagerten Stabes von der Länge 2 l, der auf mittigen Druck und außerdem durch eine gleichmäßig verteilte Querlast auf Biegung beansprucht wird, ist unter der Voraussetzung eines Ideal-Stahles als Werkstoff und unter der Annahme eines Rechteckquerschnittes auf analytischem Wege möglich.[19] Die Querbelastung wird auch hier **verhältnisgleich der Axialkraft** gesetzt, $2\,q\,l = n\,P$, was zwar dem praktisch meist vorhandenen Falle einer gleichen Sicherheit gegen Erreichen des kritischen Gleichgewichtszustandes entspricht, jedoch keine Einschränkung hinsichtlich der Anwendbarkeit der Rechenergebnisse, im Falle die Axialkraft nicht proportional mit der Querlast wächst, bedeutet

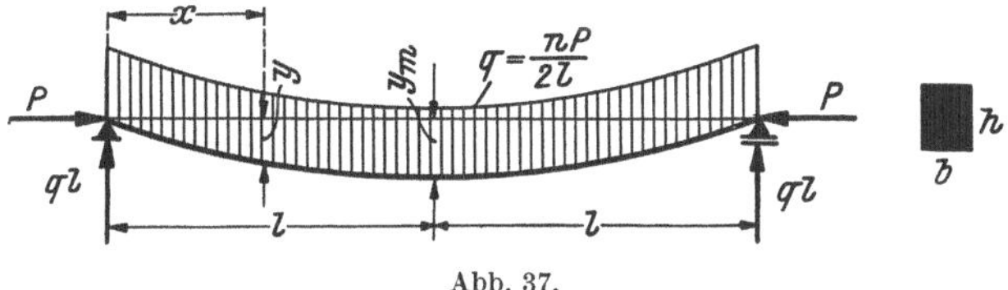

Abb. 37.

(s. die Ausführungen in § 3/III). In einem Querschnitt in der Entfernung x vom linken Auflager herrscht dann ein Biegemoment

$$M = P\left(y + \frac{n\,x}{2} - \frac{n\,x^2}{4\,l}\right), \tag{1}$$

welches im Verein mit der Axialkraft P zu einem der in § 2/II untersuchten drei möglichen Verzerrungszustände führt. Man gelangt dort zur analytischen Festlegung des Zusammenhanges zwischen örtlicher Achsenkrümmung, Biegemoment und Axialkraft, aus welcher bei bekanntem Momentenverlauf die Differentialgleichung der Biegelinie und schließlich diese selbst hergeleitet werden kann.

1. Die Äste der Biegelinie.

Ast I (Verzerrungszustand I).

Bei rein elastischer Formänderung ergibt sich die Krümmung aus Gl. 3 S. 28, und man erhält hieraus unter Beachtung von Gl. 1 und der bereits früher verwendeten Abkürzungen die Differentialgleichung der Biegelinie in der Form

$$y_1'' = -\alpha_1^2\left(y_1 + \frac{n\,x_1}{2} - \frac{n\,x_1^2}{4\,l}\right). \tag{2}$$

Setzt man

$$u = \alpha_1\left(y_1 + \frac{n\,x_1}{2} - \frac{n\,x_1^2}{4\,l}\right) + \frac{n}{2\,\alpha_1 l}, \tag{3}$$

so ergibt sich durch Integration der Gl. 2 die **Neigung** der Biegelinie

$$y_1' = \sqrt{A^2 - u^2} - \frac{n}{2\,l}(l - x_1) \tag{4}$$

---

[19] K. Ježek: Die Tragfähigkeit des gleichmäßig querbelasteten Druckstabes aus einem ideal-plastischen Stahl. Stahlbau (8) 1935, S. 33.

und hieraus durch nochmalige Integration die Gleichung der Biegelinie:

$$x_1 = \frac{1}{\alpha_1}\arcsin\frac{u}{A} + B. \tag{5}$$

In den Gleichungen 4 und 5 bedeuten A^2 und B die Integrationskonstanten. Die abgeleiteten Beziehungen gelten bis zu jenem Querschnitt $0 \leqq x_{\mathrm{I}} \leqq l$, in welchem am Biegedruckrand gerade die Stauchgrenze σ_s erreicht wird; zwischen der dort vorhandenen Durchbiegung y_{I} und der Abszisse x_{I} besteht die Gleichung

$$y_{\mathrm{I}} = \frac{h}{6}\left(\frac{\sigma_s}{\sigma_a} - 1\right) - \frac{n\,x_{\mathrm{I}}}{2} + \frac{n\,x_{\mathrm{I}}^2}{4\,l}, \tag{6}$$

durch welche der Gültigkeitsbereich des Astes I festgelegt ist.

Ast II (Verzerrungszustand II).

Treten am Biegedruckrand bleibende Formänderungen auf, so entsteht eine Spannungsverteilung nach Abb. 22 und die örtliche Achsenkrümmung ist in Abhängigkeit vom Biegemoment und der Axialkraft durch die Gl. 13, S. 29 bestimmt; setzt man dort das Biegemoment nach Gl. 1 ein, so ergibt sich unter Verwendung der bereits eingeführten Abkürzungen α_2 und β_2 die nachfolgende Differentialgleichung der Biegelinie:

$$y_2'' = -\frac{\alpha_2}{\left[\beta_2 - \left(y_2 + \dfrac{n\,x_2}{2} - \dfrac{n\,x_2^2}{4\,l}\right)\right]^2}. \tag{7}$$

Diese Differentialgleichung geht durch die Substitution $z = \beta_2 - \left(y_2 + \dfrac{n\,x_2}{2} - \dfrac{n\,x_2^2}{4\,l}\right)$ über in:

$$z'' = \frac{\alpha_2}{z^2} + \frac{n}{2\,l}. \tag{8}$$

Diese Gleichung kann unmittelbar integriert werden und führt zu

$$(z')^2 = C - \frac{2\,\alpha_2}{z} + \frac{n}{2\,l}z, \tag{9}$$

wobei C die Integrationskonstante bedeutet. Mit den Abkürzungen

$$\left.\begin{aligned} s &= \frac{C}{2\,n}\\[2mm] r^2 &= s^2 + \frac{2\,\alpha_2}{n\,l} \end{aligned}\right\} \tag{10}$$

erhält man nach Integration der Gl. 9, wenn D der zweiten Integrationskonstanten entspricht, die nachfolgende Gleichung:

$$x_2 = -\sqrt{\frac{l}{n}}\int\frac{\sqrt{z}\,.\,dz}{\sqrt{(z + s\,l)^2 - r^2}} + D. \tag{11}$$

Durch Einführung von

$$\left.\begin{aligned} v^2 &= \frac{2\,r}{(r + s)}\\[2mm] t^2 &= \frac{z}{2\,r\,l} + \frac{1}{v^2} = \frac{1}{2\,r\,l}\left[\beta_2 - \left(y_2 + \frac{n\,x_2}{2} - \frac{n\,x_2^2}{4\,l}\right)\right] + \frac{1}{v^2} \end{aligned}\right\} \tag{12}$$

ergibt sich schließlich die Gleichung der Biegelinie in der Form

$$x_2 = -2l\sqrt{\frac{(r+s)}{n}}\int\frac{\sqrt{1-v^2t^2}}{\sqrt{1-t^2}}\,dt + D. \tag{13}$$

Das in dieser Gleichung vorhandene Integral ist ein elliptisches Integral II. Gattung, in welchem allerdings das Argument t als auch der Modul v größer als Eins sind. Für diesen Fall sind meines Wissens keine Tafeln vorhanden. Setzt man

$$v = \frac{1}{t} < 1 \quad \text{und} \quad \varkappa = \frac{1}{v} < 1, \tag{14}$$

so erhält man nach Zerlegung des Integrals in Gl. 13

$$\mathfrak{J} = \int\frac{\sqrt{1-v^2t^2}}{\sqrt{1-t^2}}\,dt = -\frac{1}{\varkappa}\left\{\int\frac{\sqrt{1-\varkappa^2v^2}}{\sqrt{1-v^2}}\,dv + \int\frac{\sqrt{(1-v^2)(1-\varkappa^2v^2)}}{v^2}\,dv\right\}$$

und nach partieller Integration des letzten Integrals

$$\mathfrak{J} = -\frac{1}{\varkappa}\left[(1-\varkappa^2)N_1(v) - N_2(v) - \frac{\sqrt{(1-v^2)(1-\varkappa^2v^2)}}{v}\right]. \tag{15}$$

In Gl. 15 bedeuten

$$\left.\begin{aligned}N_1(v) &= \int_0^v\frac{dv}{\sqrt{(1-v^2)(1-\varkappa^2v^2)}}\\[2ex]N_2(v) &= \int_0^v\frac{\sqrt{1-\varkappa^2v^2}}{\sqrt{1-v^2}}\,dv\end{aligned}\right\} \tag{16}$$

die elliptischen Normalintegrale I. und II. Gattung, für deren Auswertung vorhandene Funktionentafeln benutzt werden können.[20] Man erhält daher die Neigung der Biegelinie zu

$$y_2' = \frac{2\sqrt{n\,r(1-v^2)}}{v\sqrt{2(1-\varkappa^2v^2)}} - \frac{n}{2l}(l-x_2), \tag{17}$$

und die Gleichung der Biegelinie besitzt die Form

$$x_2 = 2l\sqrt{\frac{2r}{n}}\left[(1-\varkappa^2)N_1(v) - N_2(v) - \frac{\sqrt{(1-v^2)(1-\varkappa^2v^2)}}{v}\right] + D. \tag{18}$$

Die abgeleiteten Beziehungen gelten bis zu jenem Querschnitt $x_\mathrm{I} \leqq x_\mathrm{II} \leqq l$, in welchem am Biegedruckrand gerade die Fließgrenze erreicht wird. Die an dieser Stelle vorhandene Durchbiegung ergibt sich zu

$$y_\mathrm{II} = \frac{h}{6}\left(\frac{\sigma_s}{\sigma_a} - 1\right)\left(1 + \frac{2\,\sigma_a}{\sigma_s}\right) - \frac{n\,x_\mathrm{II}}{2} + \frac{n\,x_\mathrm{II}^2}{4\,l} \tag{19}$$

und begrenzt den Gültigkeitsbereich des Astes II.

---

[20] E. Jahnke u. F. Emde: Funktionentafeln. Teubner, Leipzig. 1923.

Ast III (Verzerrungszustand III).

Die in Abb. 23 dargestellte Spannungsverteilung entspricht einer bleibenden Formänderung der am Biegedruckrand als auch am Biegezugrand gelegenen Querschnittsteile. Die örtliche Achsenkrümmung ist durch Gl. 23, S. 31 bestimmt; setzt man dort das Biegemoment nach Gl. 1 ein und benutzt die früher eingeführten Abkürzungen α_3 und β_3, so ergibt sich die nachfolgende Differentialgleichung:

$$y_3'' = -\frac{\alpha_3}{\sqrt{\beta_3 - \left(y_3 + \frac{n\,x_3}{2} - \frac{n\,x_3^2}{4\,l}\right)}}. \tag{20}$$

Setzt man ferner

$$\left. \begin{aligned} w^2 &= \frac{n}{l}\left[\beta_3 - \left(y_3 + \frac{n\,x_3}{2} - \frac{n\,x_3^2}{4\,l}\right)\right] \\ g &= 2\,\alpha_3\sqrt{\frac{l}{n}} \end{aligned} \right\} \tag{21}$$

so erhält man nach Integration der Gl. 20 die Neigung der Biegelinie

$$y_3' = \sqrt{w^2 + 2\,g\,w + F} - \frac{n}{2\,l}\,(l - x_3) \tag{22}$$

und durch nochmalige Integration die Gleichung der Biegelinie in der Form:

$$x_3 = \frac{2\,l}{n}\left\{\sqrt{w^2 + 2\,g\,w + F} - g\ln\left[g + w + \sqrt{w^2 + 2\,g\,w + F}\right]\right\} + G. \tag{23}$$

In den Gleichungen 22 und 23 bedeuten F und G die Integrationskonstanten. Die größtmögliche Durchbiegung tritt bei voller plastischer Verformung des Mittelquerschnittes ein ($x_3 = l$, $y_3'' = \infty$), errechnet sich zu

$$y_{\text{III}} = \max y_m = \frac{h\,\sigma_s}{4\,\sigma_a}\left(1 - \frac{\sigma_a^2}{\sigma_s^2}\right) - \frac{n\,l}{4} \tag{24}$$

und stellt die obere Grenze für die Durchbiegungen des Astes III dar.

2. Die Gleichgewichtsformen der Biegelinie.

Der nach Abb. 37 belastete Stab hat an seinen Enden nur die Axialkraft P aufzunehmen und erfährt daher an diesen Stellen rein elastische Formänderungen ($\sigma_a \leqq \sigma_s$). Die größte Beanspruchung tritt im mittleren Querschnitt auf und es herrscht hier je nach der Größe der äußeren Belastung einer der bereits beschriebenen drei Verzerrungszustände. Die Biegelinie des Stabes wird daher mit zunehmender Belastung aus einem Ast (Ast I) gebildet oder sie setzt sich aus zwei bzw. drei Ästen zusammen. Diese möglichen Formen der Biegelinie sind hinsichtlich ihrer Stabilität zu prüfen und sollen nachfolgend entwickelt werden.

1. Gleichgewichtsform (Ast I): $y_m \leqq y_{\text{I}}$.

Bei rein elastischer Formänderung ist die Biegelinie durch die Gleichungen 4 und 5 bestimmt. Aus den Randbedingungen Gleichungen 20, S. 52 ergeben sich die Integrationskonstanten zu

$$A = \alpha_1\left(y_m + \frac{nl}{4}\right) + \frac{n}{2\,\alpha_1 l} \left.\begin{array}{c}\\[3ex]\\\end{array}\right\}$$
$$B = l - \frac{\pi}{2\,\alpha_1} \qquad\qquad \tag{25}$$

und die mittlere Durchbiegung nimmt den nachfolgenden Wert an:

$$y_m = \frac{nl}{4}\left[\frac{2(1-\cos\alpha_1 l)}{\alpha_1{}^2 l^2 \cos\alpha_1 l} - 1\right]. \tag{26}$$

Diese Gleichung darf nur den bei ihrer Ableitung getroffenen Voraussetzungen gemäß für kleine Ausbiegungen, also nur innerhalb des Lastbereiches $\alpha_1 l < \dfrac{\pi}{2}$ verwendet werden. Bei unbeschränkter Gültigkeit des Hookeschen Gesetzes würde nämlich für $\alpha_1 l = \dfrac{\pi}{2}$ die mittlere Ausbiegung unendlich groß werden, woraus dann häufig der falsche Schluß gezogen wird, daß ein querbelasteter Druckstab unter der Euler-Last des mittig gedrückten Stabes gleicher Abmessungen der Knickung unterliegt. Die auf größere Ausbiegungen ausgedehnte, unter Zugrundelegung des genauen analytischen Ausdruckes für die Achsenkrümmung durchgeführte Untersuchung führt jedoch zu einer extremfreien Lastkurve analog der für außermittigen Druck geltenden Linie in Abb. 11, d. h. der Stab besitzt auch oberhalb der Euler-Last eine eindeutige Ausbiegung von endlicher Größe. Bei dem vorliegenden Werkstoff gilt die Gleichung 26 bis zur Grenzspannung σ_n des elastischen Bereiches $(y_m = y_{\mathrm{I}})$, und das zugeordnete Schlankheitsverhältnis ist aus der nachfolgenden Gleichung zu bestimmen.

$$\left[1 + \frac{\lambda_n\sqrt{3}}{3\,n\,E}(\sigma_s - \sigma_n)\right]\cos\left(\frac{\lambda_n}{2}\sqrt{\frac{\sigma_n}{E}}\right) - 1 = 0. \tag{27}$$

2. Gleichgewichtsform (Äste I und II): $y_{\mathrm{I}} \leqq y_m \leqq y_{\mathrm{II}}$.

Ist das Fließgebiet am Biegedruckrand bis zu einem Querschnitt in der Entfernung x_{I} vom Stabende vorgedrungen, während am Biegezugrand noch rein elastische Formänderungen auftreten, so wird die Biegelinie aus den Ästen I und II gebildet und ist durch die Gleichungen 4, 5, 17 und 18 bestimmt. Mit den Abkürzungen

$$r^2 = \frac{C^2}{4\,n^2} + \frac{16\sqrt{3}\,\sigma_a}{9\,n\,\lambda\,E}\left(\frac{\sigma_s}{\sigma_a} - 1\right)^3 \left.\begin{array}{c}\\\\\\\\\\\\\\\\\\\\\\\\\\\\\end{array}\right\}$$
$$\varkappa^2 = \frac{C}{4\,n\,r} + \frac{1}{2}$$
$$\frac{1}{v_1{}^2} = \frac{2\sqrt{3}}{3\,r\,\lambda}\left(\frac{\sigma_s}{\sigma_a} - 1\right) + \varkappa^2 \qquad\qquad \tag{28}$$
$$u_0 = \frac{n}{\lambda}\sqrt{\frac{E}{\sigma_a}}$$
$$u_1 = \left(\frac{\sigma_s}{\sigma_a} - 1\right)\sqrt{\frac{\sigma_a}{3\,E}} + u_0$$

erhält man aus den zur Bestimmung der vier Integrationskonstanten erforderlichen Gleichungen 24, S. 52 zunächst

$$A^2 = u_1{}^2 + \frac{2\,n\,r\,(1 - v_1{}^2)}{v_1{}^2\,(1 - \varkappa^2\,v_1{}^2)} \left.\begin{array}{l}\\[2ex]\end{array}\right\}$$
$$B = -\frac{1}{\alpha_1}\,\arcsin\frac{u_0}{A} \tag{29}$$
$$D = l\left\{1 - 2\sqrt{\frac{2\,r}{n}}\,[(1 - \varkappa^2)\,N_1 - N_2]\right\}$$

wobei

$$N_1 = \int_0^1 \frac{dv}{\sqrt{(1 - v^2)\,(1 - \varkappa^2\,v^2)}}$$
$$\tag{30}$$
$$N_2 = \int_0^1 \frac{\sqrt{1 - \varkappa^2\,v^2}}{\sqrt{1 - v^2}}\,dv$$

die **vollständigen elliptischen Normalintegrale I. und II. Gattung**
bedeuten. Diese vollständigen elliptischen Integrale können aus dem
oben angeführten Tafelwerk als Funktion des Moduls $\varkappa$ entnommen
werden. Schließlich ergibt sich für die Integrationskonstante C die nachfolgende Gleichung:

$$\Phi_2 = \left(\arcsin\frac{u_1}{A} - \arcsin\frac{u_0}{A} - \frac{\lambda}{2}\sqrt{\frac{\sigma_a}{E}}\right) -$$
$$-\lambda\sqrt{\frac{2\,r\,\sigma_a}{n\,E}}\left\{(1 - \varkappa^2)\,[N_1\,(v_1) - N_1] - [N_2\,(v_1) - N_2] - \tag{31}\right.$$
$$\left. - \frac{\sqrt{(1 - v_1{}^2)\,(1 - \varkappa^2\,v_1{}^2)}}{v_1}\right\} = 0.$$

Die mittlere Durchbiegung ist aus

$$\frac{y_m}{h} = \frac{1}{2}\left(\frac{\sigma_s}{\sigma_a} - 1\right) - \frac{\lambda}{4\sqrt{3}}\left[\frac{n}{4} - \frac{C}{2\,n} + \sqrt{\frac{C^2}{4\,n^2} + \frac{16\sqrt{3}\,\sigma_a}{9\,n\,\lambda\,E}\left(\frac{\sigma_s}{\sigma_a} - 1\right)^3}\right] \tag{32}$$

zu berechnen. Setzt man die mittlere Durchbiegung gleich ihrem unteren
Grenzwerte y_I (Grenze der elastischen Verformung) bzw. ihrem oberen
Grenzwerte y_{II} (Grenze des Verzerrungszustandes II), so erhält man
hieraus die **Grenzwerte für die Integrationskonstante** C und
damit den Gültigkeitsbereich der Gl. 31 in der Form:

$$\frac{4}{3}\left(\frac{\sigma_s}{\sigma_a} - 1\right)\left[\frac{\sigma_s}{E}\left(1 - \frac{\sigma_a}{\sigma_s}\right) - \frac{n\sqrt{3}}{\lambda}\right] \leqq C \leqq$$
$$\leqq \frac{4}{3}\left(\frac{\sigma_s}{\sigma_a} - 1\right)\left[\frac{\sigma_s}{E} - \frac{n\sqrt{3}}{\lambda}\left(1 - \frac{\sigma_a}{\sigma_s}\right)\right]. \tag{33}$$

Der Gl. 31 entspricht bei gegebener Schlankheit λ und Querbelastungszahl n eine nach dem Parameter σ_a geordnete Kurvenschar $\Phi_2\,(C, \sigma_a)$,
deren Schnittpunkte mit der Abszissenachse $\Phi_2 = 0$ aufzusuchen sind.

Man erhält dann innerhalb des durch die Gl. 33 festgelegten Gültigkeitsbereiches einen oder zwei Lösungswerte für die Integrationskonstante C, von denen der kleinere der mit zunehmender Belastung tatsächlich auftretenden Ausbiegung und die eventuell vorhandene größere Wurzel der noch möglichen sekundären Gleichgewichtslage entspricht. Insbesondere existiert eine Kurve Φ_{kr}, die die Abszissenachse gerade berührt, für welche also $\dfrac{\partial \Phi_2}{\partial C} = 0$ gilt; die zugehörige Axialspannung ist dann gleich der kritischen Spannung σ_{kr}, und die Abszisse des Berührungspunktes entspricht jenem Lösungswerte C_{kr}, für welchen die beiden möglichen Gleichgewichtslagen der Stabachse zusammenfallen. Durch partielle Differentiation der Gl. 31 und nach Umformung erhält man:

$$\frac{\partial \Phi_2}{\partial C} = 0 = C\left(\arcsin\frac{u_1}{A} - \arcsin\frac{u_0}{A} - \frac{\lambda}{2}\sqrt{\frac{\sigma_a}{E}}\right) +$$
$$+ \frac{4\,n^2 r^2}{A^2}\left(\frac{u_1}{\sqrt{A^2 - u_1^2}} - \frac{u_0}{\sqrt{A^2 - u_0^2}}\right) +$$
$$+ \frac{2}{3}\sqrt{\frac{6\,\sigma_a}{n\,r\,E}}\left(\frac{\sigma_s}{\sigma_a} - 1\right)\left\{\left[C - \frac{8\,\sigma_a}{3\,E}\left(\frac{\sigma_s}{\sigma_a} - 1\right)^2\right]\frac{v_1^2\sqrt{1 - \varkappa^2 v_1^2}}{\sqrt{1 - v_1^2}} + \right.$$
$$\left. + \frac{8\,\sigma_a}{3\,E}\left(\frac{\sigma_s}{\sigma_a} - 1\right)^2 N_1\right\}. \tag{34}$$

Die Gleichungen 31 und 34 dienen zur Bestimmung von $\max \sigma_a = \sigma_{kr}$ und $C = C_{kr}$, die mittlere Ausbiegung im kritischen Gleichgewichtszustande y_{kr} ist aus Gl. 32 zu berechnen.

3. Gleichgewichtsform (Äste I, II und III): $y_{\mathrm{II}} \leqq y_m \leqq y_{\mathrm{III}}$.

Diese Gleichgewichtsform der Biegelinie liegt vor, wenn im mittleren Teil des Stabes auch am Biegezugrand bleibende Formänderungen auftreten. Es herrscht dann innerhalb des Bereiches $0 \leqq x_1 \leqq x_{\mathrm{I}}$ der Verzerrungszustand I, in den innerhalb $x_{\mathrm{I}} \leqq x_2 \leqq x_{\mathrm{II}}$ gelegenen Stabquerschnitten der Verzerrungszustand II (Fließen am Biegedruckrand) und im mittleren Teil des Stabes $x_{\mathrm{II}} \leqq x_3 \leqq l$ der Verzerrungszustand III (beidseitiges Fließen). Die Form der Biegelinie ist daher durch die Gleichungen 4, 5, 17, 18, 22 und 23 bestimmt, wobei zur Berechnung der hier auftretenden sechs Integrationskonstanten die Randbedingungen $x_1 = 0 \ldots y_1 = 0$ und die letzten fünf Gleichungen 42, S. 36 heranzuziehen sind. Hieraus erhält man unter Verwendung der Gleichungen 28 und mit den Abkürzungen

$$\left.\begin{aligned}
g &= \frac{\sigma_s}{3\,E}\sqrt{\frac{\lambda\,\sigma_s\sqrt{3}}{n\,\sigma_a}}\\[2mm]
w_2^2 &= \frac{n\,\sigma_a\sqrt{3}}{3\,\lambda\,\sigma_s}\left(\frac{\sigma_s}{\sigma_a} - 1\right)^2\\[2mm]
\frac{1}{v_2^2} &= \frac{2\,w_2^2}{n\,r} + \varkappa^2\\[2mm]
W &= \sqrt{w_2^2 + 2\,g\,w_2 + F}
\end{aligned}\right\} \tag{35}$$

zunächst

$$
\left.
\begin{aligned}
A^2 &= u_1{}^2 + \frac{2\,n\,r\,(1-v_1{}^2)}{v_1{}^2\,(1-\varkappa^2 v_1{}^2)} \\
B &= -\frac{1}{\alpha_1}\arcsin\frac{u_0}{A} \\
D &= -2l\sqrt{\frac{2\,r}{n}}\left[(1-\varkappa^2)\,N_1(v_2) - N_2(v_2) - \frac{\sqrt{(1-v_2{}^2)(1-\varkappa^2 v_2{}^2)}}{v_2}\right] - \\
&\quad\; -\frac{2l}{n}\left[W - g\ln(g+w_2+W) - \frac{n}{2} + g\sqrt{g^2-F}\right] \\
F &= C - 2\left(\frac{\sigma_s}{\sigma_a}-1\right)\left[\frac{\sigma_s}{E} - \frac{n\sqrt{3}}{2\,\lambda}\left(1-\frac{\sigma_a}{\sigma_s}\right)\right] \\
G &= \frac{l}{n}\left(n - 2\,g\sqrt{g^2-F}\right)
\end{aligned}
\right\} \quad (36)
$$

und für die Integrationskonstante C die nachfolgende Bestimmungsgleichung:

$$
\begin{aligned}
\Phi_3 &= \left(\arcsin\frac{u_1}{A} - \arcsin\frac{u_0}{A} - \frac{\lambda}{2}\sqrt{\frac{\sigma_a}{E}}\right) - \lambda\sqrt{\frac{2\,r\,\sigma_a}{n\,E}}\left\{(1-\varkappa^2)\,[N_1(v_1) - \right. \\
&\quad\; - N_1(v_2)] - [N_2(v_1) - N_2(v_2)] - \frac{\sqrt{(1-v_1{}^2)(1-\varkappa^2 v_1{}^2)}}{v_1} + \qquad (37) \\
&\quad\; \left. \frac{\sqrt{(1-v_2{}^2)(1-\varkappa^2 v_2{}^2)}}{v_2}\right\} + \frac{\lambda}{n}\sqrt{\frac{\sigma_a}{E}}\left(W - g\ln\frac{g+w_2+W}{\sqrt{g^2-F}}\right) = 0.
\end{aligned}
$$

Die mittlere Durchbiegung ergibt sich dann als Funktion der Integrationskonstanten F zu

$$
\frac{y_m}{h} = \frac{\sigma_s}{4\,\sigma_a}\left(1 - \frac{\sigma_a{}^2}{\sigma_s{}^2}\right) - \frac{\lambda\sqrt{3}}{48}\left[n + \frac{8\,g}{n}\left(g - \sqrt{g^2-F} - \frac{4\,F}{n}\right)\right]. \quad (38)
$$

Führt man für die mittlere Stabausbiegung y_m den oberen und unteren Grenzwert in Gl. 38 ein, so können die entsprechenden Grenzwerte für die Integrationskonstante F berechnet werden:

$$
-\frac{2}{3}\left(\frac{\sigma_s}{\sigma_a}-1\right)\left[\frac{\sigma_s}{E} + \frac{n\sqrt{3}}{2\,\lambda}\left(1-\frac{\sigma_a}{\sigma_s}\right)\right] \leqq F \leqq 0. \quad (39)
$$

Der Gültigkeitsbereich der Gl. 37 ist daher laut Gleichungen 39 und 36 durch

$$
\begin{aligned}
\frac{4}{3}\left(\frac{\sigma_s}{\sigma_a}-1\right)&\left[\frac{\sigma_s}{E} - \frac{n\sqrt{3}}{\lambda}\left(1-\frac{\sigma_a}{\sigma_s}\right)\right] \leqq C \leqq \\
&\leqq 2\left(\frac{\sigma_s}{\sigma_a}-1\right)\left[\frac{\sigma_s}{E} - \frac{n\sqrt{3}}{2\,\lambda}\left(1-\frac{\sigma_a}{\sigma_s}\right)\right]
\end{aligned}
\quad (40)
$$

gegeben. Innerhalb ihres Gültigkeitsbereiches besitzt die Gl. 37 zwei reelle Lösungswerte für die Integrationskonstante C. Die beiden möglichen Gleichgewichtslagen der Biegelinie nähern sich mit zunehmender Belastung und fallen im kritischen Gleichgewichtszustande zusammen. Dann hat die Kurve $\Phi_3(C, \sigma_a)$ für unveränderliche Werte λ und n die

Abszissenachse $\Phi_3 = 0$ zur Tangente, und man erhält daher durch partielle Differentiation der Gl. 37

$$\frac{\partial \Phi_3}{\partial C} = 0 = C \left[\arcsin \frac{u_1}{A} - \arcsin \frac{u_0}{A} - \frac{\lambda}{2} \sqrt{\frac{\sigma_a}{E}} + \right.$$

$$+ \frac{\lambda}{n} \sqrt{\frac{\sigma_a}{E}} \left(W - g \ln \frac{g + w_2 + F}{\sqrt{g^2 - F}} \right) \left] + \frac{4 n^2 r^2}{A^2} \left(\frac{u_1}{\sqrt{A^2 - u_1^2}} - \frac{u_0}{\sqrt{A^2 - u_0^2}} \right) + \right.$$

$$+ \frac{2}{3} \sqrt{\frac{6 \sigma_a}{n r E}} \left(\frac{\sigma_s}{\sigma_a} - 1 \right) \left\{ \left[C - \frac{8 \sigma_a}{3 E} \left(\frac{\sigma_s}{\sigma_a} - 1 \right)^2 \right] \frac{v_1 \sqrt{1 - \varkappa^2 v_1^2}}{\sqrt{1 - v_1^2}} - \right. \tag{41}$$

$$- \left(1 - \frac{\sigma_a}{\sigma_s} \right) \left[C - \frac{8 \sigma_s}{3 E} \left(\frac{\sigma_s}{\sigma_a} - 1 \right) \right] \frac{v_2 \sqrt{1 - \varkappa^2 v_2^2}}{\sqrt{1 - v_2^2}} \right\} -$$

$$- 4 n r^2 \lambda \sqrt{\frac{\sigma_a}{E}} \left[\frac{w_2 + W}{(g + w_2 + W) W} - \frac{g}{(g^2 - F)} \right].$$

Aus den Gleichungen 37 und 41 ist $C = C_{kr}$ und $\max \sigma_a = \sigma_{kr}$ zu berechnen und schließlich aus Gl. 38 die kritische Ausbiegung y_{kr} zu ermitteln.

3. Diagramm der kritischen Spannungen für Stahl St$_i$ 37.

Zur Ermittlung zusammengehöriger Werte σ_{kr}, C_{kr}, λ und n stehen zwei transzendente Gleichungen $\Phi = 0$ und $\Phi' = 0$ zur Verfügung, so daß zwei Größen, und zwar am besten λ und n frei gewählt werden dürfen (dies entspricht übrigens auch dem am häufigsten vorkommenden Fall). Die Angabe der für praktische Zwecke benötigten Funktion $\sigma_{kr} = \psi(\lambda, n)$ ist jedoch im Hinblick auf diese verwickelten und einer expliziten Lösung unzugänglichen Gleichungspaare nur durch eine systematische Berechnung zusammengehöriger Werte möglich. Hierbei ist an Hand der Gleichungen 33 und 40 zu entscheiden, welcher der beiden für die Ausbildung eines kritischen Gleichgewichtszustandes in Betracht kommenden Gleichgewichtsformen 2 und 3 die Biegelinie angehört.

Untersucht man auch hier, welchen Höchstwert die kritische Ausbiegung annehmen darf, damit am Biegedruckrand in Stabmitte eine bestimmte Stauchung $\varepsilon_d = p \varepsilon_s$ nicht überschritten wird, so erhält man die Höchstwerte der zur Berechnung der mittleren Durchbiegung erforderlichen Integrationskonstanten zu

$$\left. \begin{aligned} C_{\max} &= \frac{4 \sqrt{3} n \sigma_a}{3 (p-1) \lambda \sigma_s} \left(\frac{\sigma_s}{\sigma_a} - 1 \right)^2 \left\{ 1 - \sqrt{1 + \frac{2 (p-1) \sigma_s}{(\sigma_s - \sigma_a)}} \right\} - \\ &\qquad - \frac{4 (p-1) \sigma_s (\sigma_s - \sigma_a)}{3 E \sigma_a \left[1 - \sqrt{1 + \frac{2 (p-1) \sigma_s}{(\sigma_s - \sigma_a)}} \right]} \\ F_{\max} &= - \frac{2}{3 p} \left(\frac{\sigma_s}{\sigma_a} + 1 \right) \left[\frac{\sigma_s}{E} + \frac{n \sqrt{3}}{2 p \lambda} \left(1 + \frac{\sigma_a}{\sigma_s} \right) \right] \end{aligned} \right\} \tag{42}$$

Mit diesen Werten kann aus der Extremalbedingung $\Phi' = 0$ die Querbelastungszahl n eliminiert werden, so daß die erste Gleichung $\Phi = 0$

eine Beziehung zwischen der Axialspannung und dem Schlankheitsverhältnis λ_p darstellt.

Die Ergebnisse der zahlenmäßigen Rechnung für einen Ideal
Stahl St_i 37 sind in Abb. 38 graphisch dargestellt. Die kritische Spannung σ_{kr} wurde für die Querbelastungszahlen $n = 0{,}001$ bis $0{,}10$ und die
Schlankheitsgrade $\lambda = 0$ bis 200 angegeben. Die Gültigkeitsbereiche der
Gleichgewichtsformen 2 und 3 sind durch die Grenzlinie G ($y_{kr} = y_{II}$)
voneinander getrennt. Die links bzw. rechts von der Kurve Γ gelegenen

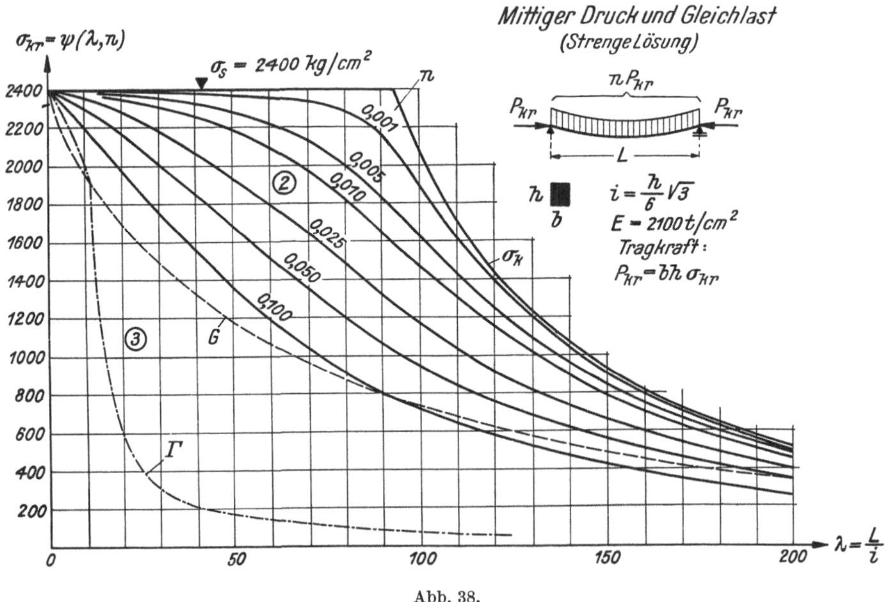

Abb. 38.

Punkte der n-Linien entsprechen kritischen Gleichgewichtslagen, bei
denen die größte Stauchung in Stabmitte $\max \varepsilon_d \gtrless 10^0/_{00}$ ist. Man erkennt, daß größere Formänderungen selbst bei großen Querbelastungen nur in sehr gedrungenen Stäben auftreten. Die beim Eintritt
des kritischen Gleichgewichtszustandes vorhandene Ausbiegung y_{kr} ist
ebenfalls klein und beträgt nur Teile der Querschnittshöhe. Eine Verfestigung kommt demnach auch in diesem Falle bei den im Stahlbau
üblichen Schlankheitsgraden und den derzeit gebräuchlichen Baustählen
— Fließbereich 10 bis $25^0/_{00}$ — nicht in Frage.

III. Mittiger Druck und Eigengewicht.

Die Untersuchung der Wirkung des Eigengewichtes eines waagrecht
gelagerten und mittig gedrückten Stabes von der Länge $L = 2\,l$ stellt
sich als Sonderfall der Belastungsart „Mittiger Druck und Gleichlast"

dar. Bezeichnet man mit γ das spezifische Gewicht, so ergibt sich die Eigengewichtsbelastung des Rechteckstabes pro Längeneinheit zu

$$q_e = b\,h\,\gamma. \tag{1}$$

In einem Querschnitt im Abstande x vom linken Auflager (s. auch Abb. 37) herrscht dann eine Axialkraft P und ein Biegemoment

$$M = P\left(y + \frac{q_e\,l}{P}\,x - \frac{q_e\,x^2}{2\,P}\right). \tag{2}$$

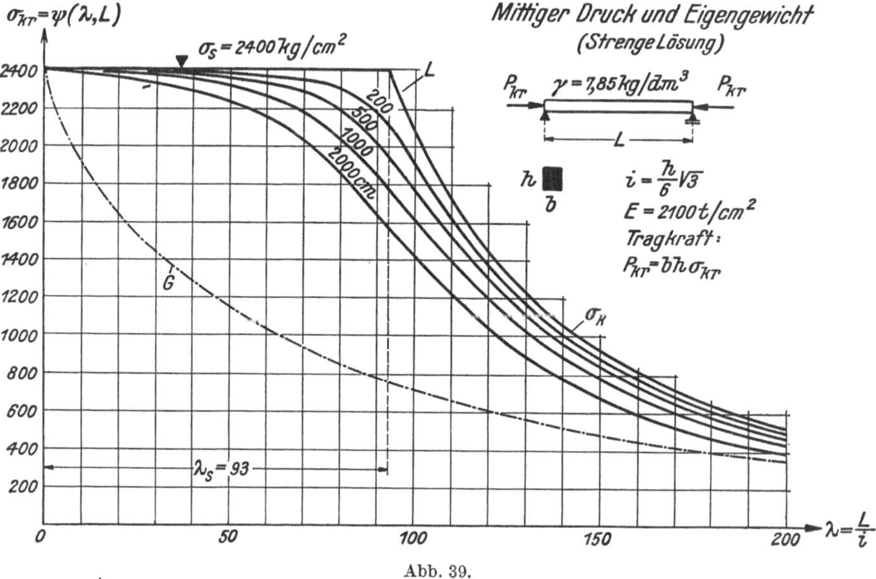

Abb. 39.

Im kritischen Gleichgewichtszustande ist $P = P_{kr} = b\,h\,\sigma_{kr}$ zu setzen und die **kritische Querbelastungszahl** ergibt sich dann zu

$$n = \frac{\gamma\,L}{\sigma_{kr}} \tag{3}$$

ist also nicht konstant, sondern von der Stablänge und den Querschnittsabmessungen abhängig. Mit der Querbelastung n nach Gl. 3 geht jedoch Gl. 2 in die für das Biegemoment geltende Gl. 1, S. 57 über, so daß die Lösung mit der dort angegebenen identisch ist. Das für Stahl St$_i$ 37 berechnete Diagramm der kritischen Spannungen $\sigma_{kr} = \psi(\lambda, n)$ in Abb. 38 kann daher in einfachster Weise zur Entwicklung der hier benötigten Funktion $\sigma_{kr} = \psi(\lambda, L)$ verwendet werden: Man wählt z. B. $\sigma_{kr} = 1{,}57\ t/cm^2$, $L = 200$ cm und erhält mit $\gamma = 7{,}85\ t/m^3$ aus Gl. 3 die Querbelastungszahl $n = 0{,}001$, welcher nach Abb. 38 für die gewählte Axialspannung ein Schlankheitsgrad $\lambda \doteq 112$ zugeordnet ist. Die derart ermittelte, in Abb. 39 dargestellte Kurvenschar $\sigma_{kr} = \psi(\lambda, L)$ ist nach dem Parameter L geordnet und liegt für die praktisch in Betracht kommenden Stablängen innerhalb des Gültigkeitsbereiches der Gleichgewichtsform 2 (s. § 3/II).

Waagrecht gelagerte Druckstäbe werden gewöhnlich immer unter Vernachlässigung des Eigengewichtes auf Knickung gerechnet. Diese Vernachlässigung ist aber — wie aus dem Diagramm in Abb. 39 zu ersehen ist — besonders bei mittelschlanken Stäben nicht gerechtfertigt, da das Eigengewicht eine nicht unerhebliche Herabsetzung der Tragfähigkeit zur Folge hat; die Abminderung des Tragvermögens beträgt bei Stäben mit einem Schlankheitsverhältnis $\lambda_s = \pi \sqrt{\dfrac{E}{\sigma_s}} = 93$ und einer Stablänge $L = 200$, 500 bzw. 1000 cm jeweils $12^0/_0$, $19^0/_0$ bzw. $26^0/_0$ der Knicklast. Es möge hierbei nicht unerwähnt bleiben, daß die für kürzere Stäbe ($L < 500$ cm) berechneten kritischen Spannungen nahezu unabhängig von der Querschnittsform sind und daher unbedenklich für die im Stahlbau verwendeten Profile verwendet werden dürfen.

§ 4. Der gekrümmte Druckstab.

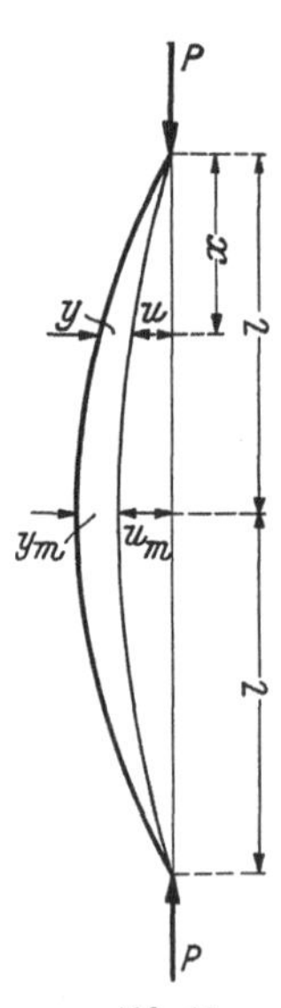

Abb. 40.

Dem Problem der Tragfähigkeit schwach gekrümmter Druckstäbe kommt dieselbe Bedeutung zu wie dem Einfluß des Eigengewichtes bei waagrechter Lagerung oder der Wirkung „unvermeidlicher" Exzentrizitäten des Kraftangriffes auf die Festigkeit von „entwurfsgemäß auf Knickung" beanspruchten Stäben. Bei allgemeiner Form der Stabachse gestaltet sich die Lösung der entsprechenden Differentialgleichungen der Biegelinie im elastisch-plastischen Bereich sehr schwierig, wenn nicht sogar auf analytischem Wege unmöglich. Nun ist aber bei den hier behandelten, sehr schwach gekrümmten Druckstäben in allen praktischen Fällen meistens nur die mittlere Pfeilhöhe u_m der Achse bekannt, so daß die Wahl der Achsenform selbst noch freisteht und unter geometrisch möglichen Voraussetzungen im Sinne eines einfachen Rechnungsganges erfolgen darf. Nimmt man z. B. für den nach Abb. 40 belasteten Stab mit Rechteckquerschnitt eine parabolische Achsenform an, so kann dieser Belastungsfall auf die Beanspruchung „Mittiger Druck und Gleichlast" zurückgeführt werden. Die Gleichung der Stabachse lautet dann gemäß Abb. 40:

$$u = u_m \left(\frac{2\,x}{l} - \frac{x^2}{l^2} \right). \tag{1}$$

Im Querschnitt x herrscht eine Axialkraft P und ein Biegemoment

$$M = P\,(u + y) = P\left(y + \frac{2\,u_m}{l}\,x - \frac{u_m\,x^2}{l^2} \right). \tag{2}$$

Vergleicht man diesen Ausdruck mit Gl. 1, S. 57, so sind beide identisch, wenn

$$n = \frac{4\,u_m}{l} = \frac{8\,u_m}{L} \tag{3}$$

gesetzt wird. Die parabolische Krümmung der Stabachse bringt also dieselbe Wirkung hervor wie eine gleichmäßig verteilte Querbelastung, so daß die dort entwickelte strenge Lösung unter Beachtung von Gl. 3 auch hier verwendet werden darf.

Für Stäbe aus Stahl St_i 37 erhält man nach Umrechnung der n-Werte (Gl. 3) und durch Interpolation zwischen den n-Linien des Diagramms Abb. 38 die in Abb. 41 dargestellte und nach dem Parameter $\frac{u_m}{L}$ geordnete Kurvenschar $\sigma_{kr} = \psi\left(\lambda, \frac{u_m}{L}\right)$. Dieses Diagramm läßt deutlich den

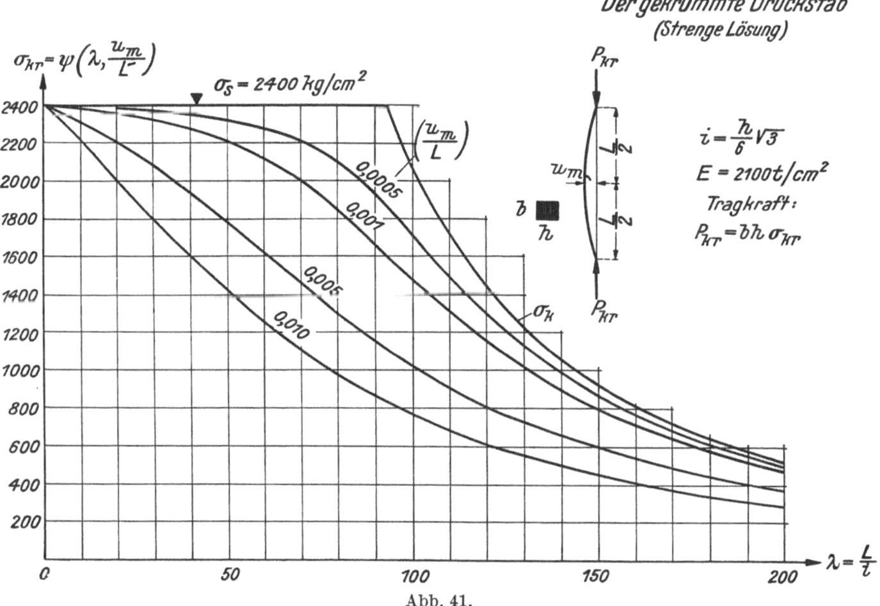

Abb. 41.

gewaltigen Einfluß einer ursprünglich krummen Stabachse auf das Tragvermögen erkennen. Die Abminderung der Tragfähigkeit beträgt bei Stäben mit einem Schlankheitsverhältnis $\lambda_s = \pi\sqrt{\dfrac{E}{\sigma_s}} = 93$ bei einem Pfeilverhältnis $\frac{u_m}{L} = 0,0005$, $0,001$, $0,005$ und $0,01$ jeweils **20, 32, 54** und **65%** der Knickfestigkeit, ist demnach auch bei sehr schwach gekrümmten mittelschlanken Stäben — eine „unbeabsichtigte Ausbiegung von $\frac{1}{1000}$ der Stablänge liegt praktisch durchaus im Bereich der Möglichkeit — recht bedeutend, jedoch auch bei gedrungeneren Stäben ($\lambda = 50$) noch von beachtlicher Größe. Die Abschätzung eines für praktische Zwecke in Rechnung zu stellenden „unvermeidlichen" Krümmungsmaßes kann sich meines Wissens leider nicht auf ausreichende Beobachtungen stützen, doch dürfte der Wert $\frac{u_m}{L} = \frac{1}{1000}$ kaum zu hoch eingeschätzt sein (dies entspräche bei einem 5 m langen Stabe einem größten Biegepfeil $u_m = 5$ mm); die sich hieraus ergebenden Folgerungen hinsichtlich der Tragfähigkeit sind bei der Festlegung des für die Querschnittsbemessung erforderlichen Sicherheitsgrades zu berücksichtigen.

Zweiter Abschnitt.

Implizite Näherungslösungen.

Die im ersten Abschnitt behandelten strengen Lösungen von Gleichgewichtsproblemen axial gedrückter und auf Biegung beanspruchter Stahlstäbe erfordern einen sehr großen Aufwand an Rechen- bzw. Zeichenarbeit, da sie fast ausnahmslos — eine Ausnahme bilden die für außermittigen Druck entwickelten Gleichungen 53, S. 39 und 67, S. 42 — keine explizite Darstellung der Endergebnisse gestatten, und sind daher, wenn von der Verwendung der an eine bestimmte Stahlsorte gebundenen Diagramme oder Zahlentafeln abgesehen werden soll, für ingenieurmäßige Berechnungen nicht geeignet. Die Kenntnis der strengen Werte bildet aber die unumgänglich notwendige Grundlage zur Beurteilung der Güte von Näherungslösungen.

Die Berücksichtigung der genauen Biegelinie und die Annahme eines verwickelten Formänderungsgesetzes stellen die Hauptschwierigkeiten bei der Lösung der vorliegenden Aufgabe dar und zwingen zu dem in § 2/I besprochenen und recht beschwerlichen zeichnerischen Lösungsverfahren. Da auch die für den vorliegenden Zweck geeignete Idealisierung des Formänderungsgesetzes — ideal-plastische Arbeitslinie — keine wesentliche Abkürzung des Rechnungsganges bewirkt, ist die den praktischen Bedürfnissen entsprechende Vereinfachung des Verfahrens nur mehr aus einer mit den Grenzbedingungen der Aufgabe (mittiger Druck) verträglichen Annahme über die Gleichgewichtsform der ausgebogenen Stabachse möglich. Die unter Voraussetzung einer Ersatzbiegelinie entwickelten zeichnerischen bzw. rechnerischen Untersuchungsmethoden führen jedoch unter Beibehaltung der in Abb. 3 angegebenen Arbeitslinie des Baustahles zu keiner expliziten, d. h. formelmäßigen Darstellung der Endergebnisse und sollen daher zusammenfassend kurz als implizite Näherungslösungen bezeichnet werden. Die bedeutungsvollsten Lösungsansätze dieser Art werden nachstehend behandelt.

§ 5. Sinuslinie als Gleichgewichtsform.

Der erste Versuch zur näherungsweisen Bestimmung der Stabilitätsgrenze eines außermittig gedrückten Stabes stammt von R. Krohn.[21] Für den nach Abb. 12 belasteten Stab beliebiger Querschnittsform kann die örtliche Krümmung der Stabachse unter der Annahme ebenbleibender

---

[21] R. Krohn: Knickfestigkeit. Bautechnik (1) 1923, S. 230.

Querschnitte aus den Gleichgewichtsbedingungen in der nachfolgenden Form abgeleitet werden:

$$\frac{1}{\varrho} \doteq y'' = -\frac{P}{KJ}(y + \bar{y}). \tag{1}$$

In dieser Gleichung entspricht J dem Hauptträgheitsmoment um die zur Momentenebene senkrechte Schwerachse, y der auf die Wirkungslinie der Axialkraft P bezogenen Ausbiegung, K einer „mittleren Dehnungszahl" und $\bar{y}$ einer Strecke, die man etwa als „zusätzliche Exzentrizität" bezeichnen könnte. Im elastischen Formänderungsbereich gilt $K = E$ und $\bar{y} = 0$, im unelastischen Bereich dagegen sind diese beiden Größen abhängig von den Randspannungen und der Querschnittsform, sie ändern sich daher von Querschnitt zu Querschnitt, sodaß eine allgemeine analytische Integration der Differentialgleichung 1 unmöglich ist. Nimmt man aber näherungsweise an, daß die Formänderung des ganzen Stabes vornehmlich von der Spannungsverteilung im meistbeanspruchten Mittelquerschnitt ($x = l_0$) bzw. von der dort vorhandenen größten Ausbiegung y_m abhängig ist, so kann K und $\bar{y}$ für diese Stelle berechnet und als unveränderlich längs der Stabachse angesehen werden. Dann kann Gl. 1 integriert werden und man erhält mit der Abkürzung $\alpha^2 = \dfrac{P}{KJ}$ aus den entsprechenden Randbedingungen die mittlere Durchbiegung zu

$$y_m = \frac{a}{\cos \alpha l} + \frac{\bar{y}(1 - \cos \alpha l)}{\cos \alpha l}. \tag{2}$$

Die Biegelinie des außermittig gedrückten Stabes von der Länge $L = 2l$ wird daher den Annahmen entsprechend durch den zwischen den Endquerschnitten gelegenen Ast einer Sinuslinie mit der Amplitude y_m und der Halbwellenlänge L_0 (s. Abb. 12) gebildet. Für beliebige Querschnittsformen kann K und $\bar{y}$ nicht explizit bestimmt werden. Für den aus zwei durch einen unendlich dünnen, schubsicheren Steg verbundenen Lamellen bestehenden Querschnitt nach Abb. 42 können aber die Werte K und $\bar{y}$ leicht berechnet werden. Mit $J \doteq {}^1/_2 f h^2$, $W \doteq f h$ und $P = 2 f \sigma_a$ erhält man aus den Gleichgewichtsbedingungen die Randspannungen zu

$$\left.\begin{aligned}
\sigma_d &= \sigma_a \left(1 + \frac{2 y_m}{h}\right) \\
\sigma_z &= \sigma_a \left(1 - \frac{2 y_m}{h}\right)
\end{aligned}\right\} \tag{3}$$

Die spezifischen Längenänderungen der Randfasern können in der Form

$$\varepsilon_d = \frac{\sigma_d}{D_d}, \quad \varepsilon_z = \frac{\sigma_z}{D_z} \tag{4}$$

angeschrieben werden, wobei D_d und D_z als „Dehnungszahlen" eingeführt werden. Unter der Annahme ebenbleibender Querschnitte ist die örtliche Krümmung der Stabachse durch die Beziehung

$$\frac{1}{\varrho} = -\frac{(\varepsilon_d + \varepsilon_z)}{h} \tag{5}$$

gegeben. Setzt man hier die Werte aus den Gleichungen 3 und 4 ein, so ergibt sich aus dem Vergleich mit Gl. 1:

$$K = \frac{2\,D_d\,D_z}{(D_d + D_z)}, \quad \bar{y} = \frac{h\,(D_z - D_d)}{2\,(D_d + D_z)}. \tag{6}$$

Diese Ableitung gilt selbstverständlich für ein beliebiges Formänderungsgesetz (s. auch Abb. 42), wobei für größere Exzentrizitäten des Kraftangriffes die ursprüngliche Arbeitslinie zu verwenden ist. Für mittigen Druck ($a = 0$) muß allerdings auf der Biegezugseite das Entlastungsgesetz angenommen werden. Krohn verwendet auch in diesem Falle die ursprüngliche Arbeitslinie auf der Biegezugseite und erhält daher eine von der Engesser-Linie nach unten hin abweichende Knickspannungslinie, d. h. im plastischen Bereiche zu kleine Knickspannungen.

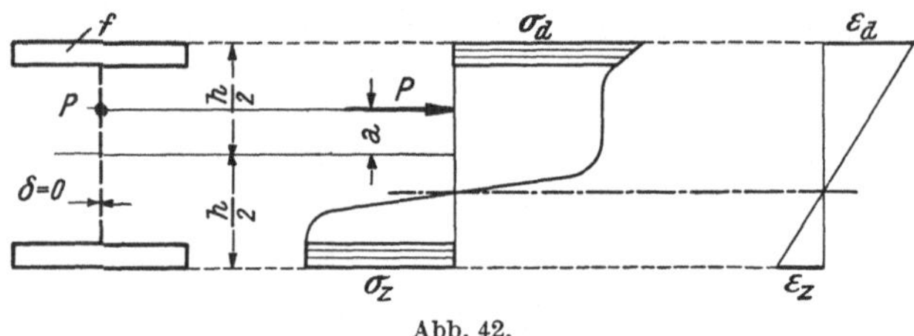

Abb. 42.

Bei der Berechnung der kritischen Last ist wie folgt vorzugehen. Bei gegebener Stablänge L, Exzentrizität a und bekannter Querschnittsform wird eine Axialspannung σ_a und eine mittlere Durchbiegung y_m angenommen und die Randspannungen berechnet. Aus der Arbeitslinie sind die zugehörigen Längenänderungen zu entnehmen, worauf die Dehnungszahlen D und schließlich die Werte K und $\bar{y}$ ermittelt werden. Diese Annahmen sind so lange abzuändern, bis die Gl. 2 identisch befriedigt ist. Für eine gegebene Axialspannung existieren zwei mögliche Durchbiegungen, deren Werte sich mit zunehmender Belastung nähern und unter der kritischen Last zusammenfallen. Die durch Gl. 2 gegebene Kurve $\Phi(y_m, \sigma_a) = 0$ berührt demnach für die kritische Axialspannung σ_{kr} gerade die Abszissenachse $\Phi = 0$. Die nach diesem Verfahren ermittelten Werte σ_{kr} dürften gute Übereinstimmung — ein Diagramm der kritischen Spannungen wurde von Krohn allerdings nicht angegeben — mit den strengen Werten zeigen, die Anwendung des Verfahrens in einem bestimmten Einzelfalle erfordert jedoch trotz der vereinfachenden Voraussetzungen einen für praktische Zwecke noch viel zu großen Aufwand an Rechen- und Zeichenarbeit und kann daher nicht empfohlen werden.

Das von F. Hartmann[22] zehn Jahre später angegebene Näherungsverfahren unterscheidet sich von der Krohnschen Lösung rein formal. Auch Hartmann nimmt als Biegelinie des außermittig gedrückten Stabes eine Sinuslinie mit der für mittigen Druck geltenden Halbwellen-

---

[22] F. Hartmann: Der einseitige (exzentrische) Druck bei Stäben aus Baustahl. Z. öst. Ing.- u. Arch.-Ver. 1933, S. 65.

länge L_0 an (Belastungsfall Abb. 12) und sieht die Spannungsverteilung im Mittelquerschnitt als maßgebend für die gesamte Formänderung des Stabes an. Die örtliche Krümmung in Stabmitte ergibt sich dann einerseits aus der Sinuslinie und anderseits aus der an dieser Stelle vorhandenen Spannungsverteilung zu

$$\frac{1}{\varrho_m} \doteq y_m{}'' = -\frac{y_m \pi^2}{L_0{}^2} = -\frac{(\varepsilon_d + \varepsilon_z)}{h}. \tag{7}$$

Die mittlere Durchbiegung erhält man daher zu

$$y_m = \frac{a}{\cos \dfrac{\pi L}{2 L_0}}, \tag{8}$$

wobei L_0 als Funktion der Spannungsverteilung im Mittelquerschnitt aus Gl. 7 berechnet werden kann. Man erhält, da das Biegemoment in Stabmitte $M_m \doteq P y_m$ ist, den nachfolgenden Ausdruck:

$$L_0 = \pi \sqrt{y_m \varrho_m} = \pi \sqrt{\frac{M_m}{P} \varrho_m} = \pi \sqrt{\psi(\sigma_a, \varepsilon_d, \varepsilon_z)}. \tag{9}$$

Die Krümmung in Stabmitte $\dfrac{1}{\varrho_m}$ kann bei gegebener Axialspannung und Querschnittsform als Funktion des Biegemoments der inneren Kräfte, d. h. in Abhängigkeit von den Längenänderungen ε_d und ε_z der Randfasern berechnet werden; hierbei wird die bei beliebiger Querschnittsform umständliche Berechnung der von Krohn eingeführten Werte K und $\bar{y}$ vermieden und eine graphische Darstellung nach Abb. 15 verwendet. Diese Näherungsrechnung umgeht daher die bei der strengen Lösung (§ 2/I) unter Verwendung des Diagramms Abb. 15 erforderliche graphische Integration der Differentialgleichung 7 und ermöglicht die unmittelbare Bestimmung der Halbwellenlänge L_0 nach Gl. 9. Für verschiedene Werte der Axialspannung σ_a und der Exzentrizität a können dann analog der strengen Lösung Diagramme nach Abb. 17 entworfen werden, und man gelangt schließlich zu der graphischen Darstellung der Funktion $\sigma_{kr} = \psi(\lambda, m)$ nach Abb. 19. Obwohl die nach diesem Verfahren ermittelten Längen L_0 im allgemeinen nicht unbeträchtlich von den strengen Werten abweichen, zeigt die so bestimmte kritische Spannung eine sehr gute Übereinstimmung mit der genauen Lösung. Die Anwendung dieser Näherungsrechnung ist zu empfehlen, wenn die Arbeitslinie zwischen Proportionalitätsgrenze und Stauchgrenze erheblich von der Hookeschen Geraden abweicht, was allerdings für den meist verwendeten Stahl St 37 nach den neueren versuchstechnischen Erfahrungen nicht zutrifft.

§ 6. Sinushalbwelle als Gleichgewichtsform.

Zur näherungsweisen Bestimmung der Tragfähigkeit eines außermittig gedrückten Stabes kann schließlich in einfachster Weise eine Sinushalbwelle als Ersatzbiegelinie verwendet werden. Unter dieser Voraussetzung, der zwar an den Stabenden im Gegensatz zu den wirklichen Verhältnissen die Krümmung Null entspricht, entwickelten M. Roš und J. Brunner das nachfolgend geschilderte Lösungsverfahren.[23] Die Krümmung im mittleren Stabquerschnitt, welche als maßgebend für die gesamte Formänderung des Stabes angesehen wird, ist aus der Spannungsverteilung an dieser Stelle zu ermitteln und dem aus der Sinushalbwelle abgeleiteten Krümmungsmaß gleichzusetzen. Man erhält dann mit den bereits früher verwendeten Bezeichnungen (s. auch Abb. 12):

$$\frac{1}{\varrho_m} = -\frac{(\varepsilon_d + \varepsilon_z)}{h} = -\frac{\pi^2}{L^2}(y_m - a). \tag{10}$$

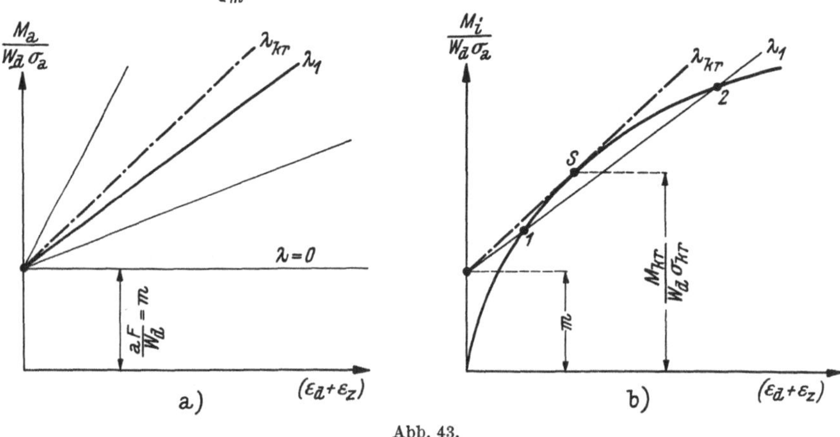

Abb. 43.

Unter Verwendung dieser Beziehung kann das Biegemoment der äußeren Kräfte in der nachfolgenden Form angeschrieben werden:

$$M_a = P\,y_m = P\left[\frac{L^2}{\pi^2 h}(\varepsilon_d + \varepsilon_z) + a\right]. \tag{11}$$

Bedeutet J das Trägheitsmoment, F die Querschnittsfläche, W_d das Widerstandsmoment des Biegedruckrandes, so ist das Exzentrizitätsmaß (Exzentrizität des Kraftangriffes geteilt durch die gegenüberliegende Kernweite) durch $m = \dfrac{a\,F}{W_d}$ bestimmt, und man erhält aus Gl. 11:

$$\frac{M_a}{W_d\,\sigma_a} = \frac{\lambda^2 J}{\pi^2 W_d h}(\varepsilon_d + \varepsilon_z) + m. \tag{12}$$

Dieser Gleichung entspricht bei unveränderlicher Axialspannung σ_a und gegebenem Exzentrizitätsmaß m das in Abb. 43a dargestellte, nach dem

---

[23] M. Roš und J. Brunner: Die Knickfestigkeit von an beiden Enden gelenkig gelagerten Stäben aus Konstruktionsstahl. Bericht der Gruppe VI der Technischen Kommission des Verbandes Schweizerischer Brücken- und Eisenhochbaufabriken. Zürich 1926. Vgl. auch die Schlußberichte der I. Internationalen Tagung und des I. Internationalen Kongresses für Brückenbau und Hochbau. Wien 1928 und Paris 1932.

Parameter λ geordnete Geradenbüschel. Aus den Gleichgewichtsbedingungen kann das einer bestimmten Summe der Randfaserlängenänderungen entsprechende Biegemoment der inneren Kräfte M_i nach Abb. 43 b graphisch dargestellt werden. Hierzu ist zu bemerken, daß Roš und Brunner auf der Biegezugseite durchwegs das Entlastungsgesetz annehmen, was bei mittiger Beanspruchung streng richtig ist, im Falle einer in unveränderter außermittiger Lage anwachsender Axiallast nur für unterhalb der Proportionalitätsgrenze liegende Axialspannungen zutrifft — in diesem Falle findet auf der Biegezugseite eine Entlastung statt, die sich aber im elastischen Bereich abspielt, so daß hier die Entlastungsgerade mit der Arbeitslinie zusammenfällt —, dagegen für $\sigma_a > \sigma_p$ infolge der auf der Biegezugseite nur teilweise stattfindenden Entlastung als Annäherung an die wirklichen Verhältnisse zu betrachten ist. Bei der Ermittlung der inneren Momente kann daher für Exzentrizitätsmaße $m \geqq 0,10$ (vgl. auch die Ausführungen in § 2/I) durchwegs die ursprüngliche Arbeitslinie verwendet werden. Für kleinere Exzentrizitätsmaße könnte die Untersuchung etwa so durchgeführt werden, daß zunächst mit der Entlastungsgeraden und dann mit der ursprünglichen Arbeitslinie auf der Biegezugseite gerechnet wird, wobei mit abnehmender bzw. zunehmender Exzentrizität die wirkliche Spannungsverteilung sich der ersten bzw. zweiten Annahme nähert, d. h. die Ergebnisse liegen innerhalb des diesen extremen Voraussetzungen entsprechenden Bereiches.

Aus der Bedingung der Gleichheit von äußeren und inneren Momenten $M_a = M_i$ können nun mögliche Gleichgewichtsformen des belasteten Stabes auf graphischem Wege durch die Schnittpunkte des Geradenbüschels in Abb. 43 a (M_a-Linien) mit der M_i-Linie in Abb. 43 b bestimmt werden. Die Gerade λ_1 schneidet z. B. die M_i-Linie zweimal, die Schnittpunkte entsprechen demnach den bei diesem Problem möglichen zwei Gleichgewichtslagen (Punkte 1 und 2). Mit zunehmender Schlankheit nähern sich die beiden Schnittpunkte und fallen schließlich zusammen (S ist Berührungspunkt der Tangente λ_{kr} an die M_i-Linie). Da für $\lambda > \lambda_{kr}$ kein Schnittpunkt und damit keine Lösung der Bedingung $M_a = M_i$ existiert, entspricht λ_{kr} der kritischen Schlankheit und die angenommene Axialspannung der kritischen Spannung σ_{kr} bei gegebenem Exzentrizitätsmaß m. Die kritische Durchbiegung y_{kr} ist dann aus Gl. 10 zu berechnen. Da bei veränderlichem m das Geradenbüschel nach Gl. 12 nur parallel zu sich selbst verschoben wird, entsprechen die auf der Ordinatenachse gelegenen Abschnitte der an die M_i-Linie gezogenen Tangenten den m-Werten, so daß auf diese Weise sehr rasch zusammengehörige Werte von λ_{kr} und m bei unveränderlicher Axialspannung σ_{kr} gefunden werden. Durch Auftragung dieser Werte wird schließlich ein Diagramm $\sigma_{kr} = \psi(\lambda, m)$ nach Abb. 19 erhalten. Die zahlenmäßigen Ergebnisse der von Roš und Brunner für Stäbe mit Rechteckquerschnitt und eine bestimmte Stahlsorte durchgeführten Untersuchung werden im vierten Abschnitt an Hand der Versuchsresultate besprochen.

§ 7. Krümmungskreisverfahren.

Zur angenäherten Bestimmung der Gleichgewichtsform eines außermittig gedrückten Stabes kann eine an das Lord Kelvinsche Krümmungs-
kreisverfahren anknüpfende und von E. Chwalla (Stahlbau 1934, S. 126)
verwendete Rechenmethode herangezogen werden. Da der Belastungsfall symmetrisch ist, braucht die Rechnung nur auf die halbe Stablänge l
erstreckt werden. Das Verfahren beruht auf der Annahme, daß die gesuchte Gleichgewichtsform der ausgebogenen Stabachse durch einen
Korbbogen ersetzt werden darf, d. h. die halbe Stablänge ist in eine

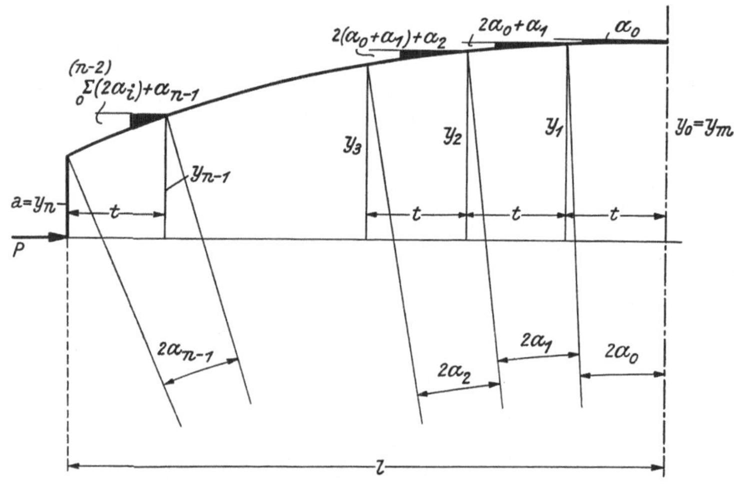

Abb. 44.

derart große Anzahl von Intervallen $t = \dfrac{l}{n}$ zu teilen, daß die Krümmung $\dfrac{1}{\varrho}$
innerhalb eines solchen Intervalls als unveränderlich angesehen werden
kann (s. Abb. 44). Ist die Axialkraft P, die Stablänge L und die Exzentrizität des Kraftangriffes a gegeben und wird eine mögliche Gleichgewichtslage gesucht, so ist probeweise eine mittlere Ausbiegung
$y_m = y_0$ anzunehmen, welcher ein größtes Biegemoment $M_0 = Py_0$
entspricht. Für die weitere Rechnung ist bei gegebener Querschnittsform und Arbeitslinie ein Diagramm nach Abb. 15 erforderlich, aus
welchem das dem Biegemoment M_0 und der Axialspannung $\sigma_a = \dfrac{P}{F}$
zugeordnete Krümmungsmaß $\dfrac{1}{\varrho_0}$ zu entnehmen ist. Mit Rücksicht auf
die relativ kleinen Ausbiegungen und die kleine Intervallänge t gilt
nach Abb. 44:

$$y_1 = y_0 - t\,\alpha_0 = y_0 - \frac{t^2}{2\,\varrho_0} = y_0 - t^2 c_0.$$

Der Ausbiegung y_1 entspricht ein Biegemoment $M_1 = Py_1$ und nach

Abb. 15 ein Krümmungsmaß $\dfrac{1}{\varrho_1}$. Man findet dann die an der Grenze des zweiten Intervalls vorhandene Ausbiegung zu

$$y_2 = y_1 - t\,(2\,\alpha_0 + \alpha_1) = y_1 - t^2\Big[c_0 + \frac{1}{2}\Big(\frac{1}{\varrho_0} + \frac{1}{\varrho_1}\Big)\Big] = y_1 + t^2\,c_1.$$

Ganz allgemein gilt daher die nachfolgende Rekursionsformel

$$y_{i+1} = y_i - t\Big(\sum_0^{i-1} 2\,\alpha + \alpha_i\Big) = y_i - t^2\Big(\sum_0^{i-1}\frac{1}{\varrho} + \frac{1}{2\,\varrho_i}\Big), \qquad (13)$$

mit deren Hilfe man schließlich y_n berechnen kann, das bei richtiger Annahme von y_0 gleich der Anfangsexzentrizität a sein muß; y_0 ist dann so lange zu ändern, bis diese Bedingung erfüllt ist. Das Endziel der Untersuchung liegt in der Bestimmung der einer vorgegebenen

Axialkraft und Stablänge bzw. Schlankheit im kritischen Gleichgewichtszustande zugeordneten Exzentrizität. Zu diesem Zwecke ist für anwachsende Ausbiegungen y_m die einer möglichen Gleichgewichtslage entsprechende Exzentrizität a zu bestimmen und der Verlauf der Funktion $a = f(y_m)$ graphisch darzustellen; diese Kurve besitzt ein analytisches Maximum und die Koordinaten des Scheitelpunktes entsprechen der kritischen Ausbiegung y_{kr} und der kritischen Exzentrizität a_{kr}. Dieses Verfahren erfordert infolge der probeweisen Annahmen keinen wesentlich kürzeren Rechnungsgang als die strenge Lösung und könnte daher höchstens in besonders schwierigen Belastungsfällen, z. B. bei Druckstäben veränderlichen Querschnittes zur Anwendung empfohlen werden.

Dritter Abschnitt.

Analytische und formelmäßige Näherungslösungen.

Die Ausführungen des zweiten Abschnittes zeigen deutlich, daß durch die Annahme einer Ersatzbiegelinie allein keine wesentliche Vereinfachung der Lösung erzielt werden kann. Die Beibehaltung des verwickelten Formänderungsgesetzes des Baustahles, d. h. insbesonders eine bestimmte Annahme über den Verlauf der Arbeitslinie zwischen Proportionalitäts- und Fließgrenze, erfordert unter allen Umständen langwierige Rechnungen, deren Ergebnisse — in tabellarischer Form niedergelegt — von der Querschnittsform und dem Formänderungsgesetz in hohem Maße abhängig sind und demnach schon mit Rücksicht auf die bei derselben Stahlsorte schwankende Höhe der Fließgrenze nur sehr beschränkten Wert besitzen. Derartige, der Praxis nicht unmittelbar zugängliche und schwer überblickbare Untersuchungsmethoden erscheinen aber um so weniger berechtigt, als es sich ja doch nur um Näherungslösungen handelt, und man wird daher einer einfachen und kurzen Rechnung, die sich selbstverständlich von der Wirklichkeit nicht allzusehr entfernen darf, den Vorzug geben.

Die einfachste Lösung verspricht die zusätzliche Vereinfachung des Formänderungsgesetzes im Sinne einer ideal-plastischen Arbeitslinie; diese Idealisierung ist grundsätzlich möglich, da — wie bereits nachgewiesen — der Verfestigungsbereich nur bei extrem kurzen, im Stahlbau nie verwendeten Stäben zur Auswirkung gelangen könnte (vgl. Abb. 33). Was nun den zwischen Proportionalitäts- und Fließgrenze von der Hookeschen Geraden mehr oder weniger abweichenden Verlauf der Arbeitslinie, welchem von mancher Seite große Bedeutung beigemessen wird, anlangt, sei folgendes bemerkt. Bekanntlich ist bei derselben Stahlsorte gleicher Güte und Zusammensetzung nicht nur die Höhenlage der Fließgrenze recht schwankend, sondern auch der Verlauf der Arbeitslinie in der Nähe dieser Spannung sehr veränderlich und experimentell nur schwer festzustellen. Man darf nicht immer aus einer experimentell festgelegten „Knickspannungslinie" auf die Arbeitslinie zurückschließen, da die kleinsten und praktisch unvermeidlichen Exzentrizitäten des Kraftangriffes oder Stabkrümmungen die Versuchsergebnisse weitgehend im ungünstigen Sinne beeinflussen können (vgl. die Abbildungen 33 und 41). Angesichts dieser Tatsachen und auch auf Grund der bereits früher erwähnten Druckversuche des Deutschen Stahlbauverbandes ist es dann nicht nur am einfachsten, sondern auch am zweckmäßigsten, das Hookesche Gesetz bis zur Fließgrenze als gültig anzunehmen und für diese Spannung den aus einer Versuchsreihe verläßlich festgestellten unteren Grenzwert zu wählen.

Die nachfolgenden Untersuchungen setzen neben der ideal-plastischen Arbeitslinie noch den Ersatz der Biegelinie durch die den Grenzbedingungen der Aufgabe (mittiger Druck) entsprechende Sinushalbwelle voraus. Die Zulässigkeit dieser Näherungsrechnung, welche zu einer formelmäßigen Lösung führt, wird zunächst aus dem Vergleich mit den für Stäbe mit Rechteckquerschnitt entwickelten strengen Lösungen nachgewiesen. Nach einer allgemeinen Betrachtung über das Tragverhalten von Druckstäben beliebiger Querschnittsform erfolgt die Anwendung der so entwickelten Rechenmethoden auf die im Stahlbau üblichen Profile, welche insgesamt aus dem unsymmetrischen I-Querschnitt abgeleitet werden können; hierbei ist im Hinblick auf die dünnwandigen Querschnittsformen des Stahlbaues auch eine Untersuchung der Stabilitätsverhältnisse senkrecht zur Momentenebene erforderlich.

Das Endziel der Untersuchung — wie überhaupt jeder für die technische Praxis verwertbaren Festigkeitsberechnung — bildet die Angabe einer für alle Querschnittsformen einheitlichen Gebrauchsformel, welche mit wenig Rechenaufwand eine verläßliche Beurteilung der Bruchgefahr ermöglicht. Diese formelmäßige Lösung wird unter Berücksichtigung und Verwertung aller gefundenen Zusammenhänge in § 16 entwickelt und bietet bei größter Einfachheit volle Gewähr für eine sichere Erfassung der Stabilitätsverhältnisse axial gedrückter und auf Biegung beanspruchter Stahlstäbe.

§ 8. Lösung für Stäbe mit Rechteckquerschnitt.

1. Stabilität in der Momentenebene.

Die nachfolgende Untersuchung bezieht sich auf einen nach Abb. 12 belasteten Stab und kann unter den angegebenen Voraussetzungen einer formelmäßigen Lösung zugeführt werden.[24] Verlegt man in Abb. 12 den Ursprung des Koordinatensystems in den Angriffspunkt der Axialkraft P, so lautet die Gleichung der Sinushalbwelle, wenn die Durchbiegungen y von der Wirkungslinie der Axialkraft gemessen werden:

$$y = (y_m - a)\sin\frac{\pi x}{L} + a. \tag{1}$$

Die Krümmung ergibt sich daher für die hier in Betracht kommenden kleinen Ausbiegungen genau genug zu

$$\frac{1}{\varrho} \doteq y'' = -\frac{\pi^2}{L^2}(y_m - a)\sin\frac{\pi x}{L}. \tag{2}$$

Mittels dieses Näherungswertes für die Krümmung und der bereits in § 2/II für Stäbe mit Rechteckquerschnitt abgeleiteten funktionalen Zusammenhänge zwischen Krümmung, Axialspannung und Durchbiegung bzw. Biegemoment kann nun — ohne Rücksicht auf die Spannungsverhältnisse längs der Stabachse — im meistbeanspruchten Mittelquerschnitt für die drei möglichen Verzerrungszustände die zur weiteren Rechnung erforderliche Beziehung zwischen der Axialspannung und der mittleren Ausbiegung gefunden werden. Nachfolgend werden die einzelnen Verzerrungszustände getrennt behandelt und außerdem vorausgesetzt, daß der Stab gegen Ausbiegungen senkrecht zur Momentenebene gesichert ist.

Verzerrungszustand I (Elastische Formänderung).

Die Krümmung in Stabmitte erhält man einerseits aus Gl. 3, S. 28 für $M = Py_m$ und außerdem aus Gl. 1. Aus der Gleichsetzung dieser Ausdrücke ergibt sich daher:

$$\frac{1}{\varrho_m} = -\frac{12\,\sigma_a}{E\,h}\,y_m = -\frac{\pi^2}{L^2}(y_m - a). \tag{3}$$

Aus dieser Gleichung berechnet sich die mittlere Durchbiegung zu

$$y_m = \frac{a}{\left(1 - \dfrac{\lambda^2\,\sigma_a}{\pi^2\,E}\right)}. \tag{4}$$

Die Näherungsrechnung liefert also etwas zu kleine Werte für die mittlere Ausbiegung, wie ein Vergleich mit der strengen Lösung Gl. 33, S. 32 zeigt. Wird am Biegedruckrand gerade die Stauchgrenze σ_s erreicht, so nimmt die mittlere Ausbiegung den Wert y_I nach Gl. 8, S. 28

---

[24] K. Ježek: Näherungsberechnung der Tragkraft exzentrisch gedrückter Stahlstäbe. Stahlbau (8) 1935, S. 89.

an, die Axialspannung ist gleich der gefährlichen Spannung σ_n, und das zugeordnete Schlankheitsverhältnis ergibt sich, wenn mit $m = \dfrac{a}{k} = \dfrac{6\,a}{h}$ wieder das **Exzentrizitätsmaß** bezeichnet wird, aus

$$\lambda_n^2 = \frac{\pi^2 E}{\sigma_n}\left[1 - \frac{m\,\sigma_n}{(\sigma_s - \sigma_n)}\right]. \tag{5}$$

Man erhält aus dieser Gleichung im allgemeinen etwas zu große Werte für die Grenzspannung des elastischen Bereiches σ_n, für $\lambda_n = 0$ ergibt aber die strenge Untersuchung nach Gl. 34, S. 33 und die Näherungsrechnung nach Gl. 5 dieselbe „Nullspannung"

$$\sigma_{n,0} = \frac{\sigma_s}{(1+m)}, \tag{6}$$

welche gleichzeitig die unterste Grenze für die größte kritische Spannung darstellt.

Verzerrungszustand II (Fließen am Biegedruckrand).

In diesem Fall ergibt sich die Krümmung aus Gl. 15, S. 29, und man erhält für den mittleren Querschnitt unter Benutzung der Gl. 2 die nachfolgende Beziehung

$$\frac{1}{\varrho_m} = -\frac{\alpha_2}{(\beta_2 - y_m)^2} = -\frac{\pi^2}{L^2}(y_m - a), \tag{7}$$

welche zu einer Gleichung dritten Grades für die mittlere Ausbiegung führt:

$$\Phi_2 = (y_m - a)\,(\beta_2 - y_m)^2 - \frac{\alpha_2 L^2}{\pi^2} = 0. \tag{8}$$

Die Funktion $\Phi_2(y_m, \sigma_a) = 0$ besitzt ein **analytisches Maximum** und man erhält zunächst aus

$$\frac{\partial \Phi_2}{\partial y_m} = 0 = (\beta_2 - y_m)\,[(\beta_2 - y_m) - 2\,(y_m - a)] \tag{9}$$

und nach Einführung der Werte α_2 und β_2 aus den Gleichungen 14, S. 29 die kritische Durchbiegung zu

$$\frac{y_{kr}}{h} = \frac{1}{6}\left(\frac{\sigma_s}{\sigma_{kr}} - 1\right) + \frac{m}{9}, \tag{10}$$

wobei $\sigma_{kr} = \max \sigma_a$ der kritischen Axialspannung entspricht, bei welcher der **Gleichgewichtszustand** des ausgebogenen Stabes labil wird. Nach Einführung der kritischen Ausbiegung in Gl. 7 kann das zugeordnete Schlankheitsverhältnis explizit berechnet werden:

$$\lambda^2 = \frac{\pi^2 E}{\sigma_{kr}}\left[1 - \frac{m\,\sigma_{kr}}{3\,(\sigma_s - \sigma_{kr})}\right]^3. \tag{11}$$

Der **Gültigkeitsbereich** dieser Gleichung wird durch die für den vorliegenden Verzerrungszustand maßgebende größte Durchbiegung y_{II} aus Gl. 18, S. 30 begrenzt. Man erhält aus $y_{kr} \leqq y_{\mathrm{II}}$:

$$\frac{m}{3} \leqq \left(1 - \frac{\sigma_{kr}}{\sigma_s}\right) \tag{12}$$

und nach Einführung dieses Wertes in Gl. 11 die **Grenzschlankheit** des Bereiches in der Form:

$$\lambda_g^2 \geqq \frac{\pi^2 E}{\sigma_{kr}} \left(1 - \frac{\sigma_{kr}}{\sigma_s}\right)^3. \tag{13}$$

Verzerrungszustand III (Beidseitiges Fließen).

Durch Gleichsetzung der Ausdrücke für die Krümmung aus Gl. 25, S. 31, und Gl. 1 erhält man für den Mittelquerschnitt:

$$\frac{1}{\varrho_m} = -\frac{\alpha_3}{\sqrt{\beta_3 - y_m}} = -\frac{\pi^2}{L^2}(y_m - a). \tag{14}$$

Hieraus ergibt sich die nachfolgende Gleichung dritten Grades zur Bestimmung der mittleren Ausbiegung:

$$\Phi_3 = (y_m - a)\sqrt{\beta_3 - y_m} - \frac{\alpha_3 L^2}{\pi^2} = 0. \tag{15}$$

Zur Berechnung des **analytischen Maximums** der Funktion $\Phi_3(y_m, \sigma_a) = 0$ dient die **Extremalbedingung**

$$\frac{\partial \Phi_3}{\partial y_m} = 0 = 2(\beta_3 - y_m) - (y_m - a), \tag{16}$$

aus welcher unter Einführung der Werte α_3 und β_3 aus den Gleichungen 24, S. 31 zunächst die kritische Durchbiegung bestimmt werden kann:

$$\frac{y_{kr}}{h} = \frac{\sigma_s}{6\,\sigma_{kr}}\left(1 - \frac{\sigma_{kr}^2}{\sigma_s^2}\right) + \frac{m}{18}. \tag{17}$$

Setzt man diesen Wert in Gl. 15 ein, so kann das der kritischen Spannung $\max \sigma_a = \sigma_{kr}$, welche der Tragfähigkeit des Stabes entspricht, und dem Exzentrizitätsmaß m zugeordnete Schlankheitsverhältnis explizit als Funktion dieser beiden Größen berechnet werden:

$$\lambda^2 = \frac{\pi^2 E}{\sigma_s}\sqrt{\frac{\sigma_{kr}}{\sigma_s}\left(\frac{\sigma_s}{\sigma_{kr}} - \frac{\sigma_{kr}}{\sigma_s} - \frac{2\,m}{3}\right)^3}. \tag{18}$$

Der **Gültigkeitsbereich** dieser Gleichung ist durch

$$\frac{m}{3} \geqq \left(1 - \frac{\sigma_{kr}}{\sigma_s}\right) \tag{19}$$

bzw. durch $\lambda \leqq \lambda_g$ nach Gl. 13 bestimmt. Aus Gl. 18 erhält man für $\lambda = 0$ — der Querschnitt ist dann **voll plastisch** verformt und die kritische Ausbiegung $y_{kr} = y_{III} = a$ — die für ein vorgegebenes Exzentrizitätsmaß **größtmögliche** Axialspannung zu

$$\max \sigma_{kr} = \sigma_0 = \frac{\sigma_s}{3}\left(\sqrt{m^2 + 9} - m\right). \tag{20}$$

Nimmt man an, daß die durch die verwendete ideal-plastische Arbeitslinie nicht berücksichtigte **Verfestigung** des Stahles bei einer Stauchung, die ein Vielfaches p der Stauchung an der Fließgrenze beträgt, einsetzen würde, so sind zur Feststellung des praktischen **Anwendungsbereiches** der Gleichungen 11 und 18 noch jene kritischen Gleichgewichtslagen zu ermitteln, deren größte Formänderung einer Stauchung $\varepsilon_d = p\,\varepsilon_s$ im Mittelquerschnitt entspricht. Man erhält dann unter Beachtung der für die Verzerrungszustände II und III in § 2/II abgeleiteten Beziehungen und unter Verwendung der für die gleichen Verzerrungszustände geltenden Gleichungen 11 und 18 die zugehörige Schlankheit λ_p, je nachdem $\lambda_p \gtreqless \lambda_g$ ist, aus

$$\lambda_p^2 = \frac{\pi^2 E}{\sigma_{kr}}\left\{\frac{(\sigma_s - \sigma_{kr})}{\sigma_s\,(p-1)}\left[\sqrt{1 + \frac{2\,(p-1)\,\sigma_s}{(\sigma_s - \sigma_{kr})}} - 1\right]\right\}^3 \tag{21}$$

oder

$$\lambda_p^2 = \frac{\pi^2 E}{\sigma_{kr}\,p^3}\left(1 + \frac{\sigma_{kr}}{\sigma_s}\right)^3. \tag{22}$$

Der Vergleich dieser Näherungsrechnung mit der strengen Lösung in § 2/II führt zu den nachfolgenden Ergebnissen: Die Nullspannung σ_0 ist von der Form der Biegelinie unabhängig und daher in beiden Fällen gleich groß. Von den fünf in Betracht kommenden Gleichgewichtsformen der strengen Rechnung führen die Gleichgewichtsformen 4 und 6 zu einer expliziten Lösung, so daß in diesen Fällen ein unmittelbarer Vergleich mit der formelmäßigen Näherungslösung möglich ist. Der Gleichgewichtsform 4 entspricht ein im ganzen Stabe vorhandener Verzerrungszustand II, und die entsprechende Endformel Gl. 53, S. 39 ist mit der Näherungsformel Gl. 11 zu vergleichen. Man erkennt, daß beide Gleichungen identisch werden, wenn statt $9,48\ldots\pi^2$ gesetzt wird, so daß hier die Näherungsrechnung um rund $2^0/_0$ zu große Werte für die kritische Schlankheit ergibt, während die Unterschiede in den kritischen Spannungen infolge des flachen Verlaufes der m-Linien und der Identität beider Lösungen für $m = 0$ noch kleiner sind. Die Gleichgewichtsform 6 entspricht dem Verzerrungszustande III und führt zur strengen Endformel Gl. 67, S. 42, die mit der entsprechenden Näherungsformel Gl. 18 identisch wird, wenn an Stelle von $\dfrac{16}{\sqrt{3}} = 9,23\ldots\pi^2$ gesetzt wird; die Näherungsrechnung ergibt demnach hier um rund $3,5^0/_0$ zu große Werte für die kritische Schlankheit, jedoch infolge des überaus flachen Verlaufes der m-Linien innerhalb des Gültigkeitsbereiches der Gleichgewichtsform 6 einen Fehler von nur höchstens $0,5^0/_0$ in der kritischen Spannung. Insgesamt, d. h. innerhalb des ganzen Diagrammbereiches der Abb. 33, liegen die nach den Gleichungen 11 und 18 ermittelten Spannungswerte um höchstens $3^0/_0$ über den wahren Werten, ein Fehler, der praktisch vollkommen bedeutungslos ist, so daß die Übereinstimmung zwischen Näherungsrechnung und strenger Lösung als sehr gut bezeichnet werden kann.

Die Anwendung der Gleichungen 11 und 18 ist aber nicht nur auf außermittig gedrückte Stäbe beschränkt, sondern kann, wie vom Verfasser gezeigt wurde,[25] auch auf andere wichtige Belastungsfälle erstreckt werden

---

[25] K. Ježek: Die Tragfähigkeit axial gedrückter und auf Biegung beanspruchter Stahlstäbe. Stahlbau (9) 1936, S. 12, 22 und 39.

(querbelastete und gekrümmte Druckstäbe), wenn als Exzentrizitätsmaß im erweiterten Sinne der Wert

$$m = \frac{\mathfrak{M}_{kr}}{P_{kr}\,k} \tag{23}$$

verwendet wird. In Gl. 23 bedeutet k die Kernweite $\Big($beim Rechteckquerschnitt gilt $k = \frac{h}{6}\Big)$, P_{kr} die Tragkraft und $\mathfrak{M}_{kr}$ das auf die **nichtverformte** Stabachse bezogene Biegemoment im kritischen Gleichgewichtszustande. Die Anwendung der Näherungsformeln 11 und 18 muß jedoch dann gemäß den ihrer Ableitung zugrunde liegenden Voraussetzungen — **gleichsinnig gekrümmte Biegelinie mit der größten Krümmung in Stabmitte** — auf jene Belastungsfälle beschränkt bleiben, bei denen das größte Biegemoment in Stabmitte auftritt.

Zusammenfassend sei folgendes bemerkt: Die einer geforderten Traglast bzw. einer bestimmten kritischen Spannung σ_{kr} und einem vorgegebenen Exzentrizitätsmaß m nach Gl. 23 zugeordnete Gleichgewichtsschlankheit eines auf axialen Druck und Biegung beanspruchten Stahlstabes mit Rechteckquerschnitt ist je nach der Größe des Exzentrizitätsmaßes

$$m \gtreqless \Big(1 - \frac{\sigma_{kr}}{\sigma_s}\Big)$$

aus

$$\lambda^2 = \frac{\pi^2 E}{\sigma_{kr}}\Big[1 - \frac{m\,\sigma_{kr}}{3\,(\sigma_s - \sigma_{kr})}\Big]^3 \qquad \text{Formel (I)}$$

oder aus

$$\lambda^2 = \frac{\pi^2 E}{\sigma_s}\sqrt{\frac{\sigma_{kr}}{\sigma_s}\Big(\frac{\sigma_s}{\sigma_{kr}} - \frac{\sigma_{kr}}{\sigma_s} - \frac{2\,m}{3}\Big)^3} \qquad \text{Formel (I)*}$$

zu berechnen. Es könnte vielleicht als Nachteil empfunden werden, daß nicht die kritische Spannung, sondern nur das Schlankheitsverhältnis **explizit** darstellbar ist, doch ist dieser Umstand beim Entwurf eines Diagrammes gleichgültig und im **praktisch wichtigeren** Falle der **Querschnittsbemessung** erweist sich sogar letztere Gestaltung als **vorteilhafter**. Die beiden abgeleiteten Formeln I und I* stellen dann die **vollständige** und praktisch **unmittelbar für jede Stahlsorte** — diese ist dann durch den Elastizitätsmodul E und die Fließgrenze σ_s gekennzeichnet — anwendbare Lösung der Stabilitätsuntersuchung in der Momentenebene (x-y-Ebene) derart belasteter Stäbe dar.[26]

---

[26] Etwas später entwickelte auch J. Fritsche — Stahlbau (8) 1935, S. 137 — unter den gleichen Voraussetzungen, von denen hier besonders die physikalisch begründete Annahme des **stetigen Fließens** mit zunehmender Belastung hervorgehoben sei, die Formel I, spricht aber die Vermutung aus, daß die Annahme einer Sinushalbwelle als Biegelinie im Verzerrungszustand III (beidseitiges Fließen) wegen der größeren Formänderungen kaum brauchbare Ergebnisse liefern dürfte, was allerdings durch den Vergleich der strengen Gl. 67, S. 42 mit der Näherungsformel I* hinfällig wird. Beschränkt man jedoch die Anwendung der Formel I nach dem Vorschlag von Fritsche auf kleine Exzentrizitätsmaße $m < 2$, so erhält man auch dann für gedrungene Stäbe zu große Spannungswerte. Schließlich stellt der-

2. Stabilität senkrecht zur Momentenebene.

Bisher wurde jene Höchstlast bestimmt, welche ein auf axialen Druck und Biegung beanspruchter Stab mit Rücksicht auf die Sicherung seines stabilen Gleichgewichtes in der Momentenebene aufnehmen kann. Diese Axialkraft P_{kr} ist aber nur dann gleich der wirklichen Tragkraft, solange das Gleichgewicht auch senkrecht zur Momentenebene stabil ist, und es bleibt daher noch zu untersuchen, unter welchen Bedingungen dies zutrifft. Solange die von der Axialkraft und dem in der x-y-Ebene wirkenden Biegemoment hervorgerufenen Formänderungen rein elastisch sind (Verzerrungszustand I), ist die Tragfähigkeit senkrecht zur Momentenebene (Ausweichen in der z-Richtung) durch die in üblicher Weise berechnete Knicklast bestimmt, d. h. die entsprechende Knickspannung ergibt sich bei beiderseits gelenkiger Lagerung für Biegung um die y-Achse zu

$$\sigma_k = \frac{\pi^2 \, E \, J_y}{F \, L^2} = \frac{\pi^2 \, E}{\lambda_y^2} \tag{24}$$

und ist durch die Fließgrenze nach oben hin begrenzt. Bei gegebenen

---

selbe Autor — Stahlbau (9) 1936, S. 90 — für den Festigkeitsfall „axialer Druck und Biegung" eine „neuere Fließbedingung" auf, die auf einer in den letzten Jahren von mehreren Seiten behaupteten „Fließgrenzenerhöhung bei Biegebeanspruchung" fußt; nach dieser „neueren Fließbedingung" soll — ähnlich wie bei der denselben Motiven entspringenden Plastizitätsbedingung von W. Prager, (Göttingen, Forschungen auf dem Gebiete des Ingenieurwesens, Bd. 4, 1933, S. 95) — mit zunehmender Belastung zunächst eine Erhöhung der Randspannung über die Fließgrenze hinaus bei rein elastischer Formänderung und schließlich ein plötzliches Fließen über einen größeren Teil der Querschnittsfläche (nach Prager sogar über die ganze Querschnittsfläche!) erfolgen. Abgesehen davon, daß die sorgfältig durchgeführten Versuche von F. Rinagl[4] und des Deutschen Stahlbauverbandes — Stahlbau (9) 1936, S. 17 — einwandfrei ergeben haben, daß von einer Erhöhung der Fließgrenze keine Rede sein kann und die Ausbreitung der Fließgebiete nicht „quantenhaft", sondern stetig erfolgt, könnte auch einer derartigen Fließhypothese, die durch Wortbildungen, wie „Blockierung überlasteter Fasern durch die rein elastische Umgebung" und „Durchstoßen der elastischen Umklammerung" u. a. m., begrifflich „erklärt" werden soll, wie Fritsche selbst bemerkt, keinerlei physikalische Bedeutung zukommen, wenn nicht unvorstellbare Erscheinungen — Wandern von Molekülen an bedrohte Orte! — bei der Kraftübertragung angenommen werden sollen. Durch den Ansatz von Fritsche wird ferner die als grundlegend erkannte Behandlung der Gleichgewichtsaufgabe als Extremalproblem unmöglich gemacht, da sich die Rechnung innerhalb des extremfreien „erweiterten" elastischen Bereiches, d. h. bis zu einer „erhöhten" Fließgrenze vollzieht. Man gelangt auch zum gleichen Ergebnis, wenn gegen Erreichen der wirklichen Fließgrenze mit einem „berichtigten" Exzentrizitätsmaß — beim Rechteckquerschnitt wäre an Stelle von m der kleinere Wert 0,7 m in Gl. 5 einzusetzen — gerechnet wird, ohne daß die Einführung eines physikalisch unvorstellbaren neuen Begriffes notwendig wird; die Ergebnisse einer derartigen, allerdings unbegründeten Rechnung werden in § 16 näher besprochen werden.

Stababmessungen — die Schlankheit in der y-Richtung wurde kurz mit λ bezeichnet, die Schlankheit in der z-Richtung ist dann durch λ_y bestimmt — ist die Grenzspannung des elastischen Bereiches σ_n aus Gl. 5 zu berechnen. Ist $\sigma_n < \sigma_k$, so kann die Belastung noch weiter gesteigert werden, im gegenteiligen Falle $\sigma_n > \sigma_k$ wäre jedoch nicht die außermittige Kraftwirkung, sondern die Stabilität in der z-Richtung maßgebend für die Tragfähigkeit des Stabes. Im Verzerrungszustand I erfährt daher die Knicklast in der z-Richtung durch die außermittige Kraftwirkung in der y-Richtung **keine Abminderung**. Wenn dagegen durch Biegemoment und Axialkraft bereits **bleibende** Formänderungen hervorgerufen werden — und dies ist beim Eintritt des kritischen Gleichgewichtszustandes in der y-Richtung immer der Fall —, so gestaltet sich die Stabilitätsuntersuchung in der z-Richtung wie folgt.

Verzerrungszustand II:

Bei der Untersuchung der Stabilität in der z-Richtung ist die Frage zu entscheiden, unter welcher Belastung außer der geraden Form noch eine unendlich nahe benachbarte ausgebogene Form der Stabachse eine Gleichgewichtslage sein kann, d. h. es ist die Wirkung einer unendlich kleinen Ausbiegung des Stabes in der x-z-Ebene zu untersuchen (Abb. 45). Unter einer bestimmten Axialkraft

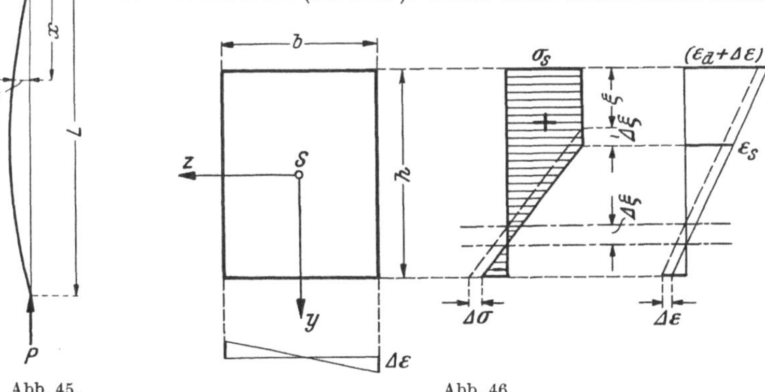

Abb. 45.
Abb. 46.

entsteht zufolge der außermittigen Kraftwirkung in der x-y-Ebene die in Abb. 22 dargestellte Spannungsverteilung, deren Nullinie parallel zur z-Achse liegt. Durch Hinzufügung des virtuellen Biegemomentes $M_z = P z$ entstehen zusätzliche Längenänderungen $\pm \Delta \varepsilon$, durch welche am Biegedruckrand bzw. am Biegezugrand — es sind dies jetzt die zur y-Achse parallelen Querschnittsränder — zusätzliche Spannungen $\pm \Delta \sigma$ hervorgerufen werden. Der Querschnitt ist also auf **schiefe Biegung** beansprucht, da der Momentenvektor nicht mehr mit einer Hauptträgheitsachse zusammenfällt. Unter der Annahme ebenbleibender Querschnitte ergibt sich die in Abb. 46 dargestellte und für den Querschnittsrand $z = -\dfrac{b}{2}$ geltende Spannungsverteilung. Da nur unendlich kleine Ausbiegungen in der z-Richtung vorausgesetzt wurden, sind auch die zusätzlichen Längen-änderungen $\Delta\varepsilon$ und Spannungen $\Delta\sigma$ sowie die Nullinienverschiebung $\Delta\xi$ von derselben Größenordnung und können daher ihrem Absolutbetrage nach an den Querschnittsrändern $z = \pm\dfrac{b}{2}$ gleich groß angenommen werden. Man erhält dann die Krümmung eines Stabelementes in der x-z-Ebene, wenn J_y das Trägheitsmoment des ganzen Querschnittes bezüglich der y-Achse bedeutet, genau genug zu

$$\frac{d^2z}{dx^2} = z'' \doteq -\frac{2\,\Delta\varepsilon}{b} = -\frac{M_z\,h}{E\,J_y\,(h-\xi)} = -\frac{P\,h\,z}{E\,J_y\,(h-\xi)}. \quad (25)$$

Aus Gl. 25 geht hervor, daß die vollplastischen Querschnittsteile einer virtuellen Ausbiegung in der z-Richtung keinen Widerstand entgegen-setzen, daß also nur mit dem Trägheitsmoment der elastisch gebliebenen Querschnittsfläche gerechnet werden darf. Man könnte aber die Gl. 25 auch dahin deuten, daß bei einer teilweise plastischen Verformung des Querschnittes zur Ermittlung der Knickfestigkeit mit einem Knickmodul, der kleiner ist als der Elastizitätsmodul E, gerechnet werden muß. Die Breite des Fließgebietes ξ ist von der Beanspruchung in der y-Richtung abhängig und durch Gl. 11, S. 29 als Funktion des Biegemoments $M = P\,y$ bestimmt. Unter der Annahme einer Sinushalbwelle nach Gl. 1 erhält man hieraus die nachfolgende Beziehung:

$$\left(1-\frac{\xi}{h}\right) = \frac{3\,\sigma_a}{(\sigma_s-\sigma_a)}\left[\frac{1}{2}\left(\frac{\sigma_s}{\sigma_a}-1\right) - \frac{m}{6} - \left(\frac{y_m}{h}-\frac{m}{6}\right)\sin\frac{\pi\,x}{2\,l}\right], \quad (26)$$

wobei die mittlere Ausbiegung y_m aus Gl. 8 in Abhängigkeit von den Stababmessungen, dem Exzentrizitätsmaß m und der Axialspannung σ_a zu bestimmen ist. Setzt man der Untersuchung in der y-Richtung gemäß voraus, daß die Spannungsverteilung im Mittelquerschnitt für die gesamte Formänderung des Stabes maßgebend ist — man rechnet dann zu ungünstig — und legt man der weiteren Rechnung den praktisch wichtigen Fall zugrunde, daß der Stab sowohl in der y-Richtung als auch in der z-Richtung gleichzeitig die Grenze seines Tragver-mögens erreicht, so ist $\sigma_a = \sigma_k = \sigma_{kr}$ und $y_m = y_{kr}$ nach Gl. 10 zu setzen und man erhält

$$\frac{\xi}{h} = \frac{m\,\sigma_{kr}}{3\,(\sigma_s-\sigma_{kr})}. \quad (27)$$

Führt man diesen Wert in Gl. 25 ein, so ergibt sich nach Integration und Benutzung der Randbedingungen $x = 0,\ L \ldots z = 0$ die Knick-schlankheit aus

$$\max\lambda_y^2 = \frac{\pi^2\,E}{\sigma_{kr}}\left[1 - \frac{m\,\sigma_{kr}}{3\,(\sigma_s-\sigma_{kr})}\right]. \quad (28)$$

Man erkennt, daß die Knickschlankheit in der z-Richtung grund-sätzlich vom Exzentrizitätsmaß m abhängig ist. Es sei ausdrücklich betont, daß die durch die Formel I und die Gl. 28 gegebenen Schlankheits-grade λ und $\max\lambda_y$ zusammengehörige Werte für den Fall des gleich-zeitigen Versagens des Stabes nach beiden Richtungen darstellen, so daß der Anwendungsbereich der Gl. 28 durch die Gültigkeitsgrenze der Formel I

$$\frac{m}{3} \leqq \left(1 - \frac{\sigma_{kr}}{\sigma_s}\right) \quad (29)$$

gegeben ist. Bei einer bestimmten Schlankheit λ darf daher λ_y höchstens den nach Gl. 28 gegebenen Wert besitzen, damit die Stabilitätsgrenze P_{kr} für Ausweichen in der y-Richtung unabhängig von der Querschnittsabmessung in der z-Richtung (Breite b) wird, d. h. für $\lambda_y \leqq \max \lambda_y$ ist die Tragfähigkeit des Stabes nach Formel I zu berechnen. Wäre dagegen $\lambda_y > \max \lambda_y$, so erreicht der Stab mit zunehmender Belastung die Stabilitätsgrenze (Knicklast) für die z-Richtung, und die Berechnung der Tragkraft wäre dann, da $y_m < y_{kr}$ ist, unter Anwendung der Gleichungen 25, 26 und 8 durchzuführen.

Verzerrungszustand III:

Unter einer bestimmten Axialkraft entsteht zufolge der außermittigen Kraftwirkung in der x-z-Ebene die in Abb. 23 angegebene Spannungs-

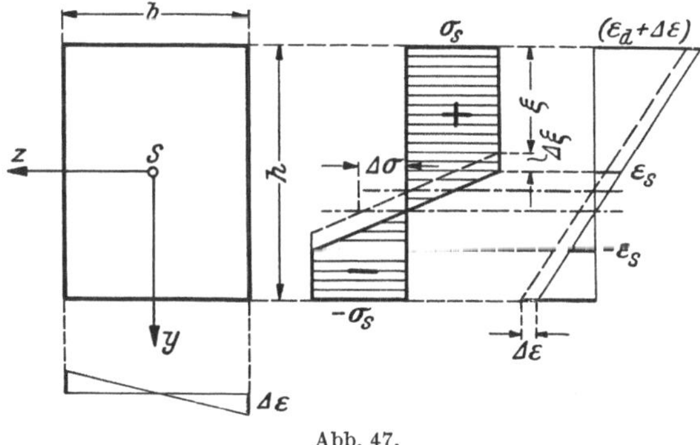

Abb. 47.

verteilung. Soll die Axialspannung σ_a der Grenze des Tragvermögens in der z-Richtung entsprechen, so ist die Stabilität einer unendlich wenig ausgebogenen Form der Stabachse gemäß Abb. 45 nachzuprüfen. Durch Hinzufügung des virtuellen Biegemoments $M_z = Pz$ entstehen zusätzliche Längenänderungen $\Delta\varepsilon$ und Spannungen $\Delta\sigma$ — in Abb. 47 ist die entsprechende Spannungsverteilung für den Querschnittsrand $z = -\dfrac{b}{2}$, d. h. für den Biegedruckrand bezüglich Ausbiegung in der z-Richtung dargestellt —, welche ebenso wie die Nullinienverschiebung $\Delta\xi$ zufolge der in Betracht gezogenen unendlich kleinen Formänderungen von derselben Größenordnung sind und daher für die beiden Querschnittsränder $z = \pm\dfrac{b}{2}$ ihrem Absolutbetrage nach gleich groß angenommen werden dürfen. Man erhält dann die **Krümmung** eines Stabelements in der x-z-Ebene zu

$$\frac{d^2 z}{d x^2} = z'' = -\frac{2\,\Delta\varepsilon}{b} = -\frac{M_z\,h}{2\,E\,J_y\,\eta} = -\frac{P\,h\,z}{2\,E\,J_y\,\eta}. \tag{30}$$

Man erkennt, daß auch in diesem Falle für unendlich kleine Ausbiegungen senkrecht zur Momentenebene nur mit dem Trägheitsmoment des elastisch gebliebenen Teiles der Querschnittsfläche oder mit einem reduzierten

Modul (Knickmodul) gerechnet werden darf. Die Breite des elastischen Kernes 2η ist von der Beanspruchung in der Momentenebene abhängig und kann aus Gl. 21, S. 30 berechnet werden, wobei dort $M = Py$ zu setzen ist. Unter den anläßlich der Untersuchung des Verzerrungszustandes II erläuterten Voraussetzungen — Sinushalbwelle als Biegelinie und Bestimmung der gesamten Formänderung aus der Spannungsverteilung im Mittelquerschnitt — und unter Zugrundelegung des praktisch wichtigen Falles, daß der Stab nach beiden Richtungen gleichzeitig die Stabilitätsgrenze erreicht, erhält man mit $\sigma_a = \sigma_k = \sigma_{kr}$ und $y_m = y_{kr}$ aus Gl. 17:

$$\frac{2\eta}{h} = \sqrt{\frac{\sigma_{kr}}{\sigma_s}\left(\frac{\sigma_s}{\sigma_{kr}} - \frac{\sigma_{kr}}{\sigma_s} - \frac{2m}{3}\right)}. \tag{31}$$

Nach Einführung dieses Wertes in Gl. 30 ergibt sich nach zweimaliger Integration mit den Randbedingungen $x = 0, L \ldots z = 0$ die der Knickspannung $\sigma_k = \sigma_{kr}$ und dem Exzentrizitätsmaß m zugeordnete Gleichgewichtsschlankheit in der z-Richtung aus

$$\max \lambda_y^2 = \frac{\pi^2 E}{\sigma_{kr}} \sqrt{\frac{\sigma_{kr}}{\sigma_s}\left(\frac{\sigma_s}{\sigma_{kr}} - \frac{\sigma_{kr}}{\sigma_s} - \frac{2m}{3}\right)}. \tag{32}$$

Es stellen dann die durch Formel I* und Gl. 32 gegebenen Schlankheitsgrade λ und $\max \lambda_y$ zusammengehörige Werte für den Fall des gleichzeitigen Versagens des Stabes nach beiden Richtungen dar. Der Anwendungsbereich der Gl. 32 ist demnach ebenso wie bei der Formel I* auf Exzentrizitätsmaße

$$\frac{m}{3} \geqq \left(1 - \frac{\sigma_{kr}}{\sigma_s}\right) \tag{33}$$

beschränkt. Besitzt daher der Stab höchstens das durch Gl. 32 gegebene Schlankheitsverhältnis $\lambda_y \leqq \max \lambda_y$, so ist seine Tragfähigkeit durch Erreichen der Stabilitätsgrenze P_{kr} in der y-Richtung bestimmt und nach Formel I* zu berechnen, im gegenteiligen Falle $\lambda_y > \max \lambda_y$ ist das Tragvermögen durch die Knickfestigkeit in der z-Richtung begrenzt, welche aus Gl. 30 in Verbindung mit der für η geltenden Gl. 21, S. 30 und der für $y_m < y_{kr}$ geltenden Gl. 15 zu bestimmen ist.

3. Die günstigsten Querschnittsabmessungen.

Aus Gründen der Wirtschaftlichkeit wird man bestrebt sein, jene Querschnittsabmessungen zu wählen, welche bei kleinstem Materialaufwand ein bestimmtes Tragvermögen gewährleisten. Dieses Ziel wird zweifellos dann erreicht, wenn der Stab nach keiner der beiden in Betracht kommenden Richtungen (Hauptträgheitsachsen) eine überschüssige Sicherheit aufweist, d. h. wenn die Stabilitätsgrenze in beiden Richtungen gleichzeitig erreicht wird. Diese Bedingung ist beim geometrisch einfachen Rechteckquerschnitt leicht zu erfüllen und führt zur unmittelbaren Berechnung der günstigsten Querschnittsabmessungen, die nachfolgend für die beiden hier in Betracht kommenden Verzerrungszustände angegeben werden.

Verzerrungszustand II:

Aus Formel I und Gl. 28 erhält man das der obigen Bedingung entsprechende Verhältnis der Schlankheitsgrade bei beiderseitiger gelenkiger Lagerung zu

$$\frac{\lambda}{\lambda_y} = \sqrt{\frac{J_y}{J_z}} = \frac{b}{h} = 1 - \frac{m\,\sigma_{kr}}{3\,(\sigma_s - \sigma_{kr})}. \tag{34}$$

Es liegt nun die Aufgabe vor, die einer geforderten Traglast $P_{kr} = b\,h\,\sigma_{kr}$ und einer gegebenen Stablänge L bei bekannter Exzentrizität des Kraftangriffes $a = \dfrac{\mathfrak{M}_{kr}}{P_{kr}}$ (s. Gl. 23) entsprechenden günstigsten Querschnittsabmessungen zu berechnen. Aus dem Vergleich der Gleichungen 28 und 34 folgt zunächst

$$\lambda_y^2 = \frac{L^2}{i_y^2} = \frac{\pi^2\,E\,b}{\sigma_{kr}\,h}, \tag{35}$$

so daß bereits die Breite des Rechteckquerschnittes berechnet werden kann:

$$b = \sqrt[4]{\frac{12\,P_{kr}\,L^2}{\pi^2\,E}}. \tag{36}$$

Die Gl. 34 führt zu einer quadratischen Gleichung für die Querschnittsabmessung in der Momentenebene, welche sich schließlich in der Form

$$h = \frac{1}{2}\left(b + \frac{P_{kr}}{b\,\sigma_s}\right)\left\{1 + \sqrt{1 - \frac{4\,P_{kr}\,(b - 2\,a)\,b\,\sigma_s}{(b^2\,\sigma_s + P_{kr})^2}}\right\} \tag{37}$$

ergibt. Die abgeleiteten Beziehungen gelten für Exzentrizitäten:

$$a = \frac{\mathfrak{M}_{kr}}{P_{kr}} \leqq \frac{1}{2}\left(h - \frac{P_{kr}}{b\,\sigma_s}\right) = \frac{h}{2}\left(1 - \frac{\sigma_{kr}}{\sigma_s}\right). \tag{38}$$

Verzerrungszustand III:

Ist die Exzentrizität des Kraftangriffes größer als der durch Gl. 38 gegebene obere Grenzwert, so gelten die für den Verzerrungszustand III abgeleiteten Beziehungen. Man erhält dann aus Formel I* und Gl. 32 das maßgebende Verhältnis der Schlankheitsgrade zu

$$\frac{\lambda}{\lambda_y} = \frac{b}{h} = \sqrt{\frac{\sigma_{kr}}{\sigma_s}\left(\frac{\sigma_s}{\sigma_{kr}} - \frac{\sigma_{kr}}{\sigma_s} - \frac{2\,m}{3}\right)}. \tag{39}$$

Aus dem Vergleich der Gleichungen 32 und 39 ergibt sich das Schlankheitsverhältnis λ_y in der durch Gl. 35 dargestellten Form, so daß auch in diesem Falle die Breite b unmittelbar aus Gl. 36 berechnet werden kann. Die zweite Querschnittsabmessung erhält man aus Gl. 39:

$$h^2 = b^2 + \frac{P_{kr}}{b\,\sigma_s}\left(\frac{P_{kr}}{b\,\sigma_s} + 4\,a\right). \tag{40}$$

Die praktische Anwendung der abgeleiteten Bemessungsformeln wird im 5. Teil dieses Paragraphen an Zahlenbeispielen erläutert werden.

4. Diagramme und Zahlentafeln für die wichtigsten Belastungsfälle und die Stahlsorten St$_i$ 37 und St$_i$ 52.

Wird ein auf axialen Druck und Biegung beanspruchter Stahlstab nach den in § 8/3 angegebenen Regeln bemessen, so ist seine Tragfähigkeit aus der Formel I bzw. I* zu bestimmen. Das in diesen Formeln auftretende Exzentrizitätsmaß m ist ganz allgemein durch Gl. 23 definiert und in Tafel 1 für die wichtigsten Belastungsfälle angegeben. Steht im Belastungsfalle I (außermittiger Druck) ein Diagramm der kritischen Spannungen $\sigma_{kr} = \psi(\lambda, m)$ für eine bestimmte Stahlsorte zur Verfügung, so kann hieraus für jeden anderen Belastungsfall das entsprechende Diagramm der kritischen Spannungen durch Umrechnung der m-Werte nach Tafel 1 abgeleitet werden. Wählt man nämlich einen bestimmten Wert $m = $ konstant, so kann z. B. im Belastungsfalle II oder V zu einer angenommenen Querbelastungszahl n aus der letzten Spalte der Tafel 1 das Schlankheitsverhältnis λ berechnet und die zugeordnete kritische Spannung σ_{kr} aus dem bekannten Diagramm entnommen werden; ganz ähnlich ist auch in allen anderen Belastungsfällen vorzugehen.

Tafel 1.

Belastungsfall		Biegemoment $\mathfrak{M}_{kr}$	Exzentrizitätsmaß für den Rechteckquerschnitt $m = \dfrac{6\,\mathfrak{M}_{kr}}{h\,P_{kr}}$
I	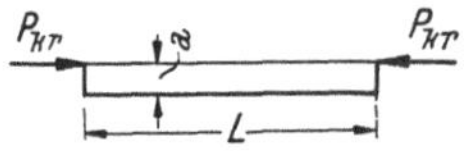	$P_{kr}\,a$	$\dfrac{6\,a}{h}$
II	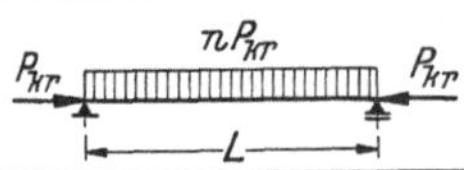	$\dfrac{n}{8}\,P_{kr}\,L$	$\dfrac{\sqrt{3}}{8}\,n\,\lambda$
III	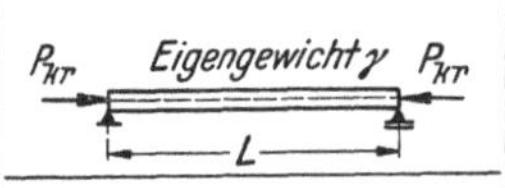	$\dfrac{\gamma}{8}\,b\,h\,L^2$	$\dfrac{\gamma\,L\,\sqrt{3}}{8\,\sigma_{kr}}\,\lambda$
IV	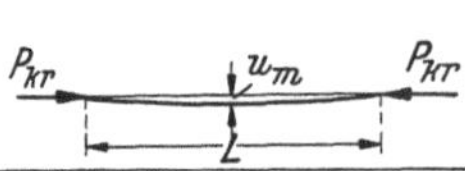	$P_{kr}\,u_m$	$\left(\dfrac{u_m}{L}\right)\lambda\,\sqrt{3}$
V	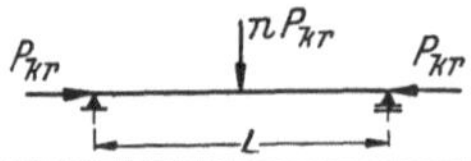	$\dfrac{n}{4}\,P_{kr}\,L$	$\dfrac{\sqrt{3}}{4}\,n\,\lambda$

Der Fall des außermittigen Kraftangriffes stellt daher die Grundlage und den Ausgangspunkt für sämtliche anderen Belastungsfälle dar. Die kritische Spannung σ_{kr} ist dann von den Größen m, λ, σ_s und E abhängig, wobei das Exzentrizitätsmaß und das Schlankheitsverhältnis die Belastungsverhältnisse bzw. die Stababmessungen zum Ausdruck bringen, während durch die Fließgrenze und den Elastizitätsmodul die Werkstoffeigenschaften beschrieben werden. Die Formeln I und I* sind zwar sehr einfach gebaut, lassen aber trotzdem nicht unmittelbar den auf die Endergebnisse bedeutungsvollen Einfluß der Werkstoffeigenschaften — hierbei handelt es sich praktisch nur um die Veränderlichkeit der Fließgrenze, da der Elastizitätsmodul für sämtliche Stahlsorten als unveränderlich angesehen werden darf — erkennen. Zur ziffernmäßigen Beurteilung des Einflusses der Fließgrenze auf die kritische Spannung wurde die Formel I und I* für die beiden meistverwendeten Stahlsorten St$_i$ 37 ($\sigma_s = 2{,}40\,\text{t/cm}^2$, $E = 2100\,\text{t/cm}^2$) und St$_i$ 52 ($\sigma_s = 3{,}60\,\text{t/cm}^2$, $E = 2100\,\text{t/cm}^2$) ausge-

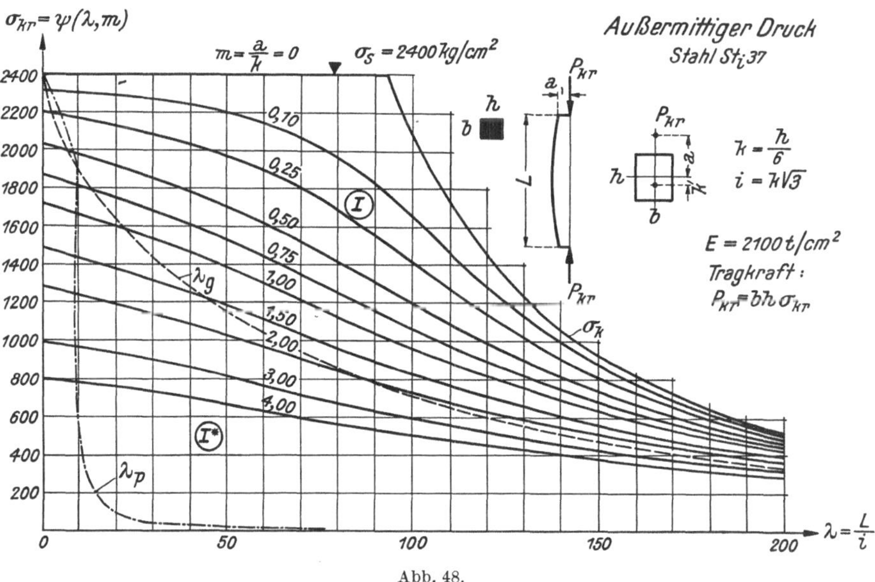

Abb. 48.

wertet und die Ergebnisse in den Abbildungen 48 und 49 zur Darstellung gebracht. Die Linien $\sigma_{kr} = \psi(\lambda, m)$ sind nach dem Parameter m geordnet und schneiden auf der Ordinatenachse $\lambda = 0$ die Spannungswerte σ_0 nach Gl. 20 ab. Die Gültigkeitsbereiche der beiden Formeln I und I* sind durch die Grenzlinie λ_g nach Gl. 13 voneinander geschieden, aus deren Verlauf zu entnehmen ist, daß für $m \geqq 3$ überhaupt nur mehr die Formel I* zu verwenden ist. Schließlich wurden noch jene kritischen Gleichgewichtslagen ermittelt, für welche die größte Stauchung im Mittelquerschnitt gerade $\varepsilon_d = 10^0/_{00}$ beträgt; das dieser Bedingung zugeordnete Schlankheitsverhältnis ist dann innerhalb des Gültigkeitsbereiches der Formel I bzw. I* durch die Gl. 21 bzw. 22 bestimmt ($p = 8{,}75$), und man erhält die strichpunktiert eingezeichnete Linie λ_p, aus deren Verlauf hervorgeht, daß derartige Formänderungen selbst bei größeren Exzentrizitäten nur in sehr gedrungenen Stäben ($\lambda < 15$) auftreten würden. Man gelangt demnach auch hier wieder zu dem Schluß, daß bei dem vorliegenden Problem der Verfestigungsbereich des Stahles in allen praktisch vorkommenden Fällen gar nicht zur Auswirkung gelangen kann. Eine ziffernmäßige und für praktische Zwecke gut brauchbare Darstellung der bestehenden funktionalen Zusammenhänge bieten die für die Stahlsorten St_i 37 und St_i 52 angelegten **Tafeln 2** und **3**, in welchen die kritische Spannung σ_{kr} für die Exzentrizitätsmaße $m = 0{,}01$ bis 10 und die Schlankheitsgrade $\lambda = 0$ bis 200 bis auf 10 kg/cm²

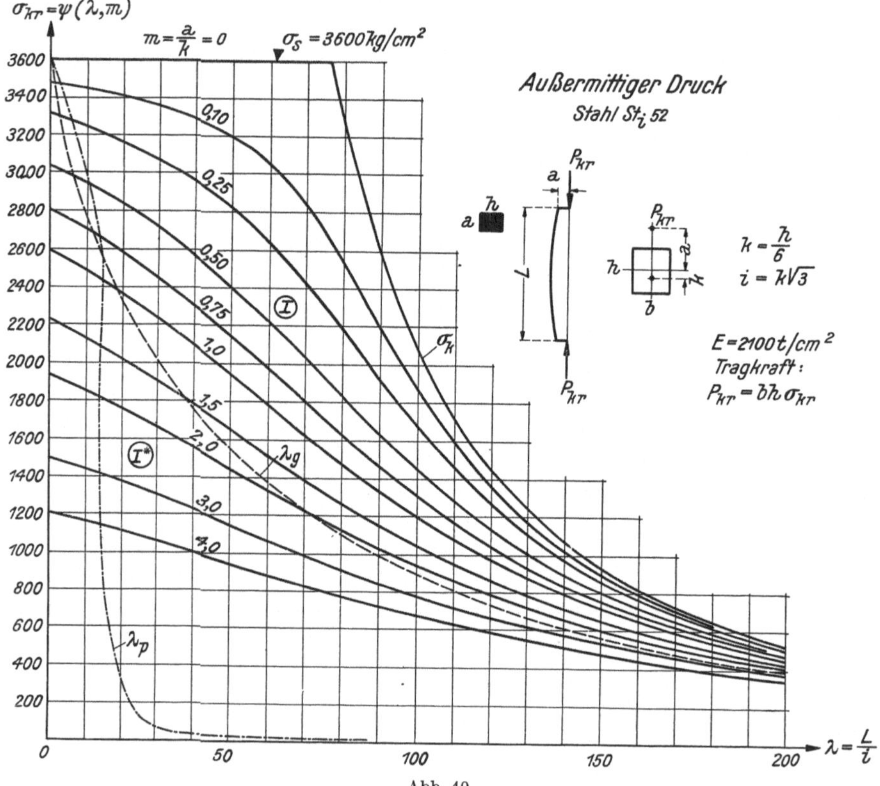

Abb. 49.

genau — dies genügt für praktische Zwecke vollkommen und erhöht die Übersichtlichkeit der Tafelwerte — angegeben ist. Für $\lambda = 0$ verhalten sich die Spannungswerte σ_0 nach Gl. 20 so wie die Fließgrenzen σ_s; es wäre aber abwegig, hieraus den Schluß zu ziehen, daß dies auch für beliebige Schlankheitsverhältnisse zutrifft. Für Schlankheitsgrade $\lambda > 0$ wird der Einfluß der Fließgrenze auf die Höhe der kritischen Spannung am zweckmäßigsten durch den Verhältniswert aus Knickspannung zu kritischer Spannung, also durch $\varkappa = \dfrac{\sigma_k}{\sigma_{kr}}$, zum Ausdruck gebracht, der für die bezeichneten Stahlsorten in den **Tafeln 4** und **5** ziffernmäßig dargestellt ist. Die $\varkappa$-Werte nehmen mit wachsender Schlankheit zunächst zu, erreichen der Form der Knickspannungslinie gemäß — Knickpunkt

Tafel 2. Kritische Spannungen σ_{kr} in t/cm² für $\sigma_s = 2{,}4$ t/cm², $E = 2100$ t/cm² (St$_i$ 37). — Rechteckquerschnitt.

λ \ m	0,01	0,05	0,10	0,25	0,50	0,75	1,00	1,25	1,50	1,75	2,0	2,5	3,0	3,5	4,0	5,0	6,0	8,0	10
0	2,39	2,36	2,32	2,21	2,03	1,87	1,73	1,60	1,48	1,38	1,29	1,13	1,00	0,89	0,80	0,66	0,56	0,44	0,35
20	2,39	2,34	2,28	2,13	1,92	1,75	1,61	1,50	1,39	1,29	1,20	1,05	0,94	0,84	0,76	0,62	0,52	0,42	0,34
30	2,38	2,33	2,26	2,09	1,85	1,68	1,54	1,42	1,32	1,23	1,15	1,01	0,90	0,80	0,73	0,60	0,50	0,40	0,33
40	2,38	2,31	2,23	2,04	1,78	1,60	1,46	1,34	1,25	1,16	1,09	0,96	0,85	0,77	0,70	0,58	0,48	0,38	0,32
50	2,37	2,29	2,20	1,97	1,71	1,52	1,38	1,27	1,17	1,10	1,03	1,91	0,81	0,73	0,66	0,55	0,46	0,37	0,31
60	2,37	2,26	2,15	1,89	1,62	1,43	1,30	1,19	1,10	1,03	0,97	0,85	0,77	0,69	0,63	0,53	0,44	0,36	0,30
70	2,36	2,21	2,07	1,85	1,52	1,34	1,21	1,11	1,03	0,96	0,91	0,80	0,72	0,66	0,60	0,51	0,42	0,35	0,29
80	2,33	2,13	1,97	1,69	1,42	1,25	1,13	1,04	0,96	0,90	0,85	0,75	0,68	0,62	0,57	0,49	0,41	0,33	0,28
90	2,25	2,00	1,83	1,55	1,31	1,16	1,05	0,96	0,89	0,84	0,79	0,71	0,64	0,59	0,54	0,47	0,39	0,32	0,27
100	1,99	1,80	1,65	1,42	1,20	1,07	0,97	0,89	0,83	0,78	0,73	0,66	0,60	0,55	0,51	0,45	0,37	0,30	0,26
110	1,68	1,56	1,46	1,28	1,09	0,98	0,89	0,82	0,77	0,72	0,68	0,62	0,56	0,52	0,48	0,43	0,36	0,29	0,25
120	1,42	1,35	1,28	1,14	1,00	0,89	0,82	0,76	0,71	0,67	0,63	0,58	0,53	0,49	0,45	0,40	0,34	0,28	0,24
130	1,22	1,17	1,13	1,02	0,90	0,81	0,75	0,70	0,66	0,62	0,59	0,54	0,50	0,46	0,43	0,38	0,32	0,27	0,23
140	1,05	1,01	0,99	0,91	0,81	0,74	0,69	0,65	0,61	0,58	0,55	0,50	0,47	0,43	0,40	0,36	0,31	0,26	0,22
150	0,92	0,88	0,87	0,81	0,73	0,68	0,63	0,59	0,56	0,54	0,51	0,47	0,44	0,40	0,38	0,34	0,30	0,25	0,22
160	0,81	0,79	0,78	0,73	0,66	0,62	0,58	0,55	0,52	0,50	0,47	0,44	0,41	0,38	0,36	0,32	0,28	0,24	0,21
170	0,72	0,70	0,69	0,65	0,60	0,57	0,53	0,51	0,48	0,46	0,44	0,41	0,38	0,36	0,34	0,30	0,27	0,23	0,20
180	0,64	0,63	0,62	0,59	0,55	0,52	0,49	0,47	0,45	0,43	0,41	0,39	0,36	0,34	0,32	0,28	0,26	0,22	0,19
190	0,57	0,56	0,56	0,53	0,50	0,48	0,45	0,43	0,41	0,40	0,38	0,36	0,34	0,32	0,30	0,27	0,25	0,21	0,18
200	0,52	0,51	0,51	0,48	0,46	0,44	0,42	0,40	0,38	0,37	0,36	0,34	0,32	0,30	0,28	0,26	0,24	0,20	0,18

Tafel 3. Kritische Spannungen σ_{kr} in t/cm² für $\sigma_s = 3{,}6$ t/cm², $E = 2100$ t/cm² (St$_i$ 52). — Rechteckquerschnitt.

λ \ m	0,01	0,05	0,10	0,25	0,50	0,75	1,00	1,25	1,50	1,75	2,0	2,5	3,0	3,5	4,0	5,0	6,0	8,0	10
0	3,58	3,54	3,48	3,31	3,05	2,81	2,59	2,40	2,23	2,07	1,93	1,69	1,49	1,33	1,20	0,99	0,84	0,66	0,53
20	3,58	3,50	3,41	3,17	2,84	2,58	2,37	2,19	2,03	1,89	1,77	1,55	1,38	1,23	1,11	0,93	0,79	0,62	0,50
30	3,57	3,48	3,36	3,08	2,71	2,45	2,23	2,05	1,91	1,78	1,66	1,46	1,30	1,17	1,06	0,89	0,76	0,59	0,49
40	3,56	3,44	3,30	2,96	2,57	2,30	2,08	1,91	1,77	1,66	1,55	1,37	1,22	1,10	1,00	0,85	0,72	0,57	0,47
50	3,55	3,38	3,21	2,82	2,41	2,14	1,93	1,77	1,64	1,53	1,44	1,27	1,14	1,03	0,94	0,80	0,69	0,55	0,45
60	3,52	3,28	3,06	2,64	2,23	1,97	1,78	1,63	1,51	1,41	1,32	1,18	1,06	0,96	0,88	0,75	0,65	0,53	0,43
70	3,44	3,09	2,84	2,42	2,03	1,80	1,62	1,49	1,38	1,29	1,22	1,09	0,99	0,90	0,83	0,71	0,62	0,50	0,42
80	3,07	2,76	2,54	2,18	1,83	1,63	1,47	1,36	1,26	1,18	1,12	1,00	0,91	0,84	0,77	0,67	0,59	0,48	0,40
90	2,49	2,34	2,19	1,91	1,64	1,46	1,33	1,23	1,15	1,08	1,02	0,92	0,84	0,78	0,72	0,63	0,55	0,45	0,38
100	2,05	1,96	1,87	1,66	1,45	1,31	1,20	1,12	1,04	0,99	0,93	0,85	0,78	0,72	0,67	0,59	0,52	0,43	0,36
110	1,70	1,64	1,59	1,45	1,28	1,17	1,08	1,02	0,95	0,90	0,85	0,78	0,72	0,67	0,62	0,55	0,49	0,41	0,35
120	1,43	1,39	1,36	1,26	1,14	1,04	0,97	0,91	0,86	0,82	0,78	0,72	0,67	0,62	0,58	0,51	0,46	0,39	0,33
130	1,22	1,20	1,17	1,10	1,01	0,93	0,88	0,83	0,78	0,75	0,71	0,66	0,61	0,58	0,54	0,48	0,43	0,37	0,31
140	1,05	1,04	1,02	0,97	0,90	0,84	0,79	0,75	0,71	0,68	0,65	0,61	0,57	0,53	0,50	0,45	0,41	0,35	0,30
150	0,92	0,91	0,89	0,85	0,80	0,75	0,72	0,68	0,65	0,63	0,60	0,56	0,53	0,50	0,47	0,42	0,39	0,33	0,29
160	0,81	0,80	0,79	0,76	0,72	0,68	0,65	0,62	0,59	0,57	0,55	0,52	0,49	0,46	0,44	0,39	0,37	0,31	0,28
170	0,72	0,71	0,70	0,68	0,64	0,61	0,59	0,56	0,54	0,53	0,51	0,48	0,45	0,43	0,41	0,37	0,35	0,29	0,27
180	0,64	0,63	0,63	0,61	0,58	0,56	0,54	0,52	0,50	0,48	0,47	0,44	0,42	0,40	0,38	0,35	0,33	0,28	0,26
190	0,57	0,56	0,56	0,55	0,53	0,51	0,49	0,47	0,46	0,45	0,43	0,41	0,39	0,37	0,36	0,33	0,31	0,27	0,25
200	0,52	0,51	0,51	0,50	0,48	0,46	0,45	0,44	0,42	0,41	0,40	0,38	0,36	0,35	0,33	0,31	0,29	0,26	0,24

Tafel 4. Verhältniszahlen $\varkappa = \dfrac{\sigma_k}{\sigma_{kr}}$ (Rechteck) für $\sigma_\varepsilon = 2{,}4\ \text{t/cm}^2$, $E = 2100\ \text{t/cm}^2$ (St$_\mathrm{i}$ 37).

λ \ m	0,10	0,25	0,50	0,75	1,00	1,25	1,50	1,75	2,0	2,5	3,0	3,5	4,0	5,0
0	1,03	1,09	1,18	1,28	1,39	1,50	1,62	1,74	1,87	2,13	2,41	2,70	3,00	3,63
20	1,05	1,13	1,25	1,37	1,49	1,60	1,73	1,86	2,00	2,28	2,57	2,87	3,17	3,87
30	1,06	1,15	1,29	1,43	1,56	1,69	1,81	1,95	2,09	2,38	2,68	2,99	3,31	4,00
40	1,07	1,18	1,34	1,50	1,64	1,79	1,92	2,06	2,21	2,51	2,82	3,14	3,45	4,13
50	1,09	1,22	1,41	1,58	1,74	1,90	2,04	2,19	2,34	2,65	2,96	3,29	3,61	4,36
60	1,12	1,27	1,48	1,67	1,85	2,02	2,18	2,33	2,49	2,81	3,14	3,47	3,80	4,53
70	1,16	1,32	1,58	1,78	1,98	2,16	2,33	2,49	2,65	2,99	3,32	3,65	4,00	4,70
80	1,22	1,42	1,69	1,92	2,13	2,32	2,50	2,67	2,84	3,18	3,53	3,86	4,23	4,90
90	1,31	1,54	1,83	2,07	2,29	2,49	2,69	2,87	3,05	3,40	3,74	4,08	4,47	5,10
100	1,26	1,47	1,73	1,95	2,14	2,33	2,51	2,67	2,84	3,14	3,45	3,77	4,09	4,62
110	1,17	1,34	1,57	1,75	1,92	2,08	2,23	2,37	2,51	2,78	3,04	3,31	3,57	3,98
120	1,12	1,26	1,44	1,62	1,76	1,90	2,02	2,15	2,27	2,50	2,73	2,96	3,18	3,60
130	1,09	1,20	1,36	1,50	1,63	1,75	1,87	1,97	2,08	2,28	2,48	2,68	2,87	3,22
140	1,07	1,16	1,30	1,43	1,54	1,64	1,74	1,84	1,92	2,11	2,27	2,46	2,63	2,93
150	1,06	1,13	1,26	1,36	1,46	1,55	1,64	1,72	1,81	1,96	2,11	2,28	2,42	2,71
160	1,05	1,11	1,22	1,31	1,40	1,48	1,56	1,63	1,71	1,84	1,99	2,12	2,26	2,53
170	1,04	1,10	1,19	1,27	1,35	1,42	1,49	1,56	1,63	1,73	1,88	1,99	2,12	2,38
180	1,03	1,08	1,16	1,24	1,31	1,37	1,44	1,50	1,56	1,66	1,78	1,89	2,01	2,28
190	1,02	1,07	1,14	1,21	1,27	1,33	1,40	1,44	1,50	1,60	1,70	1,81	1,91	2,13
200	1,02	1,07	1,13	1,18	1,24	1,30	1,35	1,39	1,45	1,54	1,63	1,73	1,84	2,00

Tafel 5. Verhältniszahlen $\varkappa = \dfrac{\sigma_k}{\sigma_{kr}}$ (Rechteck) für $\sigma_s = 3{,}6\ \text{t/cm}^2$, $E = 2100\ \text{t/cm}^2$ (St$_i$ 52).

λ \\ m	0,10	0,25	0,50	0,75	1,00	1,25	1,50	1,75	2,0	2,5	3,0	3,5	4,0	5,0
0	1,03	1,09	1,18	1,28	1,39	1,50	1,62	1,74	1,87	2,13	2,41	2,70	3,00	3,63
20	1,05	1,14	1,27	1,40	1,52	1,64	1,77	1,90	2,04	2,32	2,61	2,91	3,23	3,87
30	1,07	1,17	1,33	1,47	1,61	1,75	1,89	2,03	2,17	2,47	2,77	3,08	3,40	4,03
40	1,09	1,21	1,40	1,57	1,73	1,88	2,03	2,17	2,32	2,63	2,95	3,27	3,59	4,22
50	1,12	1,28	1,49	1,69	1,87	2,03	2,21	2,35	2,51	2,83	3,16	3,49	3,82	4,50
60	1,18	1,36	1,61	1,83	2,03	2,21	2,39	2,56	2,72	3,05	3,39	3,73	4,08	4,80
70	1,27	1,49	1,77	2,01	2,22	2,42	2,61	2,79	2,95	3,30	3,65	4,01	4,36	5,07
80	1,28	1,49	1,77	2,00	2,20	2,39	2,57	2,74	2,91	3,23	3,56	3,88	4,21	4,85
90	1,17	1,34	1,56	1,75	1,92	2,09	2,25	2,37	2,51	2,77	3,04	3,30	3,57	4,07
100	1,11	1,25	1,43	1,58	1,73	1,86	1,99	2,11	2,22	2,43	2,66	2,88	3,10	3,52
110	1,08	1,18	1,34	1,46	1,58	1,69	1,81	1,91	2,01	2,18	2,38	2,56	2,75	3,10
120	1,06	1,14	1,27	1,38	1,48	1,58	1,67	1,76	1,85	2,00	2,16	2,32	2,48	2,82
130	1,05	1,11	1,22	1,31	1,40	1,49	1,56	1,64	1,72	1,86	2,00	2,13	2,27	2,55
140	1,04	1,09	1,18	1,26	1,34	1,41	1,48	1,55	1,62	1,74	1,86	1,98	2,10	2,35
150	1,03	1,08	1,15	1,22	1,29	1,36	1,41	1,47	1,53	1,64	1,75	1,86	1,96	2,18
160	1,03	1,07	1,13	1,19	1,25	1,31	1,36	1,41	1,47	1,57	1,66	1,76	1,85	2,08
170	1,02	1,06	1,11	1,17	1,22	1,27	1,32	1,36	1,41	1,50	1,58	1,67	1,76	1,94
180	1,02	1,05	1,10	1,15	1,19	1,24	1,28	1,33	1,37	1,45	1,53	1,60	1,68	1,83
190	1,01	1,04	1,09	1,13	1,17	1,21	1,25	1,29	1,33	1,40	1,47	1,54	1,61	1,74
200	1,01	1,04	1,08	1,12	1,15	1,18	1,22	1,26	1,29	1,36	1,43	1,49	1,55	1,67

bei $\lambda_s = \pi \sqrt{\dfrac{E}{\sigma_s}}$ — für $\lambda_s = 93$ (St$_i$ 37) bzw. für $\lambda_s = 76$ (St$_i$ 52) einen Höchstwert — die Funktion $\varkappa = f(m, \lambda)$ besitzt hier eine Unstetigkeitsstelle — und fallen mit weiter zunehmender Schlankheit wieder ab. Die größten Abweichungen in den $\varkappa$-Werten sind daher für die voneinander verschiedenen Schlankheitsgrade λ_s zu erwarten: Für $\lambda_s = 76$ sind die Verhältniszahlen $\varkappa$ für Stahl St$_i$ 52 um 15$^0/_0$ ($m = 0,01$) bis 9$^0/_0$ ($m = 5$) größer und für $\lambda_s = 93$ um 15$^0/_0$ bis 24$^0/_0$ kleiner als die entsprechenden Werte für Stahl St$_i$ 37. Die Verhältniszahlen $\varkappa$ sind demnach in nicht unerheblichem Maße von der Stahlsorte abhängig. Auf diesen Umstand sei ausdrücklich hingewiesen, da die für ein bestimmtes Formänderungsgesetz ermittelten $\varkappa$-Werte für andere Stahlsorten nicht verwendet werden dürfen, wenn größere Fehler vermieden werden sollen.

Entwickelt man aus den für außermittigen Druck gültigen Diagrammen Abb. 48 bzw. 49 oder unter Benutzung der Zahlentafeln 2 bzw. 3 nach der bereits geschilderten Methode der Umrechnung der m-Werte die kritischen Spannungen für die Belastungsfälle **II** bis **V**, so erhält man Schaubilder nach Art der Abbildungen 38, 39, 41 und 36. Hinsichtlich der Übereinstimmung der Ergebnisse dieses Näherungsverfahrens mit den Werten der strengen Lösungen ist folgendes zu sagen: Im Belastungsfalle **II** (mittiger Druck und gleichmäßige Querlast) erhält man aus den Formeln I und I* im allgemeinen, d. h. für endliche Querbelastungszahlen n, etwas zu kleine Werte für die kritische Spannung, doch bleiben die Abweichungen innerhalb des Diagrammbereiches der Abb. 38 unter 2$^0/_0$ des wahren Wertes und sind demnach praktisch vollkommen bedeutungslos. Dieselbe obere Fehlergrenze ergibt sich dann auch für die Belastungsfälle **III** (mittiger Druck und Eigengewicht) und **IV** (mittig gedrückter und parabolisch gekrümmter Stab), da diese Belastungsfälle unmittelbar aus dem Belastungsfalle II abgeleitet werden können (vgl. die Ausführungen in § 3/III und § 4); hierbei nehmen die Abweichungen selbstverständlich mit wachsender Querbelastung bzw. Krümmung zu, da sie im Grenzfalle der mittigen Beanspruchung gleich Null sind. Für den Belastungsfall **V** (mittiger Druck und quergerichtete Einzelkraft) dagegen ergeben sich, falls als Exzentrizitätsmaß der in Tafel 1 enthaltene Wert in die Formel I bzw. I* eingesetzt wird, größere Abweichungen gegenüber der strengen Lösung (§ 3/I), und zwar erhält man innerhalb der in Abb. 36 aufscheinenden Querbelastungszahlen kritische Spannungen, die im ungünstigsten Falle ($n = 0,10$) um 8$^0/_0$ kleiner sind als die strengen Werte; man könnte die Näherungsrechnung verbessern, indem an Stelle der vorhandenen Querbelastungszahl ein reduzierter Wert $0,85\,n$ verwendet wird, doch kann für praktische Zwecke, nachdem die Ergebnisse des Näherungsverfahrens auf der sicheren Seite liegen, diese Abweichung in Kauf genommen werden. Für zusammengesetzte Belastungsfälle, z. B. für den Fall eines außermittigen Kraftangriffes und einer gleichzeitig vorhandenen, im gleichen Sinne wirkenden, d. h. die Ausbiegung verstärkenden Querbelastung sind die entsprechenden Exzentrizitätsmaße (s. Tafel 1) zu addieren und diese

Summe bei der Anwendung der Formel I und I* in Rechnung zu stellen. Wirkt aber die Querbelastung dem von der außermittigen Kraftwirkung hervorgerufenen Biegemoment entgegen, so ist mit der Differenz der entsprechenden Exzentrizitätsmaße zu rechnen, doch dürfen die Formeln I und I* nur verwendet werden, wenn das Mittelmoment größer ist als das Endmoment; die kritische Spannung ist aber unter allen Umständen durch die Knickspannung und die dem außermittigen Kraftangriffe zugeordnete „Nullspannung" σ_0 nach Gl. 20 nach oben hin begrenzt.

Die vorliegende Untersuchung bestätigt ganz allgemein die Zulässigkeit des einfachen und übersichtlichen Näherungsverfahrens nach Formel I bzw. I*, nachdem die Abweichungen gegenüber der strengen Lösung das Ausmaß der bei derselben Stahlsorte zu gewärtigenden Fließgrenzenschwankung nicht überschreiten.

5. Zahlenbeispiele.

1. Beispiel. Es sind die günstigsten Querschnittsabmessungen eines beiderseits gelenkig gelagerten und außermittig gedrückten Stabes mit Rechteckquerschnitt zu berechnen, wenn gegeben ist: Geforderte Tragfähigkeit $P_{kr} = 100$ t, Stablänge $L = 400$ cm, Exzentrizität $a = 2$ cm, Werkstoff Stahl St 37.

Die Berechnung erfolgt nach § 8/3. Man erhält aus Gl. 36:

$$b = 98 \text{ mm}.$$

Die Querschnittshöhe h ist entweder aus Gl. 37 oder aus Gl. 40 zu ermitteln. Man berechne zunächst h aus Gl. 37 und prüfe nach, ob die Gl. 38 erfüllt ist. Im vorliegenden Falle trifft dies zu und man erhält

$$h = 120 \text{ mm}.$$

Die erforderliche Querschnittsfläche beträgt $F = 117{,}5$ cm², das Schlankheitsverhältnis $\lambda = 115$ und das Exzentrizitätsmaß $m = 1{,}00$.

2. Beispiel. Es sind die Querschnittsabmessungen des nach Beispiel 1 belasteten Stabes ($P_{kr} = 100$ t, $L = 400$ cm, $a = 2$ cm) zu bestimmen, wenn $h = b$ sein soll.

Bei einem quadratischen Stab sind die Hauptträgheitsmomente gleich groß, so daß die Stabilität senkrecht zur Momentenebene auf jeden Fall gewährleistet und die Tragkraft nach Formel I bzw. I* zu ermitteln ist. Die Querschnittsbemessung kann allerdings jetzt nicht mehr direkt, sondern nur durch Probieren erfolgen. Man nimmt die Quadratseite h an, berechnet das Exzentrizitätsmaß, die kritische Spannung und das Schlankheitsverhältnis; sodann ist aus Formel I oder I* das Schlankheitsverhältnis nachzuprüfen.

1. Annahme: $h' = 10$ cm, $\lambda' = 138$, $\sigma_{kr}' = 1{,}00$ t/cm², $m' = 1{,}20$. Man stellt zunächst fest, daß hier die Formel I zu verwenden ist und erhält

$$\lambda = 87,$$

also einen zu kleinen Wert ($\Delta \lambda' = -51$). Das wirkliche Schlankheitsverhältnis liegt zwischen diesen Werten, und es empfiehlt sich, als zweite Annahme den Mittelwert zu wählen.

2. Annahme: $\lambda'' = 112$, $h'' = 12{,}4$ cm, $\sigma_{kr}'' = 0{,}65$ t/cm², $m'' = 0{,}97$. Man erhält aus Formel I
$$\lambda = 147,$$

d. h. einen zu großen Wert ($\Delta \lambda'' = +35$). Durch lineare Interpolation mittels der $\Delta \lambda$-Werte findet man

$$\underline{\lambda = 123,}$$

und dies ist bereits der genaue Wert (Überprüfung nach Formel I und Rechenschiebergenauigkeit). Man erhält demnach als Querschnittsabmessungen
$$\underline{h = b = 113 \ \mathrm{mm}}$$

und erkennt, daß die Festlegung des Seitenverhältnisses b/h nicht nur einen gesteigerten Rechenaufwand (Proberechnungen!), sondern auch einen erhöhten Materialaufwand bedingt: Die erforderliche Querschnittsfläche beträgt hier $F = 127{,}5$ cm² und ist um rund **8,5⁰/₀** größer als die nach Beispiel 1 bestimmte günstigste Querschnittsfläche. Wenn nicht andere Gründe dagegen sprechen, wird man die Querschnittsbemessung immer nach § 8/3 vornehmen.

3. Beispiel. Ein beiderseits gelenkig gelagerter Stab mit Rechteckquerschnitt ist auf mittigen Druck beansprucht und wird außerdem durch eine in Stabmitte angreifende Einzelkraft Q auf Biegung beansprucht (Tafel 1, Belastungsfall V). Es sind die günstigsten Querschnittsabmessungen zu berechnen, wenn gegeben ist: Geforderte Traglast $P_{kr} = 100$ t und $Q_{kr} = n\,P_{kr} = 6$ t (daher $n = 0{,}06$), $L = 400$ cm, Werkstoff Stahl St 37.

Man ermittelt zunächst aus Gl. 36 die Querschnittsbreite zu

$$\underline{b = 98 \ \mathrm{mm}.}$$

Das auf die nichtverformte Stabachse bezogene mittlere Biegemoment der Querbelastung im kritischen Gleichgewichtszustand ergibt sich zu
$$\mathfrak{M}_{kr} = Q_{kr}\,\frac{L}{4} = 600 \ \mathrm{tcm}, \quad \text{so daß die Exzentrizität } a = 6 \ \mathrm{cm} \text{ beträgt.}$$
Man berechnet nun h zunächst aus Gl. 37, die Nachprüfung nach Gl. 38 zeigt jedoch, daß hier bereits der Verzerrungszustand III vorliegt und daher Gl. 40 zu verwenden ist. Man erhält aus dieser Gleichung die Querschnittshöhe zu
$$\underline{h = 147 \ \mathrm{mm}.}$$

4. Beispiel. Ein beiderseits gelenkig gelagerter Stab mit quadratischem Querschnitt $h = b$ ist auf mittigen Druck beansprucht, und zwar soll bei einer Länge von $L = 400$ cm seine Knicklast $P_k = 108$ t betragen; man erhält dann die Quadratseite zu $h = 100$ mm. Nach erfolgter Montage, z. B. in der Festigkeitsmaschine, stellt sich heraus, daß der Stab eine leichte Krümmung aufweist, und zwar wird eine mittlere Ausbiegung $u_m = 4$ mm gemessen. Wie groß ist die hierdurch bewirkte Verminderung der Tragfähigkeit?

Es liegt der Belastungsfall IV, Tafel 1, vor. Das Schlankheitsverhältnis errechnet sich aus den Stababmessungen zu $\lambda = 138$ und das Exzentrizitätsmaß aus Tafel 1 zu $m = 0,24$. Zur Berechnung der kritischen Spannung ist dann Formel I heranzuziehen, und zwar ist die Gleichung probeweise aufzulösen, d. h. man ändert die angenommene kritische Spannung so lange ab, bis Formel I identisch befriedigt wird. Man kann aber auch die Tafel 2 oder 3 verwenden und erhält hieraus durch Interpolation: Für Stahl St_i 37 ergibt sich aus Tafel 2 ... $\sigma_{kr} =$ $= 0,94$ t/cm², demnach $P_{kr} = 94$ t, für Stahl St_i 52 erhält man aus Tafel 3 ... $\sigma_{kr} = 1,00$ t/cm² oder $P_{kr} = 100$ t. Die durch die sehr kleine Krümmung $\left(\dfrac{u_m}{L} = 0,001\right)$ bewirkte Abminderung der Tragfähigkeit beträgt daher bei Stahl St_i 37 bzw. bei Stahl St_i 52 jeweils 13% bzw. 7% der Knickfestigkeit. Man könnte übrigens auch die Tafeln 4 und 5 benutzen und erhält $\varkappa = \dfrac{\sigma_k}{\sigma_{kr}} = 1,15$ bzw. 1,08. Aus dieser Rechnung ist sowohl der Einfluß einer kleinen Achsenkrümmung als auch die Bedeutung der verwendeten Stahlsorte für die Endergebnisse zu erkennen.

§ 9. Lösung für Stäbe beliebiger Querschnittsform.

Wie die Ergebnisse der in § 8 für Stäbe mit Rechteckquerschnitt durchgeführten Untersuchung zeigen, gestattet das unter der Annahme einer

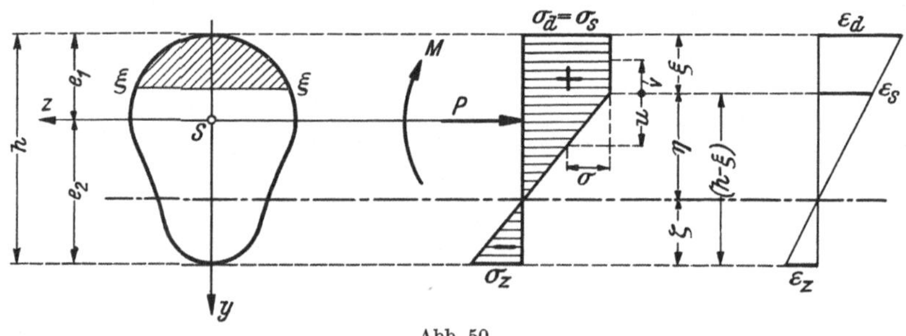

Abb. 50.

Sinushalbwelle als Biegelinie entwickelte Rechenverfahren eine derart weitgehende Annäherung an die wirklichen Verhältnisse, daß sich die Durchführung der genauen Rechnung für andere Querschnittsformen, die naturgemäß noch weitaus umfangreicher und schwieriger wird als für den einfachen Rechteckquerschnitt, praktisch erübrigt. Hiermit sind nun die Richtlinien für die rechnerische Untersuchung des Tragverhaltens von auf axialen Druck und Biegung beanspruchten Stahlstäben beliebiger Querschnittsform festgelegt; den Ausgangspunkt für die weiteren Betrachtungen bildet der Grundfall des außermittig gedrückten Stabes, da hieraus sämtliche in Betracht kommenden Belastungsfälle abgeleitet werden können.

Der Rechnung wird ein Querschnitt nach Abb. 50 zugrunde gelegt.

Die Spur der Momentenebene fällt mit der lotrechten Symmetrieachse y des Querschnittes zusammen, der Schwerpunktsabstand vom Biegedruckrand ist kleiner als jener vom Biegezugrand ($e_1 < e_2$). Das Trägheitsmoment des gesamten Querschnittes bezüglich der waagrechten Schwerachse z wird kurz mit J, die Fläche mit F, die Widerstandsmomente mit

$$W_1 = \frac{J}{e_1} \text{ (Biegedruckrand) und } W_2 = \frac{J}{e_2} \text{ (Biegezugrand) bezeichnet. Da}$$

bei der Ermittlung der kritischen Belastung der rein elastische Verzerrungszustand ausscheidet, sind bei der gewählten allgemeinsten Querschnittsform drei elastisch-plastische Verzerrungszustände möglich: Fließen am Biegedruckrand, Fließen am Biegezugrand und beidseitiges Fließen. Als Formänderungsgesetz wird eine ideal-plastische Arbeitslinie nach Abb. 20 vorausgesetzt (Ideal-Stahl) und als Biegelinie eine Sinushalbwelle angenommen. Ferner werden Druckspannungen als positiv bezeichnet, und es bedeuten ε_d bzw. ε_z die spezifischen Längenänderungen und σ_d bzw. σ_z die Spannungen am Biegedruckrand bzw. am Biegezugrand. Nachfolgend wird für die drei möglichen Verzerrungszustände die Untersuchung der Stabilitätsverhältnisse sowohl in der Momentenebene als auch senkrecht dazu vorgenommen.

Verzerrungszustand A (Fließen am Biegedruckrand): $\varepsilon_d \geqq \varepsilon_s$, $\varepsilon_z \leqq -\varepsilon_s$, $\sigma_d = \sigma_s$, $\sigma_z \leqq -\sigma_s$ (Abb. 50).

Im mittleren Querschnitt des nach Abb. 12 belasteten Stabes herrscht ein Biegemoment $M = P y_m$ und eine Axialkraft $P = F \sigma_a$. Mit zunehmender Belastung wurde zunächst am Biegedruckrand die Stauchgrenze σ_s erreicht; bei weiter gesteigerter Belastung hat sich von hier ausgehend ein Fließgebiet von der Breite ξ gebildet, wobei die Spannung am Biegezugrand noch unterhalb der Streckgrenze liegt. Zur Bestimmung der Größen ξ und η (Lage der Nullinie) sind die nachfolgenden Gleichgewichtsbedingungen zu verwenden, in welchen zur Abkürzung $\sigma = \frac{u}{\eta} \sigma_s$ zu setzen ist.

$$\left. \begin{array}{c} F \sigma_s - \int\limits_0^{(h-\xi)} \sigma \, df = P \\[2em] (M + P e_2) - F e_2 \sigma_s + \int\limits_0^{(h-\xi)} \sigma \, (h - \xi - u) \, df = 0 \end{array} \right\} \tag{1}$$

Bezeichnet man mit $S_{2\xi}$ das statische Moment und mit $J_{2\xi}$ das Trägheitsmoment des unterhalb ξ gelegenen Flächenteiles bezüglich der Achse ($\xi\xi$), setzt man also

$$S_{2\xi} = \int\limits_0^{(h-\xi)} u \, df, \quad J_{2\xi} = \int\limits_0^{(h-\xi)} u^2 \, df, \tag{2}$$

und bezeichnet ferner mit $S_{1\xi}$ das statische Moment und mit $J_{1\xi}$ das Trägheitsmoment des vollplastischen, oberhalb der Achse ($\xi\xi$) gelegenen Flächenteiles (dieser ist in Abb. 50 schraffiert dargestellt) bezüglich dieser Achse, so erhält man

$$\left.\begin{aligned}
S_{1\xi} &= \int_0^\xi v\, df = S_{2\xi} - F(e_1 - \xi) \\[2mm]
J_{1\xi} &= \int_0^\xi v^2\, df = J - J_{2\xi} + F(e_1 - \xi)^2
\end{aligned}\right\} \tag{3}$$

Unter Verwendung der Gleichungen 2 und 3 erhält man aus den Gleichgewichtsbedingungen 1 den Wert η und die mittlere Durchbiegung y_m — für das mittlere Biegemoment ist $M = P y_m$ zu setzen — in der nachfolgenden Form:

$$\left.\begin{aligned}
\eta &= \frac{[S_{1\xi} + F(e_1 - \xi)]}{F(\sigma_s - \sigma_a)}\, \sigma_s \\[2mm]
y_m &= \frac{\sigma_s}{F \sigma_a\, \eta} [J - J_{1\xi} - (e_1 - \xi) S_{1\xi}]
\end{aligned}\right\} \tag{4}$$

Nimmt man z. B. die mittlere Durchbiegung als bekannt an, so kann aus den Gleichungen 4 die Breite des Fließgebietes ξ berechnet werden, jedoch nur dann, wenn die Umrißlinie des Querschnittes gegeben ist. Unter der Voraussetzung ebenbleibender Querschnitte erhält man die **Krümmung** gemäß Abb. 50 zu

$$\frac{1}{\varrho_n} = y_m{}'' = -\frac{\varepsilon_s}{\eta} = -\frac{\sigma_s}{E\eta}. \tag{5}$$

Dieses aus der Spannungsverteilung im Mittelquerschnitt errechnete Krümmungsmaß ist dem der Annahme einer Sinushalbwelle als Biegelinie entsprechenden Werte aus Gl. 10, S. 74 gleichzusetzen, und man gewinnt derart die nur vom Verzerrungszustand im Mittelquerschnitt abhängige **Näherungsfunktion** zur Bestimmung der mittleren Ausbiegung des Stabes:

$$\Phi = \eta(y_m - a) - \frac{L^2 \sigma_s}{\pi^2 E} = 0. \tag{6}$$

In der vorstehenden Gleichung ist η als Funktion von ξ bzw. y_m aufzufassen, sodaß die mittlere Durchbiegung als Funktion der Axialspannung berechnet werden kann. Zur Ermittlung der **kritischen Spannung** ist die **Extremalbedingung** $\dfrac{d\sigma_a}{dy_m} = 0$ bzw. $\dfrac{\partial \Phi}{\partial y_m} = 0$ heranzuziehen. Im vorliegenden Falle einer beliebigen Querschnittsbegrenzung kann jedoch die Breite des Fließgebietes aus den Gleichungen 4 nicht explizit dargestellt werden, so daß die Extremalbedingung die Form

$$\frac{\partial \Phi}{\partial \xi} = 0 \tag{7}$$

annimmt, d. h. es ist jene Breite des Fließgebietes zu berechnen, für welche die Axialspannung einen Höchstwert $\max \sigma_a = \sigma_{kr}$ (kritische Spannung) erreicht. Durch partielle Differentiation der Gl. 6 und unter

Verwendung der Gleichungen 4 erhält man für die kritische Breite des Fließgebietes ξ_{kr} die nachfolgende Bestimmungsgleichung:

$$\left[e_1 - \xi_{kr} + \frac{a\,\sigma_{kr}}{(\sigma_s - \sigma_{kr})}\right] \frac{\partial S_1\,\xi}{\partial \xi} - \frac{F\,a\,\sigma_{kr}}{(\sigma_s - \sigma_{kr})} - S_1\,_\xi + \frac{\partial J_1\,_\xi}{\partial \xi} = 0. \qquad (8)$$

Bezieht man den Hebelarm a auf die der Exzentrizität des Kraftangriffes gegenüberliegende Kernweite $k = \dfrac{W_1}{F}$ und führt als **Exzentrizitätsmaß**

$$m = \frac{a}{k} = \frac{a\,F}{W_1} \qquad (9)$$

ein, so kann die Breite des Fließgebietes im kritischen Gleichgewichtszustand aus Gl. 8 ganz allgemein in der Form

$$\xi_{kr} = \psi\left(\frac{m\,\sigma_{kr}}{\sigma_s - \sigma_{kr}}\right) \qquad (10)$$

dargestellt werden. Bezeichnet man das Schlankheitsverhältnis des Stabes in der x-y-Ebene mit $\lambda = \dfrac{L}{i}\left(i^2 = \dfrac{J}{F}\right)$, so ergibt sich die einem gegebenen Exzentrizitätsmaß m und einer bestimmten kritischen Spannung σ_{kr} zugeordnete **Gleichgewichtsschlankheit** unter Verwendung der Gleichungen 4 und 6 aus

$$\lambda^2 = \frac{\pi^2 E}{\sigma_{kr} J}\left\{J - J_1\,_\xi - \frac{m\,W_1\,\sigma_{kr}}{(\sigma_s - \sigma_{kr})}(e_1 - \xi_{kr}) - \left[e_1 - \xi_{kr} + \frac{m\,W_1\,\sigma_{kr}}{(\sigma_s - \sigma_{kr})}\right] S_1\,_\xi\right\}. \qquad (11)$$

In dieser Gleichung sind $S_1\,_\xi$ und $J_1\,_\xi$ als Funktionen der kritischen Breite ξ_{kr} aufzufassen, so daß Gl. 11 nach Zusammenfassung aller von ξ_{kr} abhängigen Glieder kurz in der Form

$$\lambda^2 = \frac{\pi^2 E}{\sigma_{kr}}\left[1 - \frac{m\,\sigma_{kr}}{(\sigma_s - \sigma_{kr})} + \psi_1(\xi_{kr})\right] \qquad (12)$$

angeschrieben werden kann. Wird die Funktion $\psi_1(\xi_{kr})$ unter Beachtung von Gl. 10 in eine Reihe entwickelt, so muß deren niedrigstes Glied mit Rücksicht auf die in den Gleichungen 8 und 11 enthaltenen Größen mindestens vom zweiten Grade sein. Man erhält dann das kritische Schlankheitsverhältnis in der allgemeinsten Form:

$$\lambda^2 = \frac{\pi^2 E}{\sigma_{kr}}\left[1 - \frac{m\,\sigma_{kr}}{(\sigma_s - \sigma_{kr})} + c_1\left(\frac{m\,\sigma_{kr}}{\sigma_s - \sigma_{kr}}\right)^2 + c_2\left(\frac{m\,\sigma_{kr}}{\sigma_s - \sigma_{kr}}\right)^3 + \ldots\right]. \qquad (13)$$

Bei der Entwicklung der Gl. 13 wird selbstverständlich vorausgesetzt, daß die Querschnittsbegrenzungslinie innerhalb des Fließgebietes eine stetige Funktion ist. Die Gl. 13 zeigt dann für jede beliebige, der obigen Bedingung genügenden Querschnittsform denselben Bau, für die besondere Querschnittsgestalt dagegen sind die Beiwerte $c_1, c_2, \ldots, c_n$ kennzeichnend. Der Klammerausdruck in Gl. 13 kann in besonders einfachen Fällen auch eine begrenzte Anzahl von Gliedern enthalten; so sind z. B. beim Rechteckquerschnitt nur vier Glieder vorhanden, die sich außerdem in der Form einer dritten Potenz darstellen lassen, und zwar ergeben sich die Koeffizienten der beiden letzten Glieder zu $c_1 = \dfrac{1}{3}$ und $c_2 = \dfrac{1}{27}$ (vgl. die Formel I, S. 83). Für den Grenzfall des

mittig gedrückten Stabes erhält man aus Gl. 13 die Eulersche Knick-
spannung $\sigma_k = \dfrac{\pi^2 E}{\lambda^2}$, welche durch die Stauchgrenze σ_s nach oben hin
begrenzt ist.

Für den besonderen Fall, daß am Biegedruckrand gerade die Stauchgrenze erreicht wird — unter der entsprechenden Axialspannung σ_n
erfährt der Stab gerade noch rein elastische Formänderungen —, gilt $\xi = 0$
und daher auch $S_{1\xi} = J_{1\xi} = \psi_1(\xi) = 0$. Man erhält daher die zugeordnete
Schlankheit aus Gl. 12 zu

$$\lambda_n^2 = \frac{\pi^2 E}{\sigma_n} \left[1 - \frac{m \, \sigma_n}{(\sigma_s - \sigma_n)} \right]. \tag{14}$$

Das der gefährlichen Spannung σ_n zugeordnete Schlankheitsverhältnis
λ_n ist demnach von der Querschnittsform vollkommen unabhängig — vgl. Gl. 5, S. 80 — und die Axialkraft $P_n = F \sigma_n$ stellt die
allen Querschnittsformen gemeinsame Höchstlast des elastischen
Bereiches und gleichzeitig die untere Grenze für das Tragvermögen
eines außermittig gedrückten Stabes dar.

Der Gültigkeitsbereich der Gl. 13 ist durch die Bedingung
$\sigma_z = - \sigma_s$ bestimmt. Dann ist $\eta = \zeta$, $2\eta = (h - \xi)$, und man erhält
aus der ersten Gl. 4 eine Bedingungsgleichung für die zugeordnete Breite
des Fließgebietes:

$$F (h - \xi) (\sigma_s - \sigma_a) = 2 \left[S_{1\xi} + F (e_1 - \xi) \right] \sigma_s. \tag{15}$$

Aus der für den kritischen Gleichgewichtszustand maßgebenden Gl. 8
kann daher der Hebelarm a bzw. das Exzentrizitätsmaß m eliminiert
werden, und man erhält dann aus Gl. 11 die Grenzschlankheit des
Bereiches:

$$\lambda_g^2 = \frac{\pi^2 E}{2 J \sigma_{kr}} \left] 2 J_{2\xi} + 2 (h - \xi_{kr}) \frac{\partial J_{2\xi}}{\partial \xi} + F (h - \xi_{kr})^2 \left(1 - \frac{\sigma_{kr}}{\sigma_s} \right) \right]. \tag{16}$$

Bei bekannter Umrißlinie kann ξ_{kr} aus Gl. 15 in Abhängigkeit von den
Querschnittsabmessungen berechnet und in Gl. 16 eingesetzt werden,
und die Grenzschlankheit λ_g ist daher nur eine Funktion der Axialspannung.

Die so ermittelte kritische Axiallast $P_{kr} = F \sigma_{kr}$ stellt aber nur dann
das Tragvermögen des Stabes dar, wenn mit zunehmender Belastung
das Gleichgewicht senkrecht zur Momentenebene (z-Richtung)
stabil bleibt. Der Stab ist dann im Falle eines vollwandigen Querschnittes nach Abb. 50 auf Knickung senkrecht zur Momentenebene zu untersuchen, und es zeigt sich, daß die Ermittlung der Knicklast in üblicher Weise erfolgen darf, wenn an Stelle des vollen Trägheitsmoments J_y nur das Trägheitsmoment $\bar{J}_y$ des elastisch gebliebenen
Teiles der Querschnittsfläche — $\bar{J}_y$ wird also unter Ausschaltung des
vollplastischen Querschnittsstreifens von der Höhe ξ bestimmt, s. Abb. 50
— in die Rechnungen eingeführt wird (vgl. die Ausführungen in § 8/2).

Bezeichnet man mit $i_y = \sqrt{\dfrac{\bar{J}_y}{F}}$ den Trägheitshalbmesser und mit $\lambda_y = \dfrac{L}{i_y}$
das Schlankheitsverhältnis des Stabes in der z-Richtung (gelenkige

Lagerung der Stabenden), so ist die einer Spannungsverteilung nach Abb. 50 mit der zugeordneten Axialspannung $\sigma_a = \sigma_k$ entsprechende Knickschlankheit durch die Beziehung

$$\max \lambda_y^2 = \frac{\pi^2 E \overline{J}_y}{\sigma_k J_y} \qquad (17)$$

festgelegt. Es ist daher nachzuprüfen, ob die vorhandene Schlankheit λ_y den durch Gl. 17 gegebenen Höchstwert nicht überschreitet; in letzterem Falle würde die Stabilitätsgrenze senkrecht zur Momentenebene maßgebend sein, d. h. der Stab würde v o r dem Eintritt des kritischen Gleichgewichtszustandes in der Momentenebene seitlich ausknicken ($\sigma_k < \sigma_{kr}$). Die günstigsten Querschnittsabmessungen ergeben sich zweifellos aus der Bedingung, daß der Stab sowohl in der Momentenebene als auch senkrecht dazu die gleiche Tragfähigkeit besitzt ($\sigma_k = \sigma_{kr}$), doch kann dieser Idealfall bei vorgegebener Querschnittsform (festes Verhältnis der Hauptträgheitsmomente) nur selten erreicht werden.

Verzerrungszustand B (Fließen am Biegezugrand): $\varepsilon_d \leqq \varepsilon_s$, $\varepsilon_z \geqq -\varepsilon_s$, $\sigma_d \leqq \sigma_s$, $\sigma_z = -\sigma_s$ (Abb. 51).

Es wird vorausgesetzt, daß mit zunehmender Belastung am Biegezugrand in Stabmitte die Streckgrenze erreicht wurde und daß sich von dort ausgehend ein mit der Laststeigerung s t e t i g wachsendes Fließgebiet von der Breite ζ gebildet hat, wobei aber die Spannung am Biegedruckrand noch unterhalb der Stauchgrenze liegt. Zur Berechnung der Größen η und ζ dienen die nachfolgenden Gleichgewichtsbedingungen, in welchen $\sigma = \frac{u}{\eta}\sigma_s$ bedeutet.

$$\left. \begin{aligned} \int_0^{(h-\zeta)} \sigma\, df - F\,\sigma_s &= P \\ (M - P e_1) - F e_1 \sigma_s + \int_0^{(h-\zeta)} \sigma\,(h - \zeta - u)\, df &= 0 \end{aligned} \right\} \qquad (18)$$

Bezeichnet man mit $S_{1\eta}$ bzw. $S_{2\eta}$ das statische Moment und mit $J_{1\eta}$ bzw. $J_{2\eta}$ das Trägheitsmoment des o b e r h a l b bzw. u n t e r h a l b der Achse ($\eta\eta$) gelegenen Flächenteiles bezüglich dieser Achse (Abb. 51), so gilt:

$$\left. \begin{aligned} S_{1\eta} &= \int_0^{(h-\zeta)} u\, df, \quad S_{2\eta} = \int_0^{\zeta} v\, df = S_{1\eta} - F(e_2 - \zeta) \\ J_{1\eta} &= \int_0^{(h-\zeta)} u^2\, df, \quad J_{2\eta} = \int_0^{\zeta} v^2\, df = J - J_{1\eta} + F(e_2 - \zeta)^2 \end{aligned} \right\} \qquad (19)$$

Man erhält dann aus den Gleichgewichtsbedingungen 18 mit $M = P y_m$:

$$\left. \begin{aligned} \eta &= \frac{[S_{2\eta} + F(e_2 - \zeta)]}{F(\sigma_s + \sigma_a)}\,\sigma_s \\ y_m &= \frac{\sigma_s}{F \sigma_a \eta}[J - J_{2\eta} - (e_2 - \zeta) S_{2\eta}] \end{aligned} \right\} \qquad (20)$$

Aus den Gleichungen 20 kann die Breite des Fließgebietes ζ nur bei bekannter Umrißlinie des Querschnittes bestimmt werden. Das der angenommenen Spannungsverteilung entsprechende Krümmungsmaß ist nach Gl. 5 zu berechnen und dem aus der Sinuslinie gewonnenen Werte gleichzusetzen. Zur Ermittlung der größten Ausbiegung y_m ist die Gl. 6 heranzuziehen. Zur Berechnung der kritischen Spannung ist in Übereinstimmung mit den früheren Ausführungen die Extremalbedingung

$$\frac{\partial \Phi}{\partial \zeta} = 0 \tag{21}$$

zu verwenden, d. h. es ist jene Breite des Fließgebietes ζ_{kr} zu bestimmen, für welche die Axialspannung einen Höchstwert max $\sigma_a = \sigma_{kr}$ erreicht. Durch partielle Differentiation der Gl. 6 und unter Beachtung der

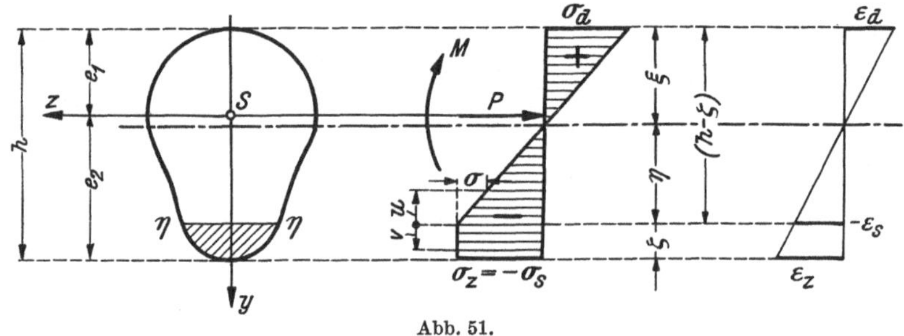

Abb. 51.

Gleichungen 20 ergibt sich die nachfolgende Bestimmungsgleichung für die Breite des Fließgebietes ζ_{kr} im kritischen Gleichgewichtszustand:

$$\left[e_2 - \zeta_{kr} + \frac{a\,\sigma_{kr}}{(\sigma_s + \sigma_{kr})} \right] \frac{\partial S_{2\eta}}{\partial \zeta} - \frac{F\,a\,\sigma_{kr}}{(\sigma_s + \sigma_{kr})} - S_{2\eta} + \frac{\partial J_{2\eta}}{\partial \zeta} = 0. \tag{22}$$

Man erhält schließlich aus den Gleichungen 6 und 20 das einer gegebenen Exzentrizität a und Axialspannung σ_{kr} zugeordnete Schlankheitsverhältnis zu:

$$\lambda^2 = \frac{\pi^2 E}{J\,\sigma_{kr}} \left\{ J - J_{2\eta} - \frac{F\,a\,\sigma_{kr}}{(\sigma_s + \sigma_{kr})} (e_2 - \zeta_{kr}) - \right.$$
$$\left. - \left[e_2 - \zeta_{kr} + \frac{a\,\sigma_{kr}}{(\sigma_s + \sigma_{kr})} \right] S_{2\eta} \right\}. \tag{23}$$

Verläuft die Querschnittsbegrenzung innerhalb des Fließgebietes stetig, so kann die kritische Breite des Fließgebietes aus Gl. 22 in der Form

$$\zeta_{kr} = \psi \left[\frac{m\,W_1\,\sigma_{kr}}{W_2\,(\sigma_s + \sigma_{kr})} \right] \tag{24}$$

dargestellt werden. In Gl. 23 sind sowohl $S_{2\eta}$ als auch $J_{2\eta}$ Funktionen von ζ_{kr}, so daß diese Gleichung nach Zusammenfassung aller von ζ_{kr} abhängigen Glieder in der Form

$$\lambda^2 = \frac{\pi^2 E}{\sigma_{kr}} \left[1 - \frac{m\,W_1\,\sigma_{kr}}{W_2\,(\sigma_s + \sigma_{kr})} + \psi_1\,(\zeta_{kr}) \right] \tag{25}$$

dargestellt werden kann. Wird die Funktion $\psi_1(\zeta_{kr})$ in eine Reihe ent-

wickelt, so muß deren niedrigstes Glied mit Rücksicht auf die in der
Gl. 23 enthaltenen Größen mindestens vom zweiten Grade sein, und man
erhält unter Beachtung von Gl. 24 das kritische Schlankheitsverhältnis in der allgemeinsten Form:

$$\lambda^2 = \frac{\pi^2 E}{\sigma_{kr}} \left\{ 1 - \frac{m\, W_1\, \sigma_{kr}}{W_2\,(\sigma_s + \sigma_{kr})} + c_1 \left[\frac{m\, W_1\, \sigma_{kr}}{W_2\,(\sigma_s + \sigma_{kr})} \right]^2 + \right.$$
$$\left. + c_2 \left[\frac{m\, W_1\, \sigma_{kr}}{W_2\,(\sigma_s + \sigma_{kr})} \right]^3 + \dots \right\}. \tag{26}$$

Die in obiger Gleichung vorhandenen Koeffizienten $c_1, c_2, \dots, c_n$ sind
aus den besonderen Querschnittsabmessungen zu bestimmen. Für den
Grenzfall des mittig gedrückten Stabes ($m = 0$) erhält man die Eulersche Knickspannung, die durch die Stauchgrenze nach oben hin begrenzt
ist. Für jene Axialspannung σ_n, bei welcher am Biegezugrand gerade die
Streckgrenze erreicht wird (Grenze der elastischen Verformung), gilt $\zeta = 0$
und daher auch $S_{2\eta} = J_{2\eta} = \psi_1(\zeta) = 0$, und man erhält aus Gl. 25 das
zugehörige Schlankheitsverhältnis:

$$\lambda_n^2 = \frac{\pi^2 E}{\sigma_n} \left[1 - \frac{m\, W_1\, \sigma_n}{W_2\,(\sigma_s + \sigma_n)} \right]. \tag{27}$$

Die Axialspannung σ_n ist demnach nur vom Verhältnis der Widerstandsmomente, nicht aber von der Querschnittsbegrenzungslinie selbst
abhängig, und die Axialkraft $P_n = F \sigma_n$ stellt die untere Grenze für
die kritische Belastung dar.

Der Anwendungsbereich der Gl. 26 ist an die Bedingung $\sigma_d = \sigma_s$
gebunden. Dann ist $\xi = \eta$, $(h - \zeta) = 2\,\eta$, und man erhält aus der ersten
Gl. 20 eine Bestimmungsgleichung für die Breite des Fließgebietes:

$$F\,(h - \zeta)\,(\sigma_s + \sigma_a) = 2\,[S_{2\eta} + F\,(e_2 - \zeta)]\,\sigma_s. \tag{28}$$

Aus der für den kritischen Gleichgewichtszustand maßgebenden
Gl. 22 kann nun die Exzentrizität a eliminiert werden, und es ergibt sich
dann unter Verwendung der Gl. 23 die Grenzschlankheit des Bereiches
aus

$$\lambda_g^2 = \frac{\pi^2 E}{\sigma_{kr}} \left[2 J_{1\eta} + 2\,(h - \zeta_{kr})\,\frac{\partial J_{1\eta}}{\partial \zeta} + F\,(h - \zeta_{kr})^2 \left(1 + \frac{\sigma_{kr}}{\sigma_s} \right) \right]. \tag{29}$$

Bei bekannter Umrißlinie des Querschnittes kann ζ_{kr} aus Gl. 28 berechnet werden, so daß λ_g nur als Funktion der Axialspannung σ_{kr} allein
anzusehen ist. Für den besonderen Fall, daß sowohl am Biegedruckrand
als auch am Biegezugrand gleichzeitig die Fließgrenze erreicht wird
($\sigma_d = \sigma_s$, $\sigma_z = -\sigma_s$), erhält man, da $\zeta = 0$ ist, aus Gl. 22 zunächst $a = 0$
(mittiger Druck) und aus Gl. 28:

$$\sigma_a = \sigma_g = \frac{(e_2 - e_1)}{h}\,\sigma_s = \frac{(W_1 - W_2)}{(W_1 + W_2)}\,\sigma_s. \tag{30}$$

Die Axialspannung σ_g stellt die Ordinate des Schnittpunktes der Grenzkurve Gl. 29 als auch der Grenzkurve Gl. 16 mit der Euler-Hyperbel
und somit die für den Verzerrungszustand B größtmögliche Axialspannung dar. Unter der kritischen Belastung kann demnach der Ver-

zerrungszustand B nur bei Stäben mit einem Schlankheitsverhältnis $\lambda \geqq \lambda_g$ zur Ausbildung gelangen. Setzt man ferner $\sigma_n = \sigma_g$, so ergeben die für die Grenzspannungen des elastischen Bereiches maßgebenden Gleichungen 14 und 27 das gleiche Schlankheitsverhältnis:

$$\lambda_G^2 = \frac{\pi^2 E}{\sigma_s} \left[1 - \frac{(W_1 - W_2)\, m}{2\, W_2} \right] \frac{(W_1 + W_2)}{(W_1 - W_2)}, \qquad (31)$$

welches nur vom Exzentrizitätsmaß m abhängig ist. Die Gl. 14 gilt daher nur für $\sigma_n \geqq \sigma_g$, die Gl. 27 nur für $\sigma_n \leqq \sigma_g$. Hieraus kann folgender wesentlicher Schluß gezogen werden: In einem außermittig gedrückten Stab (Exzentrizitätsmaß m) vom Schlankheitsgrade $\lambda \lessgtr \lambda_G$ wird mit zunehmender Belastung die Fließgrenze zuerst am Biegedruckrand bzw.

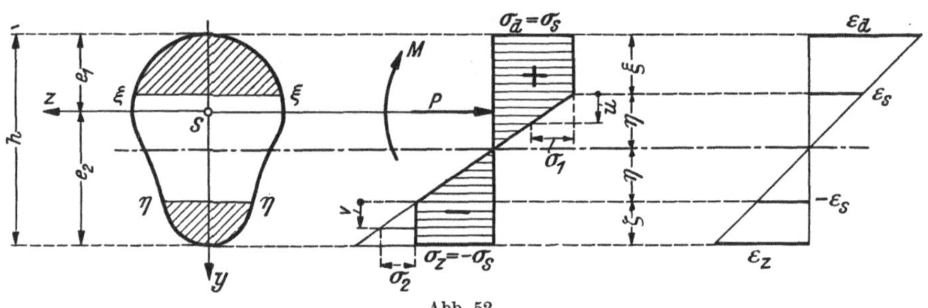

Abb. 52.

am Biegezugrand erreicht, d. h. für Stäbe mit $\lambda \lessgtr \lambda_G$ ist die untere Grenze des Tragvermögens durch Gl. 14 bzw. durch Gl. 27 gegeben.

Zur Nachprüfung der Stabilitätsverhältnisse senkrecht zur Momentenebene ist wieder die Gl. 17 heranzuziehen. Im vorliegenden Falle bedeutet dann $\bar{J}_y$ das Trägheitsmoment des elastisch gebliebenen, d. h. oberhalb der Achse $(\eta\eta)$ gelegenen Querschnittsteiles bezüglich der y-Achse. Die Querschnittsabmessungen in der z-Richtung sind nach Tunlichkeit so zu wählen, daß λ_y immer kleiner oder höchstens gleich dem durch Gl. 17 bestimmten Wert ist.

Verzerrungszustand C (Beiderseitiges Fließen): $\varepsilon_d \geqq \varepsilon_s$, $\varepsilon_z \geqq -\varepsilon_s$, $\sigma_d = \sigma_s$, $\sigma_z = -\sigma_s$ (Abb. 52).

Treten mit zunehmender Belastung sowohl am Biegedruckrand als auch am Biegezugrand bleibende Formänderungen auf, so entsteht eine Spannungsverteilung nach Abb. 52. Zur Bestimmung der Breiten der an beiden Rändern auftretenden Fließgebiete ξ und ζ sind die beiden nachfolgenden Gleichgewichtsbedingungen, in welchen $\sigma_1 = \dfrac{u}{\eta}\, \sigma_s$ und $\sigma_2 = \dfrac{v}{\eta}\, \sigma_s$ bedeutet, zu verwenden.

$$\left.\begin{aligned} F\,\sigma_s - \int_0^{(h-\xi)} \sigma_1\, df + \int_0^{\zeta} \sigma_2\, df &= P \\[2mm] (M + P\, e_2) - F\, e_2\, \sigma_s + \int_0^{(h-\xi)} \sigma_1\,(h - \xi - u)\, df - \int_0^{\zeta} \sigma_2\,(\zeta - v)\, df &= 0 \end{aligned}\right\} \quad (32)$$

Man erhält hieraus mit $M = P\,y_m$ und den früher verwendeten Bezeichnungen, Gleichungen 2, 3 und 19:

$$\left.\begin{aligned}
\eta &= \frac{(S_{2\,\xi} - S_{2\,\eta})}{F\,(\sigma_s - \sigma_a)}\,\sigma_s \\[2mm]
y_m &= \frac{\sigma_s}{F\,\sigma_a\,\eta}\,[J_{2\,\xi} - (e_1 - \xi)\,S_{2\,\xi} - J_{2\,\eta} + (\zeta - e_2)\,S_{2\,\eta}]
\end{aligned}\right\} \qquad (33)$$

Da ferner (s. Abb. 52) $h = (\xi + \zeta + 2\,\eta)$ ist, besteht zwischen den Breiten der Fließgebiete nach der ersten Gl. 33 die Beziehung:

$$F\,(h - \xi - \zeta)\,(\sigma_s - \sigma_a) = 2\,\sigma_s\,(S_{\xi} - S_{\eta}). \qquad (34)$$

Die mittlere Durchbiegung ist aus Gl. 6 zu berechnen, sodaß z. B. die Breite des Fließgebietes am Biegedruckrand ξ aus den Gleichungen 33

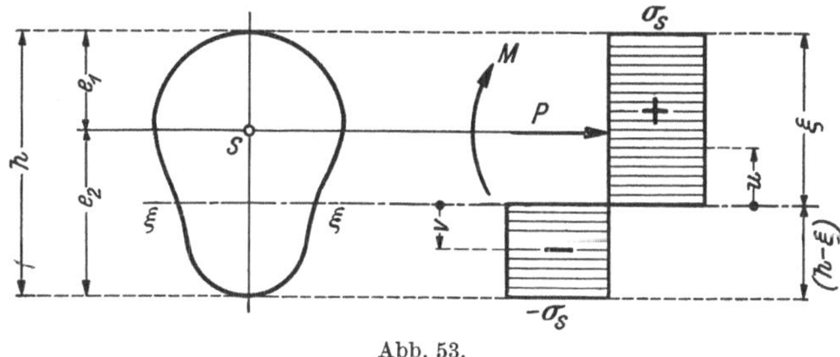

Abb. 53.

und 34 bei gegebener Umrißlinie des Querschnittes bestimmt werden kann. Die Breite des Fließgebietes im kritischen Gleichgewichtszustand ξ_{kr} ist dann unter Verwendung der Extremalbedingung Gl. 7 zu ermitteln und man erhält:

$$\left.\begin{aligned}
&\frac{\partial J_{2\,\xi}}{\partial \xi} + S_{2\,\xi} - \left[e_1 - \xi_{kr} + \frac{a\,\sigma_{kr}}{(\sigma_s - \sigma_{kr})}\right]\frac{\partial S_{2\,\xi}}{\partial \xi} = \\[2mm]
&= \left\{\frac{\partial J_{2\,\eta}}{\partial \zeta} - S_{2\,\eta} - \left[\zeta_{kr} - e_2 + \frac{a\,\sigma_{kr}}{(\sigma_s - \sigma_{kr})}\right]\frac{\partial S_{2\,\eta}}{\partial \zeta}\right\}\frac{\partial \zeta}{\partial \xi}.
\end{aligned}\right\} \qquad (35)$$

Zur Bestimmung der Werte ξ_{kr}, ζ_{kr}, η_{kr} und y_{kr} stehen die Gleichungen 33, 34 und 35 zur Verfügung. Schließlich kann die der kritischen Spannung σ_{kr} und dem Exzentrizitätsmaß m zugeordnete Gleichgewichtsschlankheit aus Gl. 6 berechnet werden und man erhält unter Beachtung der bereits abgeleiteten Beziehungen:

$$\begin{aligned}
\lambda^2 &= \frac{\pi^2\,E}{J\,\sigma_{kr}}\left\{J_{2\,\xi} - \left[e_1 - \xi_{kr} + \frac{m\,W_1\,\sigma_{kr}}{F\,(\sigma_s - \sigma_{kr})}\right]S_{2\,\xi} - J_{2\,\eta} + \right. \\[2mm]
&\qquad \left. + \left[\zeta_{kr} - e_2 + \frac{m\,W_1\,\sigma_{kr}}{F\,(\sigma_s - \sigma_{kr})}\right]S_{2\,\eta}\right\}
\end{aligned} \qquad (36)$$

Der Gültigkeitsbereich dieser Gleichung ist durch die Grenzbedingungen $\zeta = 0$ (Grenzschlankheit aus Gl. 16), $\xi = 0$ (Grenzschlankheit aus Gl. 29), schließlich durch $\sigma_{kr} = 0$ und $\lambda = 0$ bestimmt. In letzterem Falle ist $\eta = 0$, $y_m = a$, $\zeta = (h - \xi)$, und dies entspricht einer

Spannungsverteilung nach Abb. 53. Die entsprechende Axialspannung
sei mit σ_0 bezeichnet und die beiden Gleichgewichtsbedingungen lauten:

$$F\sigma_s - 2\int_0^{(h-\xi)} \sigma_s \, df = P = F\sigma_0 \left.\vphantom{\int_0^\xi}\right\}$$
$$M + P(\xi - e_1) - \int_0^\xi \sigma_s \, u \, df - \int_0^{(h-\xi)} \sigma_s \, v \, df = 0 \quad (37)$$

Bezeichnet man mit $F_{1\xi}$ bzw. $F_{2\xi}$ den oberhalb bzw. unterhalb der
Nullinie gelegenen Flächenteil und mit $S_{1\xi}$ bzw. $S_{2\xi}$ das statische Moment
dieser Flächenteile bezüglich der Achse $(\xi\xi)$, so erhält man aus den obigen
Gleichungen mit $M = Pa$ eine Bestimmungsgleichung für ξ:

$$(F_{1\xi} - F_{2\xi})(\xi - e_1 + a) - 2\,S_{1\xi} + F(\xi - e_1) = 0. \quad (38)$$

Die gesuchte Axialspannung σ_0 ergibt sich aus der ersten Gl. 37 zu

$$\sigma_0 = \frac{\sigma_s}{F}(F_{1\xi} - F_{2\xi}). \quad (39)$$

Bei bekannter Umrißlinie des Querschnittes kann ξ aus Gl. 38 in
Abhängigkeit von a und σ_0 berechnet werden, sodaß σ_0 aus Gl. 39 nur
mehr als Funktion der Exzentrizität a bzw. des Exzentrizitätsmaßes m
allein bestimmt werden kann. Die „Nullspannung" σ_0 stellt die **a b s o lu t g r ö ß t e A x i a l s p a n n u n g** bei gegebener Exzentrizität des Kraftangriffes dar, da bei vollplastischer Verformung das Tragvermögen des Querschnittes endgültig erschöpft ist.

Soll die aus Gl. 36 berechnete kritische Spannung dem Tragvermögen des Stabes entsprechen, so darf die Schlankheit senkrecht zur Momentenebene λ_y den durch Gl. 17 festgelegten Höchstwert nicht überschreiten; im vorliegenden Falle bedeutet dann $\overline{J}_y$ das Trägheitsmoment des zwischen den Achsen $(\xi\xi)$ und $\lambda\,(\eta\eta)$ gelegenen, elastisch verformten Querschnittsteiles bezüglich der y-Achse.

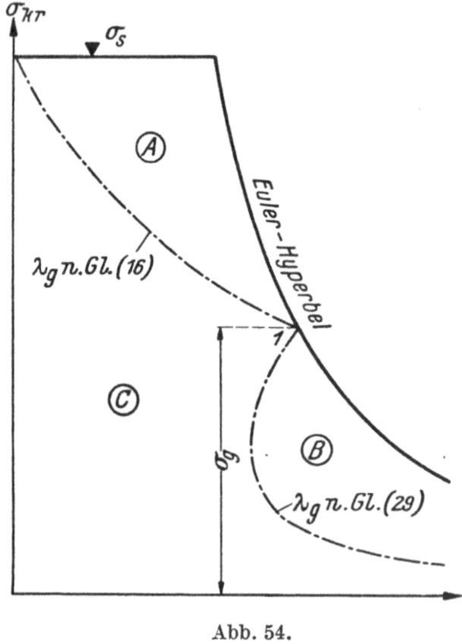

Abb. 54.

Die Abb. 54 veranschaulicht in allgemeinster Form die **A n w e n d u n g s b e r e i c h e** der untersuchten Verzerrungszustände. Die Grenzkurven λ_g
der Bereiche A und B, welche durch die Gleichungen 16 und 29 gegeben
sind, schneiden sich im Punkte 1 auf der **E u l e r - H y p e r b e l** (Ordinate σ_g
nach Gl. 30).

§ 10. Vollständige Lösung für den unsymmetrischen I-Querschnitt.

Die im Stahlbau für Druckstäbe gebräuchlichen und oft sehr mannigfach zusammengesetzten Querschnitte können in drei typische Grundformen eingeteilt werden: Man unterscheidet Stäbe mit I-Querschnitt, mit +-Querschnitt und mit T-Querschnitt, wobei in letzterem Falle die beiden voneinander verschiedenen Beanspruchungsarten „Ausbiegung nach der Stegseite" und „Ausbiegung nach der Flanschseite" getrennt zu untersuchen sind. Alle diese Grundformen lassen sich nun aus dem in Abb. 55 dargestellten unsymmetrischen I-Querschnitt ableiten, sodaß dessen Untersuchung alle für die Stahlbaupraxis in Betracht kom-

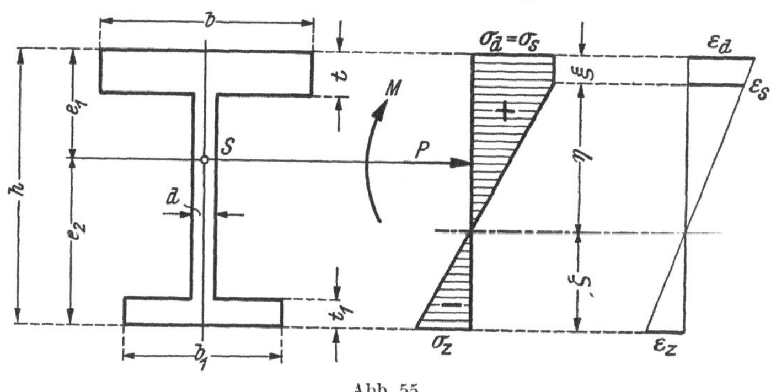

Abb. 55.

menden Fälle einschließt. Die nachfolgende Rechnung wird unter Anwendung des in § 9 entwickelten, allgemein gültigen Verfahrens durchgeführt und beschränkt sich zunächst auf die Ermittlung der für die Ausweichgefahr in der Momentenebene (x-y-Ebene) maßgebenden Höchstlast; die Untersuchung der Stabilitätsverhältnisse senkrecht zur Momentenebene (z-Richtung) und der sekundären Instabilitätserscheinungen (Auskippen, Ausknicken und Ausbeulen dünnwandiger Querschnittsteile) wird für die einzelnen Profilformen in §§ 11, 12, 13, 14 und 15 vorgenommen. Da der vorliegende Querschnitt unsymmetrisch ist, kommen für die Rechnung — das Widerstandsmoment des Biegedruckrandes W_1 ist größer als das Widerstandsmoment des Biegezugrandes W_2 — alle drei Verzerrungszustände A, B und C in Betracht, wobei allerdings mit Rücksicht auf die Breite der Fließgebiete und die unstetige Querschnittsbegrenzung insgesamt 11 Spannungszustände zu unterscheiden sind, die getrennt behandelt werden müssen.

Verzerrungszustand A, Spannungszustand I: $0 \leqq \xi \leqq t$ (Abb. 55).

Aus den Gleichungen 4, S. 102 erhält man:

$$\eta = \frac{(b\,\xi^2 - 2F\,\xi + 2F\,e_1)}{2F\,(\sigma_s - \sigma_x)}\,\sigma_s \qquad\qquad\left.\begin{array}{l}\\[2.5em]\end{array}\right\}$$

$$y_m = \frac{(b\,\xi^3 - 3\,b\,e_1\,\xi^2 + 6\,J)}{3\,(b\,\xi^2 - 2F\,\xi + 2F\,e_1)}\left(\frac{\sigma_s}{\sigma_a} - 1\right)\qquad (1)$$

Die zur Bestimmung der kritischen Breite ξ_{kr} vorhandene Gl. 8, S. 103 nimmt die nachfolgende Form an:

$$\xi_{kr}^2 - 2\,\xi_{kr}\left[e_1 + \frac{a\,\sigma_{kr}}{(\sigma_s - \sigma_{kr})}\right] + \frac{2\,F\,a\,\sigma_{kr}}{b\,(\sigma_s - \sigma_{kr})} = 0. \tag{2}$$

Aus dieser Gleichung erhält man nach Einführung des Exzentrizitätsmaßes m gemäß Gl. 9, S. 103 und mit den Abkürzungen

$$\left.\begin{aligned} p &= e_1 + \frac{m\,W_1\,\sigma_{kr}}{F\,(\sigma_s - \sigma_{kr})} \\[2mm] q &= \frac{2\,m\,W_1\,\sigma_{kr}}{b\,(\sigma_s - \sigma_{kr})} \end{aligned}\right\} \tag{3}$$

die Breite des Fließgebietes im **kritischen Gleichgewichtszustande** zu:

$$\xi_{kr} = p - \sqrt{p^2 - q}. \tag{4}$$

Das diesem Werte und der kritischen Spannung σ_{kr} zugeordnete **Schlankheitsverhältnis** ist aus Gl. 11, S. 103 zu berechnen und man erhält:

$$\lambda^2 = \frac{\pi^2 E}{\sigma_{kr}}\left\{1 - \frac{b}{3\,J}\left[p^3 - \frac{3\,b\,q^2}{4\,F} - \sqrt{(p^2 - q)^3}\right]\right\}. \tag{5}$$

Diese Gleichung wird nun in die für die praktische Anwendung besonders geeignete und durch Gl. 13, S. 103 angegebene **allgemeinste Form** übergeführt. Setzt man zur Abkürzung

$$w = \frac{W_1\,m\,\sigma_{kr}}{F\,e_1\,(\sigma_s - \sigma_{kr})} \tag{6}$$

und entwickelt die in Gl. 5 enthaltene Wurzel in eine Reihe, so erhält man zunächst als Zwischenlösung:

$$\lambda^2 = \frac{\pi^2 E}{\sigma_{kr}}\left\{1 - \frac{m\,\sigma_{kr}}{(\sigma_s - \sigma_{kr})}\left[1 - \frac{F\,w}{2\,b\,e_1\,(1 + w)} - \frac{F^2\,w^2}{6\,b^2\,e_1^2\,(1 + w)^3} - \frac{F^3\,w^3}{8\,b^3\,e_1^3\,(1 + w)^5} - \cdots\right]\right\}. \tag{7}$$

Nach weiterer Rechnung ergibt sich die gesuchte **Endform** der Gl. 5 zu

$$\lambda^2 = \frac{\pi^2 E}{\sigma_{kr}}\left\{1 - \frac{m\,\sigma_{kr}}{(\sigma_s - \sigma_{kr})} + \frac{W_1}{2\,b\,e_1^2}\left(\frac{m\,\sigma_{kr}}{\sigma_s - \sigma_{kr}}\right)^2 - \frac{W_1^2\,(3\,b\,e_1 - F)}{6\,F\,b^2\,e_1^4}\left(\frac{m\,\sigma_{kr}}{\sigma_s - \sigma_{kr}}\right)^3 + \frac{W_1^3\,(2\,b\,e_1 - F)^2}{8\,F^2\,b^3\,e_1^6}\left(\frac{m\,\sigma_{kr}}{\sigma_s - \sigma_{kr}}\right)^4 - \cdots\right\}. \tag{8}$$

Die **Konvergenz** dieser Reihe hängt sowohl von der Größenordnung der Veränderlichen σ_{kr} und m als auch der Beiwerte c_1, c_2, c_3, ... — vergleiche die Gl. 13, S. 103 — ab und soll für die einzelnen Grundquerschnitte in § 11 bis 15 untersucht werden. Für den Rechteckquerschnitt $\left(e_1 = \frac{h}{2},\right.$ $F = b\,h,\ W_1 = \left.\frac{b\,h^2}{6}\right)$ z. B. ergeben sich die einzelnen Koeffizienten zu $c_1 = \frac{1}{3}$, $c_2 = \frac{1}{27}$, c_3 bis $c_n = 0$, und man gelangt daher auch über die Gl. 8 zu der bereits entwickelten Formel I, S. 83.

Der **Gültigkeitsbereich** der Gl. 5 bzw. 8 ergibt sich einerseits aus

der Bedingung, daß der obere Flansch des Querschnittes vollplastisch verformt ist ($\xi_{kr} = t$) und anderseits aus der Bedingung, daß
am Biegezugrand gerade die Streckgrenze erreicht wird ($\sigma_z = -\sigma_s$).
Mit $\xi_{kr} = t$ erhält man zunächst aus Gl. 2

$$\max\left(\frac{m\,\sigma_{kr}}{\sigma_s - \sigma_{kr}}\right) = \frac{F\,b\,t\,(2\,e_1 - t)}{2\,W_1\,(F - b\,t)} \tag{9}$$

und aus Gl. 5 die zugehörige Grenzschlankheit in der Form:

$$\lambda_g^2 = \frac{\pi^2 E}{\sigma_{kr}}\left[1 - \frac{F\,b\,t\,(2\,e_1 - t)^2}{4\,J\,(F - b\,t)} - \frac{b\,t^3}{12\,J}\right]. \tag{10}$$

Aus der zweiten Grenzbedingung $\sigma_z = -\sigma_s$ erhält man aus Gl. 15,
S. 104 die entsprechende Breite des Fließgebietes am Biegedruckrand zu

$$\xi_s = \frac{F}{2\,b}\left(1 + \frac{\sigma_{kr}}{\sigma_s}\right) - \sqrt{\frac{F^2}{4\,b^2}\left(1 + \frac{\sigma_{kr}}{\sigma_s}\right)^2 - \frac{F}{b}\left[2\,e_1 - h\left(1 - \frac{\sigma_{kr}}{\sigma_s}\right)\right]}. \tag{11}$$

Die diesem Werte zugeordnete Grenzschlankheit ergibt sich aus
Gl. 16, S. 104:

$$\lambda_g^2 = \frac{\pi^2 E}{\sigma_{kr}}\left\{1 - \frac{b\,\xi_s}{12\,J}\left[\frac{3\,F\,(2\,e_1 - \xi_s)^2}{(F - b\,\xi_s)} + \xi_s^2\right]\right\}. \tag{12}$$

Die beiden angeführten Grenzbedingungen sind gleichzeitig erfüllt
für die Axialspannung

$$\sigma_{kr} = \frac{[(h - t)\,b\,t - (h - t - t_1)\,(b_1 - d)\,t_1]}{F\,(h - t)}\,\sigma_s. \tag{13}$$

Verzerrungszustand A, Spannungszustand II: $t \leq \xi \leq (h - t_1)$ (Abb. 56).
Die Gleichungen 4, S. 102 nehmen die folgende Form an:

$$\left.\begin{aligned}
\eta &= \frac{[b\,\xi^2 - (b - d)\,(\xi - t)^2 + 2\,F\,(e_1 - \xi)]}{2\,F\,(\sigma_s - \sigma_a)}\,\sigma_s \\[2mm]
y_m &= \frac{\{6\,J - 2\,b\,\xi^3 + 2\,(b - d)\,(\xi - t)^3 - 3\,(e_1 - \xi)\,[b\,\xi^2 - (b - d)\,(\xi - t)^2]\}}{3\,[b\,\xi^2 - (b - d)\,(\xi - t)^2 + 2\,F\,(e_1 - \xi)]} \cdot \\[2mm]
&\qquad\qquad\qquad \cdot\left(\frac{\sigma_s}{\sigma_a} - 1\right)
\end{aligned}\right\} \tag{14}$$

Die Breite des Fließgebietes im kritischen Gleichgewichtszustande
ist aus einer quadratischen Gleichung entsprechend Gl. 8, S. 103 zu berechnen und kann daher mit Verwendung der Abkürzungen

$$\left.\begin{aligned}
p &= e_1 + \frac{m\,W_1\,\sigma_{kr}}{F\,(\sigma_s - \sigma_{kr})} \\[2mm]
q &= \frac{1}{d}\left\{2\,p\,[F - (b - d)\,t] - 2\,F\,e_1 + (b - d)\,t^2\right\}
\end{aligned}\right\} \tag{15}$$

in der Form

$$\xi_{kr} = p - \sqrt{p^2 - q} \tag{16}$$

dargestellt werden. Das zugeordnete Schlankheitsverhältnis ergibt
sich laut Gl. 11, S. 103 aus

$$\lambda^2 = \frac{\pi^2 E}{\sigma_{kr}}\left\{1 - \frac{1}{3\,J}\left[b\,p^3 - (b - d)\,(p - t)^3 - 3\,F\,(p - e_1)^2 - \right.\right.$$
$$\left.\left. - d\,\sqrt{(p^2 - q)^3}\right]\right\}. \tag{17}$$

In diesem Falle ist die Schlankheit nicht in der durch Gl. 13, S. 103 gegebenen Form darstellbar, da die Querschnittsbegrenzung innerhalb des Fließgebietes unstetig ist (s. Abb. 56).

Der Anwendungsbereich der Gl. 17 ist durch die Bedingungen $\xi_{kr} = t$, $\xi_{kr} = (h - t_1)$ und $\sigma_z = - \sigma_s$ begrenzt. Für $\xi_{kr} = t$ ergibt sich das zugeordnete Schlankheitsverhältnis aus Gl. 10. Der Forderung $\xi_{kr} = (h - t_1)$ entspricht nach den Gleichungen 15 und 17 die Grenzschlankheit

$$\lambda_g^2 = \frac{\pi^2 \, E \, b_1 \, t_1^3}{12 \, J \, \sigma_{kr}} \tag{18}$$

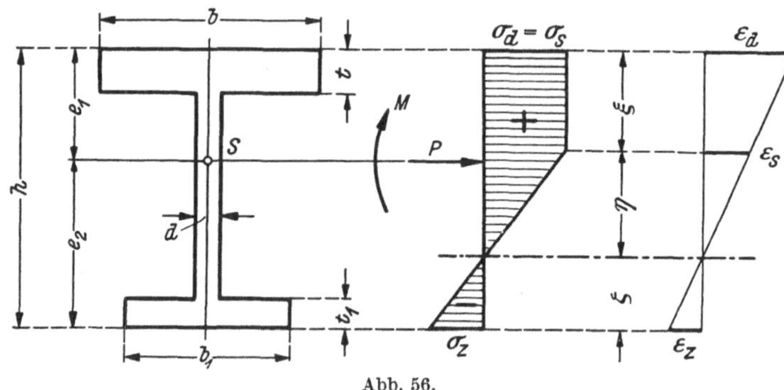

Abb. 56.

Aus der dritten Grenzbedingung $\sigma_z = - \sigma_s$ erhält man nach Gl. 15, S. 104 die Breite des Fließgebietes am Biegedruckrand mit Verwendung der Abkürzungen

$$\left.\begin{aligned}
p_s &= \frac{1}{2\,d} \left[F \left(1 + \frac{\sigma_{kr}}{\sigma_s} \right) - 2 \, (b - d)\, t \right] \cdot \\
q_s &= \frac{1}{d} \left\{ F \left[2\, e_1 - h \left(1 - \frac{\sigma_{kr}}{\sigma_s} \right) \right] - (b - d)\, t^2 \right\}
\end{aligned}\right\} \tag{19}$$

in der Form

$$\xi_s = p_s - \sqrt{p_s^2 - q} \tag{20}$$

und schließlich die zugeordnete Grenzschlankheit λ_g — vgl. Gl. 16, S. 104 — aus Gl. 17, wenn dort an Stelle von p, q die Werte p_s und q_s aus den Gleichungen 19 eingesetzt werden. Die beiden letzten Grenzbedingungen sind gleichzeitig erfüllt für die Axialspannung

$$\sigma_{kr} = \left(1 - \frac{b_1 t_1}{F} \right) \sigma_s. \tag{21}$$

Verzerrungszustand A, Spannungszustand III: $(h - t_1) \leqq \xi \leqq h$ (Abb. 57).

Die Gleichungen 4, S. 102 ergeben:

$$\left.\begin{aligned}
\eta &= \frac{b_1 \, (h - \xi)^2}{2\, F \, (\sigma_s - \sigma_a)} \, \sigma_s \\
y_m &= \frac{1}{3} \left(\frac{\sigma_s}{\sigma_a} - 1 \right) (2\, e_2 - e_1 + \xi)
\end{aligned}\right\} \tag{22}$$

Aus der Gl. 8, S. 103 erhält man die Breite des Fließgebietes im kritischen Gleichgewichtszustande zu

$$\xi_{kr} = \frac{2\,m\,W_1\,\sigma_{kr}}{F\,(\sigma_s - \sigma_{kr})} - (e_2 - e_1). \tag{23}$$

Das diesem Werte zugeordnete Schlankheitsverhältnis ist aus Gl. 11, S. 103 zu berechnen, und man erhält:

$$\lambda^2 = \frac{2\,\pi^2\,E\,b_1\,e_2{}^3}{3\,J\,\sigma_{kr}} \left[1 - \frac{m\,W_1\,\sigma_{kr}}{F\,e_2\,(\sigma_s - \sigma_{kr})} \right]^3. \tag{24}$$

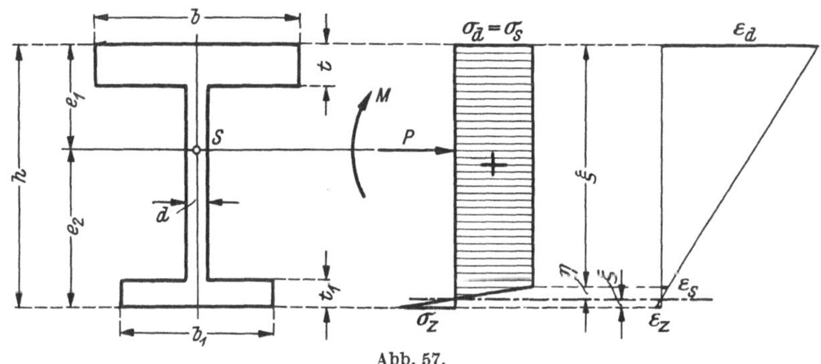

Abb. 57.

Der Gültigkeitsbereich der vorstehenden Gleichung ist an die beiden Grenzbedingungen $\xi_{kr} = (h - t_1)$ und $\sigma_z = -\sigma_s$ gebunden. Im ersten Falle ist die zugehörige Grenzschlankheit durch die Gl. 18 bestimmt. Im zweiten Falle ist die entsprechende Breite des Fließgebietes durch die Gl. 15, S. 104 gegeben, und man erhält:

$$\xi_s = h - \frac{F}{b_1} \left(1 - \frac{\sigma_{kr}}{\sigma_s} \right). \tag{25}$$

Nach Einführung dieses Wertes in Gl. 16, S. 104 ergibt sich die zugehörige Grenzschlankheit aus

$$\lambda_g^2 = \frac{\pi^2\,E\,F^3}{12\,J\,b_1{}^2\,\sigma_{kr}} \left(1 - \frac{\sigma_{kr}}{\sigma_s} \right)^3. \tag{26}$$

Die beiden angeführten Grenzbedingungen sind gleichzeitig für die durch Gl. 21 bestimmte Axialspannung erfüllt.

Verzerrungszustand B, Spannungszustand IV: $0 \le \zeta \le t_1$ (Abb. 58).

Im vorliegenden Falle sind zunächst die Gleichungen 20, S. 105 zu verwenden:

$$\left.\begin{aligned}
\eta &= \frac{(b_1\,\zeta^2 - 2\,F\,\zeta + 2\,F\,e_2)}{2\,F\,(\sigma_s + \sigma_a)}\,\sigma_s \\[2mm]
y_m &= \frac{(b_1\,\zeta^3 - 3\,b_1\,e_2\,\zeta^2 + 6\,J)}{3\,(b_1\,\zeta^2 - 2\,F\,\zeta + 2\,F\,e_2)} \left(\frac{\sigma_s}{\sigma_a} + 1 \right)
\end{aligned}\right\} \tag{27}$$

Im kritischen Gleichgewichtszustande ist die Breite des Fließgebietes am Biegezugrand aus Gl. 22, S. 106 zu berechnen; diese Gleichung lautet bei der vorliegenden Querschnittsform:

$$\zeta_{kr}^2 - 2\,\zeta_{kr}\left[e_2 + \frac{a\,\sigma_{kr}}{(\sigma_s + \sigma_{kr})}\right] + \frac{2\,F\,a\,\sigma_{kr}}{b_1\,(\sigma_s + \sigma_{kr})} = 0. \tag{28}$$

Aus der vorstehenden Gleichung erhält man nach Einführung des Exzentrizitätsmaßes m und unter Verwendung der Abkürzungen

$$\left.\begin{aligned} p &= e_2 + \frac{m\,W_1\,\sigma_{kr}}{F\,(\sigma_s + \sigma_{kr})} \\[1em] q &= \frac{2\,m\,W_1\,\sigma_{kr}}{b_1\,(\sigma_s + \sigma_{kr})} \end{aligned}\right\} \tag{29}$$

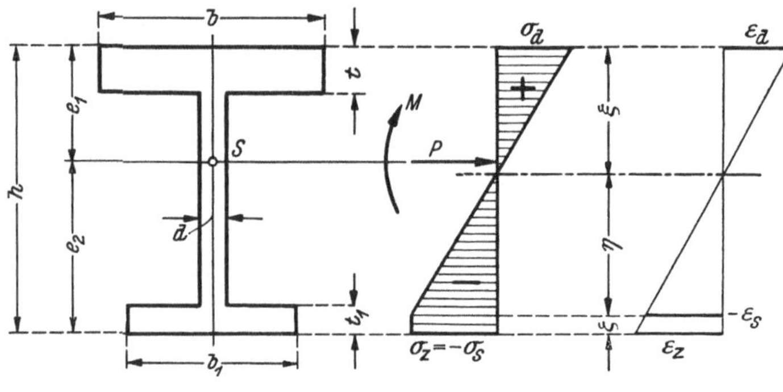

Abb. 58.

die für den Eintritt des kritischen Gleichgewichtszustandes maßgebende Breite des Fließgebietes zu

$$\zeta_{kr} = p - \sqrt{p^2 - q}. \tag{30}$$

Nach Einführung dieses Wertes in Gl. 23, S. 106 ergibt sich die zugeordnete **Gleichgewichtsschlankheit** aus

$$\lambda^2 = \frac{\pi^2\,E}{\sigma_{kr}}\left\{1 - \frac{b_1}{3\,J}\left[p^3 - \frac{3\,b_1\,q^2}{4\,F} - \sqrt{(p^2 - q)^3}\right]\right\}. \tag{31}$$

Da für den vorliegenden Spannungszustand die Querschnittsbegrenzung innerhalb des Fließgebietes **stetig** verläuft, kann die Gl. 31 in die für praktische Rechnungen besonders geeignete und durch Gl. 26, S. 107 gegebene allgemeinste Form übergeführt werden. Setzt man zur Abkürzung

$$w = \frac{W_1\,m\,\sigma_{kr}}{F\,e_2\,(\sigma_s + \sigma_{kr})} \tag{32}$$

und entwickelt die in Gl. 31 enthaltene Wurzel in eine **Reihe**, so nimmt diese Gleichung zunächst die Gestalt

$$\lambda^2 = \frac{\pi^2\,E}{\sigma_{kr}}\left\{1 - \frac{W_1\,m\,\sigma_{kr}}{W_2\,(\sigma_s + \sigma_{kr})}\left[1 - \frac{F\,w}{2\,b_1\,e_2\,(1 + w)} - \frac{F^2\,w^2}{6\,b_1{}^2\,e_2{}^2\,(1 + w)^3} - \frac{F^3\,w^3}{8\,b_1{}^3\,e_2{}^3\,(1 + w)^5} - \cdots\right]\right\} \tag{33}$$

an, und nach weiterer Rechnung ergibt sich schließlich die gesuchte endgültige Form:

$$\lambda^2 = \frac{\pi^2 E}{\sigma_{kr}} \left\{ 1 - \frac{W_1\, m\, \sigma_{kr}}{W_2(\sigma_s + \sigma_{kr})} + \frac{W_2}{2\, b_1\, e_2{}^2} \left[\frac{W_1\, m\, \sigma_{kr}}{W_2(\sigma_s + \sigma_{kr})} \right]^2 - \right.$$
$$\left. - \frac{W_2{}^2(3\, b_1\, e_2 - F)}{6\, F\, b_1{}^2\, e_2{}^4} \left[\frac{W_1\, m\, \sigma_{kr}}{W_2(\sigma_s + \sigma_{kr})} \right]^3 + \frac{W_2{}^3(2\, b_1\, e_2 - F)^2}{8\, F^2\, b_1{}^3\, e_2{}^6} \left[\frac{W_1\, m\, \sigma_{kr}}{W_2(\sigma_s + \sigma_{kr})} \right]^4 - \cdots \right\}. \tag{34}$$

Die **Konvergenz** der in obenstehender Gleichung enthaltenen Reihe
wird für die verschiedenen Querschnittsformen in §§ 11 bis 15 untersucht. Der **Gültigkeitsbereich** der Gl. 31 bzw. 34 ergibt sich aus der
Bedingung, daß der **untere Flansch** des Querschnittes **vollplastisch**
verformt ist ($\zeta_{kr} = t_1$), und aus der Forderung, daß die Spannung am
Biegedruckrand höchstens gleich der Stauchgrenze ist ($\sigma_d = \sigma_s$). Für
$\zeta_{kr} = t_1$ erhält man zunächst aus Gl. 28

$$\max\left[\frac{W_1\, m\, \sigma_{kr}}{W_2(\sigma_s + \sigma_{kr})} \right] = \frac{F\, b_1\, t_1\,(2\, e_2 - t_1)}{2\, W_2\,(F - b_1\, t_1)} \tag{35}$$

und aus Gl. 31 die zugeordnete **Grenzschlankheit**:

$$\lambda_g^2 = \frac{\pi^2 E}{\sigma_{kr}} \left[1 - \frac{F\, b_1\, t_1\,(2\, e_2 - t_1)^2}{4\, J\,(F - b_1\, t_1)} - \frac{b_1\, t_1{}^3}{12\, J} \right]. \tag{36}$$

Erreicht die Spannung am Biegedruckrand gerade die Stauchgrenze,
so ist die zugehörige Breite des Fließgebietes am Biegezugrand aus Gl. 28,
S. 107 zu berechnen, und man erhält:

$$\zeta_s = \frac{F}{2\, b_1}\left(1 - \frac{\sigma_{kr}}{\sigma_s}\right) - \sqrt{\frac{F^2}{4\, b_1{}^2}\left(1 - \frac{\sigma_{kr}}{\sigma_s}\right)^2 - \frac{F}{b_1}\left[2\, e_2 - h\left(1 + \frac{\sigma_{kr}}{\sigma_s}\right)\right]}. \tag{37}$$

Die diesem Werte zugeordnete **Grenzschlankheit** ergibt sich aus Gl. 29,
S. 107 zu:

$$\lambda_g^2 = \frac{\pi^2 E}{\sigma_{kr}} \left\{ 1 - \frac{b_1\, \zeta_s}{12\, J}\left[\frac{3\, F\,(2\, e_2 - \zeta_s)^2}{(F - b_1\, \zeta_s)} + \zeta_s^2 \right] \right\}. \tag{38}$$

Die beiden angeführten Grenzbedingungen sind **gleichzeitig** erfüllt
für die Axialspannung

$$\sigma_{kr} = \frac{[(b - d)(h - t - t_1)\, t - (h - t_1)\, b_1\, t_1]}{F\,(h - t_1)}\, \sigma_s. \tag{39}$$

Für gleichzeitiges Erreichen der Fließgrenze am Biegedruckrand und
am Biegezugrand gilt $m = 0$, und die Grenzkurve Gl. 12 als auch die
Grenzkurve Gl. 38 erreichen die **Euler**-Hyperbel für die nach Gl. 30,
S. 107 bestimmte Axialspannung σ_g.

Verzerrungszustand B, Spannungszustand V: $t_1 \leqq \zeta < (h - t)$ (Abb. 59).

Die Gleichungen 20, S. 105 nehmen die nachfolgende Form an:

$$\left.\begin{aligned}
\eta &= \frac{[b_1\, \zeta^2 - (b_1 - d)(\zeta - t_1)^2 + 2\, F\,(e_2 - \zeta)]}{2\, F\,(\sigma_s + \sigma_a)}\, \sigma_s \\[4pt]
y_m &= \\
&= \frac{\{6\, J - 2\, b_1\, \zeta^3 + 2\,(b_1 - d)(\zeta - t_1)^3 - 3\,(e_2 - \zeta)[b_1\, \zeta^2 - (b_1 - d)(\zeta - t_1)^2]\}}{3\,[b_1\, \zeta^2 - (b_1 - d)(\zeta - t_1)^2 + 2\, F\,(e_2 - \zeta)]} \cdot \\[4pt]
&\quad \cdot \left(\frac{\sigma_s}{\sigma_a} + 1\right)
\end{aligned}\right\} \tag{40}$$

Die Breite des Fließgebietes ζ_{kr}, für welche die Axialspannung einen Höchstwert max $\sigma_a = \sigma_{kr}$ annimmt, ist aus einer quadratischen Gleichung gemäß Gl. 22, S. 106 zu ermitteln und kann demnach unter Verwendung der Abkürzungen

$$p = e_2 + \frac{m\,W_1\,\sigma_{kr}}{F\,(\sigma_s + \sigma_{kr})}$$

$$q = \frac{1}{d}\left\{2\,p\,[F - (b_1 - d)\,t_1] - 2\,F\,e_2 + (b_1 - d)\,t_1{}^2\right\} \tag{41}$$

in der Form

$$\zeta_{kr} = p - \sqrt{p^2 - q} \tag{42}$$

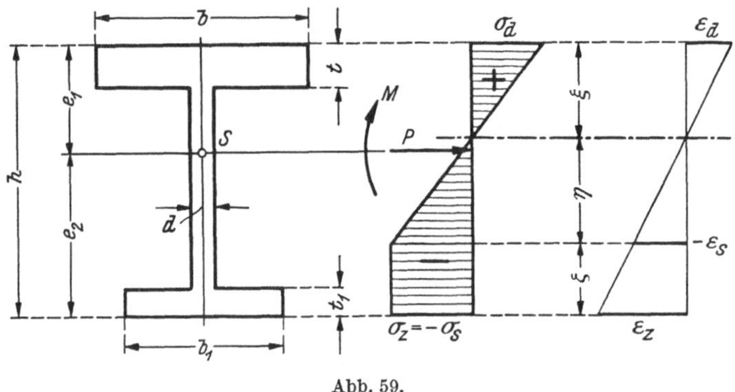

Abb. 59.

dargestellt werden. Das zugeordnete Schlankheitsverhältnis ergibt sich aus Gl. 23, S. 106:

$$\lambda^2 = \frac{\pi^2 E}{\sigma_{kr}}\left\{1 - \frac{1}{3J}\left[b_1\,p^3 - (b_1 - d)\,(p - t_1)^3 - 3\,F\,(p - e_2)^2 - d\,\sqrt{(p^2 - q)^3}\right]\right\}. \tag{43}$$

Im vorliegenden Falle kann die vorstehende Gleichung nicht in der durch Gl. 26, S. 107 angegebenen allgemeinsten Form dargestellt werden, da die Querschnittsbegrenzung innerhalb des Fließgebietes **unstetig** verläuft. Der **Anwendungsbereich** der Gl. 43 ist durch die Bedingungen $\zeta_{kr} = t_1$ und $\sigma_d = \sigma_s$ begrenzt. Man erhält für $\zeta_{kr} = t_1$ die Grenzschlankheit λ_g nach Gl. 36. Erreicht die Spannung am Biegedruckrand die Stauchgrenze, so ergibt sich die zugehörige Breite des Fließgebietes am Biegezugrand aus einer quadratischen Gleichung gemäß Gl. 28, S. 107 zu

$$\zeta_s = p_s - \sqrt{p_s{}^2 - q_s}, \tag{44}$$

wobei zur Abkürzung

$$p_s = \frac{1}{2\,d}\left[F\left(1 - \frac{\sigma_{kr}}{\sigma_s}\right) - 2\,(b_1 - d)\,t_1\right]$$

$$q_s = \frac{1}{d}\left\{F\left[2\,e_2 - h\left(1 + \frac{\sigma_{kr}}{\sigma_s}\right)\right] - (b_1 - d)\,t_1{}^2\right\} \tag{45}$$

gesetzt wurde. Die Grenzschlankheit λ_g kann aus Gl. 43 ermittelt werden, wenn dort p_s und q_s eingeführt wird. Die beiden Grenzbedingungen sind **gleichzeitig** für die durch Gl. 39 gegebene Axialspannung erfüllt.

Schließlich sei noch festgestellt, daß das Fließgebiet niemals in den oberen Flansch eindringen kann, d. h. es muß immer $\zeta < (h-t)$ sein, da die Resultierende des gesamten Spannungskörpers stets eine Druckkraft ist.

Verzerrungszustand C, Spannungszustand VI: $(h-t_1) \leqq \xi < h, 0 \leqq \zeta < t_1$ (Abb. 60).

Aus den Gleichungen 33, S. 109 erhält man:

$$\left. \begin{aligned} \eta &= \frac{b_1[(h-\xi)^2 - \zeta^2]}{2F(\sigma_s - \sigma_a)}\, \sigma_s \\[2mm] -y_m &= \frac{\{\zeta^3 - (h-\xi)^3 + 3e_2[(h-\xi)^2 - \zeta^2]\}}{3[(h-\xi)^2 - \zeta^2]} \left(\frac{\sigma_s}{\sigma_a} - 1\right) \end{aligned} \right\} \tag{46}$$

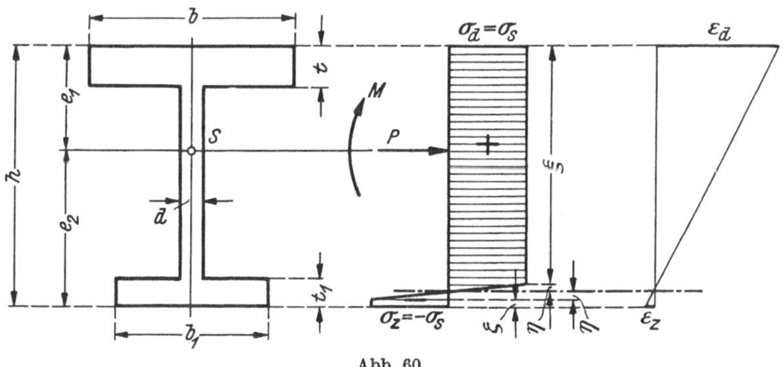

Abb. 60.

Die Breiten der Fließgebiete am Biegedruckrand und am Biegezugrand sind gemäß Gl. 34, S. 109 durch die Beziehung

$$\zeta = \frac{F}{b_1}\left(1 - \frac{\sigma_a}{\sigma_s}\right) - (h-\xi) \tag{47}$$

miteinander verknüpft. Die mittlere Ausbiegung y_m kann aus Gl. 6, S. 102 berechnet werden, so daß alle zur Angabe des Spannungszustandes erforderlichen Größen in Abhängigkeit von der Axialspannung und der Exzentrizität des Kraftangriffes bekannt sind. Im kritischen Gleichgewichtszustande besteht zwischen den Breiten der Fließgebiete gemäß Gl. 35, S. 109 die Beziehung:

$$(h-\xi_{kr})^2 + \zeta_{kr}^2 = \frac{2F}{b_1}\left(1 - \frac{\sigma_{kr}}{\sigma_s}\right)\left[e_2 - \frac{m\,W_1\,\sigma_{kr}}{F(\sigma_s - \sigma_{kr})}\right]. \tag{48}$$

Hieraus kann unter Benutzung von Gl. 47 ξ_{kr} und ζ_{kr} berechnet werden. Man erhält mit den Abkürzungen

$$\left. \begin{aligned} p &= \frac{F}{2b_1}\left(1 - \frac{\sigma_{kr}}{\sigma_s}\right) \\[2mm] q &= 2p\left[p - e_2 + \frac{m\,W_1\,\sigma_{kr}}{F(\sigma_s - \sigma_{kr})}\right] \end{aligned} \right\} \tag{49}$$

diese beiden Größen in der Form

$$\left.\begin{array}{l} \zeta_{kr} = p - \sqrt{p^2 - q} \\[2mm] \xi_{kr} = h - p - \sqrt{p^2 - q} \end{array}\right\} \qquad (50)$$

und schließlich die halbe Breite der elastisch gebliebenen Querschnittsfläche aus Gl. 46 zu

$$\eta_{kr} = \sqrt{p^2 - q}. \qquad (51)$$

Das kritische Schlankheitsverhältnis ist aus Gl. 36, S. 109 zu berechnen und ergibt sich aus

$$\lambda^2 = \frac{2\,\pi^2 E}{3\,e_1\,\sigma_s} \sqrt{\frac{W_1\,\sigma_{kr}}{b_1\,\sigma_s}} \left\{ \frac{F\,e_2}{W_1} \left(\frac{\sigma_s}{\sigma_{kr}} - 1 \right) \left[1 - \frac{F\,(\sigma_s - \sigma_{kr})}{4\,b_1\,e_2\,\sigma_s} \right] - m \right\}^3. \qquad (52)$$

Der Gültigkeitsbereich der vorstehenden Gleichung ist durch die Grenzbedingungen $\sigma_z = -\sigma_s$, $\xi_{kr} = (h - t_1)$ und $\lambda = 0$ gegeben. Im ersten Falle ist $\zeta = 0$, und man erhält die entsprechende Grenzschlankheit aus Gl. 26. Für $\xi_{kr} = (h - t_1)$ folgt aus den Gleichungen 50 und 51 zunächst $\eta_{kr} = (t_1 - p)$ und nach Einführung dieses Wertes in Gl. 52 die entsprechende Grenzschlankheit in der Form:

$$\lambda_g^2 = \frac{\pi^2 E F^3}{12\,J\,b_1{}^2\,\sigma_{kr}} \left[\frac{(2\,b_1\,t_1 - F')}{F} + \frac{\sigma_{kr}}{\sigma_s} \right]^3. \qquad (53)$$

Die beiden besprochenen Grenzbedingungen sind gleichzeitig erfüllt für die durch Gl. 21 bestimmte Axialspannung. Die dritte Bedingung $\lambda = 0$ entspricht einer vollplastischen Verformung des Querschnittes ($\eta_{kr} = 0$), und man erhält mit den Abkürzungen

$$\alpha = \frac{F\,(2\,b_1\,e_2 - F)}{2\,W_1\,b_1}, \qquad \beta = \left(\frac{F\,e_2}{W_1} \right)^2 \qquad (54)$$

die gesuchte „Nullspannung" zu

$$\sigma_0 = \frac{2\,W_1\,b_1}{F^2} \left\{ \sqrt{m\,(m + 2\,\alpha) + \beta} - (m + \alpha) \right\} \sigma_s. \qquad (55)$$

Die vorstehende Gleichung gilt, solange $\xi \geqq (h - t_1)$, d. h. innerhalb der Grenzen

$$\sigma_s \left(1 - \frac{2\,b_1\,t_1}{F} \right) \leqq \sigma_o \leqq \sigma_s. \qquad (56)$$

Die untere Grenze der Gl. 56 stellt dann die Ordinate des Schnittpunktes der Grenzkurve 53 mit der Ordinatenachse $\lambda = 0$ dar.

Verzerrungszustand C, Spannungszustand VII: $t \leqq \xi < (h - t_1)$, $t_1 \leqq \xi < (h - t)$ (Abb. 61).

Die Gleichungen 33, S. 109 nehmen im vorliegenden Falle die Gestalt

$$\left.\begin{array}{l} \eta = \dfrac{(h - \xi - \zeta)}{2\,F\,(\sigma_s - \sigma_a)} \left[d\,(h - \xi + \zeta) + 2\,t_1\,(b_1 - d) \right] \sigma_s \\[4mm] y_m = \dfrac{\left\{ 3\,F\,e_2\,(\sigma_s - \sigma_a) - [(h - \xi)^2 + (h - \xi)\,\zeta + \zeta^2]\,d\,\sigma_s - 3\,\sigma_s\,(b_1 - d)\,t_1{}^2 \right\}}{3\,\sigma_s\,[d\,(h - \xi - \zeta) + 2\,(b_1 - d)\,t_1]} \left(\dfrac{\sigma_s}{\sigma_a} - 1 \right) \end{array}\right\} (57)$$

an. Die Breiten der Fließgebiete am Biegedruckrand und am Biegezugrand sind gemäß Gl. 34, S. 109 durch die Beziehung

$$\zeta = \frac{F}{d}\left(1 - \frac{\sigma_a}{\sigma_s}\right) - 2\,(b_1 - d)\,\frac{t_1}{d} - (h - \xi) \tag{58}$$

miteinander verknüpft. Aus den Gleichungen 57 und 58 ist ξ und ζ als Funktion der Axialspannung σ_a und der mittleren Durchbiegung y_m zu berechnen. Die mittlere Durchbiegung selbst ist aus Gl. 6, S. 102 zu bestimmen. Im kritischen Gleichgewichtszustande besteht nun zwischen den Breiten der Fließgebiete gemäß Gl. 35, S. 109 die Beziehung:

$$d\,(h - \xi_{kr})^2 + d\,\zeta_{kr}^2 + 2\,(b_1 - d)\,t^2 = 2F\left(1 - \frac{\sigma_{kr}}{\sigma_s}\right)\left[e_2 - \frac{m\,W_1\,\sigma_{kr}}{F\,(\sigma_s - \sigma_{kr})}\right]. \tag{59}$$

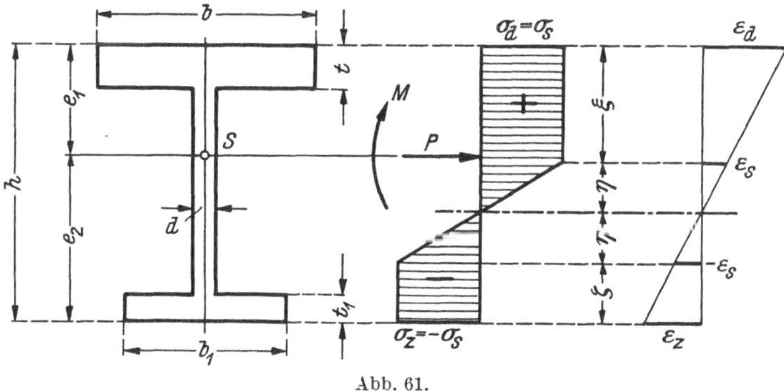

Abb. 61.

Aus den Gleichungen 58 und 59 kann ξ_{kr} und ζ_{kr} berechnet werden. Mit den Abkürzungen

$$\left.\begin{aligned} p &= \frac{F}{2\,d}\left(1 - \frac{\sigma_{kr}}{\sigma_s}\right) - (b_1 - d)\,\frac{t_1}{d} \\[2mm] q &= 2\,p^2 + (b_1 - d)\,\frac{t_1^2}{d} - \frac{F}{d}\left(1 - \frac{\sigma_{kr}}{\sigma_s}\right)\left[e_2 - \frac{m\,W_1\,\sigma_{kr}}{F\,(\sigma_s - \sigma_{kr})}\right] \end{aligned}\right\} \tag{60}$$

erhält man diese beiden Größen und schließlich auch die Breite des elastisch gebliebenen Teiles der Querschnittsfläche $2\,\eta_{kr}$ in der Form der Gleichungen 50 und 51. Die kritische Schlankheit ist aus Gl. 36, S. 109 zu ermitteln und kann in der nachfolgenden Form dargestellt werden:

$$\lambda^2 = \frac{2\,d\,\pi^2\,E}{3\,J\,\sigma_{kr}}\,\sqrt{(p^2 - q)^3}\,. \tag{61}$$

Der Anwendungsbereich dieser Gleichung ist durch die Grenzbedingungen $\xi_{kr} = t$, $\zeta_{kr} = t_1$ und $\lambda = 0$ gegeben. Im ersten Falle gilt $2\,\eta_{kr} = (h - t - \zeta_{kr})$, und man erhält unter Verwendung der Gleichungen 50, 51 und 60 das zugeordnete Schlankheitsverhältnis aus Gl. 61:

$$\lambda_g^2 = \frac{\pi^2\,E\,F^3}{12\,J\,d^2\,\sigma_{kr}}\left(1 - \frac{2\,b\,t}{F} + \frac{\sigma_{kr}}{\sigma_s}\right)^3. \tag{62}$$

Aus der Forderung $\zeta_{kr} = t_1$ folgt $2\,\eta_{kr} = (h - t_1 - \xi_{kr})$, und man erhält die zugeordnete Grenzschlankheit unter Benutzung der Gleichungen 50, 51 und 61 in der Form

$$\lambda_g^2 = \frac{\pi^2 E F^3}{12 J d^2 \sigma_{kr}} \left(1 - \frac{2 b_1 t_1}{F} - \frac{\sigma_{kr}}{\sigma_s}\right)^3. \tag{63}$$

Die beiden Bedingungen $\xi_{kr} = t$ und $\zeta_{kr} = t_1$ sind gleichzeitig erfüllt für die Axialspannung

$$\sigma_{kr} = \frac{\sigma_s}{F}(b\,t - b_1\,t_1), \tag{64}$$

welche die Ordinate des Schnittpunktes der beiden Grenzkurven 62 und 63 darstellt. Die letzte Grenzbedingung $\lambda = 0$ führt gemäß Gl. 61 zu einer quadratischen Gleichung für die **Nullspannung** σ_0, die sich mit den Abkürzungen

$$\left.\begin{aligned}
\alpha &= \frac{1}{2 d W_1}\left[(b_1 - d) b_1 t_1^2 - (b - d) b t^2\right]\\[2mm]
\beta &= \frac{2 S_2 F^2}{d W_1^2}
\end{aligned}\right\} \tag{65}$$

worin

$$S_2 = \frac{1}{2}\left[d e_2^2 + (b_1 - d) t_1 (2 e_2 - t_1)\right] \tag{66}$$

das **statische Moment des unterhalb** der waagrechten Schwerachse z gelegenen Querschnittsteiles bezüglich dieser Achse bedeutet, in der nachfolgenden Form ergibt:

$$\sigma_0 = \frac{2 d W_1}{F^2}\left\{\sqrt{m(m + 2\alpha) + \beta} - (m + \alpha)\right\}\sigma_s. \tag{67}$$

Diese Gleichung gilt, solange $\xi \geqq t$ und $\zeta \geqq t_1$ ist, d. h. innerhalb der Grenzen

$$\left(\frac{2 b t}{F} - 1\right)\sigma_s \leqq \sigma_0 \leqq \left(1 - \frac{2 b_1 t_1}{F}\right)\sigma_s. \tag{68}$$

Der untere bzw. der obere Grenzwert der Gl. 68 entspricht dann der Ordinate des Schnittpunktes der Grenzkurve 62 bzw. 63 mit der Ordinatenachse $\lambda = 0$.

Verzerrungszustand C, Spannungszustand VIII: $0 < \xi < t$, $(h - t) \leqq \zeta < h$ (Abb. 62).

Dieser Spannungszustand ist nur möglich, wenn die Fläche des oberen Flansches $b\,t$ größer ist als die halbe Querschnittsfläche $(2 b t > F)$ und wird auch dann nur bei **sehr kleinen** Axialspannungen auftreten. Die Gleichungen 33, S. 109 lauten in diesem Falle:

$$\left.\begin{aligned}
\eta &= \frac{[b\,\xi^2 - b(h - \zeta)^2 + 2 F(h - \xi - \zeta)]}{2 F(\sigma_s - \sigma_a)}\sigma_s\\[3mm]
y_m &= \frac{b\left\{\xi^3 - (h - \zeta)^3 - 3 e_1[\xi^2 - (h - \zeta)^2]\right\}}{3[b\,\xi^2 - b(h - \zeta)^2 + 2 F(h - \xi - \zeta)]}\left(\frac{\sigma_s}{\sigma_a} - 1\right)
\end{aligned}\right\} \tag{69}$$

Aus der ersten Gl. 69 erhält man unter Beachtung von $h = (\xi + \zeta + 2\eta)$ die nachfolgende Beziehung zwischen den Breiten der Fließgebiete:

$$\xi = \frac{F}{b}\left(1 + \frac{\sigma_a}{\sigma_s}\right) - (h - \zeta). \tag{70}$$

Unter Verwendung dieser Gleichung kann ξ und ζ als Funktion der Axialspannung und der mittleren Durchbiegung aus der zweiten Gl. 69 berechnet werden. Im kritischen Gleichgewichtszustande gilt die Extremalbedingung Gl. 35, S. 109 aus dieser quadratischen Gleichung können die den kritischen Gleichgewichtszustand kennzeichnenden Werte ξ_{kr}, ζ_{kr} und η_{kr} in der Form der Gleichungen 50 und 51 dargestellt werden, wenn die dort enthaltenen Größen p und q den nachfolgenden Gleichungen entnommen werden:

$$p = \frac{F}{2b}\left(1 + \frac{\sigma_a}{\sigma_s}\right) \left.\vphantom{\frac{m W_1 \sigma_{kr}}{F(\sigma_s - \sigma_{kr})}}\right\}$$
$$q = 2p\left[p - e_1 + \frac{m W_1 \sigma_{kr}}{F(\sigma_s - \sigma_{kr})}\right] \tag{71}$$

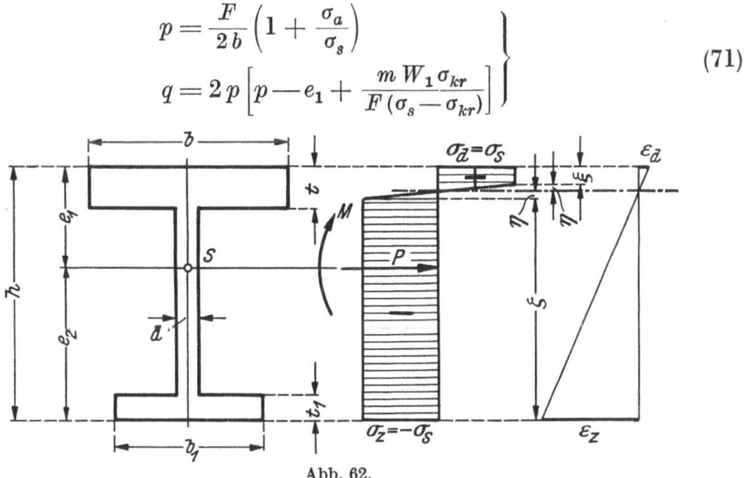

Abb. 62.

Das kritische Schlankheitsverhältnis ergibt sich aus Gl. 36, S. 109 zu

$$\lambda^2 = \frac{2\pi^2 E}{3 e_1 \sigma_s} \sqrt{\frac{W_1 \sigma_{kr}}{b \sigma_s}\left\{\frac{F e_1}{W_1}\left(\frac{\sigma_s}{\sigma_{kr}} + 1\right)\left[1 - \frac{F(\sigma_s + \sigma_{kr})}{4 b e_1 \sigma_s}\right] - m\right\}^3}. \tag{72}$$

Der Gültigkeitsbereich der vorstehenden Gleichung ist durch die Grenzbedingungen $\zeta_{kr} = (h - t)$ und $\lambda = 0$ bestimmt. Im ersten Falle gilt dann $2\eta_{kr} = (t - \xi_{kr})$, und man erhält unter Benutzung der Gleichungen 50, 51, 71 und 72 die zugeordnete Grenzschlankheit in der Form

$$\lambda_g^2 = \frac{\pi^2 E F^3}{12 J b^2 \sigma_{kr}}\left(\frac{2 b t}{F} - 1 - \frac{\sigma_{kr}}{\sigma_s}\right)^3. \tag{73}$$

Die zweite Forderung $\lambda = 0$ führt gemäß Gl. 72 zu einer quadratischen Gleichung für die Axialspannung $\sigma_{kr} = \sigma_0$, die sich unter Verwendung der Abkürzungen

$$\alpha = \frac{F(F - 2 b e_1)}{2 b W_1}, \quad \beta = \left(\frac{F e_1}{W_1}\right)^2 \tag{74}$$

in der nachfolgenden Form ergibt:

$$\sigma_0 = \frac{2 b W_1}{F^2}\left\{\sqrt{m(m + 2\alpha) + \beta} - (m + \alpha)\right\}. \tag{75}$$

Diese Gleichung gilt, solange $\zeta_{kr} \geqq (h - t)$ ist, d. h. innerhalb der Grenzen

$$0 \leqq \sigma_0 \leqq \left(\frac{2 b t}{F} - 1\right)\sigma_s. \tag{76}$$

Die obere Grenze dieser Gleichung entspricht der Ordinate des Schnittpunktes der Grenzkurve 73 mit der Ordinatenachse $\lambda = 0$.

Verzerrungszustand C, Spannungszustand IX: $0 \leqq \xi \leqq t$, $0 \leqq \zeta \leqq t_1$ (Abb. 63).

Die Gleichungen 33, S. 109 lauten:

$$\left.\begin{aligned}
\eta &= \frac{[b\,\xi^2 - b_1\,\zeta^2 + 2F\,(e_1 - \xi)]}{2F\,(\sigma_s - \sigma_a)}\,\sigma_s \\
y_m &= \frac{[6J - b\,\xi^2\,(3\,e_1 - \xi) - b_1\,\zeta^2\,(3\,e_2 - \zeta)]}{3\,[b\,\xi^2 - b_1\,\zeta^2 + 2F\,(e_1 - \xi)]}\left(\frac{\sigma_s}{\sigma_a} - 1\right)
\end{aligned}\right\} \tag{77}$$

Aus der ersten dieser beiden Gleichungen kann unter Bezugnahme auf Gl. 34, S. 109 die Breite des Fließgebietes am Biegezugrand ζ durch

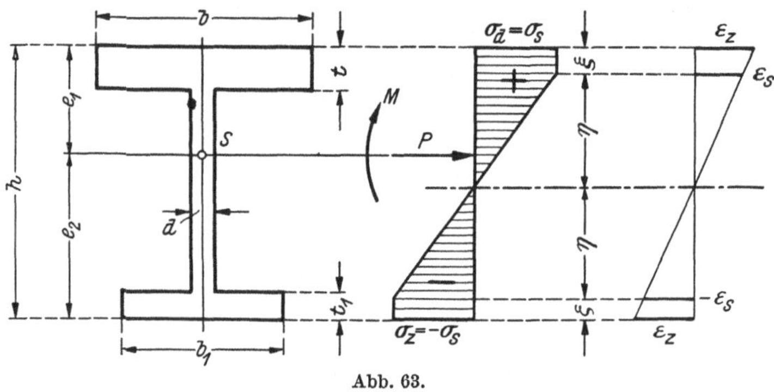

Abb. 63.

die Breite des Fließgebietes am Biegedruckrand ξ dargestellt werden; aus dieser quadratischen Gleichung ergibt sich

$$\zeta = p + \sqrt{p^2 - q}, \tag{78}$$

wobei p und q die nachstehenden Werte besitzen:

$$\left.\begin{aligned}
p &= \frac{F}{2\,b_1}\left(1 - \frac{\sigma_a}{\sigma_s}\right) \\
q &= \frac{1}{b_1}\left\{F\left(1 + \frac{\sigma_a}{\sigma_s}\right)\xi - b\,\xi^2 - F\left[2\,e_1 - h\left(1 - \frac{\sigma_a}{\sigma_s}\right)\right]\right\}
\end{aligned}\right\} \tag{79}$$

Im kritischen Gleichgewichtszustande besteht gemäß Gl. 35, S. 109 zwischen den Breiten der Fließgebiete die nachfolgende Beziehung:

$$\begin{aligned}
2\,W_1\,m\,\sigma_{kr}\,(b\,\xi_{kr} + b_1\,\zeta_{kr} - F) &= b\,\xi_{kr}\,(2\,e_1 - \xi_{kr})\,[2\,b_1\,\sigma_s\,\zeta_{kr} - \\
- F\,(\sigma_s - \sigma_{kr})] &+ b_1\,\zeta_{kr}\,(2\,e_2 - \zeta_{kr})\,[2\,b\,\sigma_s\,\xi_{kr} - F\,(\sigma_s + \sigma_{kr})].
\end{aligned} \tag{80}$$

Aus den Gleichungen 78 und 80 können die für die kritische Spannungsverteilung maßgebenden Größen ξ_{kr}, ζ_{kr} und η_{kr} berechnet werden; eine einfachere Darstellung ist hier unmöglich. Das zugehörige **kritische**

Schlankheitsverhältnis ist aus Gl. 36, S. 109 zu bestimmen und ergibt sich in der nachfolgenden Form:

$$\lambda^2 = \frac{\pi^2 E}{\sigma_{kr}} \left\{ 1 - \frac{1}{6J} \left[b\,\xi_{kr}^2\,(3\,e_1 - \xi_{kr}) + b_1\,\zeta_{kr}^2\,(3\,e_2 - \zeta_{kr}) + \right.\right.$$
$$\left.\left. + 6\,m\,W_1\,\eta_{kr}\,\frac{\sigma_{kr}}{\sigma_s} \right] \right\}. \tag{81}$$

Eine explizite Angabe der kritischen Schlankheit in Abhängigkeit von der kritischen Axialspannung σ_{kr} und dem Exzentrizitätsmaß m allein ist hier nicht möglich. Beim Entwurf eines Diagramms der kritischen Spannungen ist dann die Rechnung am zweckmäßigsten so auszuführen, daß zu einer bestimmten Spannung σ_{kr} und einem angenommenen Wert $\xi_{kr} \leqq t$ zunächst ζ_{kr} aus Gl. 78 berechnet, sodann aus Gl. 80 das Exzentrizitätsmaß m und schließlich aus Gl: 81 das zugeordnete Schlankheitsverhältnis λ bestimmt wird.

Der Gültigkeitsbereich der Gl. 81 ist durch die Grenzbedingungen $\zeta_{kr} = 0$ (oder $\sigma_z = -\sigma_s$), $\xi_{kr} = 0$ (oder $\sigma_d = \sigma_s$), $\xi_{kr} = t$ und $\zeta_{kr} = t_1$ gegeben. Für $\zeta_{kr} = 0$ ist die zugehörige Breite des Fließgebietes am Biegedruckrand ξ_s durch Gl. 11 bestimmt, und die entsprechende Grenzschlankheit ergibt sich aus Gl. 12. Für $\xi_{kr} = 0$ ist die entsprechende Breite des Fließgebietes am Biegezugrand ζ_s durch Gl. 37 gegeben, und die zugeordnete Grenzschlankheit erhält man aus Gl. 38. Für $\xi_{kr} = t$ ergibt sich die Breite des Fließgebietes am Biegezugrand aus den Gleichungen 78 und 79 und das zugehörige Grenzschlankheitsverhältnis nach Elimination des Exzentrizitätsmaßes mittels Gl. 80 aus Gl. 81. Ganz analog ist bei der Auswertung der letzten Grenzbedingung $\zeta_{kr} = t_1$ vorzugehen: Man bestimmt die entsprechende Breite des Fließgebietes am Biegedruckrand aus der quadratischen Gl. 78, eliminiert das Exzentrizitätsmaß aus Gl. 80 und erhält schließlich die zugeordnete Grenzschlankheit gemäß Gl. 81 als Funktion der Axialspannung allein.

Verzerrungszustand C, Spannungszustand X: $t \leqq \xi \leqq (h - t_1)$, $0 \leqq \zeta \leqq t_1$ (Abb. 64).

Aus den Gleichungen 33, S. 109 erhält man:

$$\left.\begin{array}{l} \eta = \dfrac{[b\,\xi^2 - (b-d)\,(\xi-t)^2 - b_1\,\zeta^2 + 2F\,(e_1-\xi)]}{2F\,(\sigma_s - \sigma_a)}\,\sigma_s \\[2ex] y_m = \dfrac{[6J - b\,\xi^2(3\,e_1 - \xi) - b_1\,\zeta^2(3\,e_2 - \zeta) + (b-d)\,(\xi-t)^2(3\,e_1 - 2t - \xi)]}{3\,[b\,\xi^2 - (b-d)\,(\xi-t)^2 - b_1\,\zeta^2 + 2F\,(e_1-\xi)]} \cdot \\[2ex] \qquad\qquad\qquad \cdot \left(\dfrac{\sigma_s}{\sigma_a} - 1 \right) \end{array}\right\} \tag{82}$$

Die Gl. 34, S. 109 führt zu der nachfolgenden Beziehung zwischen den Breiten der Fließgebiete:

$$F\,(h - \xi - \zeta)\left(1 - \frac{\sigma_a}{\sigma_s} \right) = b\,\xi^2 - (b-d)\,(\xi-t)^2 - b_1\,\zeta^2 + 2F\,(e_1-\xi). \tag{83}$$

Aus dieser Gleichung kann ζ in Abhängigkeit von der Axialspannung σ_a

126 Vollständige Lösung für den unsymmetrischen I-Querschnitt.

und von ξ berechnet werden. Die für den **kritischen Gleichgewichts-zustand** maßgebende Gl. 35, S. 109 nimmt die nachfolgende Gestalt an:

$$2 W_1 m\left[b\,\xi_{kr} + b_1\,\zeta_{kr} - (b-d)(\xi_{kr}-t) - F\right]\frac{\sigma_{kr}}{\sigma_s} =$$

$$= b_1\,\zeta_{kr}\,(3\,e_2 - \zeta_{kr})\left[2\,b\,\xi_{kr} - 2\,(b-d)(\xi_{kr}-t) - F\left(1 + \frac{\sigma_{kr}}{\sigma_s}\right)\right] +$$

$$+ \left[b\,\xi_{kr}\,(3\,e_1 - \xi_{kr}) - (b-d)(\xi_{kr}-t)(2\,e_1 - t - \xi_{kr})\right] . \tag{84}$$

$$. \left[2\,b_1\,\zeta_{kr} - F\left(1 - \frac{\sigma_{kr}}{\sigma_s}\right)\right].$$

Aus den Gleichungen 83 und 84 sind die für die kritische Spannungs-verteilung maßgebenden Werte ξ_{kr} und ζ_{kr} als Funktion der kritischen

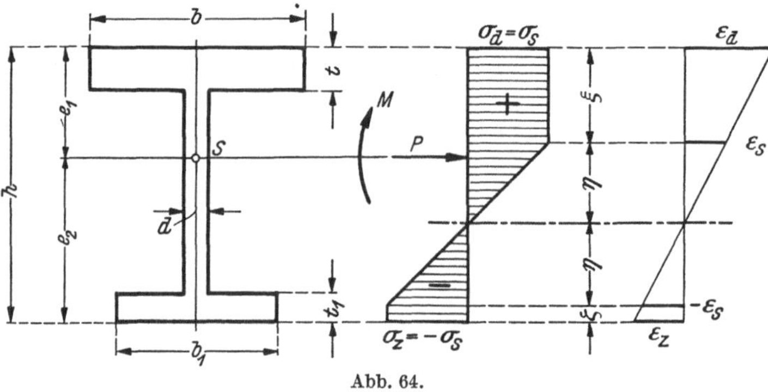

Abb. 64.

Axialspannung σ_{kr} und des Exzentrizitätsmaßes m zu berechnen. Das zugeordnete Schlankheitsverhältnis ist aus Gl. 36, S. 109 zu ermitteln, und man erhält nach Umformung:

$$\lambda^2 = \frac{\pi^2 E}{\sigma_{kr}}\left\{1 - \frac{1}{6\,J}\left[b\,\xi_{kr}^2\,(3\,e_1 - \xi_{kr}) + b_1\,\zeta_{kr}^2\,(3\,e_2 - \zeta_{kr}) - \right.\right.$$

$$\left.\left. - (b-d)(\xi_{kr}-t)^2\,(3\,e_1 - 2\,t - \xi_{kr}) + 6\,m\,W_1\,\eta_{kr}\frac{\sigma_{kr}}{\sigma_s}\right]\right\}. \tag{85}$$

Eine einfachere Darstellung, d. h. die explizite Angabe des Schlank-heitsverhältnisses in Abhängigkeit von der kritischen Spannung und dem Exzentrizitätsmaß allein, ist hier nicht möglich. Zusammengehörige Werte λ, σ_{kr} und m werden am einfachsten wie folgt bestimmt: Man nimmt σ_{kr} und $\xi_{kr} \geqq t$ an und berechnet aus der quadratischen Gl. 83 zunächst ζ_{kr}, sodann das Exzentrizitätsmaß aus der für m linearen Gl. 84 und schließlich die Schlankheit λ aus Gl. 85.

Der **Gültigkeitsbereich** der Gl. 85 ist durch die Bedingungen $\zeta_{kr} = 0$ (oder $\sigma_z = -\sigma_s$), $\zeta_{kr} = t_1$, $\xi_{kr} = (h - t_1)$ und $\xi_{kr} = t$ begrenzt. Man erhält für $\zeta_{kr} = 0$ die zugehörige Breite des Fließgebietes am Biegedruckrand aus Gl. 83 bzw. aus Gl. 20 und die zugehörige Grenzschlankheit aus Gl. 17. Der Bedingung $\zeta_{kr} = t_1$ entspricht die durch Gl. 63 gegebene Grenzschlankheit. Aus der Bedingung $\xi_{kr} = (h - t_1)$ ergibt sich die

Grenzschlankheit aus Gl. 53. Für die letzte Bedingung $\xi_{kr} = t$ ist ζ_{kr} und m als Funktion der kritischen Spannung aus den Gleichungen 83 und 84 zu berechnen, so daß die gesuchte Grenzschlankheit gemäß Gl. 85 nur mehr von der Axialspannung allein abhängig ist. Der Gültigkeitsbereich des Spannungszustandes X grenzt demnach an die Anwendungsbereiche der Spannungszustände II, VI, VII und IX.

Verzerrungszustand C, Spannungszustand XI: $0 \leq \xi \leq t,\ t_1 \leq \zeta \leq (h-t)$ (Abb. 65).

Im vorliegenden Falle ergeben die Gleichungen 33, S. 109:

$$\left.\begin{aligned}
\eta &= \frac{[b\,\xi^2 - b_1\,\zeta^2 + (b_1 - d)\,(\zeta - t_1)^2 + 2F(e_1 - \xi)]}{2F(\sigma_s - \sigma_a)}\,\sigma_s \\[2mm]
y_m &= \frac{[6J - b\,\xi^2(3e_1 - \xi) - b_1\,\zeta^2(3e_2 - \zeta) + (b_1 - d)(\zeta - t_1)^2(3e_2 - 2t_1 - \zeta)]}{3[b\,\xi^2 - b_1\,\zeta^2 + (b_1 - d)\,(\zeta - t_1)^2 + 2F(e_1 - \xi)]} \\[2mm]
&\qquad\qquad \cdot \left(\frac{\sigma_s}{\sigma_a} - 1\right)
\end{aligned}\right\} \quad (86)$$

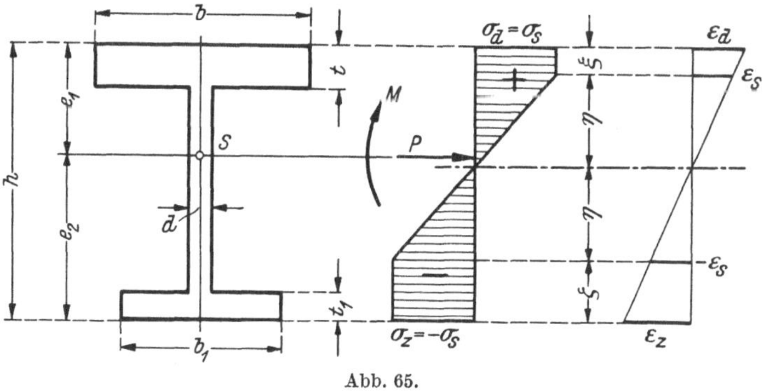

Abb. 65.

Aus der ersten dieser Gleichungen erhält man unter Beachtung von $2\,\eta = (h - \xi - \zeta)$ eine Beziehung zwischen den Breiten der Fließgebiete

$$F(h - \xi - \zeta)\left(1 - \frac{\sigma_a}{\sigma_s}\right) = b\,\xi^2 - b_1\,\zeta^2 + (b_1 - d)(\zeta - t_1)^2 + 2F(e_1 - \xi). \quad (87)$$

Aus der vorstehenden Gleichung kann ζ als Funktion der Axialspannung σ_a und der Breite des Fließgebietes am Biegedruckrand ξ ermittelt werden. Im kritischen Gleichgewichtszustande besteht zwischen den der Höchstspannung $\max \sigma_a = \sigma_{kr}$ entsprechenden Breiten der Fließgebiete gemäß Gl. 35, S. 109 die nachfolgende Beziehung:

$$2\,W_1\,m\,[b\,\xi_{kr} + b_1\,\zeta_{kr} - (b_1 - d)(\zeta_{kr} - t_1) - F]\,\frac{\sigma_{kr}}{\sigma_s} =$$

$$= b\,\xi_{kr}\,(2e_1 - \xi_{kr})\left[2\,b_1\,\zeta_{kr} - (b_1 - d)(\zeta_{kr} - t_1) - F\left(1 - \frac{\sigma_{kr}}{\sigma_s}\right)\right] +$$

$$+ [b_1\,\zeta_{kr}\,(2e_2 - \zeta_{kr}) - (b_1 - d)(\zeta_{kr} - t_1)(2e_2 - t_1 - \zeta_{kr})] \, . \quad (88)$$

$$\cdot \left[2\,b\,\xi_{kr} - F\left(1 + \frac{\sigma_{kr}}{\sigma_s}\right)\right].$$

Das diesen, für den kritischen Spannungszustand maßgebenden Werten σ_{kr}, m, ξ_{kr}, ζ_{kr} und η_{kr} entsprechende **Schlankheitsverhältnis** ist aus Gl. 36, S. 109 zu ermitteln, und man erhält:

$$\lambda^2 = \frac{\pi^2 E}{\sigma_{kr}} \left\{ 1 - \frac{1}{6J} \left[b\,\xi_{kr}^2\,(3\,e_1 - \xi_{kr}) + b_1\,\zeta_{kr}^2\,(3\,e_2 - \zeta_{kr}) - \right.\right.$$
$$\left.\left. - (b_1 - d)\,(\zeta_{kr} - t_1)^2\,(3\,e_2 - 2\,t_1 - \zeta_{kr}) + 6\,m\,W_1\,\eta_{kr}\,\frac{\sigma_{kr}}{\sigma_s} \right] \right\}. \tag{89}$$

Bei der Bestimmung zusammengehöriger Werte λ, σ_{kr} und m ist ebenso wie bei den Spannungszuständen IX und X vorzugehen: Zu angenommenen Werten σ_{kr} und ξ_{kr} kann ζ_{kr} aus der quadratischen Gl. 87, m aus der Gl. 88 und schließlich λ aus Gl. 89 berechnet werden.

Der Anwendungsbereich der Gl. 89 ist durch die Grenzbedingungen $\xi_{kr} = 0$ (oder $\sigma_d = \sigma_s$), $\xi_{kr} = t$, $\zeta_{kr} = (h - t)$ und $\zeta_{kr} = t_1$ beschränkt. Man erhält aus der Forderung $\xi_{kr} = 0$ die zugehörige Breite des Fließgebietes am Biegezugrand aus Gl. 44 und die Grenzschlankheit aus Gl. 43. Für $\xi_{kr} = t$ ergibt sich die Grenzschlankheit aus Gl. 62. Die Form der Grenzkurve λ_g ist für $\zeta_{kr} = (h - t)$ durch Gl. 73 bestimmt. Für die letzte Bedingung $\zeta_{kr} = t_1$ ist ξ_{kr} und m als Funktion

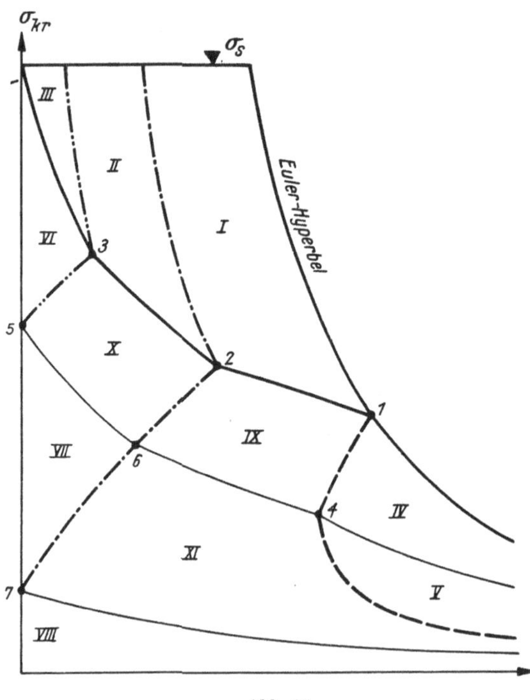

Abb. 66.

der kritischen Spannung aus den Gleichungen 87 und 88 zu ermitteln, so daß die gesuchte Grenzschlankheit gemäß Gl. 89 nur von der kritischen Spannung allein abhängig ist. Der Anwendungsbereich des untersuchten Spannungszustandes grenzt daher an die Gültigkeitsbereiche der Spannungszustände V, VII, VIII und IX.

Einen allgemeinen Überblick hinsichtlich der Anwendungsmöglichkeit der für die elf Spannungszustände abgeleiteten Beziehungen bietet die Abb. 66. Die Gültigkeitsbereiche der einzelnen Spannungszustände sind durch die Grenzkurven voneinander geschieden und durch beigefügte römische Ziffern bezeichnet. Als **Hauptgrenzlinien** sind

die stark vollgezeichnete Linie (1, 2, 3) und die stark strichliert eingetragene Kurve (1, 4) anzusehen, welche die gesamte innerhalb der
Koordinatenachsen und der Knickspannungslinie gelegene Diagramm-
fläche in die drei den Verzerrungszuständen **A** (Spannungszustände I,
II, III), **B** (Spannungszustände IV, V) und **C** (Spannungszustände VI,
VII, VIII, IX, X, XI) zugeordneten Gültigkeitsbereiche unterteilen
(vgl. auch Abb. 54). Durch die unstetige Querschnittsumrißlinie wird
die weitere Unterteilung in die einzelnen Spannungszustände erforderlich,
für deren Anwendungsbereich die sekundären Grenzkurven maßgebend sind: Es entspricht die einfach strichpunktierte Linie (2, 6, 7)
einer vollplastischen Verformung des oberen Flansches ($\xi_{kr} = t$),
die doppelt strichpunktierte Linie (3, 5) einer vollplastischen Verformung des oberen Flansches einschließlich des Steges
($\xi_{kr} = h - t_1$), die dünn vollgezeichnete Linie (5, 6, 4) einer vollplastischen Verformung des unteren Flansches ($\zeta_{kr} = t_1$) und die
dünn vollgezeichnete, vom Punkte 7 ausgehende Linie einer vollplastischen Verformung des unteren Flansches einschließlich
des Steges ($\zeta_{kr} = h - t$). Die Ordinaten der Schnittpunkte 1, 2, 3, 4,
5, 6 und 7 der einzelnen Grenzkurven entsprechen den Spannungswerten σ_{kr} nach Gl. 30, S. 107 und Gleichungen 13, 21, 39, 56 (untere
Grenze), 64 und 68 (untere Grenze). Eine ziffernmäßige Auswertung
der Ergebnisse im Sinne einer Angabe der kritischen Spannung σ_{kr} als
Funktion der Schlankheit λ und des Exzentrizitätsmaßes m muß
jedoch angesichts der eigentlich unbegrenzten Variationsmöglichkeit in
den Profilabmessungen auf die in § 11 bis 15 behandelten Grundquerschnitte beschränkt bleiben.

§ 11. Der **I**-Querschnitt mit unendlich dünnem Steg.

Den einfachsten Sonderfall der in § 10 behandelten Querschnittsform
erhält man aus der Annahme, daß die Stegfläche gegenüber den beiden
gleich groß vorausgesetzten Gurtflächen vernachlässigt werden kann.
Dieser aus zwei Flacheisen von der Breite b und der Stärke t bestehende Querschnitt kann als einheitlich aufgefaßt werden, wenn
man sich die beiden Lamellen durch einen schubsicheren Steg mit
verschwindend kleiner Stärke ($d = 0$) miteinander verbunden denkt, und

führt für $t = \dfrac{h}{2}$ zum Rechteckquerschnitt ($b\,h$). Man kann daher an

diesem Lamellenquerschnitt die beiden Grenzfälle der Querschnittsform — Materialanhäufung an den Randfasern bzw. unmittelbar um
die Schwerachse — rechnerisch verfolgen. Die Untersuchung der Stabilitätsverhältnisse in der Momentenebene und senkrecht dazu wird getrennt
vorgenommen.

1. Stabilität in der Momentenebene.

Da die vorliegende Querschnittsform symmetrisch ist ($W_1 = W_2 = W$),
kommen für die Untersuchung nur die Verzerrungszustände A, C, und

zwar mit Rücksicht auf die unstetige Querschnittsbegrenzung, die Spannungszustände I, III, VI, IX, X in Betracht. Ein anschauliches Bild des Einflusses der Lamellenbreite t bzw. des Verhältniswertes $\frac{t}{h}$ auf den Verlauf der kritischen Spannung ergibt das Diagramm Abb. 67. Unter der Annahme des normenmäßigen Stahles St 37 sind hier die kritischen Spannungen für das Exzentrizitätsmaß $m = 1$ in Abhängigkeit vom

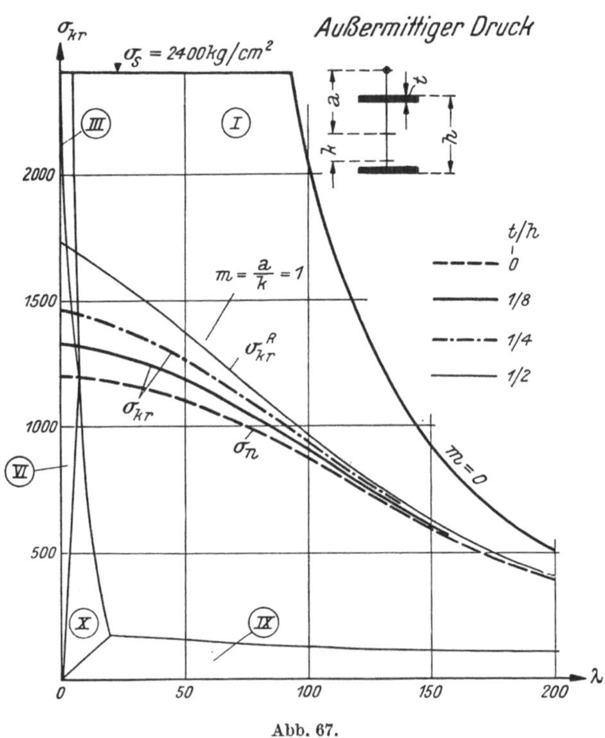

Abb. 67.

Verhältniswert $\frac{t}{h}$ und vom Schlankheitsgrade λ graphisch dargestellt. Für $\frac{t}{h} = 0$ erhält man die Grenzspannung des elastischen Bereiches σ_n nach Gl. 14, S. 104, für $\frac{t}{h} = \frac{1}{2}$ (Rechteck) ist die kritische Spannung σ_{kr}^R aus Formel I bzw. I*, S. 83 zu berechnen. Für zwischen diesen Grenzen liegende Verhältniswerte $0 \leqq \frac{t}{h} \leqq \frac{1}{2}$ verläuft daher die zugehörige Linie der kritischen Spannungen innerhalb des durch die Linien σ_n und σ_{kr}^R — vgl. den Verlauf der für $\frac{t}{h} = \frac{1}{8}$ und $\frac{1}{4}$ eingetragenen Kurven —abgegrenzten Bereiches. Für die Praxis sind nur verhältnismäßig dünne Gurte von Interesse. In Abb. 67 sind daher nur für den Fall $t = \frac{h}{8}$

(vergleichsweise ist bei **I**-Profilen $h = 13$ bis $18\,t$) die Gültigkeitsbereiche der die vollständige Lösung bildenden Spannungszüstände durch die dünn eingezeichneten Grenzkurven dargestellt und durch römische Ziffern bezeichnet; man erkennt hieraus die Bedeutung der einzelnen Spannungszustände bei der vorliegenden Querschnittsform: Der weitaus größte und wichtigste Bereich des Diagramms entspricht dem Spannungszustande I. Die Spannungszustände III, VI und X können im kritischen Gleichgewichtszustande nur bei extrem gedrungenen Stäben ($\lambda < 20$) zur Ausbildung gelangen, der Spannungszustand IX kommt nur für sehr kleine Axialspannungen ($\sigma_{kr} < 0.2\,\text{t/cm}^2$), denen eine sehr große Außermittigkeit des Kraftangriffes entspricht (nahezu reine Biegung), in Betracht. Man findet daher für alle praktisch in Betracht kommenden Fälle ($\lambda > 30$, $m < 5$) mit den für den Spannungszustand I abgeleiteten Beziehungen das Auslangen. Zur Berechnung der kritischen Schlankheit ist dann die Gl. 5, S. 112 heranzuziehen, die allerdings für praktische Rechnungen nicht recht geeignet erscheint und daher den Ausführungen in § 10 gemäß umgeformt wird.

Für den aus zwei dünnen Flacheisen bestehenden Querschnitt (Fläche $F = 2\,b\,t$) kann das Trägheitsmoment und das Widerstandsmoment genau genug gleich

$$J = J_z \doteq \frac{1}{2}\,b\,h^2\,t\left(1 - \frac{t}{h}\right)^2, \quad W \doteq b\,h\,t\left(1 - \frac{t}{h}\right)^2 \qquad (1)$$

gesetzt werden. Die Gl. 7, S. 112 nimmt dann die nachfolgende Form an:

$$\lambda^2 = \frac{\pi^2\,E}{\sigma_{kr}}\left\{1 - \frac{m\,\sigma_{kr}}{(\sigma_s - \sigma_{kr})} \cdot \right.$$
$$\left. \cdot\left[1 - \frac{2\,t\,w}{h\,(1 + w)} - \frac{8\,t^2\,w^2}{3\,h^2\,(1 + w)^3} - \frac{8\,t^3\,w^3}{h^3\,(1 + w)^5} - \cdots\right]\right\}. \qquad (2)$$

In der vorstehenden Gleichung besitzt w die in Gl. 6, S. 112 angegebene Bedeutung. Die in Gl. 2 enthaltene Reihe konvergiert gut, da $\frac{t}{h} < \frac{1}{2}$ und außerdem

$$w = \left(1 - \frac{t}{h}\right)^2 \frac{m\,\sigma_{kr}}{(\sigma_s - \sigma_{kr})} < w_{\max} = \left(1 - \frac{t}{h}\right) < 1 \qquad (3)$$

ist; $w_{\max}$ ergibt sich hierbei aus Gl. 9, S. 113 für $\xi_{kr} = t$ (Grenze des Anwendungsbereiches der Gl. 2). Die Transformation der Gl. 2 in die allgemeinste Form gemäß Gl. 8, S. 112 erweist sich jedoch im vorliegenden Falle nicht als zweckmäßig, da die Koeffizienten c_1, c_2, $\ldots$ dieser Reihe nur langsam abnehmen. Zu einer der praktisch begründeten Forderung nach einer möglichst einfachen, d. h. nur wenige Glieder enthaltenden, aber doch verläßlichen Formel genügenden Annäherung gelangt man, wenn die kritische Schlankheit aus der folgenden, durch geeignete Zusammenfassung der ersten vier Glieder der Gl. 2 entstehenden Gleichung ermittelt wird:

$$\lambda^2 = \frac{\pi^2\,E}{\sigma_{kr}}\left\{1 - \frac{m\,\sigma_{kr}}{(\sigma_s - \sigma_{kr})}\left[1 - \frac{2\,t\,w}{h\,(1 + w_{\max})}\left(1 + \frac{4\,t\,w_{\max}}{3\,h\,(1 + w_{\max})^2}\right)\right]\right\}. \quad (4)$$

Mit dieser vereinfachten Gleichung erhält man etwas zu kleine Werte für die kritische Schlankheit, d. h. man rechnet etwas zu ungünstig und bleibt auf der sicheren Seite der Ergebnisse. Nach Einführung von $w_{\max}$ aus Gl. 3 ergibt sich bei Vernachlässigung der sehr kleinen Glieder $\left(\frac{t}{h}\right)^2$ schließlich:

$$\lambda^2 = \frac{\pi^2 E}{\sigma_{kr}} \left\{ 1 - \frac{m\,\sigma_{kr}}{(\sigma_s - \sigma_{kr})} + \frac{t}{h} \left(1 - \frac{t}{h}\right) \left(\frac{m\,\sigma_{kr}}{\sigma_s - \sigma_{kr}}\right)^2 \right\}. \tag{5}$$

Diese Gleichung kann übrigens auch in der für die Auswertung bequemeren Form

$$\lambda^2 = \frac{\pi^2 E}{\sigma_{kr}} \left[1 - \frac{t\,m\,\sigma_{kr}}{h\,(\sigma_s - \sigma_{kr})} \right] \left[1 - \left(1 - \frac{t}{h}\right) \frac{m\,\sigma_{kr}}{(\sigma_s - \sigma_{kr})} \right] \tag{6}$$

angeschrieben werden. Aus der Grenzbedingung $\xi_{kr} = t$ erhält man aus Gl. 9, S. 113:

$$\max\left(\frac{m\,\sigma_{kr}}{\sigma_s - \sigma_{kr}}\right) = \frac{1}{\left(1 - \frac{t}{h}\right)}. \tag{7}$$

Die zugeordnete **Grenzschlankheit** ergibt sich aus Gl. 6 zu $\lambda_g = 0$ — dieser Wert tritt an Stelle der durch Gl. 10, S. 113 gegebenen **genauen** Grenzschlankheit —, so daß die Gl. 6 innerhalb $0 \leq \lambda \leq \infty$ Gültigkeit besitzt. Die einem vorgegebenen Exzentrizitätsmaß m entsprechende größte Axialspannung ergibt sich für $\lambda = 0$ aus Gl. 6 oder 7 zu

$$\sigma_0 = \frac{\sigma_s}{1 + \left(1 - \frac{t}{h}\right) m}. \tag{8}$$

Die nach dieser Formel berechnete Nullspannung σ_0 ist **etwas kleiner** als der nach Gl. 55, S. 120 ermittelte strenge Wert (Spannungszustand VI), doch ist der Unterschied im Falle dünner Gurtlamellen praktisch unerheblich. Zusammenfassend kann daher festgestellt werden, daß die Gl. 6 eine für praktische Rechnungen geeignete Formel zur Bestimmung der einem vorgegebenen Exzentrizitätsmaß m und einer bestimmten Axialspannung σ_{kr} zugeordneten kritischen Schlankheit darstellt, die für alle praktisch vorkommenden Fälle ($\lambda > 30$, $m < 5$) sogar auch für Stäbe mit **Rechteckquerschnitt** (obere Grenze $h = 2\,t$) **brauchbare** Ergebnisse liefert; man erhält dann aus Gl. 6

$$\lambda = \pi \sqrt{\frac{E}{\sigma_{kr}}} \cdot \left[1 - \frac{m\,\sigma_{kr}}{2\,(\sigma_s - \sigma_{kr})} \right]. \tag{9}$$

Die aus dieser Gleichung ermittelten kritischen Spannungen bleiben innerhalb des angegebenen Bereiches um **höchstens 5%** unter den wahren Werten, so daß die Gl. 9 für Stäbe mit **Rechteckquerschnitt** besonders im Falle einer Überschlagsrechnung an Stelle der Formeln I und I* benutzt werden darf.

2. Stabilität senkrecht zur Momentenebene.

Bei der Betrachtung der Stabilitätsverhältnisse senkrecht zur Momentenebene ist der Stab gemäß den allgemeinen Darlegungen in § 9 hinsichtlich der Knickgefahr in der z-Richtung zu untersuchen; hierbei ist bei dünnwandigen Profilformen nicht nur die Widerstandsfähigkeit des gesamten Stabquerschnittes gegenüber seitlichen Ausbiegungen (Vollstab), sondern auch die Ausweichgefahr seiner unter Umständen stark bleibend verformten und auf Druck beanspruchten Einzelteile in Rechnung zu stellen. Betrachtet man zunächst das Verhalten des Vollstabes gegenüber unendlich kleinen seitlichen Ausbiegungen, so ist nachzuprüfen, ob die Schlankheit λ_y den durch Gl. 17, S. 105 gegebenen Höchstwert nicht überschreitet. Bei der vorliegenden Querschnittsform kann die Rechnung auf den Spannungszustand I beschränkt bleiben (vgl. Abb. 67), und man erhält dann laut Gl. 17, S. 105 die Knickschlankheit in der z-Richtung aus

$$\max \lambda_y^2 = \frac{\pi^2 E}{\sigma_k}\left(1 - \frac{\xi}{2t}\right). \tag{10}$$

Der günstigste Materialaufwand liegt dann vor, wenn die Tragfähigkeit des Stabes sowohl in der Momentenebene als auch senkrecht dazu gleich groß ist; dann gilt $\sigma_k = \sigma_{kr}$, $\xi = \xi_{kr}$, und man erhält

$$\max \lambda_y^2 = \frac{\pi^2 E}{\sigma_{kr}}\left(1 - \frac{\xi_{kr}}{2t}\right). \tag{11}$$

Die Breite des Fließgebietes im kritischen Gleichgewichtszustande ξ_{kr} ist aus Gl. 4, S. 112 zu bestimmen, und die Gl. 11 nimmt die nachfolgende Form an:

$$\max \lambda_y^2 = \frac{\pi^2 E}{\sigma_{kr}}\left[1 - \frac{1}{2t}\left(p - \sqrt{p^2 - q}\,\right)\right]. \tag{12}$$

Die günstigsten Querschnittsabmessungen sind dann durch die Gl. 5, S. 112 und die Gl. 12 bestimmt, d. h. es ist bei gegebenem Verhältniswert $\frac{t}{h}$ sowohl b als auch h aus diesen Gleichungen zu ermitteln. Bei vorgegebener Querschnittsform — das Verhältnis der Gurtbreite b zur Querschnittshöhe h ist meist durch konstruktive Gründe bestimmt — ist die Bemessung nach Gl. 5, S. 112, bzw. nach der Näherungsformel Gl. 6 durchzuführen und nachzuprüfen, ob $\lambda_y \lessgtr \max \lambda_y$ ist. Die für die beiden Richtungen y und z maßgebenden Schlankheitsgrade sind bei beiderseits gelenkiger Lagerung durch die Beziehung $\lambda_z^2 = \frac{J_y}{J_z}\lambda_y^2$ verknüpft. Das der Knickschlankheit $\max \lambda_y$ entsprechende Schlankheitsverhältnis in der Momentenebene wird dann kurz mit λ_k bezeichnet und ergibt sich zu

$$\lambda_k = \max \lambda_y \sqrt{\frac{J_y}{J_z}}. \tag{13}$$

Dieser Wert ist mit der für die Ausweichgefahr in der Momentenebene maßgebenden kritischen Schlankheit λ_{kr} zu vergleichen. Bei der vorliegenden Querschnittsform bestehen dann die nachfolgend geschilderten Zusammenhänge. Im Falle gleicher Trägheitsmomente $J_y = J_z$ gilt immer $\lambda_k > \lambda_{kr}$ — der Fall $J_y > J_z$, für welchen dies ebenfalls zutrifft, besitzt praktisch wohl nur geringe Bedeutung —, die nach Gl. 12 bzw. 13 gefundene Linie der Knickspannungen liegt bei gleichem Exzentrizitätsmaß immer oberhalb der Linie der kritischen Spannungen, welche demnach der tatsächlichen Tragfähigkeit entspricht, und erreicht diese für $\lambda = 0$ (s. Abb. 68). Ganz anders jedoch liegen die Verhältnisse im Falle $J_y < J_z$ (Abb. 69). Für $m = 0$ ist jetzt die dem kleineren Trägheitsmoment J_y entsprechende und stark eingezeichnete Euler-Hyperbel maßgebend, welche die Linien der kritischen Spannungen durchschneidet. Die nach Gleichungen 12 und 13 ermittelte Linie der Vergleichsschlankheiten λ_k zweigt von der Linie der kritischen Spannungen bei $\lambda = 0$ (Punkt 1) ab, verläuft zunächst oberhalb dieser Linie, nähert sich ihr aber wieder mit zunehmender Schlankheit und schneidet sie im Punkte 2; in diesem Bereiche entspricht daher die kritische Spannung der Tragfähigkeit des

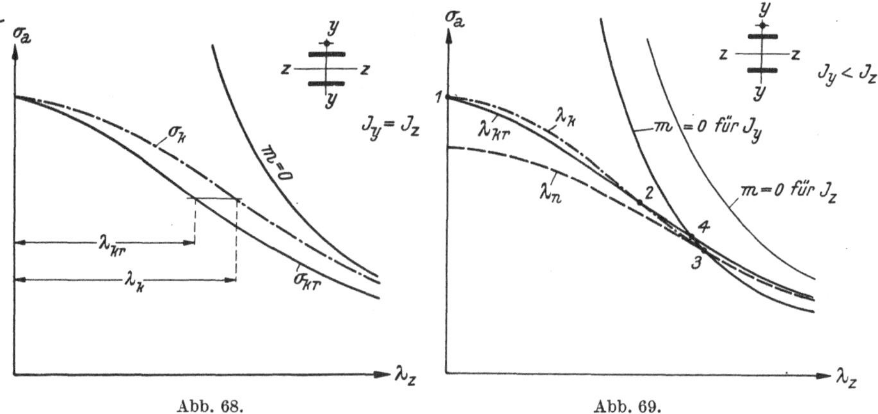

Abb. 68.   Abb. 69.

Stabes. Mit weiter zunehmender Schlankheit knickt jedoch der Stab vor Erreichen der Stabilitätsgrenze σ_{kr} (in der Momentenebene) seitlich aus. Dann ist $\xi < \xi_{kr}$ aus Gl. 1, S. 111 unter Benutzung von Gl. 6, S. 102 zu berechnen, und man erhält die zugehörige Knickschlankheit aus Gl. 10, bzw. die Vergleichsschlankheit λ_k aus Gl. 13. Diese strichpunktiert eingezeichnete Linie der Knickspannungen erreicht die Euler-Hyperbel

$$\lambda_k^2 = \frac{\pi^2 E J_y}{\sigma_k J_z}$$ gemäß Gl. 10 für $\xi = 0$ (Punkt 3), d. h. da $\xi = 0$ der Höchstspannung des elastischen Bereiches σ_n entspricht, im Schnittpunkte derselben mit der nach Gl. 14, S. 104 zu bestimmenden λ_n-Linie. Ist J_y nicht wesentlich kleiner als J_z, so liegt der auf der λ_n-Linie befindliche Schnittpunkt 3 nur unwesentlich unterhalb der Linie der kritischen Spannungen — für größere Schlankheitsgrade ist σ_n nur wenig kleiner als σ_{kr} —, so daß man letztere mit genügender Annäherung bis zum Schnittpunkt 4 mit der Euler-Hyperbel als maßgebend für die Tragfähigkeit des Stabes ansehen kann.

Bei einem auf außermittigen Druck beanspruchten Stab der vorliegenden Querschnittsform besteht außerdem die Gefahr des seitlichen Ausweichens des Druckgurtes, welche Erscheinung im Falle festgehaltener, d. h. gegen Verdrehung gesicherter Endquerschnitte als

Kippen bezeichnet wird. Die Untersuchung dieses Stabilitätsproblems, welches für den einfachsten Belastungsfall — Axialkraft und unveränderliches Biegemoment — und unter der Annahme rein elastischer Formänderungen von F. Bleich (Stahlhochbau, II. Bd., 1932, J. Springer) streng gelöst wurde, gestaltet sich jedoch im vorliegenden Falle sowohl wegen der Veränderlichkeit des Biegemoments als auch wegen der hier notwendigen Ausdehnung der Rechnung auf elastisch-plastische Verzerrungszustände außerordentlich schwierig. Man gelangt nun in bekannter Weise zu einer Annäherung an die wirklichen Verhältnisse, wenn man den Druckgurt für sich allein auf Knickung senkrecht zur Momentenebene untersucht, wobei die dem Kippen entgegenwirkende Drillungssteifigkeit des Gesamtquerschnittes als auch die Seitensteifigkeit des Zuggurtes durch die Annahme einer verminderten Knicklänge des Druckgurtes berücksichtigt werden kann.

Unter einer bestimmten Axialkraft P entsteht zufolge der außermittigen Kraftwirkung in der x-y-Ebene im Druckgurt eine Spannungsverteilung, deren Resultierende als **Gurtkraft** G bezeichnet wird. Die weitere Untersuchung, welche die Nachprüfung der Stabilität einer unendlich wenig ausgebogenen Lage der Gurtachse zum Ziele hat, wird unter Zugrundelegung des im Mittelquerschnitt auftretenden Höchstwertes der Gurtkraft und einer freien Länge $L_k = \dfrac{L}{2}$ des Druckgurtes durch-

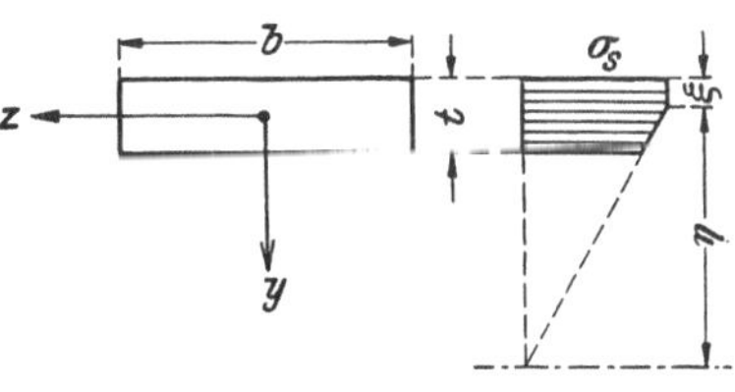

Abb. 70.

geführt. Die **Differentialgleichung der ausgebogenen Gurtachse** ergibt sich gemäß den Ausführungen in § 8/2, Gl. 25, S. 86 zu

$$\frac{d^2 z}{d x^2} = z'' = -\frac{G\,t\,z}{E\,J_{1y}\,(t-\xi)},\tag{14}$$

wobei $J_{1y} = \dfrac{1}{12}\,t\,b^3$ das Trägheitsmoment des Druckgurtes bezüglich der y-Achse bedeutet. Die Breite des Fließgebietes ξ ist von der Axialkraft P und dem Exzentrizitätsmaß m abhängig und wird als unveränderlich längs der Stabachse angesehen (ungünstigere Annahme), so daß die Gl. 14 sofort integriert werden kann. Man erhält nach Einführung der Randbedingungen die Knicklast des Druckgurtes zu

$$G_{1k} = \frac{4\,\pi^2\,E\,J_{1y}}{L^2}\left(1 - \frac{\xi}{t}\right).\tag{15}$$

Bezeichnet man mit $F_1 = b\,t$ die Querschnittsfläche und mit $\lambda_{1y} = \dfrac{L}{2\,i_{1y}}$ (i_{1y} ... Trägheitshalbmesser) das **Schlankheitsverhältnis des Druckgurtes**, so kann Gl. 15 in der Form

$$\frac{G_{1k}}{F_1} = \sigma_{1k} = \frac{\pi^2\,E}{\lambda_{1y}^2}\left(1 - \frac{\xi}{t}\right)\tag{16}$$

angeschrieben werden. Die auf die Fläche F_1 bezogene Knickspannung σ_{1k}

entspricht dem Mittelwerte der in Abb. 70 angegebenen Spannungsverteilung und ergibt sich zu

$$\sigma_{1k} = \sigma_s \left[1 - \frac{(t - \xi)^2}{2\,t\,\eta} \right], \tag{17}$$

wobei die Größen ξ und η unter Verwendung der Gl. 1, S. 111 und der
Gl. 6, S. 102 als Funktion der Axialspannung und des Exzentrizitätsmaßes
zu bestimmen sind. Die Durchführung dieser etwas umständlichen Rechnung erübrigt sich aber, da σ_{1k} bei kleiner Gurtstärke $t \ll h$ nur unwesentlich kleiner ist als die Stauchgrenze σ_s und daher für den vorliegenden
Zweck ohne weiteres durch diese ersetzt werden darf ($\sigma_{1k} \doteq \sigma_s$). Betrachtet
man ferner den praktisch wichtigen Fall, daß der Stab sowohl in
der Momentenebene als auch senkrecht dazu gleichzeitig die Stabilitätsgrenze erreicht, so erhält man die maßgebende Knickschlankheit
des Druckgurtes aus Gl. 16 zu

$$\max \lambda_{1y}^2 = \frac{\pi^2 E}{\sigma_s} \left(1 - \frac{\xi_{kr}}{t} \right). \tag{18}$$

Die Breite des Fließgebietes im kritischen Gleichgewichtszustande ist durch Gl. 4, S. 112 gegeben, und man erhält daher:

$$\max \lambda_{1y}^2 = \frac{\pi^2 E}{\sigma_s} \left[1 - \frac{1}{t} \left(p - \sqrt{p^2 - q} \right) \right]. \tag{19}$$

Diese für die Auswertung nicht recht geeignete Gleichung wird nachfolgend umgeformt, und zwar kann die Breite des Fließgebietes ξ_{kr} unter
Verwendung der Abkürzung w nach Gl. 3 durch eine Reihe dargestellt
werden:

$$\frac{\xi_{kr}}{t} = \frac{2\,w}{(1 + w)} \left[1 + \frac{2\,t\,w}{h\,(1 + w)^2} + \frac{8\,t^2\,w^2}{h^2\,(1 + w)^4} + \cdots \right]. \tag{20}$$

Diese Reihe konvergiert sehr rasch, da $w < 1$ und $\dfrac{t}{h} < \dfrac{1}{2}$ ist. Durch
geeignete Zusammenfassung der beiden ersten Glieder in der der Entwicklung von Gl. 2 entsprechenden Form

$$\frac{\xi_{kr}}{t} \doteq \frac{2\,w}{(1 + w_{\max})} \left[1 + \frac{2\,t\,w_{\max}}{h\,(1 + w_{\max})^2} \right] \tag{21}$$

erhält man unter Vernachlässigung der sehr kleinen Glieder $\left(\dfrac{t}{h} \right)^2$ die
für praktische Zwecke geeignete und verläßliche Näherungsformel:

$$\frac{\xi_{kr}}{t} = \left(1 - \frac{t}{h} \right) \frac{m\,\sigma_{kr}}{(\sigma_s - \sigma_{kr})}. \tag{22}$$

Führt man diesen Wert in Gl. 18 ein, so ergibt sich die Knickschlankheit des Druckgurtes genau genug zu

$$\max \lambda_{1y}^2 = \frac{\pi^2 E}{\sigma_s} \left[1 - \left(1 - \frac{t}{h} \right) \frac{m\,\sigma_{kr}}{(\sigma_s - \sigma_{kr})} \right]. \tag{23}$$

Bei gegebenem Verhältnis der Trägheitsmomente $\dfrac{J_z}{J_y}$, vorgeschriebenem
Exzentrizitätsmaß m und der kritischen Spannung σ_{kr} ist die kritische
Schlankheit nach Gl. 5, S. 112 bzw. nach Gl. 6 zu bestimmen und nach

zuprüfen, ob die Schlankheit des Druckgurtes $\lambda_{1y} \gtreqless \max \lambda_{1y}$ ist; das der Knickschlankheit $\max \lambda_{1y}$ zugeordnete Schlankheitsverhältnis in der y-Richtung soll mit λ_{1k} bezeichnet werden und ergibt sich zu

$$\lambda_{1k}^2 = \frac{4FJ_{1y}}{F_1 J_z} \max \lambda_{1y}^2 = \frac{4J_y}{J_z} \max \lambda_{1y}^2. \tag{24}$$

Dieser Wert ist mit dem kritischen Schlankheitsverhältnis λ_{kr} zu vergleichen, und man erhält dann eine graphische Darstellung der hier bestehenden Zusammenhänge für den Sonderfall $J_z = J_y$ gemäß Abb. 71. Die nach Gleichungen 24 und 23 berechnete und strichpunktiert eingezeichnete λ_{1k}-Linie zweigt von der Ordinatenachse im Punkte 1, dessen Ordinate kleiner ist als die nach Gl. 55, S. 120 ermittelte Nullspannung σ_0 und mit dem durch Gl. 8 gegebenen Näherungswert übereinstimmt, ab, schneidet die Linie der kritischen Spannungen (vollgezeichnete Linie λ_{kr}) zunächst im Punkte 2 und mit weiter zunehmender Schlankheit im Punkte 3, verläuft daher zwischen den Punkten 1 und 2 unterhalb, zwischen den Punkten 2 und 3 oberhalb der Linie der kritischen Spannungen. Für das Tragvermögen **stark gedrungener** und **sehr schlanker Stäbe** ist daher nicht die kritische Spannung,

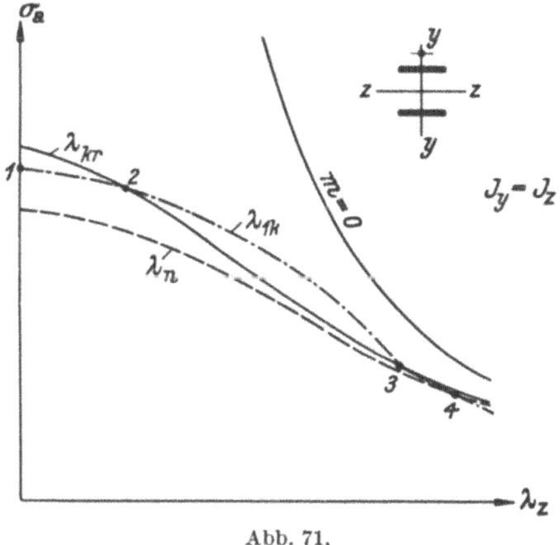

Abb. 71.

sondern die der Knickung des Druckgurtes entsprechende Spannung **maßgebend**, während die Festigkeit **mittelschlanker** Stäbe durch die Ausweichgefahr in der Momentenebene begrenzt ist. Der **Gültigkeitsbereich** der Gl. 23 ist durch den Schnittpunkt der λ_{1k}-Linie mit der Linie der kritischen Spannungen bestimmt (Punkt 3). Mit weiter zunehmender Schlankheit ist die λ_{1k}-Linie gemäß Gleichungen 16 und 24 aus

$$\lambda_{1k}^2 = \frac{4\pi^2 E}{\sigma_s} \left(1 - \frac{\xi}{t}\right) \frac{J_y}{J_z} \tag{25}$$

zu ermitteln; hier ist $0 < \xi < \xi_{kr}$ aus den Gleichungen 1, S. 111 und aus Gl. 6, S. 102 als Funktion der Axialspannung σ_a und des Exzentrizitätsmaßes m einzuführen. Für $\xi = 0$ schneidet diese Kurve (Punkt 4) die Linie der Grenzspannungen des elastischen Bereiches σ_n (λ_n-Linie nach Gl. 14, S. 104). Bei noch größeren Schlankheitsgraden dagegen knickt der Druckgurt aus, bevor am Biegedruckrand die Stauchgrenze erreicht wird; dann erfährt der Stab rein elastische Formänderungen und der Druckgurt knickt unter der Annahme voller Einspannung bei der Randspannung

$$\sigma_d = \frac{\pi^2 E}{\lambda_{1y}^2} = \frac{4\pi^2 E J_y}{\lambda_{1k}^2 J_z} \tag{26}$$

aus. Die dieser Randspannung $\sigma_d < \sigma_s$ zugeordnete Axialspannung σ_{kr}, welche der Tragfähigkeit $P_k = F\,\sigma_k$ des Stabes entspricht, ist gemäß Gl. 14, S. 104 — in dieser Gleichung ist σ_s durch σ_d zu ersetzen — aus

$$\lambda^2_{1\,k} = \frac{\pi^2 E}{\sigma_k}\left[1 - \frac{m\,\sigma_k}{(\sigma_d - \sigma_k)}\right] \tag{27}$$

zu berechnen, so daß bei **sehr schlanken** Stäben die mit zunehmender Belastung höchstens erreichbare Axialspannung σ_k sogar unterhalb der Grenzspannung des elastischen Bereiches σ_n liegt (vgl. Abb. 71).

Die Abb. 72 zeigt eine graphische Darstellung der bestehenden funktionalen Zusammenhänge für den Fall $J_y < J_z$; die strichpunktiert eingezeichnete Linie der Vergleichsschlankheit $\lambda_{1\,k}$ ist so wie früher bis zum Schnittpunkt 3 mit der Linie der kritischen Spannungen (λ_{kr}-Linie) durch die Gleichungen 23 und 24, von hier an bis zum Schnittpunkt 4 mit der Linie der Grenzspannungen des elastischen Bereiches σ_n durch Gl. 25 und weiterhin durch die Gleichungen 26 und 27 bestimmt. Unter Umständen schneidet der so ermittelte Ast (3, 4) ebenso wie die Linie der kritischen Spannungen die maßgebende Euler-Hyperbel ($m = 0$ für J_y); dann ist die Vergleichsschlankheit $\lambda_{1\,k}$ strenge genommen durch eine von

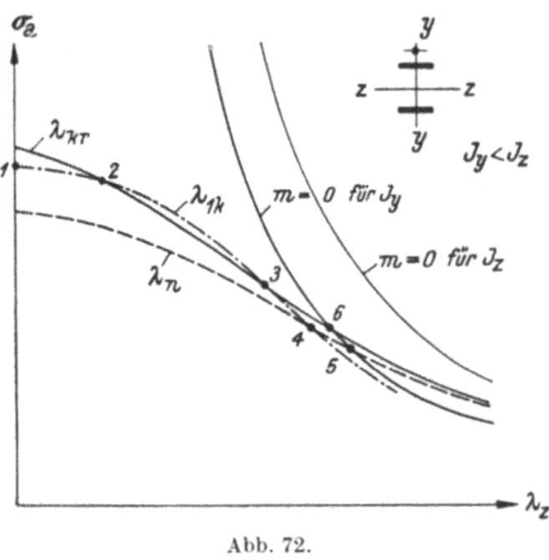

Abb. 72.

Punkt 3 nach Punkt 5 verlaufende Kurve gegeben, kann jedoch mit genügender Genauigkeit durch den nur wenig oberhalb liegenden Ast (3, 6) der λ_{kr}-Linie ersetzt werden, wenn J_y nicht allzusehr von J_z verschieden ist, was wohl fast immer zutreffen wird. Für den praktisch weniger bedeutsamen Fall $J_y > J_z$ erhält man ein Diagramm nach Abb. 71, nur rücken jetzt die Punkte 3 und 4 noch weiter nach rechts, d. h. ein Versagen des Druckgurtes kommt erst bei noch größeren Schlankheitsgraden in Frage.

Der Vergleich zwischen den Abbildungen 68 und 71 zeigt, daß für gedrungene und sehr schlanke Stäbe die Knickgefahr des Druckgurtes größer ist als die seitliche Ausweichgefahr des Vollstabes. Man erkennt ferner, daß bei gedrungenen Stäben die Knickgefahr des Druckgurtes durch die Breite des Fließgebietes ξ entscheidend beeinflußt wird und unter allen Umständen, d. h. ohne Rücksicht auf das Verhältnis der Hauptträgheitsmomente $\dfrac{J_y}{J_z}$ an Stelle der größeren kritischen Spannung für die Tragfähigkeit ausschlaggebend ist. Abschließend werden daher noch jene Gleichgewichtslagen des in der x-y-Ebene ausgebogenen Stabes ermittelt, bei welchen gerade eine **vollplastische** Verformung des **Druckgurtes** ($\xi = t$) eintritt; die dieser Bedingung entsprechende

Axialspannung ist dann mit Rücksicht auf die Ergebnisse der vorangegangenen Untersuchung in allen jenen Fällen, wo der kritische Gleichgewichtszustand erst bei größeren Formänderungen ($\xi_{kr} > t$) eintreten würde, als praktisch erreichbarer Höchstwert anzusehen und soll daher als sekundäre kritische Spannung $\sigma_{1\,kr}$ bezeichnet werden. Bei der Ermittlung dieser sekundären kritischen Spannung ist in allen praktisch vorkommenden Fällen ($m < 5$) nur der Spannungszustand I in Betracht zu ziehen, und man erhält mit $\xi = t$ aus den Gleichungen 1, S. 111 und aus Gl. 6, S. 102 die zugeordnete Schlankheit ganz allgemein in der Form:

$$\lambda^2_{1\,kr} = \frac{\pi^2 E}{\sigma_{1kr}}\left\{1 - \frac{b\,t^2\,(3\,e_1 - t)}{6\,J_z} - \frac{m\,\sigma_{1\,kr}}{2\,F\,e_1\,(\sigma_s - \sigma_{1\,kr})}\,[b\,t^2 + 2\,F\,(e_1 - t)]\right\}. \quad (28)$$

Diese Gleichung nimmt für die besprochene Querschnittsform unter Verwendung der Gleichungen 1 und unter Vernachlässigung der bei dünnen Gurten sehr kleinen Glieder $\left(\dfrac{t}{h}\right)^2$ die nachfolgende Gestalt an:

$$\lambda^2_{1\,kr} = \frac{\pi^2 E}{\sigma_{1\,kr}}\left\{1 - \left(1 - \frac{t}{h}\right)\frac{m\,\sigma_{1\,kr}}{(\sigma_s - \sigma_{1\,kr})}\right\}\left(1 - \frac{t}{2\,h}\right). \quad (29)$$

Die nach Gl. 29 berechnete **sekundäre kritische Schlankheit** $\lambda_{1\,kr}$ ist innerhalb des Spannungsbereiches $\sigma_{1\,kr} \geqq \dfrac{J_z\,\sigma_s}{4\,J_y}$ kleiner als der der Knickung des Druckgurtes nach Gleichungen 23 und 24 zugeordnete Wert $\lambda_{1\,k}$, für $\lambda = 0$ ergeben jedoch die Gleichungen 23 und 29 dieselbe Nullspannung σ_0 nach Gl. 8. Die Linie der sekundären kritischen Spannungen $\sigma_{1\,kr}$ zweigt demnach von der Ordinatenachse $\lambda = 0$ in der Höhe des Spannungswertes σ_0 ab, verläuft zunächst unterhalb der Linie der kritischen Spannungen σ_{kr} (nach der genauen Rechnung!) und schneidet diese für $\xi = t$, ihr Verlauf entspricht daher grundsätzlich dem in Abb. 71 strichpunktiert eingezeichneten Kurvenast (1, 2); für größere und praktisch in Betracht kommende Schlankheitsgrade ist jedoch die kritische Spannung $\sigma_{kr} < \sigma_{1\,kr}$ für die Festigkeit des Stabes maßgebend.

3. Schlußfolgerungen.

Die Untersuchung der Stabilitätsverhältnisse des steglosen I-Querschnittes ergibt folgendes Gesamtbild: Die Tragfähigkeit des außermittig gedrückten Stahlstabes kann durch ungeeignete Wahl des Verhältnisses der Hauptträgheitsmomente ($J_y \ll J_z$) unter Umständen recht empfindlich herabgesetzt werden (vgl. die Ausführungen zu den Abbildungen 69, 71 und 72). Für die Festigkeit gedrungener Stäbe ist nicht die Ausweichgefahr in der Momentenebene, sondern die Knickgefahr des Druckgurtes maßgebend; die zugeordnete größte Axialspannung kann mit ausreichender Näherung aus Gl. 29 berechnet werden und wird als sekundäre kritische Spannung bezeichnet. Das Tragvermögen schlanker Stäbe ist bei gleichen Hauptträgheitsmomenten $J_y = J_z$ innerhalb der praktisch zur Anwendung gelangenden Schlankheitsgrade $\lambda < 150$ durch die kritische Spannung σ_{kr} nach Gl. 6 bestimmt. Die einem bestimmten Exzentrizitätsmaß zugeordnete größte Axialspannung ist jedenfalls durch die Gl. 29 nach oben hin begrenzt, und dies stellt wohl das wesentlichste Ergebnis der Stabilitätsuntersuchung senkrecht zur Momentenebene dar. Die absolut größte Axialspannung σ_0 für $\lambda = 0$ ist aber mit dem durch Gl. 8 gegebenen, aus der für die kritische Spannung σ_{kr} geltenden Näherungsformel Gl. 6 abgeleiteten Höchstwert identisch. Die Näherungsformel Gl. 6 entspricht daher allen hier erörterten Bedingungen und kann demnach unbeschränkt für die praktisch zur Ausführung gelangenden Schlankheitsgrade und innerhalb des durch die maßgebende Knickspannungslinie — es kann hier entweder J_z oder J_y in Betracht kommen — abgegrenzten Bereiches zur Berechnung der Festigkeit axial gedrückter und auf Biegung beanspruchter Stahlstäbe der vorliegenden Querschnittsform verwendet werden. Schließlich sei noch besonders hervorgehoben, daß bei den zur Anwendung gelangenden kleinen Gurtstärken die kritische Spannung im allgemeinen, besonders aber für sehr schlanke Stäbe, nur unwesentlich größer ist als die Grenzspannung σ_n des elastischen Bereiches.

§ 12. Der **I**-Querschnitt.

Bei dieser Querschnittsart sind zwei Hauptformen, und zwar einstegige (z. B. Walzprofile) und zweistegige (offene und geschlossene Kastenquerschnitte) Profile zu unterscheiden, welche mit Rücksicht auf die Stabilitätsuntersuchung senkrecht zur Momentenebene getrennt zu untersuchen sind.

I. Einstegige Profile.

1. Stabilität in der Momentenebene.

Bei der vorliegenden Querschnittsform kommen für die Ermittlung der kritischen Spannung nur die Verzerrungszustände A und C in Betracht. Mit Rücksicht auf die unstetige Querschnittsbegrenzung können jedoch sieben verschiedene, und zwar die Spannungszustände I, II, III, VI, VII, IX, X für den Eintritt des kritischen Gleichgewichtszustandes maßgebend sein. Die Anwendung einstegiger Profile mit verschieden großen Hauptträgheitsmomenten $J_y < J_z$ ist nur dann zweckmäßig, wenn die Knicklängen in den beiden Richtungen y und z sehr verschieden sind oder aber wenn ein schwer belasteter und kurzer Stab vorliegt. Als günstigster Fall ist wohl eine gelenkige Lagerung in der Stegebene und eine volle Einspannung senkrecht dazu anzusehen ($J_z \leqq 4\,J_y$), so daß die Verwendung eines **I**-Normalprofils wegen der geringen Steifigkeit quer zur Stegebene ($J_z = 14$ bis $30\,J_y$) im allgemeinen nicht in Betracht kommt. Dagegen sind die kleineren Nummern der Breitflanschprofile (etwa bis **I** P Nr. 34) für Druckstäbe, die senkrecht zur Stegebene als teilweise oder voll eingespannt angenommen werden können, durchaus geeignet und sollen daher den nachfolgenden Untersuchungen zugrunde gelegt werden.

In Abb. 73 ist die nach § 10 ermittelte und für die Tragfähigkeit in der Momentenebene maßgebende Axialspannung außermittig gedrückter Stäbe mit **I P**-Querschnitt und aus Ideal-Stahl St$_i$ 37 in Abhängigkeit vom Schlankheitsverhältnis λ_z und Exzentrizitätsmaß m graphisch dar-

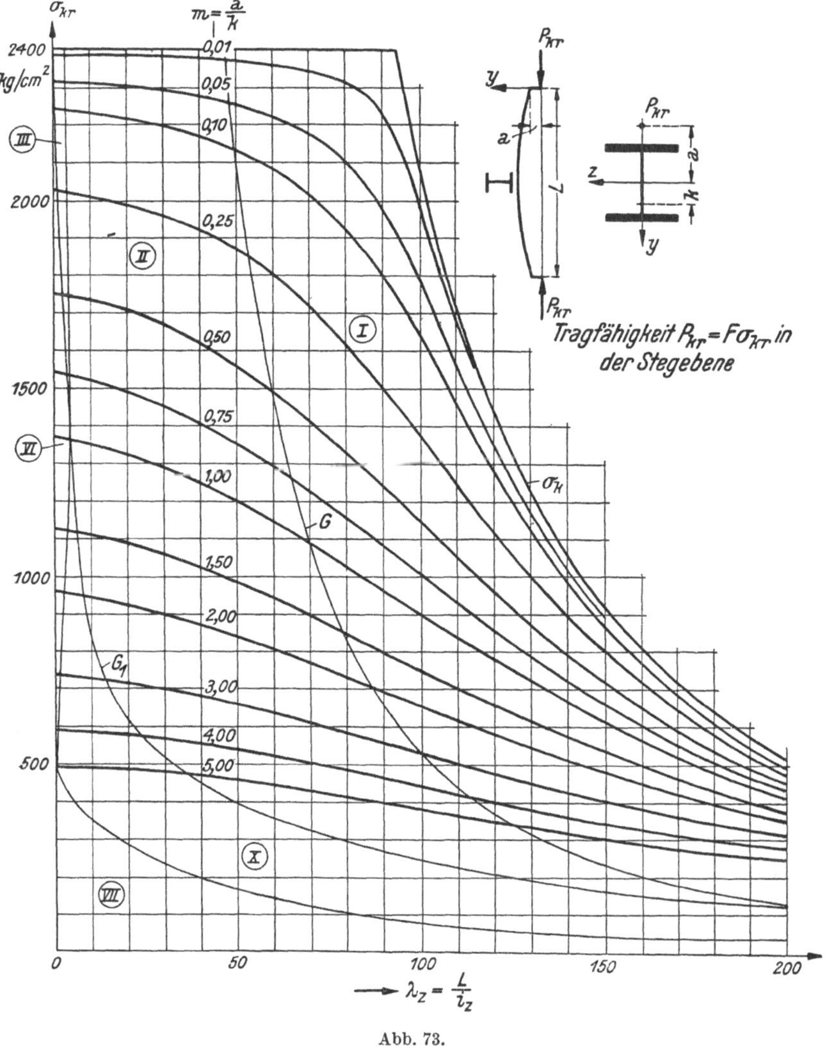

Abb. 73.

gestellt. Die Gültigkeitsbereiche der sieben verschiedenen Spannungszustände sind durch die dünn vollgezeichneten Grenzkurven voneinander geschieden und durch römische Ziffern bezeichnet. Man erkennt, daß der weitaus größte und wichtigste Teil des Diagramms den Spannungszuständen **I** und **II** zugeordnet ist. Die Grenzlinien G und G_1

entsprechen Gleichgewichtslagen, bei welchen der obere Flansch bzw. der obere Flansch und der Steg **vollplastisch** verformt sind; die übrigen Spannungszustände können daher nur bei sehr kurzen Stäben oder großen Exzentrizitäten des Kraftangriffes auftreten und sind demnach praktisch ziemlich bedeutungslos. Innerhalb des Gültigkeitsbereiches des Spannungszustandes I ist zur Berechnung der kritischen Schlankheit die Gl. 5, S. 112 heranzuziehen. Diese Gleichung kann durch Reihenentwicklung auf die Form der Gl. 7, S. 112 gebracht werden; die dort angegebene Reihe konvergiert gut, da die Koeffizienten mit zunehmender Gliederzahl sehr klein werden und außerdem für die vorliegende Querschnittsform nach den Gleichungen 6, S. 112 und 9, S. 113

$$w_{\max} = \frac{b\,t\,(h-t)}{h\,(F-b\,t)} \doteq 0{,}6 < 1 \tag{1}$$

ist. Zu einer verläßlichen **Annäherung** gelangt man, wenn die kritische Schlankheit aus der durch geeignete Zusammenfassung der ersten vier Glieder entstehenden Gleichung bestimmt wird:

$$\lambda_{kr}^2 = \frac{\pi^2 E}{\sigma_{kr}} \left\{ 1 - \frac{m\,\sigma_{kr}}{(\sigma_s - \sigma_{kr})} \left[1 - \frac{F\,w}{2\,b\,e_1(1+w_{\max})} \left(1 + \frac{F\,w_{\max}}{3\,b\,e_1(1+w_{\max})^2} \right) \right] \right\}. \tag{2}$$

Nach Einführung der besonderen Werte — es wird hier die Rechnung für ein **I** P-Profil Nr. 30 vorgenommen — erhält man schließlich die **kritische Schlankheit** aus:

$$\lambda_{kr}^2 = \frac{\pi^2 E}{\sigma_{kr}} \left\{ 1 - \frac{m\,\sigma_{kr}}{(\sigma_s - \sigma_{kr})} + 0{,}082 \left(\frac{m\,\sigma_{kr}}{\sigma_s - \sigma_{kr}} \right)^2 \right\}. \tag{3}$$

Diese Gleichung ist leicht auswertbar und ergibt innerhalb ihres Gültigkeitsbereiches (s. Gl. 1) Schlankheitsgrade, die um höchstens 1% (an der Grenze *G*) kleiner sind als die nach Gl. 5, S. 112 berechneten **strengen** Werte.

2. Stabilität quer zur Stegebene.

Bei der Untersuchung der Stabilitätsverhältnisse quer zur Stegebene ist sowohl die **Knickgefahr des Vollstabes** als auch die **Ausweichgefahr des Druckgurtes und des Steges** in Betracht zu ziehen.

Die Ermittlung der **Knickfestigkeit des Vollstabes** ist nach Gl. 17, S. 105 vorzunehmen, wobei die Rechnung zwar auf sämtliche Spannungszustände zu erstrecken ist, jedoch hier nur für die praktisch bedeutsamen Spannungszustände I und II wiedergegeben wird. Das gesamte Trägheitsmoment des Querschnittes bezüglich der y-Achse ist unter Vernachlässigung des sehr kleinen Trägheitsmoments des Steges genau genug

$$J_y \doteq \frac{t\,b^3}{6},$$

und die Gl. 17, S. 105 geht dann für den **Spannungszustand I** in die Gl. 10, S. 133 über. Für den praktisch wichtigen Fall, daß die Stabilitätsgrenze in und quer zur Stegebene **gleichzeitig** erreicht wird ($\sigma_k = \sigma_{kr}$), erhält man die maßgebende **Knickschlankheit** aus Gl. 11 bzw. 12,

S. 133 und es ist nachzuprüfen, ob die vorhandene Schlankheit λ_y größer oder kleiner als dieser Wert ist. Bezeichnet man mit $\dfrac{L}{\varphi}$ die Knicklänge des Stabes — es entspricht demnach $\varphi \geqq 1$ dem Einspanngrade — in der z-Richtung, so nimmt das der Knickschlankheit des Vollstabes $\max \lambda_y$ zugeordnete Schlankheitsverhältnis (Vergleichsschlankheit λ_k) in der Stegebene die Form

$$\lambda_k^2 = \frac{\pi^2 E}{\sigma_{kr}} \left(1 - \frac{\xi_{kr}}{2\,t} \right) \frac{J_y}{J_z}\, \varphi^2 \tag{4}$$

an. Das für die Stabilität in der Stegebene maßgebende **kritische Schlankheitsverhältnis** ergibt sich laut Gl. 5, S. 112 zu

$$\lambda_{kr}^2 = \frac{\pi^2 E}{\sigma_{kr}} \left\{ 1 - \frac{b\,\xi_{kr}}{12\,J_z} \left[\frac{3\,F\,(2\,e_1 - \xi_{kr})^2}{(F - b\,\xi_{kr})} + \xi_{kr}^2 \right] \right\} \tag{5}$$

und ist der durch Gl. 4 bestimmten Knickschlankheit gleichzusetzen. Aus dieser Bedingung $\lambda_k = \lambda_{kr}$ ergibt sich dann eine Gleichung für die Breite des Fließgebietes im kritischen Gleichgewichtszustande ξ_{kr}; besitzt diese Gleichung innerhalb ihres Gültigkeitsbereiches $0 \leqq \xi_{kr} \leqq t$ eine reelle Wurzel, so entspricht die zugehörige Spannungsverteilung einem gleichzeitigen Versagen des Stabes in und aus der Stegebene.

Für den **Spannungszustand II** gestaltet sich die Rechnung sehr einfach. Da das kleine Trägheitsmoment des Steges wieder vernachlässigt werden kann, ist das Trägheitsmoment des elastisch gebliebenen Querschnittsteiles genau genug gleich $\overline{J_y} \doteq \dfrac{1}{2}\,J_y =$ konstant zu setzen, und man erhält gemäß Gl. 17, S. 105 die Knickschlankheit und schließlich die diesem Werte zugeordnete **Vergleichsschlankheit** in der Stegebene aus

$$\lambda_k^2 = \varphi^2\, \frac{\pi^2 E\,J_y}{2\,J_z\,\sigma_{kr}}. \tag{6}$$

Für die beiden praktisch vorkommenden Fälle $\varphi = 1$ (**gelenkige Lagerung**) und $\varphi = 2$ (**volle Einspannung quer zur Stegebene**) gelangt man zu folgenden Ergebnissen: Für den **quer zur Stegebene voll eingespannten** Stab und ein Verhältnis der Hauptträgheitsmomente $\dfrac{J_z}{J_y} \leqq 2{,}8$ — dies gilt bis zu **I** P-Stahl Nr. 30 — ergibt sich sowohl für die hier behandelten als auch für alle anderen Spannungszustände die Knickschlankheit **immer größer** als die kritische Schlankheit $\lambda_k > \lambda_{kr}$, so daß die dem außermittigen Kraftangriff entsprechende Stabilitätsgrenze immer kleiner ist als die Knickspannung des Vollstabes ($\sigma_{kr} < \sigma_k$). Dem nach beiden Richtungen **gelenkig** gelagerten Stabe ist jedoch im Falle mittiger Beanspruchung ($m = 0$) die dem kleineren Hauptträgheitsmoment J_y entsprechende Knickspannungslinie zugeordnet, die Linie der Vergleichsschlankheit λ_k schneidet die λ_{kr}-Linie nach Gl. 6 für $\lambda_k^2 = 0{,}42\,\dfrac{\pi^2 E}{\sigma_k}$ und verläuft gemäß Abb. 69 (vgl. hierzu auch die Ausführungen in § 11/1).

Die Untersuchung der Ausweichgefahr des **Druckgurtes** wird gemäß den für den steglosen **I**-Querschnitt abgeleiteten Beziehungen durchgeführt, d. h. der Druckgurt wird als voll eingespannt angenommen und senkrecht zur Stegebene auf Knickung berechnet, wobei die Untersuchung auf den Spannungszustand I beschränkt bleiben darf. Man erhält dann die Knickschlankheit laut Gl. 14, 15 und 17, § 11, wenn wieder genau genug $\sigma_{1k} \doteq \sigma_s$ gesetzt wird, aus

$$\max \lambda_{1y}^2 = \frac{\pi^2 E}{\sigma_s}\left(1 - \frac{\xi}{t}\right) \tag{7}$$

und die diesem Wert entsprechende Vergleichsschlankheit in der Stegebene:

$$\lambda_{1k}^2 = \frac{4\pi^2 E}{\sigma_s}\left(1 - \frac{\xi}{t}\right)\frac{J_1 F}{J_z F_1}. \tag{8}$$

Hierbei bedeutet F_1 die Querschnittsfläche und J_1 das Trägheitsmoment des Druckgurtes bezüglich der y-Achse. Die Breite des Fließgebietes kann nur innerhalb der Grenzen $0 \leq \xi \leq t$ liegen, so daß für Axialspannungen, die größer sind als der durch Gl. 13, S. 113 gegebene Wert ($\sigma_{kr} = 0{,}14$ t/cm²), nur der Spannungszustand I in Betracht kommt. Die der Knickschlankheit λ_{1k} und der Breite des Fließgebietes ξ zugeordnete Knickspannung σ_k ist aus den Gleichungen 1, S. 111 und aus Gl. 6, S. 102 zu berechnen, und man erhält

$$\lambda_{1k}^2 = \frac{\pi^2 E}{\sigma_k}\left\{1 - \frac{b\,\xi^2(3e_1 - \xi)}{6J_z} - \frac{m\,\sigma_k}{2F e_1(\sigma_s - \sigma_k)}\left[b\,\xi^2 + 2F(e_1 - \xi)\right]\right\}. \tag{9}$$

Die Gleichungen 8 und 9 bestimmen die einer gegebenen Schlankheit und einem gegebenen Exzentrizitätsmaß zugeordnete Axialspannung σ_k, bei welcher der Druckgurt seitlich ausknickt. Die σ_k-Linie verläuft gemäß Abb. 71, erreicht für $\xi = t$ die Ordinatenachse $\lambda = 0$ (Punkt 1) und für $\xi = 0$ die λ_n-Linie (Gl. 14, § 9) im Punkte 4 und schneidet daher die Linie der kritischen Spannungen (λ_{kr}-Linie) im allgemeinen zweimal (Punkte 2 und 3). Für Stäbe, deren Schlankheit größer ist als der durch Gl. 8 für $\xi = 0$ festgelegte Höchstwert

$$\lambda_{\max}^2 = \frac{4\pi^2 E J_1 F}{J_z F_1 \sigma_s}, \tag{10}$$

knickt der Druckgurt vor Erreichen der Stauchgrenze, d. h. bei einer Randspannung $\sigma_d < \sigma_s$, aus und die Knickschlankheit ist dann durch

$$\lambda_{1k}^2 = \frac{4\pi^2 E J_1 F}{J_z F_1 \sigma_d} \tag{11}$$

gegeben, wobei die der Randspannung σ_d zugeordnete Axialspannung σ_k, welche der Tragfähigkeit des Stabes entspricht, aus Gl. 27, S. 138 zu ermitteln ist; dies trifft allerdings nur für sehr schlanke Stäbe zu. Als wesentliches Ergebnis dieser Untersuchung ist aber zu buchen, daß für gedrungene Stäbe nicht die Ausweichgefahr in der Stegebene, sondern die Knickgefahr des Druckgurtes die Tragfähigkeit bestimmt. Die Knickspannung σ_k kann nun für gedrungene Stäbe mit guter Annäherung (größter Fehler etwa 2% in der Schlankheit) — die Auflösung der Gleichungen 8 und 9 gestaltet sich immerhin etwas langwierig — aus der

Bedingung $\xi = t$ bestimmt werden, d. h. man nimmt an, daß die Tragfähigkeit des Stabes durch die **vollplastische** Verformung des **Druckgurtes** begrenzt ist. Die dieser Bedingung zugeordnete Axialspannung wird so wie früher als **sekundäre kritische Spannung** $\sigma_{1\,kr}$ bezeichnet und die entsprechende Schlankheit ist aus Gl. 28, S. 139 zu berechnen. Für die vorliegende Querschnittsform nimmt diese Gleichung die folgende Gestalt an:

$$\lambda_{1\,kr}^2 = \frac{\pi^2 E}{\sigma_{1\,kr}} \left\{ 1 - \frac{0{,}91\, m\, \sigma_{1\,kr}}{(\sigma_s - \sigma_{1\,kr})} \right\} 0{,}96. \tag{12}$$

Für $\lambda_{1\,kr} = 0$ erhält man die dem Exzentrizitätsmaß m zugeordnete **größte** Axialspannung zu

$$\sigma_{1,0} = \frac{\sigma_s}{1 + 0{,}91\, m} \tag{13}$$

und dieser Wert stimmt genau mit der aus Gl. 9 für $\lambda_{1\,k} = 0$ $(\xi = t)$ ermittelten Nullspannung überein.

Die Untersuchung labiler Gleichgewichtszustände ist schließlich noch durch eine kurze Betrachtung über die **Stabilitätsverhältnisse im Stege** des behandelten Profils zu ergänzen. Bei einem auf axialen Druck und Biegung beanspruchten Stabe der vorliegenden Querschnittsform kann auch im Stege ein labiler Gleichgewichtszustand auftreten; diese Erscheinung wird als **Ausbeulen** bezeichnet und kann unter Umständen, d. h. bei geringer Stegstärke, eine Herabsetzung der Tragfähigkeit des Vollstabes bewirken. Die Lösung dieses Stabilitätsproblems ist für die beiden **Grenzfälle der Belastung** — reine **Biegung** und **mittiger Druck** — bekannt;[27] im ersten Falle steht das Stegblech unter der Einwirkung von Normal- und Schubspannungen, im zweiten Falle nur unter der Einwirkung von längs des Randes gleichmäßig verteilten Normalspannungen. In einem außermittig gedrückten Stabe sind nun die Querkräfte wegen der in Betracht kommenden kleinen Ausbiegungen sehr klein und können vernachlässigt werden, doch gestaltet sich die Stabilitätsuntersuchung des Stegbleches zufolge der hier in Rechnung zu stellenden elastisch-plastischen Verzerrungszustände außerordentlich schwierig. Es wird daher versucht, dieses Problem **näherungsweise** unter Zurückführung auf den bekannten Grundfall der mittigen Beanspruchung zu lösen.

Bei der Untersuchung der Stabilität des **gleichmäßig** gedrückten Stegbleches ist die Frage zu entscheiden, unter welcher Belastung neben der ursprünglich ebenen Form noch eine unendlich wenig ausgebogene Form der Mittelebene eine Gleichgewichtslage sein kann. Das Stegblech verhält sich hierbei seitlichen Ausbiegungen gegenüber, wenn die geringe Widerstandsfähigkeit der beiden Gurte vernachlässigt wird (man bleibt dann auf der sicheren Seite der Ergebnisse), wie eine **allseitig frei gelagerte Platte**, deren Formänderung in Abb. 74 dargestellt ist.[28] Das

---

[27] St. Timoshenko: Über die Stabilität versteifter Platten. Eisenbau 1921, S. 147. — Einige Stabilitätsprobleme der Elastizitätstheorie. Z. angew. Math. Mech. 1910, S. 337.

[28] Über Stabilitätsprobleme ebener Platten und Ausbeulungserscheinungen

Ausbeulen findet je nach der Länge der Platte in einer oder in mehreren Halbwellen statt. Die Formänderung der nach Abb. 74 längs der Ränder h gleichmäßig gedrückten dünnen Platte wird durch die Differentialgleichung

$$\frac{E\,d^3}{12\,(1-\overline{m}^2)}\left(\frac{\partial^4 z}{\partial x^4} + 2\,\frac{\partial^4 z}{\partial x^2\,\partial y^2} + \frac{\partial^4 z}{\partial y^4}\right) + S_k\,\frac{\partial^2 z}{\partial x^2} = 0 \tag{14}$$

beschrieben, wobei unbeschränkte Gültigkeit des Hookeschen Gesetzes vorausgesetzt wird und $\overline{m}$ die Poissonsche Konstante bedeutet. Ohne auf die weitere Rechnung näher einzugehen,[29] sei bemerkt, daß die partielle Differentialgleichung 14 in eine gewöhnliche Differentialgleichung 4. Ordnung übergeführt werden kann, deren allgemeinste Lösung vier Integrationskonstanten enthält, für deren Bestimmung ebenso viele Rand-

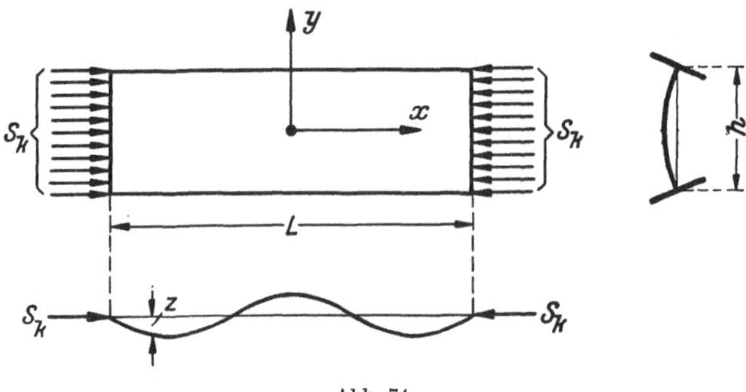

Abb. 74.

bedingungen (längs der beiden Ränder $y = \pm\,\dfrac{h}{2}$ verschwindet die Durchbiegung z und das Biegemoment) zur Verfügung stehen; aus diesen vier homogenen Gleichungen erhält man die Knickbedingung und schließlich die gesuchte Knickspannung zu

$$\sigma_{1k} = \frac{S_k}{h\,d} = \frac{\pi^2\,E}{12\,(1-\overline{m}^2)}\left(\frac{d}{h}\right)^2\left(\frac{\gamma}{n} + \frac{n}{\gamma}\right)^2. \tag{15}$$

Hierbei bedeutet n die Anzahl der Halbwellen und $\gamma = \dfrac{L}{h}$ das Verhältnis der Plattenlänge zur Plattenbreite. Die Knickspannung σ_{1k} ist daher

<hr>

der plattenförmigen Elemente dünnwandiger Druckstäbe vgl.: G. H. Bryan: On the stability of a plane plate under thrusts in its own plane with application to the "buckling" of the sides of a ship. London, Math. Soc. Proc., Bd. 22 (1891), S. 54. — H. Reißner: Über die Knicksicherheit ebener Bleche. Zbl. Bauverw., 1909, S. 93. — E. Melan: Über die Stabilität von Stäben, welche aus einem mit Randwinkeln verstärkten Blech bestehen. Verhandl. d. 3. Intern. Kongresses für technische Mechanik. Stockholm 1930. — F. Hartmann: Die Berechnung von T-Gurten auf Ausbeulung. Stahlbau (7), 1934, S. 105. — W. Ihlenburg: Die Knicksicherheit der Randaussteifungen von Π- und I-Stäben. Stahlbau (8), 1935, S. 85 und 201.

[29] Vgl. z. B. F. Bleich: Theorie und Berechnung der eisernen Brücken, S. 216ff. J. Springer. Berlin 1924.

sowohl vom Seitenverhältnis γ als auch von der Wellenzahl n abhängig. Die Funktion Gl. 15 besitzt ein **Minimum** und man erhält aus $\dfrac{\partial \sigma_{1k}}{\partial \gamma} = 0$ zunächst das zugehörige Seitenverhältnis

$$\gamma_0 = n \tag{16}$$

und nach Einführung dieses Wertes in Gl. 15 die **kleinste**, von der Wellenzahl n unabhängige **Knickspannung** zu

$$\min \sigma_{1k} = \frac{\pi^2 E}{3\,(1 - \overline{m}^2)} \left(\frac{d}{h}\right)^2. \tag{17}$$

In Abb. 75 ist die Knickspannung $\sigma_{1k} = f(n, \gamma)$ graphisch dargestellt. Die σ_{1k}-Linie zerfällt in einzelne unstetig aneinanderschließende Äste, die je nach dem Seitenverhält-

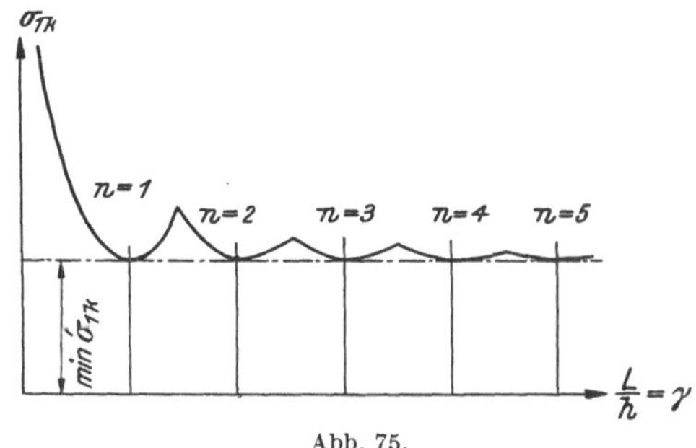

Abb. 75.

nis γ dem Ausbeulen in $n = 1, 2, 3 \dots$ Halbwellen entsprechen. Innerhalb jedes Astes besteht ein Seitenverhältnis $\gamma_0 = n$, für welches die Knickspannung den durch Gl. 17 bestimmten **Kleinst**wert annimmt, der also nur bei einem ganzzahligen Verhältnis der Seitenlängen eintritt. Es ist nun von **wesentlicher Bedeutung**, daß $\min \sigma_{1k}$ für alle Kurvenäste gleich **groß** ist und daß ferner der Unterschied zwischen der der wirklichen Plattenlänge zugeordneten Knickspannung σ_{1k} und diesem Kleinstwert $\min \sigma_{1k}$ mit zunehmender Plattenlänge rasch abnimmt (vgl. Abb. 75). Da das Stegblech eines Druckstabes eine **lange** und **schmale** Platte $(L \gg h)$ darstellt, kann hier genügend genau mit $\min \sigma_{1k}$ als **Beulspannung** gerechnet werden, als deren obere Grenze die Stauchgrenze anzusehen ist.[30] Für ein **IP**-Profil Nr. 30 ergibt sich die Beulspannung des Steges mit $\overline{m} = 0,3$ und $E = 2100$ t/cm² nach Gl. 17 zu $\min \sigma_{1k} = 12,1$ t/cm² und ist daher für alle Stahlsorten gleich der Stauchgrenze σ_s zu setzen.

Beim **außermittig gedrückten** Stab ist die Verteilung der Normalspannungen sowohl über die Steghöhe als auch längs der Stabachse x veränderlich. Legt man der weiteren Rechnung die Spannungsverteilung

---

[30] Die von F. Bleich für den unelastischen Bereich des Baustahles zugrunde gelegte Differentialgleichung entspricht der Annahme verschiedener Elastizitätszahlen in den Richtungen x und y und damit einer **orthotropen Platte**. Die darauf aufgebaute Theorie wird aber durch die bisher bekannten Versuche, welche zeigen, daß die Quasiisotropie des Stahles auch im unelastischen Bereich erhalten bleibt, nicht bestätigt. — Vgl. hierzu: M. Roš und A. Eichinger: Versuche zur Klärung der Frage der Bruchgefahr. Verhandlungen des 2. Intern. Kongresses für technische Mechanik, Zürich 1926, und Verhandlungen des 3. Intern. Kongresses für technische Mechanik, Stockholm 1930.

Tafel 6. Kritische Spannungen σ_{kr} in t/cm² für außermittig gedrückte Stäbe mit I-Querschnitt aus Stahl St$_i$ 37.

λ \ m	0,01	0,10	0,25	0,50	0,75	1,00	1,25	1,50	1,75	2,0	2,5	3,0	3,5	4,0	5,0
0	2,39	2,20	1,96	1,66	1,43	1,26	1,13	1,02	0,93	0,86	0,74	0,65	0,58	0,52	0,44
20	2,38	2,19	1,95	1,63	1,41	1,24	1,12	1,00	0,92	0,84	0,73	0,65	0,58	0,52	0,44
30	2,38	2,18	1,94	1,61	1,39	1,22	1,10	0,98	0,91	0,83	0,72	0,64	0,57	0,51	0,43
40	2,38	2,16	1,91	1,58	1,37	1,20	1,08	0,97	0,89	0,81	0,71	0,64	0,57	0,51	0,43
50	2,37	2,14	1,87	1,55	1,34	1,17	1,05	0,95	0,87	0,80	0,70	0,63	0,56	0,50	0,42
60	2,36	2,09	1,81	1,50	1,29	1,13	1,02	0,92	0,85	0,78	0,68	0,62	0,55	0,49	0,42
70	2,34	2,02	1,72	1,41	1,23	1,09	0,98	0,89	0,82	0,75	0,66	0,60	0,54	0,48	0,41
80	2,31	1,93	1,62	1,33	1,16	1,02	0,92	0,85	0,79	0,72	0,64	0,58	0,52	0,47	0,39
90	2,23	1,80	1,50	1,24	1,08	0,96	0,87	0,80	0,74	0,69	0,61	0,56	0,50	0,45	0,38
100	1,99	1,63	1,38	1,14	1,01	0,90	0,82	0,75	0,70	0,65	0,58	0,53	0,48	0,44	0,37
110	1,68	1,46	1,25	1,05	0,93	0,84	0,77	0,71	0,66	0,62	0,55	0,50	0,46	0,42	0,36
120	1,42	1,28	1,12	0,96	0,86	0,78	0,72	0,66	0,62	0,58	0,52	0,47	0,43	0,40	0,35
130	1,22	1,13	1,00	0,88	0,79	0,72	0,67	0,62	0,59	0,55	0,49	0,45	0,41	0,38	0,34
140	1,05	0,99	0,90	0,79	0,73	0,67	0,62	0,58	0,55	0,52	0,47	0,43	0,39	0,36	0,32
150	0,92	0,87	0,80	0,72	0,66	0,62	0,58	0,54	0,51	0,49	0,44	0,40	0,37	0,34	0,30
160	0,81	0,78	0,72	0,65	0,60	0,57	0,53	0,50	0,48	0,45	0,41	0,38	0,35	0,33	0,29
170	0,71	0,69	0,65	0,59	0,55	0,52	0,49	0,46	0,44	0,42	0,39	0,36	0,33	0,31	0,28
180	0,64	0,62	0,58	0,54	0,51	0,48	0,45	0,43	0,41	0,39	0,37	0,34	0,32	0,30	0,27
190	0,57	0,56	0,53	0,50	0,47	0,44	0,42	0,40	0,38	0,37	0,35	0,32	0,30	0,28	0,26
200	0,52	0,50	0,48	0,46	0,44	0,41	0,39	0,37	0,36	0,34	0,33	0,31	0,29	0,27	0,25

im meistbeanspruchten Mittelquerschnitt zugrunde, so ergibt sich hieraus die beim Ausbeulen vorhandene Knicklast des Steges zu

$$S_k = d \int\limits_{-\frac{h}{2}}^{+\frac{h}{2}} \sigma \, dy. \tag{18}$$

Man kann nun eine gedachte mittlere Spannung $\overline{\sigma_k} = \dfrac{S_k}{d\,h}$ berechnen und diese zur näherungsweisen Beurteilung der Ausbeulgefahr mit dem durch Gl. 17 gegebenen Wert min σ_{1k} vergleichen.[31] Diese Art der Rechnung ist streng richtig, wenn min $\sigma_{1k} = \sigma_s$ wird, denn dann beult der Steg aus, wenn er vollplastisch verformt ist, und dies trifft bei den Spannungszuständen III und VI zu. Mit Rücksicht auf die Ausbeulgefahr des Steges ergibt sich daher die größte Axialspannung des außermittig gedrückten Stabes aus der Bedingung, daß das Fließgebiet auf der Biegedruckseite höchstens bis zum unteren Flansch reichen darf (max $\xi = h - t$). Diese sekundäre kritische Axialspannung σ_{2kr} ist zwar innerhalb der Gültigkeitsbereiche der Spannungszustände III und VI kleiner als die kritische Axialspannung σ_{kr} (an der Grenze $\xi = h - t$ sind beide Spannungswerte identisch), aber jedenfalls größer als die der Knickung des Druckgurtes zugeordnete sekundäre Spannung σ_{1kr} (max $\xi = t$) nach Gl. 12 und braucht deshalb nicht berechnet zu werden, d. h. bei der vorliegenden Querschnittsform ist die Ausweichgefahr des Druckgurtes größer als die Ausbeulgefahr des Steges.

3. Diagramme für I P-Stahl St$_i$ 37.

Die absolute Tragfähigkeit außermittig gedrückter Stäbe mit I P-Profil (gültig bis Nr. 30) und unter Zugrundelegung des normenmäßigen Stahles St$_i$ 37 ist in den Abbildungen 76 und 77 graphisch dargestellt.

In Abb. 76 ist die maßgebende Stabilitätsgrenze, die kurz mit σ_{kr} bezeichnet wird, für die praktisch in Betracht kommenden Exzentrizitätsmaße $m = 0$ bis 5 und Schlankheitsgrade $\lambda_z = \dfrac{L}{i_z} = 0$ bis 200 unter Voraussetzung einer in beiden Hauptträgheitsrichtungen gelenkigen

---

[31] Bei ungleichmäßigen Spannungszuständen müßte man sowohl die Spannung als auch die Plattensteifigkeit in Abhängigkeit von der Ordinate y einführen, und die Gl. 14 nimmt dann die Form

$$\frac{\dot{T}(y)\,d^2}{12\,(1 - \overline{m}^2)}\, V^4 z + \sigma(y)\, \frac{\partial^2 z}{\partial x^2} = 0$$

an, wobei $T(y)$ dem an der Stelle y vorhandenen Knickmodul entspricht. Die obige Gleichung kann dann ganz allgemein auch für elastisch-plastische Verzerrungszustände unter der experimentell bestätigten Voraussetzung, daß die Isotropie auch im unelastischen Bereich erhalten bleibt, verwendet werden. — Vgl. auch den Diskussionsbeitrag von F. Schleicher am I. Intern. Kongreß für Brückenbau und Hochbau in Paris 1932, Schlußbericht, S. 123ff.

Lagerung angegeben. Der Vergleich mit Abb. 73 zeigt, daß dann die
Tragfähigkeit ausschließlich durch die seitliche Knickgefahr bestimmt
wird, und zwar ist für gedrungene Stäbe die Ausweichgefahr des Druck-

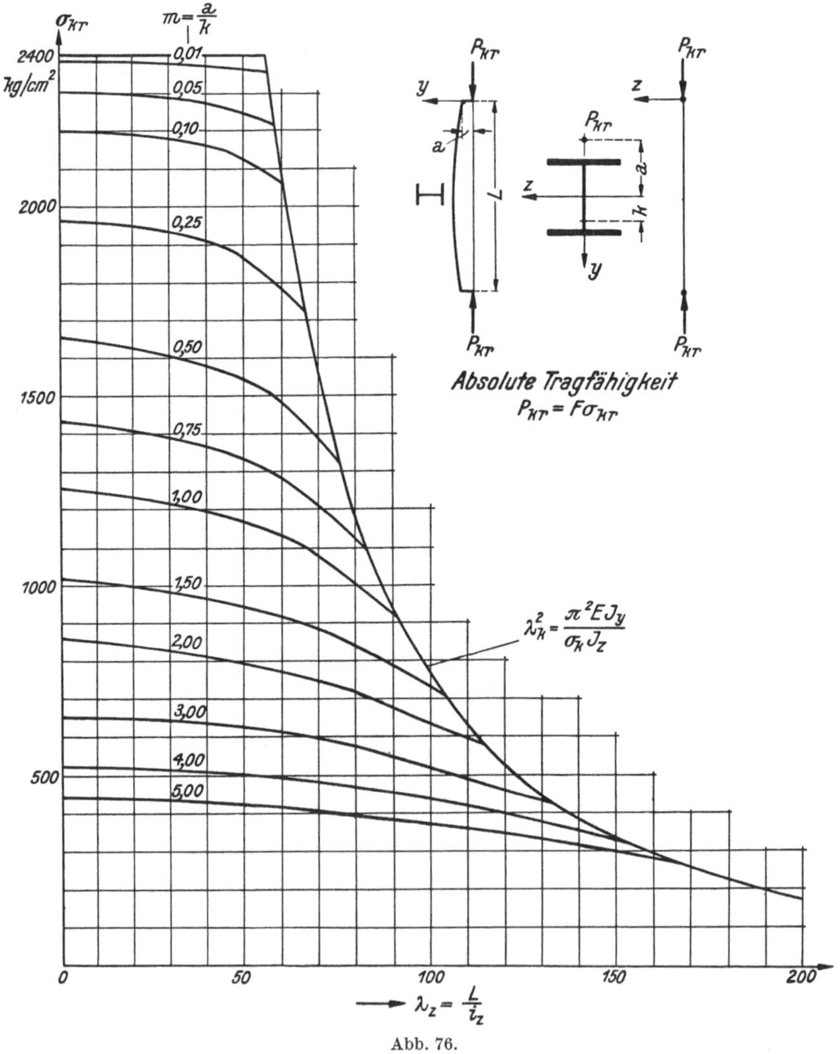

Abb. 76.

gurtes und für schlanke Stäbe die Knickgefahr des Vollstabes maßgebend;
dementsprechend schneiden die *m*-Linien die dem kleineren Hauptträgheitsmoment J_y zugeordnete Euler-Hyperbel.

In Abb. 77 ist die **absolute Tragfähigkeit** eines außermittig
gedrückten und **quer zur Stegebene fest eingespannten** Stabes

aus Stahl St$_i$ 37 graphisch dargestellt; die Gültigkeit dieses Diagramms unterliegt der Beschränkung $J_z \leqq 4\,J_y$, denn nur dann gilt die hier eingetragene und dem Hauptträgheitsmoment J_z zugeordnete Linie der

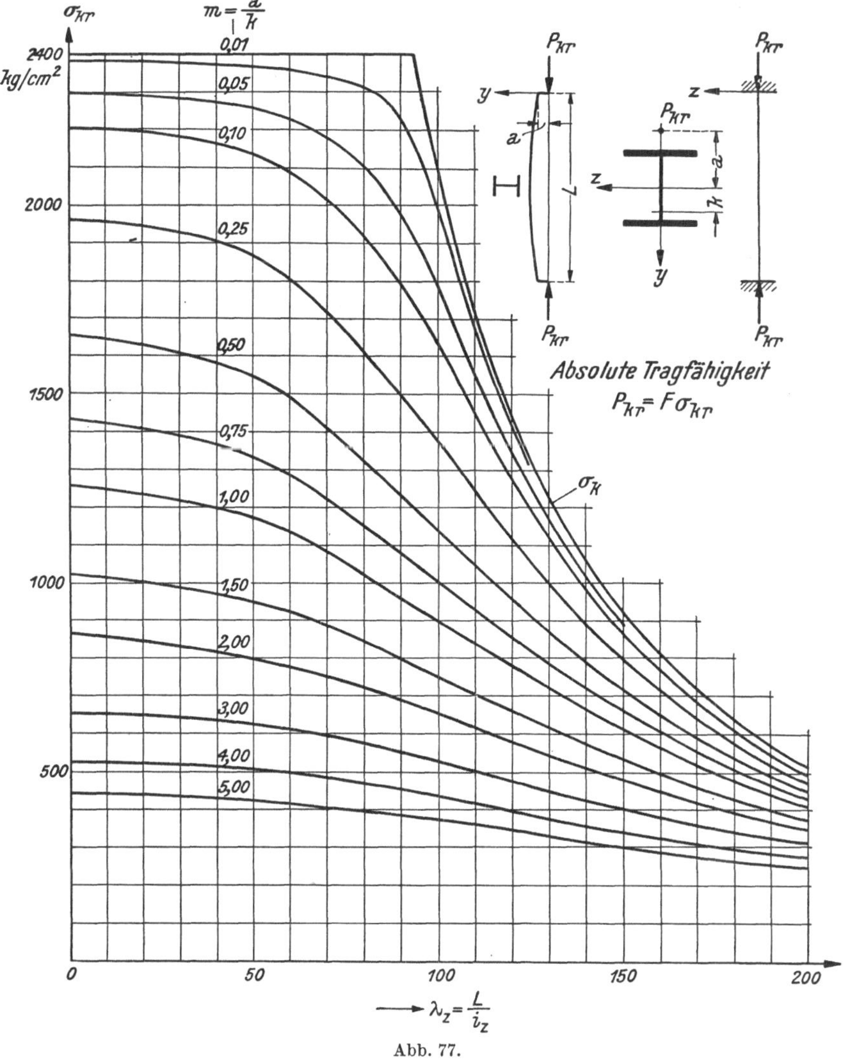

Abb. 77.

Knickspannungen ($m = 0$). Der Vergleich mit dem Diagramm in Abb. **73** zeigt, daß für die Tragfähigkeit **gedrungener** Stäbe die seitliche **Ausweichgefahr des Druckgurtes** und für **schlanke** Stäbe die durch den außermittigen Kraftangriff bewirkte **Ausweichgefahr in der Stegebene** ausschlaggebend sind, d. h. zur Feststellung der absoluten Tragfähigkeit wird mit den aus dem Spannungszustand I abgeleiteten Gleichungen 3 und 4 das Auslangen gefunden. Schließlich kann das Diagramm Abb. 77 auch für den Fall, daß der Stab in beiden Hauptträgheits-

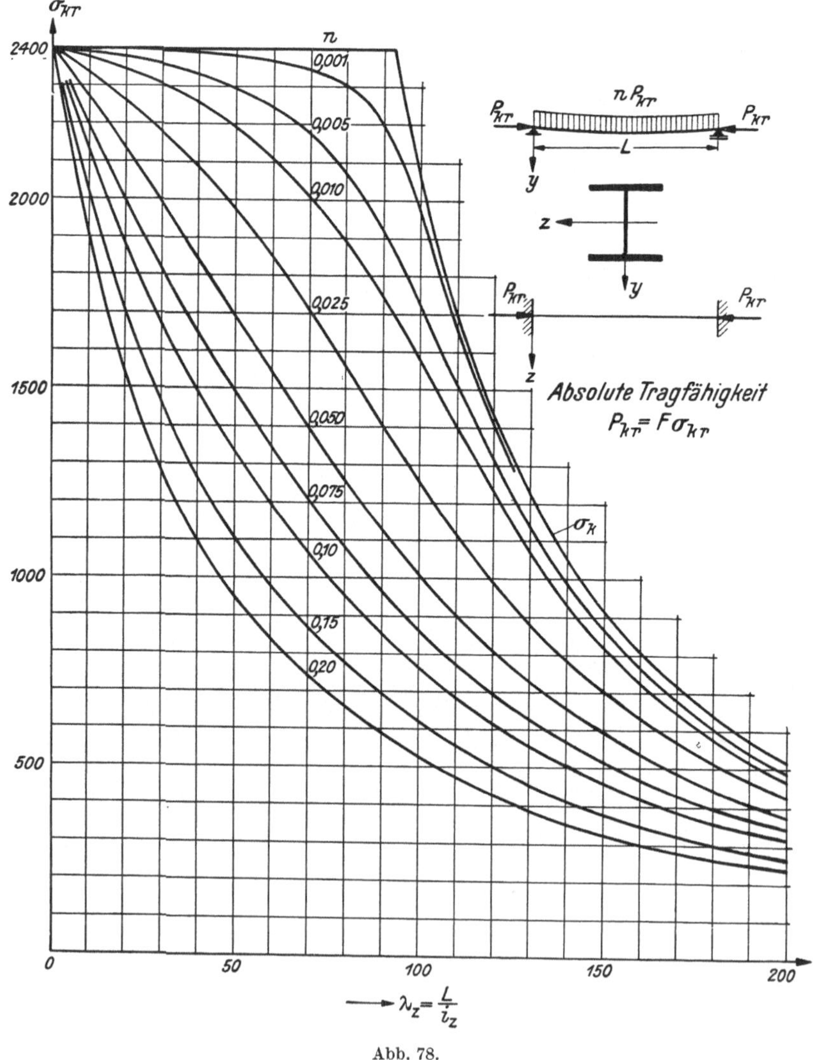

Abb. 78.

richtungen gelenkig gelagert ist, benutzt werden, wenn man die m-Linien mit guter Annäherung an die wirklichen Verhältnisse — dies ergibt ein Vergleich mit Abb. 76 — bis zur maßgebenden Knickspannungslinie als gültig annimmt.

Schließlich kann das Diagramm Abb. 77 oder auch die ziffernmäßige

Darstellung der kritischen Spannung in Tafel 6 für andere Belastungsfälle verwendet werden, wenn man als Exzentrizitätsmaß den Ausdruck

$$m = \frac{\mathfrak{M}_{kr}\,F}{P_{kr}\,W_1} \tag{19}$$

benutzt, wobei $\mathfrak{M}_{kr}$ das im kritischen Gleichgewichtszustande vorhandene
bzw. geforderte und auf die nichtverformte Stabachse bezogene Moment
in Stabmitte bedeutet, welches aus Tafel 1, S. 90 entnommen werden
kann. Die Abb. 78 zeigt das aus Abb. 77 mittels Gl. 19 entwickelte Diagramm der absoluten Tragfähigkeit gleichmäßig querbelasteter und
mittig gedrückter I-Stäbe aus Stahl St_i 37, aus welchem sämtliche
weiteren in Tafel 1 angeführten Belastungsfälle sinngemäß abgeleitet
werden können. Die Spannungswerte der Abb. 78 gelten streng genommen nur für quer zur Stegebene fest eingespannte Stäbe, können aber
ebenso wie die Diagrammwerte der Abb. 77 mit genügender Genauigkeit
auch für quer zur Stegebene gelenkig gelagerte Stäbe innerhalb des
durch die maßgebende Knickspannungslinie (s. Abb. 76) abgegrenzten
Bereiches verwendet werden.

II. Zweistegige Profile.

Bei Druckstäben, welche zur Aufnahme größerer Kräfte bestimmt
sind, also z. B. bei den Druckgurten weitgespannter und schwerbelasteter
Fachwerksträger findet man mit den einfachen Walzprofilen nicht
mehr das Auslangen. Die zusammengesetzten Querschnittsformen, deren
Einzelteile miteinander vernietet oder verschweißt sind, lassen sich
ganz allgemein in einstegige und zweistegige Profile (von der Anordnung mehrerer Stege soll hier abgesehen werden) unterteilen, und
zwar unterscheidet man in letzterem Falle geschlossene und offene
Kastenquerschnitte. Die praktisch zur Anwendung gelangenden, zusammengesetzten einstegigen Querschnittsformen zeigen im gegebenen Belastungsfall ein von dem bereits untersuchten I P-Profil nur
unwesentlich abweichendes Verhalten. Die Zahl der bei der Zusammensetzung zweistegiger Profile möglichen Variationen ist mit Rücksicht auf die Vielfältigkeit der zur Verfügung stehenden Einzelteile
(Walzprofile, Bleche) naturgemäß sehr groß, doch kommen auch hier
vom konstruktiven Standpunkt aus nur wenige typische Querschnittsformen in Betracht, die nachfolgend untersucht werden.

1. Geschlossene Kastenquerschnitte.

Die Grenzfälle dieser Querschnittsform sind durch die praktisch
möglichen Verhältniswerte von Gurtstärke zu Stegstärke gegeben.

Als erster Fall wird ein Kastenquerschnitt mit starken Gurten
und dünnen Stegen untersucht. Der in Abb. 79a dargestellte typische
Vertreter dieser Querschnittsform besitzt die nachfolgenden (abgerundeten)
statischen Werte:

$$J_z = \ \ 98\,000 \text{ cm}^4, \quad W_1 = 5440 \text{ cm}^3,$$
$$J_y = 100\,000 \text{ cm}^4, \quad F = \ \ \ 418 \text{ cm}^2.$$

Dieser Querschnitt weist im Vergleiche mit dem allgemeinen I-Profil nach Abb. 55 noch eine weitere, durch die Flanschen der U-Eisen bewirkte Unstetigkeit in der Umrißlinie auf, so daß hier insgesamt 14 verschiedene Spannungszustände zu untersuchen wären. Die Angabe der vollständigen und sehr langwierigen Lösung erübrigt sich jedoch, da die Beurteilung der absoluten Tragfähigkeit nach den früheren Ausführungen auf Grund der für den Spannungszustand I, dessen Gültigkeit durch die vollplastische Verformung der oberen Gurtplatten begrenzt ist, abgeleiteten Beziehungen möglich ist. Die für die Stabilität in

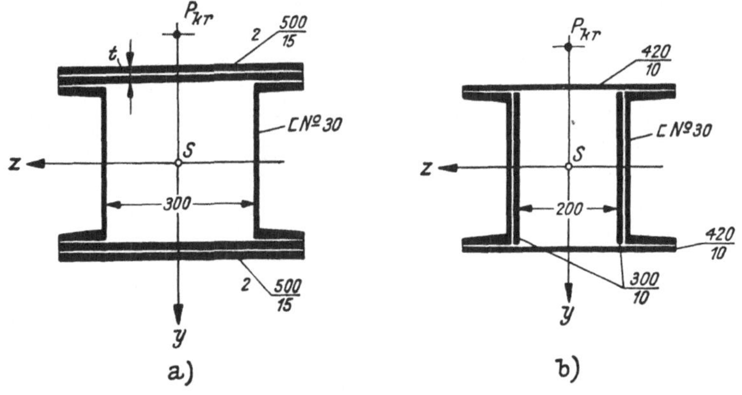

Abb. 79.

der Momentenebene maßgebende Gl. 2 lautet mit $2\,e_1 = h = 36$ cm, $b = 50$ cm und $t = 3$ cm und unter Beachtung von Gl. 1:

$$\lambda_{kr}^2 = \frac{\pi^2 E}{\sigma_{kr}}\left[1 - \frac{m\,\sigma_{kr}}{(\sigma_s - \sigma_{kr})} + 0{,}115\left(\frac{m\,\sigma_{kr}}{\sigma_s - \sigma_{kr}}\right)^2\right]. \tag{20}$$

Die Untersuchung der Knickgefahr des Vollstabes senkrecht zur Momentenebene führt hier ($J_y > J_z$) bei beiderseits gelenkiger Lagerung zum gleichen Ergebnis wie beim einstegigen Querschnitt: Die auf die Abmessungen in der Momentenebene bezogene Knickschlankheit $\lambda_k = \dfrac{L}{i_z}$ ist immer größer als die kritische Schlankheit λ_{kr} (vgl. Abb. 68) und daher für die Tragfähigkeit nicht maßgebend.

Als sekundäre Instabilitätserscheinung kommt schließlich noch das Ausbeulen der Gurtplatten und der Stege in Betracht. Gurtplatten und Stege verhalten sich im Zustande des Ausbeulens so wie längs der zur Stabachse parallelen Ränder festgehaltene und teilweise eingespannte Platten, wobei der Einspanngrad durch die Querschnittsabmessungen beider Teile und den Spannungszustand bestimmt ist. Man bleibt jedenfalls auf der sicheren Seite der Ergebnisse, wenn man zur Vereinfachung sowohl die Stege als auch die Gurtplatten als frei aufgelagerte Platten betrachtet. Dann kann zur Berechnung der kleinsten Knickspannung min σ_{1k} die bei gleichmäßiger Druckverteilung streng gültige Gl. 17 verwendet werden (vgl. Abb. 74 und 75). Man erhält dann für die Stege mit $d = 1$ cm ... min $\sigma_{1k} = 8{,}4$ t/cm², d. h. die Beulspannung ist gleich der Stauchgrenze $\sigma_s = 2{,}40$ t/cm² (Stahl St 37) zu setzen, und ein Versagen der Stege kommt erst bei deren vollplastischer Verformung in Frage. Für die Gurtplatten ergäbe die Gl. 17, wobei $d = t = 3$ cm und $h = 30$ cm (Abstand der beiden Stegbleche) zu setzen ist, eine neunmal so große Beulspannung als für die Stegbleche, d. h. es ist auch hier min $\sigma_{1k} = \sigma_s$. Der Druckgurt beult also bei vollplastischer Verformung aus, so daß die Tragfähigkeit des Querschnittes in der Tat aus dem Spannungszustand I allein bestimmt werden kann. Die der Bedingung $\xi = t$ zugeordnete sekundäre kritische Axialspannung σ_{1kr} ist nach Gl. 28, S. 139 zu berechnen und man erhält mit den gegebenen Querschnittsabmessungen:

$$\lambda_{1kr}^2 = \frac{\pi^2 E}{\sigma_{1kr}}\left[1 - \frac{0{,}90\, m\, \sigma_{1kr}}{(\sigma_s - \sigma_{1kr})}\right] 0{,}96. \tag{21}$$

Die einem vorgegebenen Exzentrizitätsmaß zugeordnete größte Axialspannung ergibt sich hieraus für $\lambda_{1kr} = 0$ zu

$$\sigma_{1,0} = \frac{\sigma_s}{(1 + 0{,}90\, m)}. \tag{22}$$

Das Tragvermögen schlanker Stäbe ist demnach durch Gl. 20, die Festigkeit gedrungener Stäbe durch die Gl. 21 bestimmt, und diese Formeln ergeben nur unwesentlich kleinere Spannungswerte als die für das einstegige Profil abgeleiteten Gleichungen 3 und 12, so daß das Diagramm Abb. 77 ohne weiteres auch für diese Querschnittsform verwendet werden darf.

Als zweiter Fall wird ein Kastenquerschnitt mit dünnen Gurten und starken Stegen gemäß Abb. 79b untersucht. Die statischen Werte dieses Profils sind nachstehend angegeben:

$$J_z = 41\,000 \text{ cm}^4, \quad W_1 = 2560 \text{ cm}^3,$$
$$J_y = 42\,000 \text{ cm}^4, \quad F \doteq 262 \text{ cm}^2.$$

Die Rechnung gestaltet sich so wie im ersten Falle. Die im Spannungszustand I für die Stabilität in der Momentenebene maßgebende Gl. 2 lautet mit $2\,e_1 = h = 32$ cm, $b = 42$ cm und $t = 1$ cm:

$$\lambda_{kr} = \frac{\pi^2 E}{\sigma_{kr}}\left[1 - \frac{m\, \sigma_{kr}}{(\sigma_s - \sigma_{kr})} + 0{,}102\left(\frac{m\, \sigma_{kr}}{\sigma_s - \sigma_{kr}}\right)^2\right]. \tag{23}$$

Auch hier ist die Knickgefahr des Vollstabes senkrecht zur Momentenebene der Ausweichgefahr in der Momentenebene untergeordnet, dagegen ist die absolute Tragfähigkeit durch die Ausbeulgefahr der oberen Gurtplatte, die bei deren vollplastischer Verformung eintritt, begrenzt. Die dieser Bedingung entsprechende sekundäre kritische Spannung σ_{1kr} ergibt sich gemäß Gl. 28, S. 139 aus

$$\lambda_{1kr}^2 = \frac{\pi^2 E}{\sigma_{1kr}}\left[1 - \frac{0{,}95\, m\, \sigma_{1kr}}{(\sigma_s - \sigma_{1kr})}\right] 0{,}99. \tag{24}$$

Die größte Axialspannung erhält man hieraus für $\lambda_{1\,kr} = 0$ zu

$$\sigma_{1,0} = \frac{\sigma_s}{(1 + 0{,}95\,m)}. \tag{25}$$

Man erkennt aus dem Vergleich der Gleichungen 23 und 24 mit den analogen Gleichungen 20 und 21, daß die kritischen Spannungen mit **abnehmender Gurtstärke kleiner** werden, was übrigens in allgemeiner Form durch die für den steglosen **I**-Querschnitt abgeleiteten Gleichungen 5 und 29, § 11 bestätigt wird. Das Diagramm in Abb. 77 ergibt demnach für die zuletzt besprochene Querschnittsform etwas zu große Spannungswerte.

2. Gegliederte Stäbe.

Die Anwendung offener Kastenquerschnitte erweist sich sehr häufig aus konstruktiven Gründen, z. B. bei den Füllstäben zweiwandiger Fach-

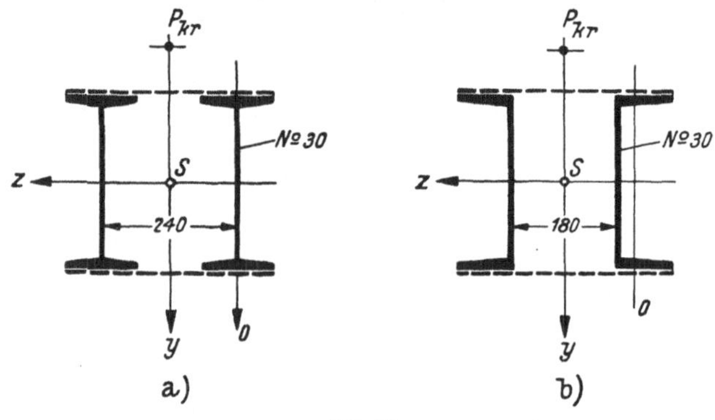

Abb. 80.

werke zur Erzielung eines entsprechend großen Trägheitsmoments quer zur Stegebene, als notwendig und zweckmäßig. Die beiden Einzelteile eines derartigen Gliederstabes werden mittels **Bindeblechen** oder einer **Verstrebung** miteinander verbunden. Zunächst soll der in Abb. 80a dargestellte, aus zwei **I**-Normalprofilen Nr. 30 bestehende Querschnitt ohne Rücksicht auf die Verstrebung untersucht werden. Die statischen Werte dieses Profils sind:

$$J_z = 19\,600 \text{ cm}^4, \quad W_1 = 1306 \text{ cm}^3,$$
$$J_y = 22\,700 \text{ cm}^4, \quad F = 138{,}2 \text{ cm}^2,$$
$$J_0 = 451 \text{ cm}^4, \quad F_0 = 69{,}1 \text{ cm}^2.$$

Hierbei bedeutet F_0 die Querschnittsfläche und J_0 das Trägheitsmoment des Einzelquerschnittes bezüglich der eigenen Schwerachse. Die Berechnung der Tragfähigkeit des **Vollstabes** gestaltet sich so wie früher. Die für die **Stabilität in der Momentenebene** maßgebende Gl. 2 lautet mit $2\,e_1 = h = 30$ cm, $b = 25$ cm und $t = 1{,}62$ cm (mittlere Flanschstärke):

$$\lambda_{kr}^2 = \frac{\pi^2 E}{\sigma_{kr}} \left[1 - \frac{m\,\sigma_{k1}}{(\sigma_s - \sigma_{kr})} + 0{,}086 \left(\frac{m\,\sigma_{kr}}{\sigma_s - \sigma_{kr}} \right)^2 \right]. \tag{26}$$

Diese Gleichung gilt jedoch nur für **schlanke** Stäbe. Die Tragfähigkeit **gedrungener** Stäbe ist durch die **Knickgefahr des Druckgurtes** (nicht des Vollstabes) begrenzt, welche bei vollplastischer Verformung desselben eintritt. Die dieser Bedingung zugeordnete **sekundäre kritische** Spannung ergibt sich gemäß Gl. 28, S. 139 aus:

$$\lambda^2_{1\,kr} = \frac{\pi^2 E}{\sigma_{1\,kr}} \left[1 - \frac{0{,}93\, m\, \sigma_{1\,kr}}{(\sigma_s - \sigma_{1\,kr})} \right] 0{,}97. \tag{27}$$

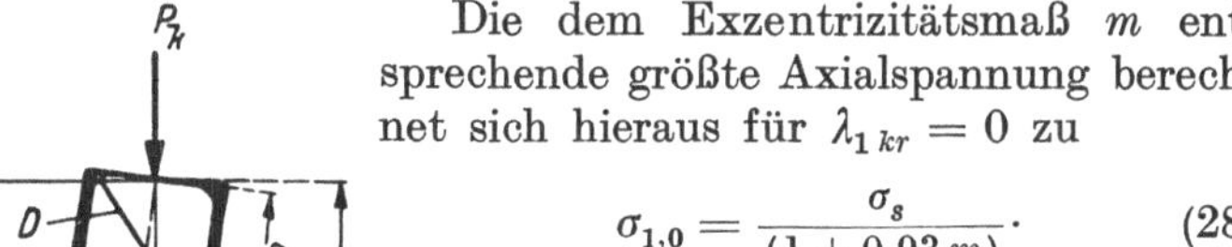

Die dem **Exzentrizitätsmaß** m entsprechende größte Axialspannung berechnet sich hieraus für $\lambda_{1\,kr} = 0$ zu

$$\sigma_{1,0} = \frac{\sigma_s}{(1 + 0{,}93\, m)}. \tag{28}$$

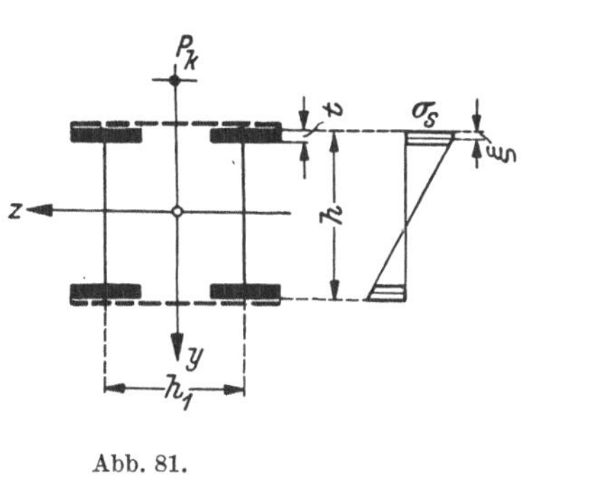

Abb. 81.

Der Vergleich der Gleichungen 27 und 12 zeigt, daß die Tragfähigkeit dieser zunächst als einheitlich behandelten Querschnittsform etwas kleiner ist als die Festigkeit des **I P**-Profils. Die **wirkliche Trag**fähigkeit ist jedoch infolge der **Nachgiebigkeit** der die beiden Stabteile verbindenden Verstrebung bzw. infolge der Formänderung der Bindebleche kleiner als die aus den Gleichungen 26 und 27 berechnete Festigkeit des Vollstabes und soll nachfolgend untersucht werden.

a) Stäbe mit Diagonalverstrebung.

Die Stabilität des gegliederten und auf **mittigen** Druck beanspruchten Stabes wurde eingehend untersucht und es sei deshalb auf die einschlägigen Forschungsarbeiten verwiesen.[32] Zu einer einfachen Näherungsberechnung gelangt man unter der Annahme, daß die Stabachse im

<hr>

[32] Müller-Breslau: Neuere Methoden der Festigkeitslehre, S. 415. Leipzig 1913. — S. Grüning: Untersuchung gegliederter Druckstäbe. Eisenbau 1913. S. 403. — R. v. Mises und J. Ratzersdorfer: Die Knicksicherheit von Rahmentragwerken. — Z. angew. Math. Mech. 1926, S. 181.

instabilen Gleichgewichtszustand ebenso wie beim vollwandigen Druckstab die Form einer Sinuslinie besitzt.[33] Auf dieser Voraussetzung
beruht auch die nachfolgende Untersuchung, die sich auf den in Abb. 81
in der Ansicht und im Querschnitt dargestellten Stab erstreckt, dessen
Einzelteile — der Einfachheit halber wurden zwei steglose **I**-Profile
gewählt — mittels einer einfachen Diagonalverstrebung verbunden
sind. Mit zunehmender Belastung entstehen zufolge der außermittigen
Kraftwirkung in der x-y-Ebene am Biegedruckrand bleibende Formänderungen, wobei den früheren Ausführungen gemäß die weitere Rechnung auf den Spannungszustand I (vgl. § 11) beschränkt bleiben darf.
Zwecks Ermittlung der Knicklast senkrecht zur Momenten-
ebene ist die Stabilität der in der x-z-Ebene unendlich wenig ausgebogenen
Form der Stabachse gemäß der in Abb. 81 dargestellten Spannungsverteilung zu untersuchen. Da die Biegelinie als Sinuslinie mit der Amplitude z_m vorausgesetzt wurde, erhält man das Biegemoment und die Querkraft in einem beliebigen Querschnitt in der Form

$$\left. \begin{aligned} M &= P_k\, z = P_k\, z_m \sin \frac{\pi\, x}{L} \\ Q &= \frac{d\,M}{d\,x} = P_k\, \frac{z_m\, \pi}{L} \cos \frac{\pi\, x}{L} \end{aligned} \right\} \tag{29}$$

Die Stabkräfte in den Ausfachungsstäben ergeben sich unter der Annahme eines gelenkigen Anschlusses an die beiden Gurten (Einzelstäbe) zu

$$\left. \begin{aligned} D &= Q\, \frac{d_1}{2\, h_1} = P_k\, \frac{z_m\, d_1\, \pi}{2\, h_1\, L} \cos \frac{\pi\, x}{L} \\ V &= 0 \end{aligned} \right\} \tag{30}$$

Zur Berechnung der Knicklast P_k kann nun die Formänderungsarbeit herangezogen werden. Zufolge der Ausbiegung der Stabachse
nähern sich die Angriffspunkte der Kräfte P_k um den Betrag $\varDelta L$, der
sich in erster Annäherung zu

$$\varDelta L = \frac{\pi^2}{4\, L}\, z_m^2 \tag{31}$$

ergibt. Die Arbeit der äußeren Kräfte ist daher

$$A_a = P_k\, \varDelta L = \frac{P_k\, \pi^2\, z_m^2}{4\, L}. \tag{32}$$

Bei der Ausbiegung wird im Stab eine Formänderungsarbeit A_i auf-
gespeichert, und es besteht daher die Bedingung

$$A_a - A_i = 0. \tag{33}$$

Die Arbeit der inneren Kräfte setzt sich zusammen aus der Arbeit
der Biegemomente in den beiden Einzelstäben (Gurtungen) und aus der
Arbeit der Axialkräfte in den Füllungsstäben der Vergitterung (die Form-

---

[33] F. Engeßer: Die Knickfestigkeit gerader Stäbe. Zbl. Bauverw. 1891,
S. 483.

änderung der Füllungsstäbe, welche erst im labilen Gleichgewichtszustand des Gliederstabes eine Beanspruchung erfahren, kann als elastisch angenommen werden):

$$A_i = \frac{1}{2} \int_0^L M\, d\varphi + 2 \sum \frac{D^2\, d_1}{2\, E\, F_d},\qquad(34)$$

wobei die Winkeländerung $d\varphi$ den Ausführungen in § 11 entsprechend durch

$$d\varphi = \frac{d\,x}{\varrho} = \frac{M\, d\,x}{E\, J_y\left(1 - \dfrac{\xi}{2\,t}\right)} = \frac{M\, d\,x}{E\, \bar J_y} = \frac{M\, d\,x}{T\, J_y}\qquad(35)$$

gegeben ist. Es ist natürlich gleichgültig, in welcher Form die Winkeländerung eingeführt wird. Die vorletzte Form der Gl. 35 entspricht der bisherigen Deutung, daß für unendlich kleine Winkeländerungen senkrecht zur Momentenebene nur das Trägheitsmoment des elastisch gebliebenen Teiles der Querschnittsfläche $\bar J_y$, vgl. Gl. 17, S. 105, in Betracht kommt, der zuletzt angegebene Ausdruck für die Winkeländerung sieht die Einführung eines von der Breite des plastisch verformten Querschnittsteiles abhängigen Knickmoduls

$$T = E\left(1 - \frac{\xi}{2\,t}\right) = E\, \frac{\bar J_y}{J_y} = \frac{1}{F} \sum^F T_i\, \varDelta F\qquad(36)$$

vor, erweist sich demnach als die allgemeinere Darstellungsweise — bei beliebiger Spannungsverteilung entspricht T_i dem Engeßerschen Knickmodul einer beliebigen Faser und T daher einem mittleren Modul — und soll weiterhin verwendet werden. Die Gl. 33 lautet dann

$$P_k\, \frac{\pi^2\, z_m^2}{4\, L} = \frac{1}{2} \int_0^L \frac{P_k^2\, z_m^2}{T\, J_y}\, \sin^2\left(\frac{\pi\, x}{L}\right) d\,x + \sum \frac{P_k^2\, z_m^2\, d_1^3\, \pi^2}{4\, E\, F_d\, h_1^2\, L^2}\, \cos^2\left(\frac{\pi\, x}{L}\right).\qquad(37)$$

Da die Formänderung des Stabes in der Momentenebene in erster Linie von der Spannungsverteilung im meist beanspruchten Mittelquerschnitt abhängig ist, kann für ξ der dort vorhandene Wert eingesetzt werden. Der Knickmodul T ist dann über die ganze Stablänge als unveränderlich anzusehen und das Integral kann ohne weitere Schwierigkeiten ausgewertet werden. Die in Gl. 37 enthaltene Summe ist über sämtliche Füllungsstäbe zu erstrecken und entspricht der Summe der Mittelwerte der Querkräfte in den einzelnen Feldern. Man erhält:

$$\sum \cos^2\left(\frac{\pi\, x}{L}\right) = 2 \sum_{n=1}^{n = \frac{L}{2\, L_0}} \frac{L}{4\, \pi\, L_0}\left[\sin\left(\frac{2\, n\, \pi\, L_0}{L}\right) + \frac{2\, n\, \pi\, L_0}{L}\right] =$$

$$= \frac{L}{2\, \pi\, L_0}\, (\sin\pi + \pi) = \frac{L}{2\, L_0}.\qquad(38)$$

Die Knicklast ergibt sich daher aus Gl. 37 zu

$$P_k = \frac{\pi^2\,T\,J_y}{L^2\left[1 + \dfrac{\pi^2\,T\,J_y}{L^2}\cdot\dfrac{d_1{}^3}{2\,E\,F_d\,h_1{}^2\,L_0}\right]} = \frac{\pi^2\,T\,J_y}{(\gamma\,L)^2}, \tag{39}$$

wobei der Beiwert γ durch den Ausdruck

$$\gamma^2 = 1 + \frac{\pi^2\,T\,J_y}{L^2}\cdot\frac{d_1{}^3}{2\,E\,F_d\,h_1{}^2\,L_0} = 1 + \frac{F\,d_1{}^3\,\sigma_k}{2\,E\,F_d\,h_1{}^2\,L_0} \tag{40}$$

gegeben ist. Bei gleicher Breite des Fließgebietes kann daher die Knicklast des gegliederten Stabes ebenso berechnet werden wie die des Vollstabes, wenn eine **größere** **Knicklänge** $\gamma L\,(\gamma > 1)$ in Rechnung gestellt wird. Die in Gl. 39 zuletzt angegebene Formel für die Knicklast ist mit der von Engeßer entwickelten Gleichung für die Knickfestigkeit eines mittig gedrückten Gliederstabes identisch.[33] In ähnlicher Weise kann die Rechnung auch für eine andere Anordnung der Vergitterung durchgeführt werden. (Vgl. F. Bleich: Theorie und Berechnung eiserner Brücken, S. 145 ff. Berlin: J. Springer. 1924).

Die durch Gl. 39 bestimmte Knicklast wird aber nur dann erreicht, wenn die **Knickgefahr des Einzelstabes** um seine **eigene Schwerachse** (0) nicht größer ist als die Ausweichgefahr des Vollstabes. Bezeichnet man mit $\lambda_y = \dfrac{L}{i_y}$ bzw. mit $\lambda_0 = \dfrac{L_0}{i_0}$ die Schlankheitsgrade und mit T bzw. T_0 die einer bestimmten Breite des Fließgebietes zugeordneten Knickmoduli des Vollstabes bzw. des Einzelstabes, so besteht bei gleicher Knickspannung die Beziehung

$$\sigma_k = \frac{\pi^2\,T}{\lambda_y^2} = \frac{\pi^2\,T_0}{\lambda_0^2} \tag{41}$$

oder

$$\lambda_0^2 \leqq \frac{T_0}{T}\,\lambda_y^2 \leqq \frac{\overline{J}_0\,J_y}{J_0\,\overline{J}_y}\,\lambda_y^2. \tag{42}$$

Für $\xi = 0$ folgt dann aus Gl. 42 ... $\lambda_0 \leqq \lambda_y$ und für $\xi > 0$ ist λ_0 von der Querschnittsform abhängig. Für den in Abb. 80a dargestellten, aus zwei **I**-Normalprofilen bestehenden Querschnitt erhält man z. B. bei vollplastischer Verformung der oberen Flanschen $(\xi = t)$ ... $\lambda_0 \leqq 0{,}85\,\lambda_y$, für den in Abb. 81 dargestellten, aus zwei steglosen **I**-Profilen gebildeten Querschnitt ergibt sich bei vollplastischer Verformung der oberen Lamellen $\lambda_0 \leqq \lambda_y$.

Bei der vorliegenden Querschnittsform ist jedoch die **Knickgefahr des Druckgurtes** (Fläche F_1) größer als die des Gesamtquerschnittes. Man erhält dann, wenn λ_{1y} die Schlankheit für den Druckgurt des Vollstabes und $\lambda_{1,0}$ die Schlankheit für den Druckgurt des Einzelstabes (Fläche $F_{1,0}$) bedeutet, bei gegebener Spannungsverteilung laut Gl. 18, S. 136 und gemäß Gl. 39:

$$\left.\begin{aligned}
\max \lambda_{1y}^2 &= \frac{\pi^2\,E}{\gamma_1{}^2\,\sigma_s}\left(1 - \frac{\xi}{t}\right)\\[2mm]
\max \lambda_{1,0}^2 &= \frac{\pi^2\,E}{\gamma_1{}^2\,\sigma_s}\left(1 - \frac{\xi}{t}\right)
\end{aligned}\right\} \tag{43}$$

Hieraus folgt für die beiden Schlankheitsgrade die Beziehung

$$\lambda_{1,0} \leqq \lambda_{1\,v}. \tag{44}$$

Die der ersten Gl. 43 zugeordnete Vergleichsschlankheit in der Momentenebene ergibt sich gemäß Gl. 24, S. 137 ganz allgemein zu

$$\lambda_{1k}^2 = \frac{4\,\pi^2\,E}{\gamma_1{}^2\,\sigma_s}\left(1 - \frac{\xi}{t}\right)\frac{F\,J_{1v}}{F_1 J_z}. \tag{45}$$

Der Beiwert γ_1 besitzt dann laut Gl. 40 mit $\sigma_k = \sigma_s$ den Wert

$$\gamma_1 = \sqrt{1 + \frac{F_1\,d_1{}^3\,\sigma_s}{2\,E\,F_d\,h_1{}^2\,L_0}} \tag{46}$$

und die Breite des Fließgebietes ξ ist aus den Gleichungen 1, S. 111 und aus Gl. 6, S. 102 als Funktion der Axialspannung σ_k und des Exzentrizitätsmaßes m zu bestimmen. Man erkennt, daß die **Tragfähigkeit** bei **vollplastischer Verformung des Druckgurtes erschöpft** ist. Die nach Gl. 45 ermittelte $\lambda_{1\,k}$-Linie schneidet die Linie der kritischen Spannungen (λ_{kr}-Linie) gemäß Abb. 71 zweimal, erreicht schließlich für sehr große Schlankheitsgrade die λ_n-Linie ($\xi = 0$, die Spannung am Biegedruckrand ist gleich der Stauchgrenze σ_s) und kann auch unterhalb derselben liegen; dann ist die Knickspannung des Druckgurtes kleiner als die Stauchgrenze und ergibt sich zu

$$\sigma_d = \frac{\pi^2\,E}{\gamma_2{}^2\,\lambda_{1v}^2} = \frac{4\,\pi^2\,E\,F\,J_{1v}}{\gamma_2{}^2\,\lambda_{1k}^2\,F_1 J_z}. \tag{47}$$

Die dieser Randspannung und der Axialspannung $\sigma_k < \sigma_n$ (vgl. Gl. 14, § 9) zugeordnete Schlankheit ist aus Gl. 27, S. 138 zu berechnen und der Beiwert γ_2 ergibt sich gemäß Gl. 40 zu

$$\gamma_2 = \sqrt{1 + \frac{F_1\,d_1{}^3\,\sigma_d}{2\,E\,F_d\,h_1{}^2\,L_0}}. \tag{48}$$

Der eben erörterte Fall, daß der Druckgurt ausknickt, bevor am Biegedruckrand die Stauchgrenze erreicht wird, kommt jedoch nur für Schlankheitsgrade $\lambda_z > 150$ in Betracht. Für gedrungene Stäbe dagegen ist λ_{1k} immer kleiner als die zur Aufrechterhaltung der Stabilität in der Momentenebene erforderliche kritische Schlankheit λ_{kr} (vgl. die Abbildungen 71 und 72), so daß dann die Knickgefahr des Druckgurtes für die Tragfähigkeit maßgebend ist. Die nach Gl. 45 ermittelte größte Axialspannung (diese ist aus der Breite des Fließgebietes ξ zu bestimmen) ist jedoch für die in Betracht kommenden kleineren Schlankheitsgrade — es handelt sich um den zwischen den Punkten 1 und 2 in Abb. 71 liegenden Bereich — nur unwesentlich kleiner als jene **sekundäre kritische Axialspannung**, welche aus der Bedingung $\xi = t$ entsprechend Gl. 28, S. 139 berechnet werden kann; diese Gleichung lautet im vorliegenden Falle

$$\lambda_{1kr}^2 = \frac{\pi^2\,E}{\gamma_1{}^2\,\sigma_{1kr}}\,\cdot$$
$$\cdot\left\{1 - \frac{b\,t^2\,(3\,e_1 - t)}{6\,J_z} - \frac{m\,\sigma_{1kr}}{2\,F\,e_1\,(\sigma_s - \sigma_{1kr})}\,[b\,t^2 + 2\,F\,(e_1 - t)]\right\}. \tag{49}$$

Die für gedrungene Gliederstäbe nach Abb. 80a und 81 maßgebende Schlankheit erhält man hieraus zu

$$\lambda_{1\,kr}^2 = \frac{\pi^2 E}{\gamma_1^2\,\sigma_{1\,kr}}\left[1 - \frac{0,93\,m\,\sigma_{1\,kr}}{(\sigma_s - \sigma_{1\,kr})}\right]0,97. \tag{50}$$

Diese Gleichung gilt demnach zwischen $\lambda_{1\,kr} = 0$ und jener Schlankheit, welche der Abszisse des Schnittpunktes der $\lambda_{1\,kr}$-Linie mit der nach Gl. 26 berechneten λ_{kr}-Linie entspricht, d. h. für größere, aber praktisch noch ausgeführte Schlankheitsverhältnisse (max $\lambda_z = 150$) ist die Ausweichgefahr in der Momentenebene für die Tragfähigkeit des Stabes maßgebend. Der Vergleich zwischen den Gleichungen 27 und 50 zeigt, daß die Tragfähigkeit des gedrungenen Gliederstabes immer kleiner ist als die Festigkeit des Vollstabes — nur für $\lambda_{1\,kr} = 0$ erhält man denselben Spannungswert $\sigma_{1,0}$ nach Gl. 28 —, und zwar hängt die Abminderung vom Beiwert γ_1, d. h. von der Anordnung und den Abmessungen der Vergitterung ab. Die Länge der Diagonalstäbe liegt praktisch innerhalb der Grenzen $L_0 < d_1 \leqq L_0\sqrt{2}$ und man kann bei den gebräuchlichen Ausführungen im Mittel $d_1^3 = 2\,L_0^3$ setzen. Nimmt man ferner an, daß eine Erhöhung der Schlankheit des gegliederten Stabes um 5% gegenüber der Knickschlankheit des Vollstabes praktisch vernachlässigbar ist — in dem für diese Rechnung in Betracht kommenden Bereich kleiner Schlankheitsverhältnisse ändert sich jedoch die Axialspannung wenig (vgl. den Verlauf der $\lambda_{1\,kr}$-Linie in Abb. 77), so daß die Abminderung in der Tragfähigkeit selbst kleiner ist als 5% der Knicklast des Vollstabes —, so wäre $\gamma_1 = 1,05$ zu setzen, und man erhält dann aus Gl. 46 die **größte Entfernung der Knotenpunkte** bei bekannter Querschnittsabmessung der Verstrebung aus

$$\max\left(\frac{L_0}{h_1}\right)^2 = \frac{0,1\,E\,F_d}{F_1\,\sigma_s}. \tag{51}$$

Außerdem muß laut Gleichungen 44 und 45 die nachfolgende Bedingung erfüllt sein:

$$\max\left(\frac{L_0}{h_1}\right)^2 \leqq \frac{J_{1,0}}{F_{1,0}\,h_1^2}\,\lambda_{1y}^2. \tag{52}$$

Man erkennt, daß bei schlanken Stäben die Gl. 51 und bei gedrungenen Stäben die Gl. 52 für die Anordnung der Vergitterung ausschlaggebend wird. Bei bekannter Knotenentfernung L_0 erhält man aus Gl. 51 die **Mindestfläche für die Diagonalstäbe** der Vergitterung zu

$$\min F_d \geqq \frac{10\,F_1\,\sigma_s}{E}\left(\frac{L_0}{h_1}\right)^2. \tag{53}$$

Die Diagonalstäbe der Vergitterung sind vor dem Ausknicken des Stabes in der x-z-Ebene unbelastet, müssen aber die durch Gl. 53 gegebene Querschnittsfläche besitzen, damit die Knicklänge des Gliederstabes um höchstens $5^0/_0$ größer ist als die Knicklänge des Vollstabes. Unter einer nur unerheblich über der Knicklast liegenden Axialkraft biegt sich der Stab bei der geringsten Störung seiner labilen geraden Form aus, die Diagonalstäbe haben dann die hierbei auftretenden Querkräfte zu übertragen und sind abwechselnd auf Druck und Zug belastet. Die endgültige Zerstörung des Stabes tritt durch die Erschöpfung seiner Widerstandsfähigkeit gegen Biegung ein, was bei dem angenommenen Formänderungsgesetz einer **vollplastischen Verformung** des meistbeanspruchten **Mittelquerschnittes** gleichkommt. Aus dieser Bedingung könnte dann die zur Berechnung der Anschlüsse erforderliche größte Diagonalstabkraft $D_{\max}$ ermittelt werden. Diese Berechnung gestaltet sich äußerst mühevoll, da bei endlichen Ausbiegungen in der x-z-Ebene die Spur des resultierenden Biegemoments nicht mehr mit einer Hauptträgheitsachse des Querschnittes zusammenfällt. Man erkennt jedoch sofort, daß der Querschnitt infolge der beim Eintritt des labilen Gleichgewichtszustandes bereits vorhandenen Spannungsverteilung (s. Abb. 81) nur mehr eine sehr geringe Momentenaufnahmsfähigkeit in der z-Richtung besitzt; die größtmögliche Ausbiegung $\max z_m$ kann daher nur sehr kleine Werte annehmen und dies gilt rückwirkend auch für die größte Querkraft und Diagonalstabkraft. Ich schlage auf Grund durchgeführter Untersuchungen vor, die **größte Querkraft** ähnlich wie bei mittig gedrückten Stäben für sämtliche hier in Betracht kommenden Schlankheitsgrade **unveränderlich** gleich

$$Q_{\max} = 0{,}02\, P_{kr} \tag{54}$$

anzunehmen. Dann ergibt sich die **größte Diagonalstabkraft** zu

$$D_{\max} = \frac{P_{kr}\, d_1}{100\, h_1}. \tag{55}$$

Mit dieser Kraft ist dann die Strebe auf **Knickung** mit der Knicklänge d_1 zu bemessen und man erhält, falls $\dfrac{D_{\max}}{F_d} \leqq \sigma_s$ ist, das erforderliche kleinste Trägheitsmoment zu

$$\min J_d = \frac{D_{\max}\, d_1{}^2}{\pi^2\, E} = \frac{P_{kr}\, d_1{}^3}{100\, \pi^2\, E\, h_1}. \tag{56}$$

Die Gleichungen 53 und 56 ermöglichen in einfachster Weise eine ausreichende Bemessung der **Diagonalstäbe** D; der Vertikalstab V erhält praktisch die gleichen Querschnittsabmessungen. Die Bemessung der **Anschlüsse** — als Verbindungsmittel kommen Nieten oder Schweißnähte in Betracht — ist dann mittels der Kraft $D_{\max}$ vorzunehmen, wobei als zulässige Scherspannung sinngemäß die **Schubfestigkeit** anzunehmen ist (die ganze Rechnung bezieht sich auf den Bruchzustand).

1. Beispiel. Der in Abb. 80a gegebene Querschnitt soll eine Tragkraft $P_{kr} = 160$ t besitzen, welche im Abstand $a = 11$ cm vom Schwerpunkt angreift. Welche Länge darf der Stab besitzen und wie ist seine Verstrebung anzuordnen?

Man berechnet zunächst aus den gegebenen Querschnittsabmessungen

$\sigma_{1\,kr} = 1{,}16$ t/cm², $m = \dfrac{a\,F}{W_1} \doteq 1$ und mit diesen Werten und $\gamma_1 = 1{,}05$ aus Gl. 50 für Stahl St 37 ($\sigma_s = 2{,}40$ t/cm², $E = 2100$ t/cm²) die kritische Schlankheit $\lambda_{1\,kr} = 47$, so daß die gesuchte Stablänge $L = 560$ cm beträgt.

Der oberste Grenzwert für die Knotenentfernung ergibt sich mit

$$F_{1,0} = 20{,}2 \text{ cm}^2, \quad J_{1,0} = 263 \text{ cm}^4, \quad h_1 = 24 \text{ cm}, \quad i_{1\,y} = 12{,}6 \text{ cm}$$

aus Gl. 52 zu $\max L_0 \leqq 0{,}15\,\lambda_{1\,y}\,h_1 \leqq 162$ cm. Mit dieser Länge würde jedoch die erforderliche Mindestfläche der Strebe D einen zu großen Wert erhalten ($F_d = 21$ cm²). Wählt man daher eine kleinere Verstrebungsweite $L_0 = \dfrac{L}{8} = 70$ cm, so erhält man zunächst aus Gl. 53 mit $F_1 = 2\,F_{1,0} = 40{,}4$ cm² die **Mindestfläche** des Diagonalstabes zu $\min F_d \doteq 4$ cm² und die größte Strebenkraft mit $d_1 = 74$ cm aus Gl. 55 zu $D_{\max} = 5$ t. Das **kleinste Trägheitsmoment** des Füllungsstabes ergibt sich dann aus Gl. 56 zu $\min J_d = 1{,}3$ cm⁴. Beiden Bedingungen genügt ein Winkeleisen 40.50.5, welches an die Flanschen der I-Träger mittels zwei Nieten, $\varnothing$ 15 mm, anzuschließen ist.

2. Beispiel. Der in Abb. 80b dargestellte Querschnitt besteht aus zwei U-Eisen Nr. 30, welche durch eine Verstrebung nach Abb. 81 verbunden sind. Die statischen Werte dieses Profils sind:

$$J_z = 16\,000 \text{ cm}^4, \quad W_1 = 1070 \text{ cm}^3,$$
$$J_y = 17\,200 \text{ cm}^4, \quad F = 117{,}6 \text{ cm}^2,$$
$$J_{1,0} = 133 \text{ cm}^4, \quad F_{1,0} = 16{,}0 \text{ cm}^2 = \tfrac{1}{2}F_1.$$

Zunächst wird der Stab als **Vollstab auf außermittigen Druck** untersucht. Für **schlanke** Stäbe ist dann die Gl. 2 maßgebend, aus welcher man mit $h = 2\,e_1 = 30$ cm, $b = 20$ cm und $t = 1{,}6$ cm (mittlere Flanschstärke) für die kritische Schlankheit

$$\lambda_{kr}^2 = \frac{\pi^2 E}{\sigma_{kr}}\left[1 - \frac{m\,\sigma_{kr}}{(\sigma_s - \sigma_{kr})} + 0{,}09\left(\frac{m\,\sigma_{kr}}{\sigma_s - \sigma_{kr}}\right)^2\right] \tag{57}$$

erhält. Für **gedrungene** Stäbe ist die Gl. 28, S. 139 zu verwenden (seitliches Ausknicken des Druckgurtes), und es ergibt sich für die **sekundäre kritische Schlankheit** $\lambda_{1\,kr}$ genau die bereits abgeleitete Gl. 50. Zwei U-Eisen zusammen verhalten sich demnach einer außermittigen Beanspruchung gegenüber praktisch genau so wie ein I-Normalprofil.

Der Querschnitt soll eine Tragkraft $P_{kr} = 200$ t besitzen, welche im Abstand $a = 3{,}5$ cm vom Schwerpunkt angreift. Aus diesen Bedingungen ist die zulässige Stablänge und die Anordnung der Verstrebung zu bestimmen.

Man erhält zunächst $\sigma_{1\,kr} = 1{,}70$ t/cm², $m = 0{,}39$ und mit $\gamma_1 = 1{,}05$ aus Gl. 50 die kritische Schlankheit zu $\lambda_{1\,kr} = 38$ (Stahl St 37), so daß die gesuchte Stablänge $L = 440$ cm beträgt.

Der oberste Grenzwert für die Knotenentfernung ergibt sich mit Rücksicht auf die seitliche Knickgefahr eines U-Eisens aus Gl. 52 zu $\max L_0 \leqq 0{,}16\,h_1\,\lambda_{1\,y} \leqq 107$ cm; mit diesem Wert erhält man aus Gl. 53 eine zu große Diagonalstabfläche ($F_d = 13{,}0$ cm²). Wählt man $L_0 = \dfrac{L}{6} = 74$ cm, so ergibt sich aus Gl. 53 … $\min F_d = 6{,}2$ cm². Die größte Strebenkraft ist nach Gl. 55 … $D_{\max} = 8{,}45$ t, so daß die Spannung unterhalb der Fließgrenze liegt; das erforderliche **Mindestträg-heitsmoment** ergibt sich daher aus Gl. 56 zu min $J_d = 2{,}35$ cm⁴. Der gefundenen Querschnittsfläche min F_d entspricht ein Winkeleisen 40.60.7, welches auch das erforderliche Trägheitsmoment besitzt und mittels zweier Nieten, ⌀ 17 mm, an die Flanschen der U-Eisen anzuschließen ist.

b) Stäbe mit Bindeblechen (Rahmenstäbe).

Erfolgt die Verbindung der beiden Einzelstäbe durch biegesteif an-geschlossene Bindebleche in der Entfernung L_0, so liegt ein **Rahmenstab** nach Abb. 82 vor, dessen Stabilitätsuntersuchung wegen des hohen Grades der statischen Unbestimmt-heit umfangreiche Rechnungen erfordert. Die strenge Behandlung dieses Problems bei mittigem Druck ergibt nun, daß in der Nähe der Feldmitten der Gurte (Einzelstäbe) und auch der Bindebleche Momentennullpunkte auftreten, und dieser Umstand kann zu einer weitgehenden **Vereinfachung der Rechnung** benutzt werden. Nimmt man nämlich genau in den Feldmitten Momentennullpunkte an, so ersetzt man den Rahmenstab durch ein näherungs-weise gleichwertiges, statisch bestimmtes System, dessen innere Kräfte — es handelt sich hierbei um die bei einer unendlich kleinen Ausbiegung in der x-z-Ebene auftretenden zusätzlichen Biegemomente und Querkräfte — aus den Gleichgewichtsbedingun-gen allein ermittelt werden können. Nimmt man ferner an, daß sich der Gliederstab bei einer un-endlich kleinen Ausbiegung ebenso wie ein Vollstab nach einer **Sinuslinie** verformt, so bereitet die weitere Rechnung, auf die hier nicht näher eingegan-gen werden soll, keinerlei prinzipielle Schwierigkeiten (vgl. z. B. F. Bleich, Theorie und Berechnung der eisernen Brücken, S. 151) und kann mit Hilfe der Formänderungsarbeit rasch durchgeführt werden.

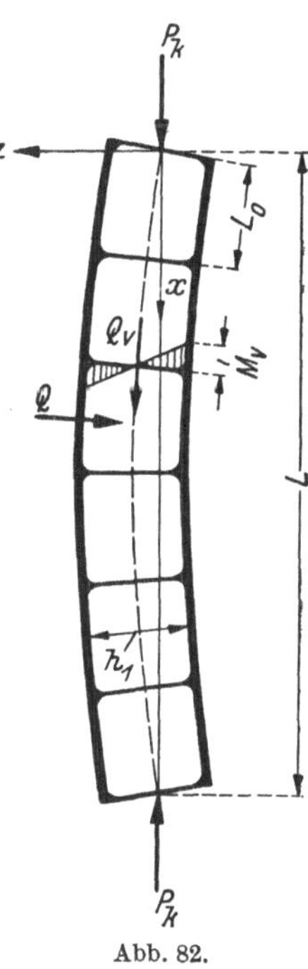

Abb. 82.

Ist der Stab zufolge der **außermittigen Kraftwirkung** in der x-y-Ebene bleibend verformt, so ist für seine Widerstandsfähigkeit gegen Verbiegungen in der x-z-Ebene (Ausknicken) der Knickmodul T nach Gl. 36 maßgebend. Es können daher alle für mittig gedrückte Stäbe ab-geleiteten Formeln verwendet werden, wenn der Knickmodul mit dem durch Gl. 36 gegebenen Wert eingesetzt wird. Das Ergebnis der Stabilitäts-untersuchung kann dann nach **Engeßer**[34] in der nachfolgenden Form dargestellt werden:

$$\lambda_{iy}^2 = \gamma^2 \lambda_y^2 = \lambda_y^2 + \lambda_0^2 + \frac{L_0 h_1 F}{2 J_v}. \tag{58}$$

[34] F. Engesser: Über die Knickfestigkeit von Rahmenstäben. Zbl. Bauverw., 1909, S. 136.

Hierbei bedeutet λ_y bzw. λ_0 den Schlankheitsgrad des Vollstabes bzw. des Einzelstabes für Ausknicken senkrecht zur freien Achse y, F die Gesamtquerschnittsfläche und J_v das Trägheitsmoment eines Bindebleches bezüglich der zur y-Achse parallelen Schwerachse. Der Rahmenstab kann daher mit der durch Gl. 58 gegebenen ideellen Schlankheit λ_{iy} wie ein Vollstab auf Knickung gerechnet werden. Nimmt man so wie früher an, daß die Schlankheit des Gliederstabes um höchstens $5^0/_0$ größer sein soll als die Knickschlankheit des Vollstabes, so erhält man mit $\gamma = 1{,}05$ aus Gl. 58:

$$\lambda_0^2 + \frac{L_0 h_1 F}{2 J_v} = 0{,}1\,\lambda_0^2. \tag{59}$$

Hierbei muß λ_0 außerdem noch der durch Gl. 42 gegebenen Bedingung genügen. Aus Gl. 59 kann bei gegebenen Querschnittsabmessungen der Einzelstäbe und der Bindebleche deren erforderlicher Abstand L_0 oder umgekehrt zu einer angenommenen Entfernung der Bindebleche deren Mindestträgheitsmoment bestimmt werden. Bei der vorliegenden Querschnittsform ist jedoch die **Knickgefahr des Druckgurtes** maßgebend, und es können dann die Gleichungen 43 bis 50 zur Berechnung der für den Druckgurt des Gesamtquerschnittes maßgebenden Knickschlankheit λ_{1y} bzw. der Vergleichsschlankheit $\lambda_{1k} \doteq \lambda_{1kr}$ verwendet werden, wobei $\gamma_1 = 1{,}05$ zu setzen ist. Das kleinste Trägheitsmoment für ein Bindeblech (Stärke t_1, Breite b_1) ergibt sich dann sinngemäß aus Gl. 59 zu

$$\min J_v = \frac{L_0 h_1 F_1}{2\,(0{,}1\,\lambda_{1y}^2 - \lambda_{1,0}^2)} = \frac{t_1 b_1^3}{12}. \tag{60}$$

Die größte Entfernung der Bindebleche ergibt sich aus Gl. 60 für $J_v = \infty$ und die Schlankheit für den Druckgurt des Einzelstabes darf daher höchstens den Wert

$$\max \lambda_{1,0} = 0{,}3\,\lambda_{1y} \tag{61}$$

besitzen. Die Bindebleche erfahren erst bei einer endlichen Ausbiegung des Stabes in der z-Richtung eine Beanspruchung, deren Größtwert aus der Bedingung, daß der Querschnitt **vollplastisch** verformt ist (Grenze des Tragvermögens gegen Biegung), berechnet werden könnte. Die hierbei in den Einzelstäben auftretende größte Querkraft Q_{max} (Endfelder des Stabes) kann jedoch angenähert nach Gl. 54 angenommen werden. Im meistbeanspruchten Bindeblech entsteht daher den der Näherungsrechnung zugrunde liegenden Voraussetzungen entsprechend eine Querkraft und ein Biegemoment (vgl. Abb. 82 — die Querkraft ist auf **zwei** Bindebleche aufzuteilen) von der Größe

$$\left.\begin{aligned} Q_v &= \frac{Q_{max} L_0}{2 h_1} = \frac{P_{kr} L_0}{100 h_1} \\[2mm] M_v &= \frac{Q_v h_1}{2} = \frac{P_{kr} L_0}{200} \end{aligned}\right\} \tag{62}$$

Die **Abmessungen der Bindebleche** sind aus Gl. 60 und aus der Bedingung, daß die dem größten Biegemoment M_v entsprechende Randspannung gleich der Fließgrenze σ_s ist, zu bestimmen. Das erforderliche Widerstandsmoment eines Bindebleches ist daher

$$\min W_v = \frac{M_v}{\sigma_s} = \frac{t_1\,b_1{}^2}{6}. \tag{63}$$

Die Anschlußnieten oder Schweißnähte haben die Querkraft Q_v und das Biegemoment M_v zu übertragen und sind unter Zugrundelegung der Schubfestigkeit zu bemessen.

3. Beispiel. Es sind die Entfernung L_0 und die Abmessungen der Bindebleche eines Rahmenstabes vom Querschnitt Abb. 80a zu bestimmen, dessen Tragfähigkeit und Außermittigkeit des Kraftangriffes durch die im 1. Beispiel angegebenen Werte festgelegt ist.

Die Berechnung auf außermittigen Druck ergibt wieder als zulässige Stablänge $L = 560$ cm. Der größte Abstand der Bindebleche ist nach Gl. 61 zu berechnen, und man erhält mit $\lambda_{1\,kr} = 47$ und $i_{1,0} = 3{,}61$ cm ... ... max $L_0 = 49$ cm. Man erkennt also, daß die Bindebleche bei der angenommenen Abminderung γ_1 sehr eng zu setzen sind. Nimmt man z. B. $L_0 = 40$ cm an, so erhält man $\lambda_{1,0} = 11$ und mit $h_1 = 24$ cm, $F_1 = 2\,F_{1,0} = 40{,}4$ cm² aus Gl. 60 das erforderliche Mindestträgheitsmoment eines Bindebleches zu $\min J_v = 237$ cm⁴. Es wäre dann ein Bindeblech 130.12 erforderlich, wobei die größte Randspannung zufolge des Biegemoments $M_v = 32$ tcm unterhalb der Fließgrenze bleibt. Schließt man dieses Bindeblech mit je vier Nieten, $\varnothing$ 15 mm, an (Nietentfernung parallel zur x-Richtung 60 mm und senkrecht dazu 70 mm), so erhält man die vom Biegemoment M_v bzw. von der Querkraft $Q_v = 2{,}7$ t herrührende Nietkräfte zu $N_m = 1{,}74$ t bzw. zu $N_Q = 0{,}68$ t und schließlich die resultierende Nietkraft zu $N_{\max} = 1{,}87$ t, so daß die Scherspannung $\tau_{\max} = 1{,}06$ t/cm² unterhalb der Schubfestigkeit liegt. Einfacher gestaltet sich jedoch der Anschluß mittels zweier Schweißnähte von der Länge 125 mm (Flanschbreite) und der Stärke 5 mm, wobei die mittlere Schubspannung $\tau_{\max} = 0{,}64$ t/cm² erreicht. Die Abminderung gegenüber der Tragfähigkeit des Vollstabes beträgt hier rund 1⁰/₀.

Man kann jedoch den Abstand der Bindebleche vergrößern, ohne die Tragfähigkeit wesentlich herabzusetzen. Nimmt man z. B. die Knickschlankheit des Gliederstabes um 10⁰/₀ größer an als die des Vollstabes ($\gamma_1 = 1{,}10$), so besitzt der gegliederte Stab nur eine um rund 1,5⁰/₀ kleinere Tragfähigkeit als der Vollstab, was ohne weiteres als zulässig angesehen werden kann. Mit $\gamma_1 = 1{,}10$ nimmt die Gl. 61 die Form max $\lambda_{1,0} = 0{,}45\,\lambda_{1\,y}$ an, und man erhält für $L_0 \doteq 64$ cm das kleinste Trägheitsmoment eines Bindebleches zu $\min J_v = 390$ cm⁴. Nimmt man ein Blech 160.12 an, so bleibt dessen Randspannung bei einem Biegemoment $M_v = 51$ tcm unterhalb der Fließgrenze. Der Anschluß an die Einzelstäbe erfolgt mittels zweier Flankenkehlnähte von der Stärke 5 mm auf die verfügbare Flanschbreite von 125 mm, deren Beanspruchung $\tau_{\max} = 0{,}85$ t/cm² unterhalb der Schubfestigkeit liegt.

4. Beispiel. Der im 2. Beispiel behandelte Stab soll als Rahmenstab ausgebildet werden (Querschnitt Abb. 80b). Die größte Entfernung der

Bindebleche ergibt sich mit $\gamma_1 = 1,05$ aus Gl. 61 zu max $L_0 = 32$ cm. Dieser Wert ist sehr klein, und man wird daher eine Verringerung der Tragfähigkeit des Gliederstabes um rund $1,5\%$ gegenüber der Knickfestigkeit des Vollstabes wohl als zulässig ansehen dürfen; dann wäre aber $\gamma_1 = 1,10$ zu setzen, und die größte Entfernung der Bindebleche ist dann max $L_0 = 48$ cm. Nimmt man $L_0 = \dfrac{L}{10} = 44$ cm an, so erhält man das kleinste Trägheitsmoment eines Bindebleches zu min $J_v = 310\,\text{cm}^4$. Wählt man ein Blech 150.12, so bleibt dessen Randspannung bei einem Biegemoment $M_v = 44$ tcm unterhalb der Fließgrenze. Die größte Querkraft beträgt $Q_v = 4,9$ t. Der Anschluß erfolgt zweckmäßig mittels zweier Flankenkehlnähte von der Stärke 5 mm auf die verfügbare Flanschbreite von 100 mm.

§ 13. Der Kreuzquerschnitt.

In diese Gruppe können zunächst die **I**-Walzprofile eingereiht werden, wenn das Moment senkrecht zum Stege wirkt, und zwar wird als typischer Vertreter dieser vollwandigen Querschnittsform in Übereinstimmung mit § 12/I im I. Teil das **I** P-Profil ausführlich behandelt. Ferner gehören zu dieser Querschnittsart auch die aus vier Winkeleisen oder aus zwei **U**-Eisen gebildeten Profile, welche entweder laufend oder nur in bestimmten Abständen miteinander verbunden sind; in letzterem Falle liegt ein Gliederstab vor, dessen Tragverhalten im II. Teil untersucht wird.

I. Der vollwandige ⊢⊣-Querschnitt.

1. Stabilität in der Momentenebene.

Der den Rechnungen in § 10 zugrunde gelegte unsymmetrische **I**-Querschnitt (vgl. Abb. 55) geht in die hier behandelte Profilform über, wenn

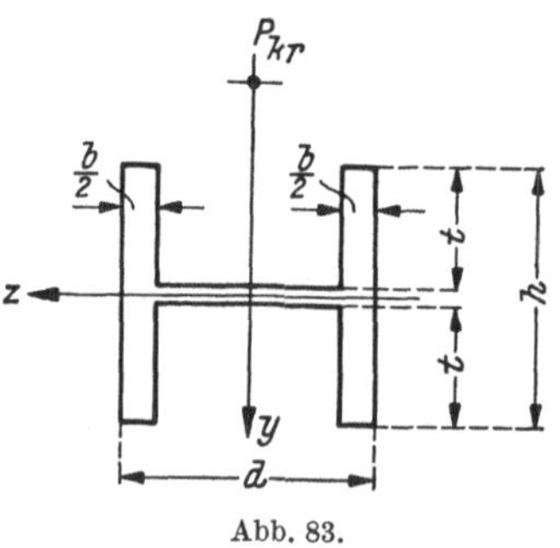

Abb. 83.

$b = b_1$ und $d > b$ angenommen wird. Es kommen dann für den in Abb. 83 dargestellten Querschnitt nur die Verzerrungszustände A und C, jedoch mit Rücksicht auf die unstetige Umrißlinie die Spannungszustände I, II, III, VI, VII, IX und X in Betracht.

In Abb. 84 ist die nach § 10 ermittelte und für die Tragfähigkeit in der Momentenebene maßgebende Axialspannung σ_{kr} für Stahl St$_i$ 37 in Abhängigkeit vom Exzentrizitätsmaß m und von der Schlankheit λ_z dargestellt. Die Gültigkeitsbereiche der sieben Spannungszustände sind durch die dünn eingezeichneten Grenzkurven voneinander geschieden und durch römische Ziffern bezeichnet. Man erkennt, daß für die in diesem Falle praktisch meist in Betracht kommenden Exzentrizitätsmaße ($m < 1$) und die Schlankheitsgrade $\lambda > 60$ nur der Spannungszustand I zur Ermittlung der kritischen Spannung heranzuziehen ist. Die

kritische Schlankheit kann dann aus Gl. 8, S. 112 bestimmt werden, welche
mit den vorliegenden Querschnittsabmessungen (**I** P-Profil Nr. 30) lautet:

$$\lambda_{kr}^2 = \frac{\pi^2\,E}{\sigma_{kr}}\left\{1 - \frac{m\,\sigma_{kr}}{(\sigma_s - \sigma_{kr})} + \frac{1}{3}\left(\frac{m\,\sigma_{kr}}{\sigma_s - \sigma_{kr}}\right)^2 - \frac{1}{81}\left(\frac{m\,\sigma_{kr}}{\sigma_s - \sigma_{kr}}\right)^3\right\}. \quad (1)$$

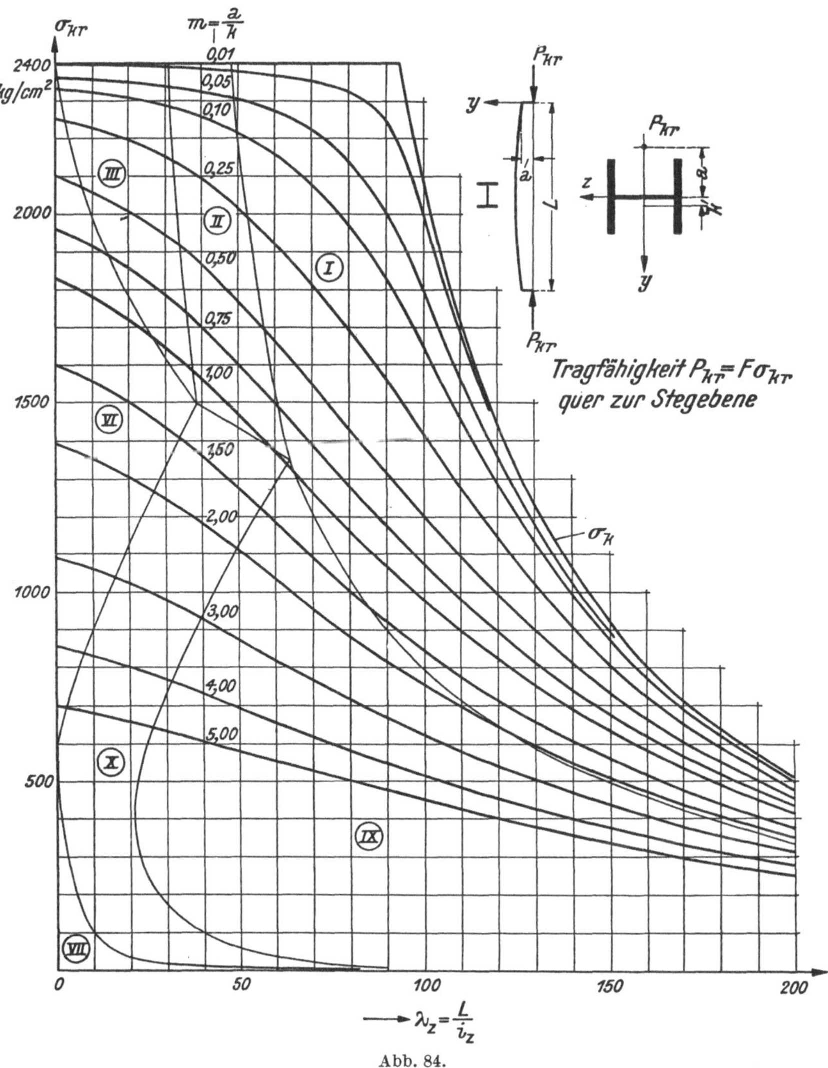

Abb. 84.

Die weiteren Glieder dieser Reihe können vernachlässigt werden, da ihre
Koeffizienten sehr klein sind. Die Gl. 1 ergibt etwas größere Werte für
die kritische Schlankheit als die für den Rechteckquerschnitt abgeleitete
Formel I, S. 83, der Unterschied ist jedoch praktisch unerheblich, so-

daß innerhalb des Gültigkeitsbereiches des Spannungszustandes I ohne weiteres die Formel I an Stelle der Gl. 1 angewendet werden darf. Dieses Ergebnis wird verständlich, wenn man bedenkt, daß die vorliegende Querschnittsform bei verschwindend dünnem Stege nur aus zwei schmalen Rechtecken gebildet wird. Für kleinere Schlankheitsgrade, d. h. außerhalb des Gültigkeitsbereiches des Spannungszustandes I, macht sich jedoch der Einfluß des Steges geltend und die kritischen Spannungen liegen dann nicht unerheblich höher als die für den Rechteckquerschnitt geltenden Werte.

2. Stabilität in der Stegebene.

Die Bestimmung der Knickfestigkeit des Vollstabes senkrecht zur Momentenebene ist nach Gl. 17, S. 105 vorzunehmen, wobei sämtliche Spannungszustände in Betracht zu ziehen sind. Ohne auf die Rechnung selbst einzugehen, sei festgestellt, daß die Knickgefahr in der Stegebene immer kleiner ist als die Ausweichgefahr in der Momentenebene, d. h. die Vergleichsschlankheit λ_k ist immer größer als die für den Eintritt des labilen Gleichgewichtszustandes senkrecht zur Stegebene maßgebende kritische Schlankheit λ_{kr} (vgl. Abb. 68, S. 134).

Als sekundäre Instabilitätserscheinung kann jedoch sowohl ein Ausbeulen der auf Druck beanspruchten abstehenden Flanschen als auch des Steges eintreten. Faßt man den abstehenden Flansch im ungünstigsten Falle als eine an drei Seiten frei aufgelagerte und am oberen Rande frei bewegliche Platte auf — auf die teilweise Einspannung durch den Steg soll verzichtet werden —, so ergibt sich für den abstehenden Flanschteil des in Abb. 83 dargestellten Querschnittes die Beulspannung zu

$$\min \sigma_{1k} \doteq \frac{\pi^2 E}{28\,(1 - m^2)} \left(\frac{b}{2\,t}\right)^2. \tag{2}$$

Für ein I P-Profil Nr. 30 erhält man dann mit $\overline{m} = 0{,}3$, $E = 2100\,\text{t/cm}^2$, $b = 4$ cm und $t = 14{,}4$ cm aus Gl. 2 ... $\min \sigma_{1k} = 15{,}6$ t/cm², d. h. die Beulspannung ist gleich der Stauchgrenze zu setzen $\min \sigma_{1k} = \sigma_s$. Diese Rechnung gilt streng für mittig gedrückte Stäbe; bei ungleichmäßigen Spannungszuständen (außermittiger Druck) könnte die nach Gl. 2 berechnete Beulspannung mit der mittleren Spannung verglichen werden (s. die Ausführungen in § 12, S. 149). Die Widerstandsfähigkeit des abstehenden, auf Druck beanspruchten Flanschteiles nimmt daher mit zunehmender plastischer Verformung ab und ist im vollplastischen Zustand erschöpft. Die dieser Bedingung ($\xi = t$) zugeordnete Axialspannung wird so wie früher als sekundäre kritische Spannung bezeichnet und entspricht der durch die Ausbeulgefahr des Druckflansches begrenzten Tragkraft des Stabes. Es kommen daher für die Bestimmung der absoluten Tragfähigkeit überhaupt nur die Spannungszustände I und IX in Betracht; innerhalb der in Abb. 84 dargestellten Gültigkeitsbereiche dieser beiden Spannungszustände gilt $\xi \leq t$, und es ist daher dort die kritische Spannung σ_{kr} maßgebend für die Festigkeit des Stabes. Im übrigen Diagrammbereich tritt an die Stelle der aus den Spannungszuständen II, III, VI, VII, X berechneten kritischen Spannung σ_{kr} (s. Abb. 84) die kleinere sekundäre kritische Spannung $\sigma_{1\,kr}$, welche — je nachdem $\sigma_{1\,kr} \gtreqless 1,35$ t/cm^2 (gemäß Gl. 13, S. 113) ist — aus den für den Spannungszustand I bzw. IX abgeleiteten Beziehungen unter der Bedingung $\xi = t$ (das Fließgebiet auf der Biegedruckseite reicht bis zum Steg) bestimmt werden kann. Es zeigt sich nun, daß für den praktisch in Betracht kommenden Diagrammbereich $m < 3$ und $\lambda > 20$ genau genug mit den für den Spannungszustand I geltenden Beziehungen das Auslangen gefunden wird. Die sekundäre kritische Spannung ist dann aus Gl. 28, S. 139 zu ermitteln und ergibt sich für die vorliegende Querschnittsform aus

$$\lambda_{1\,kr}^2 = \frac{\pi^2 E}{\sigma_{1\,kr}} \left[1 - \frac{0,43\, m\, \sigma_{1\,kr}}{(\sigma_s - \sigma_{1\,kr})} \right] 0,54. \tag{3}$$

Für $\lambda_{1\,kr} = 0$ erhält man hieraus die einem bestimmten Exzentrizitätsmaß zugeordnete größte Axialspannung zu

$$\sigma_{1,0} = \frac{\sigma_s}{(1 + 0,43\, m)}. \tag{4}$$

Die zur Berechnung der kritischen Schlankheit abgeleitete Gl. 1 gilt daher nur bis $\xi = t$ oder gemäß Gl. 9, S. 113 für

$$\max \left(\frac{m\, \sigma_{kr}}{\sigma_s - \sigma_{kr}} \right) = 1,2. \tag{5}$$

Führt man diesen Wert in Gl. 1 oder auch in Gl. 3 ein (an der Grenze $\xi = t$ müssen sich die gleichen Spannungen ergeben), so erhält man die Grenzschlankheit aus

$$\lambda_g^2 = 0,26\, \frac{\pi^2 E}{\sigma_{kr}}. \tag{6}$$

Zur Berechnung der absoluten Tragfähigkeit eines außermittig gedrückten Stabes der vorliegenden Querschnittsform ist je nach der Schlankheit $\lambda_z \gtreqless \lambda_g$ die Gl. 1 bzw. die Gl. 3 zu verwenden.

3. Diagramme für Stahl St$_i$ 37.

In Abb. 85 sind die für die absolute Tragfähigkeit maßgebenden Axialspannungen für die Schlankheitsgrade $\lambda_z = 0$ bis 200 und die Exzentrizitätsmaße $m = 0$ bis 5 unter Zugrundelegung der für die beiden Spannungszustände I und IX, deren Gültigkeitsbereiche durch die strichpunktiert eingezeichnete Grenzlinie G voneinander geschieden sind, abgeleiteten Beziehungen dargestellt. Die strichliert eingezeichnete Linie G_1 entspricht jenen kritischen Gleichgewichtslagen, bei welchen gerade die vollplastische Verformung des abstehenden, auf Druck beanspruchten Flanschteiles ($\xi = t$) eintritt. Diese Grenzlinie G_1 spaltet den Diagrammbereich in zwei Teile: Rechts von der Grenzlinie G_1 ist die Ausweichgefahr des Vollstabes in der Momentenebene, links davon jedoch die Ausbeulgefahr des gedrückten Flanschteiles für die Tragfähigkeit maßgebend. Es sei noch ausdrücklich bemerkt, daß für die

Tafel 7. Kritische Spannungen σ_{kr} in t/cm² für außermittig gedrückte Stäbe mit ⊢-Querschnitt aus Stahl St$_i$ 37.

λ \ m	0,01	0,10	0,25	0,50	0,75	1,00	1,25	1,50	1,75	2,0	2,5	3,0	3,5	4,0	5,0
0	2,39	2,30	2,18	1,98	1,84	1,69	1,58	1,49	1,38	1,28	1,14	1,03	0,92	0,82	0,68
20	2,39	2,29	2,15	1,95	1,80	1,65	1,54	1,45	1,35	1,25	1,12	1,00	0,89	0,79	0,65
30	2,39	2,27	2,12	1,91	1,75	1,61	1,49	1,41	1,31	1,22	1,09	0,97	0,86	0,76	0,63
40	2,38	2,25	2,08	1,85	1,68	1,55	1,43	1,40	1,25	1,17	1,05	0,93	0,82	0,73	0,60
50	2,38	2,21	2,02	1,77	1,59	1,46	1,36	1,27	1,18	1,11	0,99	0,87	0,77	0,69	0,58
60	2,37	2,16	1,92	1,67	1,50	1,37	1,27	1,18	1,10	1,04	0,93	0,82	0,73	0,65	0,55
70	2,36	2,08	1,81	1,55	1,39	1,26	1,17	1,09	1,02	0,96	0,86	0,77	0,69	0,62	0,52
80	2,33	1,97	1,69	1,43	1,28	1,16	1,08	1,00	0,94	0,88	0,80	0,72	0,65	0,58	0,50
90	2,25	1,83	1,56	1,32	1,18	1,07	0,99	0,92	0,87	0,82	0,74	0,67	0,61	0,55	0,48
100	2,00	1,65	1,42	1,20	1,08	0.98	0,91	0,84	0,80	0,75	0,69	0,62	0,57	0,52	0,45
110	1,69	1,46	1,28	1,10	0,98	0,90	0,83	0,77	0,73	0,70	0,64	0,58	0,53	0,49	0,43
120	1,43	1,28	1,15	1,00	0,90	0,82	0,76	0,71	0,68	0,65	0,59	0,54	0,50	0,46	0,40
130	1,22	1,13	1,02	0,90	0,82	0,75	0,70	0,66	0,63	0,60	0,55	0,50	0,47	0,43	0,38
140	1,05	0,99	0,91	0,81	0,74	0,69	0,64	0,61	0,58	0,55	0,51	0,47	0,44	0,40	0,36
150	0,92	0,88	0,81	0,73	0,68	0,63	0,59	0,56	0,53	0,51	0,47	0,44	0,41	0,38	0,34
160	0,81	0,78	0,73	0,66	0,62	0,58	0,55	0,52	0,49	0,47	0,44	0,41	0,38	0,36	0,32
170	0,72	0,69	0,65	0,60	0,57	0,53	0,51	0,48	0,46	0,44	0,41	0,38	0,36	0,34	0,30
180	0,64	0,62	0,59	0,55	0,52	0,49	0,47	0,44	0,43	0,41	0,38	0,36	0,34	0,32	0,28
190	0,57	0,56	0,53	0,50	0,48	0,45	0,43	0,41	0,40	0,39	0,36	0,34	0,32	0,30	0,27
200	0,52	0,50	0,48	0,46	0,44	0,42	0,40	0,38	0,37	0,36	0,34	0,32	0,30	0,28	0,26

angegebenen Axialspannungen ein Ausbeulen des Steges, der noch teilweise elastisch verformt ist (die Beulspannung ist gleich der Stauchgrenze), nicht eintritt. Man überzeugt sich leicht, daß innerhalb des

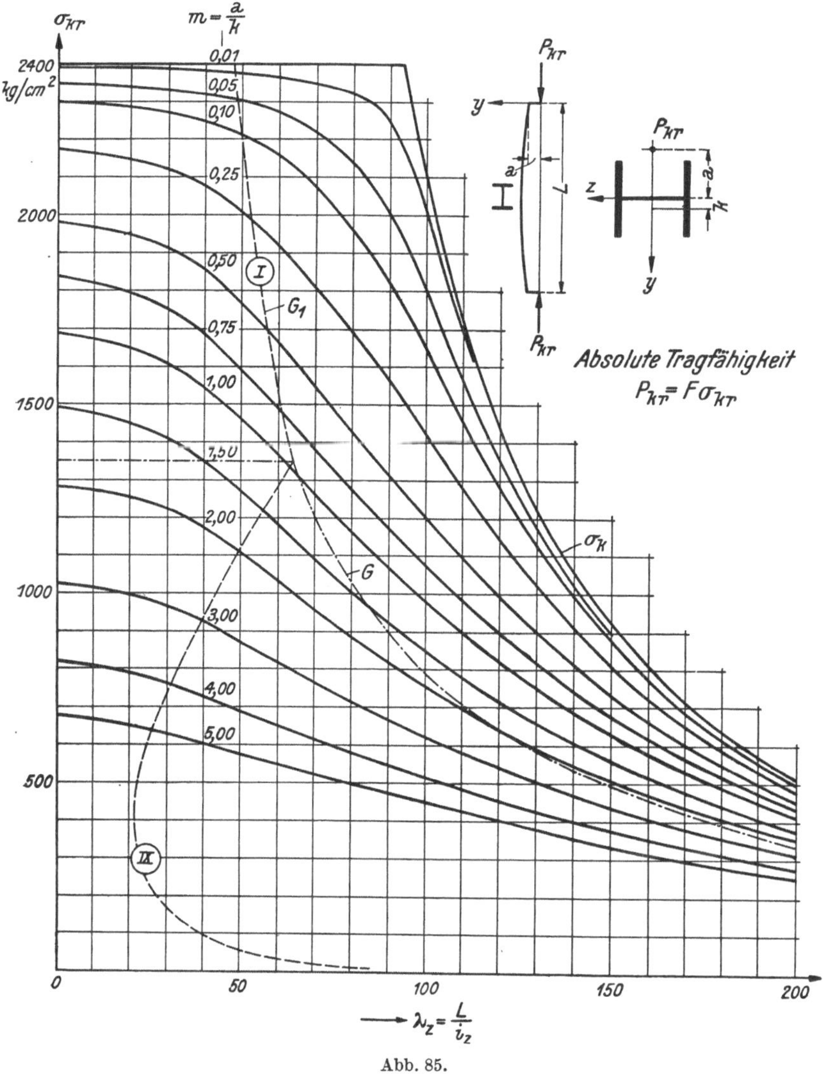

Abb. 85.

bereits angegebenen Bereiches ($m < 3$, $\lambda > 20$) die derart streng ermittelten Spannungen mit ausreichender Genauigkeit auch aus den Gleichungen 1 und 3 bestimmt werden können.

Das Diagramm Abb. 85 oder die entsprechende Zahlentafel 7 kann auch für andere Belastungsfälle verwendet werden, wenn als Exzentrizitätsmaß der durch Gl. 19, S. 153 bestimmte Wert eingeführt wird. Man erhält dann z. B. für die absolute Tragfähigkeit mittig ge-

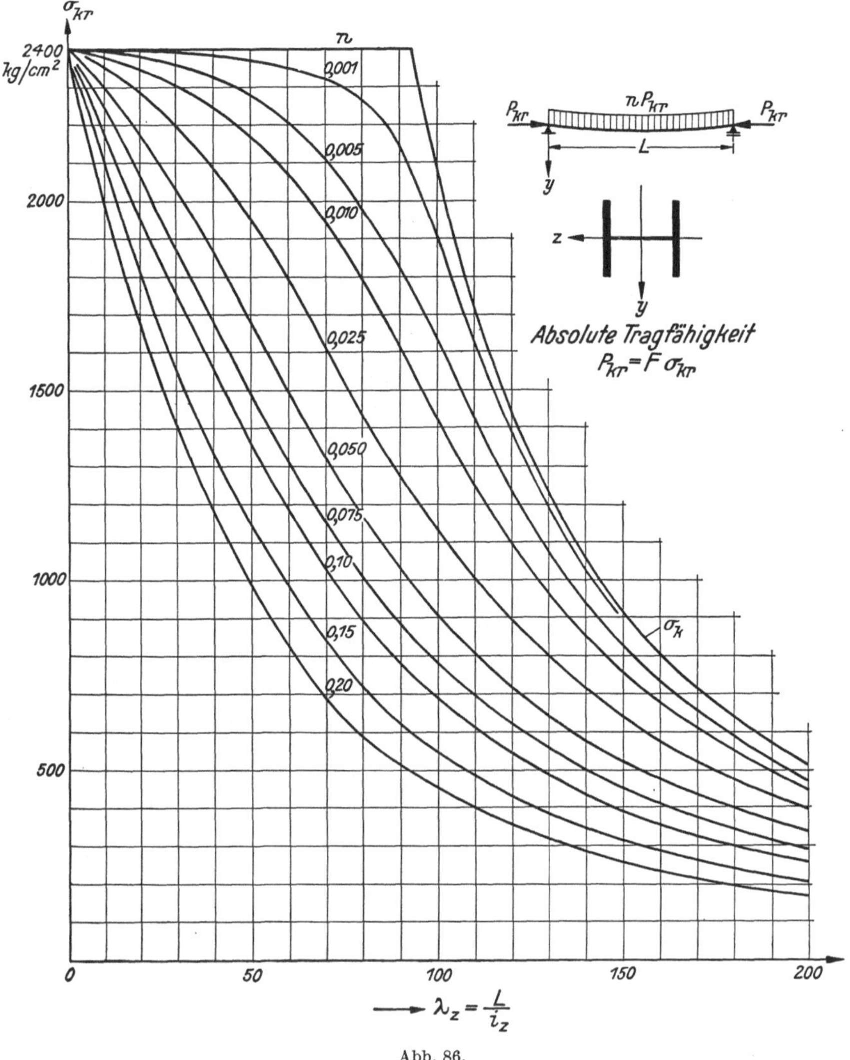

Abb. 86.

drückter und gleichmäßig querbelasteter Stäbe (Stahl St$_i$ 37) das in Abb. 86 dargestellte Diagramm der kritischen Spannungen. Dieses Diagramm dient dann als Grundlage für die Bemessung querbelasteter oder gekrümmter Druckstäbe (vgl. Tafel 1, S. 90).

II. Gegliederte Stäbe.

Besteht der Stab aus zwei Einzelteilen, die in gewissen Abständen
miteinander verbunden sind (Bindebleche oder Vergitterung), so sind
diese Verbindungsteile so zu bemessen, daß der Gliederstab keine wesentlich kleinere Tragfähigkeit besitzt als der Vollstab. Man kann dann zwei
voneinander verschiedene Fälle unterscheiden: Die Bindung liegt senkrecht
zur Momentenebene (vgl. § 12/II) oder in der Momentenebene. Als
typische Vertreter dieser beiden Formen werden die aus vier Winkeleisen bezw. aus zwei U-Eisen zusammengesetzten Gliederstäbe nachfolgend
untersucht.

1. Bindung senkrecht zur Momentenebene.

Der in Abb. 87 dargestellte Querschnitt wird aus vier ungleich-
schenkeligen Winkeleisen gebildet, welche durch eine in der x-z-Ebene
liegende und nach Abb. 81 angeordnete Ver-
gitterung (Flacheisen) miteinander verbunden
sind. Die statischen Werte dieses Profils sind
nachfolgend angegeben:

$$J_z \doteq 2600 \text{ cm}^4, \quad W_1 = 208,0 \text{ cm}^3,$$
$$J_y = 8100 \text{ cm}^4, \quad F = 76,4 \text{ cm}^2,$$
$$J_0 = 196 \text{ cm}^4, \quad F_0 = 38,2 \text{ cm}^2.$$

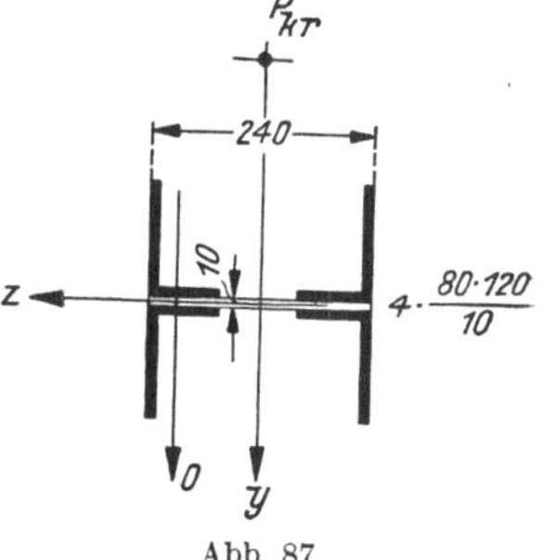

Abb. 87.

Hierbei bedeutet J_0 das Trägheitsmoment
des Einzelstabes (zwei Winkeleisen) bezüglich
seiner eigenen Schwerachse (0).

Zunächst ist der Stab ohne Rücksicht
auf die Vergitterung auf außermittigen Druck
in der x-y-Ebene zu untersuchen. Die Ergebnisse des I. Teiles zeigen,
daß man hierbei für alle praktisch vorkommenden Exzentrizitätsmaße
und Schlankheitsgrade mit den für den Spannungszustand I abgeleiteten
Beziehungen das Auslangen findet. Für schlanke Stäbe ist dann die
Gl. 8, S. 112 zu verwenden, die für die vorliegende Querschnittsform lautet:

$$\lambda_{kr}^2 = \frac{\pi^2 E}{\sigma_{kr}} \left\{ 1 - \frac{m\,\sigma_{kr}}{(\sigma_s - \sigma_{kr})} + \frac{1}{3}\left(\frac{m\,\sigma_{kr}}{\sigma_s - \sigma_{kr}}\right)^2 + \frac{1}{750}\left(\frac{m\,\sigma_{kr}}{\sigma_s - \sigma_{kr}}\right)^3 \right\}. \quad (7)$$

Die Koeffizienten der weiteren Glieder dieser Reihe sind so klein, daß
diese selbst vernachlässigt werden können. Man kann auch hier die für
Stäbe mit Rechteckquerschnitt entwickelte Formel I, S. 83 verwenden
und erhält dann innerhalb des Gültigkeitsbereiches der obigen Gleichung
etwas zu kleine Werte für die kritische Spannung. Mit Rücksicht auf die
Ausbeulgefahr der abstehenden Winkelschenkel (Beulspannung
$\min \sigma_{1k} = \sigma_s$) ist die Tragfähigkeit gedrungener Stäbe durch die
sekundäre kritische Spannung σ_{1kr} nach Gl. 28, S. 139 bestimmt,
und die zugehörige Schlankheit ergibt sich aus

$$\lambda_{1kr}^2 = \frac{\pi^2 E}{\sigma_{1kr}} \left[1 - \frac{0,42\,m\,\sigma_{1kr}}{(\sigma_s - \sigma_{1kr})} \right] 0,59. \quad (8)$$

Die einem vorgegebenen Exzentrizitätsmaß m zugeordnete größte Axialspannung ergibt sich hieraus für $\lambda_{1\,kr} = 0$ zu

$$\sigma_{1,0} = \frac{\sigma_s}{(1 + 0{,}42\,m)} \tag{9}$$

und dieser Wert stimmt nahezu vollständig mit der für den vollwandigen ⊢ P-Querschnitt in Gl. 4 angegebenen Nullspannung überein; da auch die Gleichungen 7 und 1 nahezu zu dem gleichen Schlankheitsverhältnis führen — die ersten drei Glieder des Klammerausdruckes sind identisch und das vierte Glied besitzt einen verschwindend kleinen Einfluß auf das Endergebnis —, kann zur Bestimmung der absoluten Tragfähigkeit dieser Querschnittsform das in Abb. 85 bzw. 86 dargestellte Diagramm der kritischen Spannungen verwendet werden.

Durch die vorhandene Verstrebung wird zwar nicht die Tragfähigkeit in der Momentenebene, wohl aber die Knickfestigkeit senkrecht dazu beeinflußt. Untersucht man die Knickgefahr des Gliederstabes in der z-Richtung, so erhält man als Endergebnis die Gleichungen 39 und 40, S. 160. Bei teilweiser plastischer Verformung der abstehenden Winkelschenkel darf das Schlankheitsverhältnis λ_0 des Einzelstabes mit Rücksicht auf seine Knickgefahr den in Gl. 42, S. 160 angegebenen Wert nicht überschreiten. Nun ist aber bei der vorliegenden Querschnittsform nicht die Knickgefahr des Vollstabes, sondern die Ausbeulgefahr der abstehenden Winkelschenkel für die Tragfähigkeit maßgebend (Gl. 8). Da der Einzelstab wieder aus zwei Teilen besteht, ist außerdem noch die Knickgefahr eines einzelnen Winkeleisens zu untersuchen. Dieses Winkeleisen ist an den Knotenpunkten der Verstrebung als in elastischer Schneidenlagerung befindlich anzusehen und wird sich im labilen Gleichgewichtszustande nach einer räumlichen Biegelinie verformen. Die strenge Lösung dieses Stabilitätsproblems wurde für rein elastische Formänderungen von P. Fillunger angegeben.[35] Näherungsweise kann man dieses Winkeleisen auf Knickung um die Achse (0) rechnen (s. Abb. 87) und erhält dann sicherlich zu kleine Werte für die Knickspannung, bleibt also auf der sicheren Seite der Ergebnisse. Stellt man nun die berechtigte Forderung, daß das Winkeleisen ($J_{1,0}$, $F_{1,0}$) nicht vor dem Ausbeulen seines abstehenden Schenkels — die Ausbeulgefahr ist hierbei unabhängig von der Knotenentfernung der Verstrebung — ausknickt, so muß seine Knickspannung gleich der Stauchgrenze sein, seine Schlankheit muß der Bedingung

$$\lambda_{1,0}^2 = \frac{L_0^2 F_{1,0}}{J_{1,0}} \leqq \frac{\pi^2 E}{\sigma_s} \tag{10}$$

genügen und darf außerdem höchstens gleich dem Schlankheitsgrade λ_0 des Einzelstabes (zwei Winkeleisen) sein. Letztere Bedingung ist von selbst erfüllt, da der Trägheitshalbmesser sowohl für ein Winkeleisen als auch für beide zusammen gleich groß ist. Die Verstrebung ist daher für die beim Eintritt des vollplastischen Zustandes in den gedrückten Winkel-

---

[35] P. Fillunger: Über die Eulerschen Knickbedingungen für Stäbe mit Schneidenlagerung. Z. angew. Math. Mech. 1926, S. 294.

schenkeln vorhandene Knickgefahr zu bemessen. Die größte Knotenentfernung der Verstrebung max L_0 ist dann nach Gl. 52, S. 162 zu berechnen; die erforderliche Mindestfläche der Diagonalstäbe D besitzt aber, da hier nur eine Ausfachung vorhanden ist, den doppelten Betrag des in Gl. 53 angegebenen Wertes, wobei $F_1 = 2 F_{1,0}$ die Fläche beider Winkeleisen bedeutet. Die Strebe D ist mit der in Gl. 55, S. 163 angegebenen Axialkraft auf Knickung zu berechnen.

1. Beispiel. Der in Abb. 87 dargestellte Querschnitt soll eine Tragkraft $P_{kr} = 130$ t besitzen, welche im Abstande $a = 2{,}1$ cm vom Schwerpunkt entfernt angreift. Es ist die zulässige Länge des Stabes und die Anordnung und Abmessung der Verstrebung zu ermitteln.

Man bestimmt zunächst aus den gegebenen Querschnittsabmessungen

$$\sigma_{1\,kr} = 1{,}70 \text{ t/cm}^2, \quad m = \frac{a\,F}{W_1} = 0{,}77$$

und erhält aus Gl. 8 für Stahl St$_i$ 37 die zugeordnete Schlankheit $\lambda_{1\,kr} = 39$ — wäre die Schlankheit größer als der in Gl. 6 angegebene Wert, so müßte die Gl. 7 verwendet werden — und daher als zulässige Stablänge $L = 230$ cm. Die größte Knotenentfernung der Verstrebung erhält man mit $F_{1,0} = 19{,}1$ cm^2, $J_{1,0} = 98{,}1$ cm^4 und $h_1 = 20{,}1$ cm (Entfernung der Schwerachsen der Einzelstäbe) zu

$$\max L_0 \leqq 0{,}112\, h_1\, \lambda_{1\,y} \leqq 50 \text{ cm}.$$

Wählt man $L_0 = \dfrac{L}{6} \doteq 40$ cm, so ergibt sich die Mindestfläche des Diagonalstabes zu $\min F_d = 1{,}5$ cm^2 und deren Knicklast zu $D_{\max} = 2{,}9$ t; man erhält mit einer Knicklänge $d_1 = 45$ cm das kleinste erforderliche Trägheitsmoment zu $\min J_d = 0{,}28$ cm^4; mit einem Flacheisen 60.8 mm wird allen Anforderungen entsprochen.

2. Bindung in der Momentenebene.

Der in Abb. 88 dargestellte Querschnitt besteht aus zwei U-Eisen Nr. 30, welche durch die angedeutete, parallel zur Momentenebene liegende Verstrebung miteinander verbunden sind. Die statischen Werte und Abmessungen dieses Profils sind nachfolgend angegeben:

$$
\begin{aligned}
J_z &\doteq 9900 \text{ cm}^4, & F &= 117{,}6 \text{ cm}^2, \\
J_y &\doteq 16000 \text{ cm}^4, & h &= 32{,}0 \text{ cm}, \\
W_1 &= 618 \text{ cm}^3, & b &= 3{,}2 \text{ cm}, \\
t &= 9{,}0 \text{ cm}.
\end{aligned}
$$

Zunächst wird die Tragfähigkeit unter der Annahme einer starren Verstrebung untersucht (Vollstab). Für schlanke Stäbe ist dann die Gl. 8, S. 112 maßgebend, die hier die nachstehende Form besitzt:

$$\lambda_{kr}^2 = \frac{\pi^2 E}{\sigma_{kr}} \left[1 - \frac{m\,\sigma_{kr}}{(\sigma_s - \sigma_{kr})} + 0{,}38 \left(\frac{m\,\sigma_{kr}}{\sigma_s - \sigma_{kr}} \right)^2 - 0{,}029 \left(\frac{m\,\sigma_{kr}}{\sigma_s - \sigma_{kr}} \right)^3 \right]. \quad (11)$$

Diese Reihe könnte übrigens schon nach dem dritten Gliede abgebrochen werden, da die weiteren Glieder keinen nennenswerten Einfluß auf das Endergebnis besitzen und daher vernachlässigt werden können.

Die Anwendung dieser Gleichung ist durch die Bedingung $\xi = t$ begrenzt, und man erhält zunächst aus Gl. 9, S. 113

$$\max\left(\frac{m\,\sigma_{kr}}{\sigma_s - \sigma_{kr}}\right) = 0{,}71. \tag{12}$$

Führt man diesen Wert in Gl. 11 ein, so ergibt sich die **Grenzschlankheit** aus

$$\lambda_g^2 = 0{,}47\,\frac{\pi^2 E}{\sigma_{kr}}. \tag{13}$$

Für Stäbe mit einem Schlankheitsverhältnis $\lambda \leqq \lambda_g$ ist jedoch die **Ausbeulgefahr** der abstehenden, auf Druck beanspruchten Flanschen maßgebend. Die zugeordnete **sekundäre kritische Schlankheit** ergibt sich wieder aus Gl. 28, S. 139:

$$\lambda_{1\,kr}^2 = \frac{\pi^2 E}{\sigma_{1\,kr}}\left[1 - \frac{0{,}61\,m\,\sigma_{1\,kr}}{(\sigma_s - \sigma_{1\,kr})}\right]0{,}83. \tag{14}$$

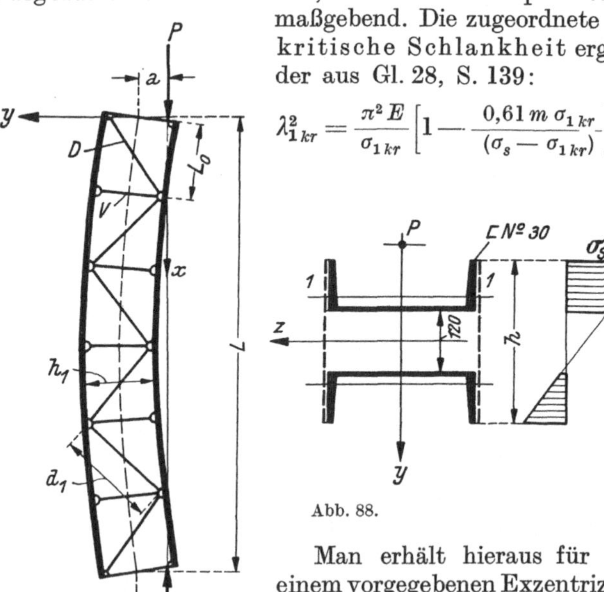

Man erhält hieraus für $\lambda_{1\,kr} = 0$ die einem vorgegebenen Exzentrizitätsmaß zugeordnete größte Axialspannung zu

$$\sigma_{1,0} = \frac{\sigma_s}{(1 + 0{,}61\,m)}. \tag{15}$$

Diese Spannung ist kleiner als der durch Gl. 3 gegebene Wert, sodaß das für vollwandige ⊢⊣-Querschnitte gültige Diagramm für gedrungene Stäbe der vorliegenden Querschnittsform zu große Spannungswerte ergibt und daher nicht verwendet werden darf.

Die **wirkliche Tragfähigkeit** des Gliederstabes ist jedoch infolge der Nachgiebigkeit der Vergitterung kleiner als die durch die Gleichungen 11 und 14 festgelegte Festigkeit des Vollstabes. Bei der nun folgenden Untersuchung des gegliederten Stabes wird vorausgesetzt, daß die Verstrebung an die beiden Gurte (Einzelstäbe) gelenkig angeschlossen ist und die Biegelinie der beiden Gurte mit guter Näherung durch eine Sinuslinie ersetzt werden darf. Die Krümmung in Stabmitte ist sowohl durch die Verbiegung der Gurte als auch durch die Längenänderung der Diagonalstäbe beeinflußt; die durch die Krümmung der Gurte und die

Längenänderung der Streben hervorgerufene und bei elastischer Form-
änderung sehr kleine Beanspruchung der Vertikalstäbe V kann vernach-
lässigt werden.[36] Bezeichnet man mit y_m die mittlere Durchbiegung des
Vollstabes (starre Verbindung), mit $\bar{y}_m$ die mittlere Durchbiegung des
Gliederstabes und mit $\varDelta y_m = \bar{y}_m - y_m$ die durch die Formänderung der
Verstrebung hervorgerufene zusätzliche Durchbiegung an derselben
Stelle, so ist die mittlere Krümmung unter der Voraussetzung elastischer
Formänderungen durch

$$\bar{y}_m{}'' = y_m{}'' + \varDelta y_m{}'' = \frac{P\,y_m}{E\,J_z} + \varDelta y_m \frac{\pi^2}{L^2} \tag{16}$$

gegeben. In einem Querschnitt x ergibt sich dann das Biegemoment und
die Querkraft — die Biegelinie ist durch Gl. 1, S. 79 bestimmt — zu

$$\left. \begin{aligned} M &= P\,y = P\left[(\bar{y}_m - a)\sin\frac{\pi x}{L} + a\right] \\ Q &= \frac{d\,M}{d\,x} = \frac{P\,\pi}{L}\left(\bar{y}_m - a\right)\cos\frac{\pi x}{L} \end{aligned} \right\} \tag{17}$$

Die Querkraft muß von den Diagonalstäben der Vergitterung aufgenom-
men werden, und man erhält daher deren Axialkraft (es sind zwei Aus-
fachungen vorhanden) zu

$$D = \frac{Q\,d_1}{2\,h_1} = \frac{P\,\pi\,d_1}{2\,L\,h_1}\left(\bar{y}_m - a\right)\cos\frac{\pi x}{L}, \tag{18}$$

wobei d_1 die Strebenlänge und h_1 den Abstand der Schwerpunkte der
beiden Gurte bedeutet. Die zusätzliche Durchbiegung $\varDelta y_m$ ist in bekannter Weise zu ermitteln; bringt man im mittleren Knotenpunkt eine
Last 1 an, so ist die zugehörige Strebenkraft $D_0 = \dfrac{d_1}{4\,h_1}$, und man erhält
schließlich

$$\varDelta y_m = \sum \frac{D\,D_0}{E\,F_d}\,d_1 = \frac{P\,\pi\,d_1{}^3}{4\,E\,F_d\,L\,h_1{}^2}\left(\bar{y}_m - a\right)\sum \cos\frac{\pi x}{L}. \tag{19}$$

In dieser Gleichung ist die Längenänderung beider Fachwerke berücksichtigt und die Summe ist über sämtliche Felder zu erstrecken. Da die
Querkraft innerhalb eines Feldes veränderlich ist, entspricht die gesamte
Längenänderung eines Diagonalstabes der dem Mittelwerte der Stabkraft
zugeordneten Formänderung. Man erhält daher unter Berücksichtigung
der Symmetrieverhältnisse

$$\sum \cos\frac{\pi x}{L} = 2\sum_{n=1}^{n=\frac{L}{2L_0}} \frac{L}{\pi L_0}\sin\left(\frac{n\,\pi\,L_0}{L}\right) = \frac{2\,L}{\pi\,L_0}\sin\frac{\pi}{2} = \frac{2\,L}{\pi\,L_0}. \tag{20}$$

---

[36] Über die Berechnung derartiger „Nullstäbe" vgl.: P. Fillunger und
K. Ježek: Über die Beanspruchung von „unbelasteten" Stäben. Bauing. (12)
1931, S. 879. — K. Ježek: Die Berechnung von Fachwerken nach einer
Theorie II. Ordnung. Ing.-Arch. (III) 1932, S. 384. — K. Ježek: Modell-
versuche über die Beanspruchung von „unbelasteten" Fachwerkstäben.
Z. öst. Ing.- u. Arch.-Ver. 1932, S. 11.

Da die Biegelinie der Gurte als Sinuslinie angenommen wurde, erhält man aus Gl. 16, wenn in den entsprechenden Gliedern $\bar{y}_m$ durch die bei richtiger Anordnung der Vergitterung nicht wesentlich kleinere Durchbiegung des Vollstabes ersetzt wird:

$$(y_m - a)\frac{\pi^2}{L^2} = \frac{P y_m}{E J_z}\left\{1 + \frac{\pi^2 E J_z}{L^2}\left(1 - \frac{a}{y_m}\right)\frac{d_1^{\,3}}{2 E F_d L_0 h_1^{\,2}}\right\}. \tag{21}$$

Aus dieser Gleichung ergibt sich die Axialkraft in der Form:

$$P = \frac{\pi^2 E J_z\left(1 - \dfrac{a}{y_m}\right)}{L^2\left[1 + \dfrac{\pi^2 E J_z}{L^2}\left(1 - \dfrac{a}{y_m}\right)\dfrac{d_1^{\,3}}{2 E F_d L_0 h_1^{\,2}}\right]}. \tag{22}$$

Bei vollkommen starrer Vergitterung erhält man hieraus die für den Vollstab bereits in § 8/1, S. 79 abgeleitete Beziehung — die Gl. 22 müßte erst durch Einführung der Axialspannung $\sigma_a = \dfrac{P}{F}$ und der Schlankheit λ_z umgeformt werden — und für $a = 0$ die bei mittigem Druck geltende Gl. 39, S. 160. Beim Eintritt des labilen Gleichgewichtszustandes im ganzen Stab oder in seinen Einzelteilen treten bleibende Formänderungen auf. Die früheren Untersuchungen haben jedoch gezeigt, daß man mit Rücksicht auf sekundäre Instabilitätserscheinungen in den dünnwandigen, auf Druck beanspruchten Querschnittsteilen nur mit kleinen bleibenden Formänderungen zu rechnen hat, so daß dann noch mit ausreichender Annäherung an die wirklichen Verhältnisse — $\varDelta y_m$ ist voraussetzungsgemäß klein — die Überlagerung der Krümmungen nach Gl. 16 noch zulässig erscheint. Letztere Gleichung lautet dann bei teilweiser plastischer Verformung am Biegedruckrand gemäß Gl. 5, S. 102:

$$(\bar{y}_m - a)\frac{\pi^2}{L^2} = \frac{\sigma_s}{E\eta} + \frac{\pi^2}{L^2}(\bar{y}_m - a)\frac{P d_1^{\,3}}{2 E F_d L_0 h_1^{\,2}}. \tag{23}$$

Unter Beachtung von Gl. 6, § 9, nimmt die vorstehende Beziehung die nachfolgende Form an:

$$(\bar{y}_m - a)\frac{\pi^2}{L^2} = \frac{\sigma_s}{E\eta}\left(1 + \frac{P d_1^{\,3}}{2 E F_d L_0 h_1^{\,2}}\right). \tag{24}$$

Der Vergleich zwischen Gl. 24 und Gl. 6, S. 102 lehrt, daß der gegliederte Stab so wie ein Vollstab behandelt werden kann, wenn an Stelle der wirklichen Länge L eine ideelle Länge γL in die Rechnung eingeführt wird, wobei im kritischen Gleichgewichtszustande

$$\gamma^2 = 1 + \frac{P_{kr} d_1^{\,3}}{2 E F_d L_0 h_1^{\,2}} \tag{25}$$

zu setzen ist. Es sind daher in den für die Berechnung der absoluten Tragfähigkeit maßgebenden Gleichungen 8, S. 112 und 28, S. 139 an Stelle der Schlankheitsgrade λ_{kr} und $\lambda_{1\,kr}$ des Vollstabes die Schlankheitsverhältnisse $\gamma\,\lambda_{kr}$ und $\gamma\,\lambda_{1\,kr}$ des Gliederstabes einzuführen. Nimmt man an, daß eine Erhöhung der Schlankheit des Gliederstabes um $5^0/_0$ gegenüber der Schlankheit des Vollstabes praktisch vernachlässigbar ist —

die Verringerung der Tragfähigkeit beträgt dann im ungünstigsten Falle (mittiger Druck bei schlanken Stäben) höchstens $5^0/_0$ der Festigkeit des Vollstabes, ist jedoch bei den praktisch meist vorkommenden Schlankheitsgraden weitaus kleiner (1 bis $2^0/_0$) —, so kann aus Gl. 25, wenn man für mittlere Verhältnisse $d_1{}^3 = 2 L_0{}^3$ setzt, die größte Knotenentfernung der Verstrebung berechnet werden:

$$\max\left(\frac{L_0}{h_1}\right)^2 \leqq \frac{0,1\,E\,F_d}{P_{kr}}. \tag{26}$$

Es ist ferner zu beachten, daß der Druckgurt für sich allein knicksicher ist. Beim Eintritt des labilen Gleichgewichtszustandes im ganzen Stab kann nun die mittlere Druckspannung des Einzelstabes gleich der Stauchgrenze gesetzt werden — es entspricht dies dem ungünstigsten Falle einer vollplastischen Verformung des Einzelstabes, die nur bei gedrungenen Stäben zustande kommen kann — und man erhält, wenn F_1 die Querschnittsfläche und J_1 das Trägheitsmoment des Einzelstabes bezüglich seiner eigenen Schwerachse (1,1) (vgl. Abb. 88) bedeutet, eine weitere Bedingung für die zulässige größte Knotenentfernung:

$$\max\left(\frac{L_0}{h_1}\right)^2 \leqq \frac{\pi^2 E J_1}{F_1 h_1{}^2 \sigma_s}. \tag{27}$$

Bei bekannter Entfernung der Knotenpunkte der Vergitterung, die aber unter allen Umständen der Gl. 27 genügen muß, ergibt sich schließlich aus Gl. 26 die erforderliche **Mindestfläche des Diagonalstabes** D zu

$$\min F_d = \frac{10\,P_{\mathrm{kr}}}{E}\left(\frac{L_0}{h_1}\right)^2. \tag{28}$$

Die Vergitterung hat die Querkraft Q aufzunehmen und erfährt daher im Gegensatz zu den beim mittig gedrückten Stab herrschenden Verhältnissen bereits **vor** dem Eintritt des labilen Gleichgewichtszustandes eine Belastung. Die **größte Diagonalstabkraft** ergibt sich laut Gl. 18 für $x = 0$ und unter Beachtung der Gleichungen 24 und 25 zu

$$D_{\mathrm{max}} = \frac{P_{kr}\,\pi\,d_1}{2\,L\,h_1}\,(\bar{y}_m - a) = \frac{P_{kr}\,d_1\,\sigma_s}{2\,\pi\,h_1\,E\,\eta_{kr}}\,\gamma^2 L. \tag{29}$$

Der Wert η_{kr} bestimmt die Lage der Nullinie der Spannungsverteilung im kritischen Gleichgewichtszustand und kann für den Spannungszustand I, der allein in Betracht zu ziehen ist, aus Gl. 1, S. 111 in Abhängigkeit von der Breite des Fließgebietes ξ_{kr} und der Axialspannung $\sigma_a = \sigma_{kr}$ entnommen werden. Bei der Berechnung der größten Strebenbeanspruchung D_{max} kann nun im ungünstigsten Falle angenommen werden, daß dieselbe bei vollplastischer Verformung der abstehenden Flanschen des Einzelstabes (U-Eisens) erreicht wird ($\xi = t$); dies trifft bei gedrungenen Stäben genau zu — s. Gl. 28, S. 139 bzw. Gl. 14 —, bei schlanken Stäben rechnet man etwas zu ungünstig, da hier $\xi < t$ ist. Man erhält dann unter Benutzung der Gleichungen 1, S. 111 für $\xi = t$ mit $\gamma^2 = 1{,}10$ und nach Einführung der kritischen Schlankheit die größte Strebenkraft zu

$$D_{\mathrm{max}} = \alpha\,(\sigma_s - \sigma_{kr})\,\sigma_{kr}\,\lambda_{kr}, \tag{30}$$

wobei der Beiwert α von der Querschnittsform abhängt und den Wert

$$\alpha = \frac{1,1\,F\,d_1\,\sqrt{F\,J_z}}{\pi\,E\,h_1\,[b\,t^2 + 2\,F\,(e_1 - t)]} \qquad (31)$$

annimmt.

Die durch Gl. 30 bestimmte Axialkraft stellt die **Knicklast** der Strebe dar, und man erhält deren **kleinstes Trägheitsmoment** bei beiderseits gelenkiger Lagerung und falls die Knickspannung kleiner ist als die Stauchgrenze zu

$$\min J_d = \frac{D_{\max}\,d_1^{\,2}}{\pi^2\,E}. \qquad (32)$$

Die Abmessungen der Strebe müssen daher sowohl der Gl. 28 als auch der Gl. 32 genügen. Die Anschlüsse an die beiden Gurten sind unter Zugrundelegung der Kraft $D_{\max}$ zu berechnen, wobei als zulässige Scherspannung sinngemäß die Schubfestigkeit anzunehmen ist.

2. Beispiel. Der in Abb. 88 dargestellte Gliederstab soll ein Tragvermögen $P_{kr} = 200$ t bei einer Exzentrizität $a = 6$ cm besitzen. Es ist die zulässige Stablänge L und die Anordnung und Abmessung der Vergitterung unter der Annahme eines normenmäßigen Stahles St 52 ($\sigma_s = 3{,}60$ t/cm²) zu berechnen.

Man ermittelt zunächst aus den gegebenen Querschnittsabmessungen $\sigma_{1\,kr} = 1{,}70$ t/cm², $m = 1{,}14$ und erhält aus Gl. 14 nach den hierortigen Schlußfolgerungen $\gamma\,\lambda_{1\,kr} = 62$ oder $\lambda_{1\,kr} = 59$; die Überprüfung der Schlankheit nach Gl. 13 ergibt $\lambda_g = 72$, womit die zulässige Anwendung der Gl. 14 bewiesen ist. Die größte Stablänge beträgt somit $L = 540$ cm. Bei dieser Stablänge beträgt die kritische Spannung des **Vollstabes** gemäß Gl. 14 ... $\sigma_{1\,kr}^0 = 1{,}74$ t/cm² und liegt daher um rund 2,3% über der Tragfähigkeit des Gliederstabes.

Die größte Entfernung der Knotenpunkte der Vergitterung muß nach Gl. 27 wegen der Knickgefahr des Einzelstabes ($F_1 = 58{,}8$ cm², $J_1 = 495$ cm⁴) kleiner sein als $\max L_0 = 270$ cm. Wählt man $L_0 = \dfrac{L}{12} =$ $= 45$ cm, so erhält man mit $h_1 = 17{,}4$ cm die Mindestfläche der Strebe aus Gl. 28 zu $\min F_d = 6{,}4$ cm². Zur Ermittlung der Strebenbeanspruchung berechnet man zunächst aus Gl. 31 den Wert $\alpha = 0{,}0307$ und schließlich aus Gl. 30 ... $D_{\max} = 5{,}80$ t; die Druckspannung in der Strebe ist daher kleiner als die Stauchgrenze, sodaß die Gl. 32 verwendet werden darf und $\min J_d = 0{,}65$ cm⁴ ergibt. Der berechneten Mindestfläche $\min F_d$ und diesem Trägheitsmoment entspricht am besten ein Flacheisen 60.11 mm, welches mittels eines Nietes, $\varnothing$ 18 mm, anzuschließen wäre. Bei der Verwendung eines Winkeleisens ergäbe sich ein Profil 40.60.7. Es ist nicht uninteressant festzustellen, daß die zur Berechnung der größten Strebenkraft bei mittigem Druck angegebene Faustformel Gl. 55, S. 163 nahezu die gleiche Beanspruchung der Strebe ($D_{\max} = 5{,}50$ t) ergibt.

§ 14. Der T-Querschnitt.

Bei dieser Querschnittsform sind einstegige und zweistegige Profile zu unterscheiden. Zur ersten Gruppe gehören die T-, U- und die halbierten

I-Walzprofile, ferner die aus zwei Winkeleisen und einer eventuell vorhandenen Gurtplatte gebildeten und schließlich die geschweißten, aus zwei rechtwinkelig zueinander stehenden Platten zusammengesetzten Querschnitte. Die zweite Gruppe umfaßt die mannigfach zusammengesetzten Profile schwer belasteter Druckstäbe, wie sie z. B. bei der Ausbildung der Druckgurte weitgespannter und schwer belasteter Fachwerke zur Anwendung gelangen.

I. Einstegige Querschnitte.

1. Stabilität in der Momentenebene.

Als typischer Vertreter dieser Querschnittsform wird das in Abb. 89a dargestellte, aus zwei Winkeleisen bestehende Profil untersucht. Dieser Querschnitt entsteht aus dem in § 10 behandelten allgemeinen Profil (s. Abb. 55), wenn $b_1 = d$ gesetzt wird. Da bei dieser Querschnittsform das Widerstandsmoment des Biegezugrandes kleiner ist als das des Biegedruckrandes ($W_2 <$ $< W_1$), kommen für die Er-

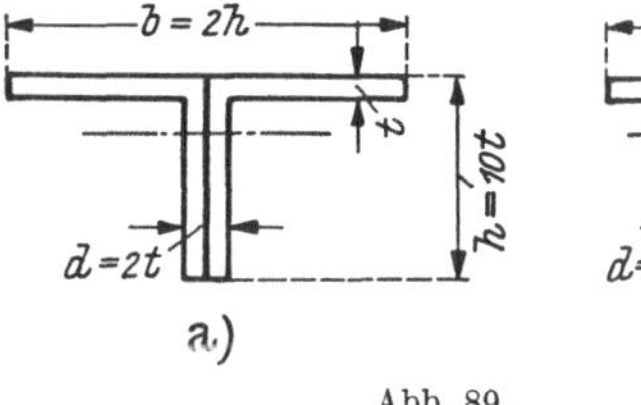

Abb. 89.

mittlung der Tragfähigkeit in der Stegebene alle drei Verzerrungszustände A, B und C in Betracht, wobei der Unstetigkeit in der Umrißlinie entsprechend die Spannungszustände I, III, IV, VI, VIII und IX zu unterscheiden sind.

Die Abb. 90 zeigt den für die Tragfähigkeit in der Momentenebene maßgebenden Verlauf der kritischen Spannung σ_{kr} in Abhängigkeit vom Exzentrizitätsmaß $m = 0$ bis 5 und vom Schlankheitsverhältnis $\lambda_z = 0$ bis 200. Die Gültigkeitsbereiche der sechs Spannungszustände sind durch die eingetragenen Grenzlinien voneinander geschieden und durch römische Ziffern bezeichnet. Man erkennt, daß hier praktisch alle Spannungszustände mit Ausnahme des nur außerordentlich kleinen Axialspannungen zugeordneten Spannungszustandes VIII zu berücksichtigen sind. Entwickelt man die für den Spannungszustand I geltende Gl. 5, S. 112 in eine Reihe, so erhält man als allgemeinste Form die Gl. 13, S. 103, wobei die Koeffizienten der einzelnen Glieder durch die Gl. 8, S. 112 bestimmt sind. Diese Koeffizienten lauten nun für die in Abb. 89a oder auch für die in Abb. 89b dargestellte Querschnittsform:

$$c_1 = 0{,}381, \quad c_2 = -0{,}340, \quad c_3 = +0{,}225, \ldots$$

Aus Gl. 9, § 10 ergibt sich schließlich die obere Grenze für die Anwendbarkeit der Gl. 13, § 9

$$\max\left(\frac{m\,\sigma_{kr}}{\sigma_s - \sigma_{kr}}\right) = \frac{h\,b\,t}{2\,W_1} = 0{,}8. \tag{1}$$

Man erkennt, daß die in Gl. 8, S. 112 angegebene Reihe für die vorliegende Querschnittsform schlecht konvergiert und sich hier für praktische

Zwecke als ungeeignet erweist. Geht man jedoch von der Reihen-entwicklung Gl. 7, S. 112 aus und faßt die ersten Glieder in der durch

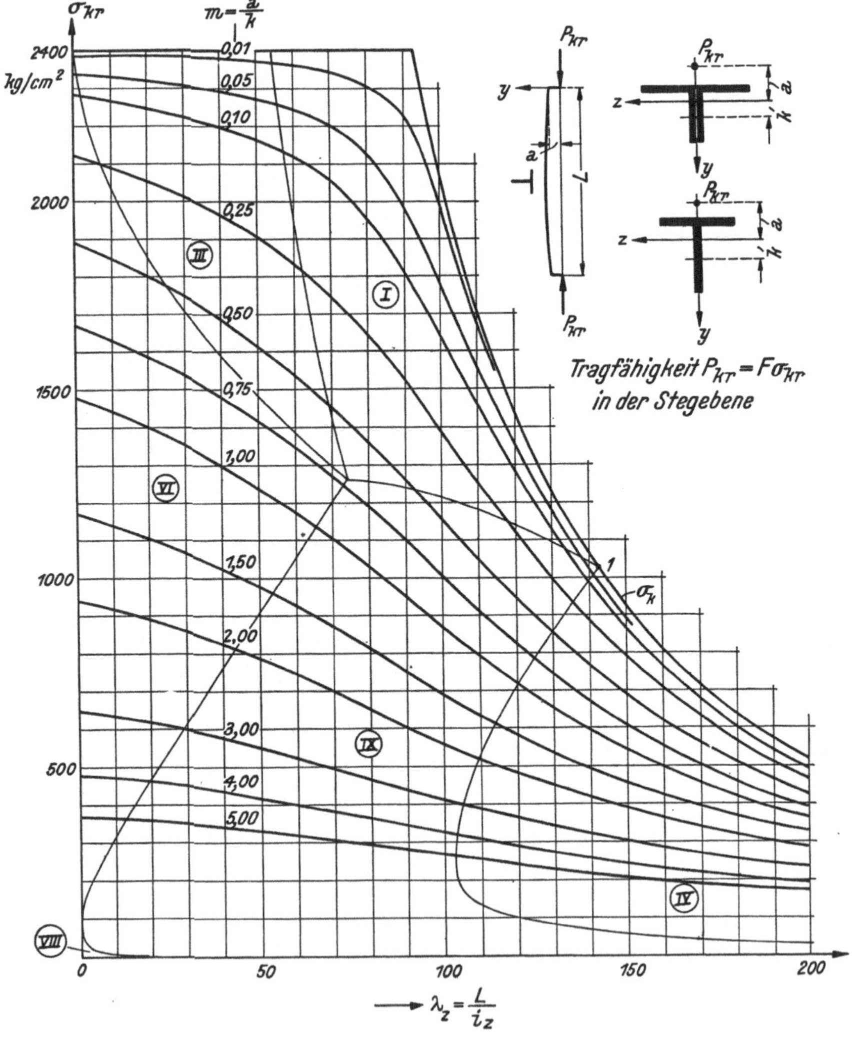

Abb. 90.

Gl. 2, S. 112 angegebenen Weise zusammen, so erhält man unter Be-nutzung von Gl. 6, S. 112 und Gl. 1:

$$w_{max} = \frac{h\,b\,t}{2\,F\,e_1} \doteq 0{,}92. \tag{2}$$

Die kritische Schlankheit ergibt sich daher genau genug in der Form:

$$\lambda_{kr}^2 = \frac{\pi^2 E}{\sigma_{kr}} \left\{ 1 - \frac{m\,\sigma_{kr}}{(\sigma_s - \sigma_{kr})} + 0{,}21 \left(\frac{m\,\sigma_{kr}}{\sigma_s - \sigma_{kr}} \right)^2 \right\}. \tag{3}$$

Führt man hier Gl. 1 ein, so erhält man die der Bedingung $\xi = t$ entsprechende Grenzschlankheit zu

$$\lambda_g^2 = 0{,}335 \, \frac{\pi^2 E}{\sigma_{kr}}, \tag{4}$$

und dies stimmt nahezu vollständig mit dem strengen Werte nach Gl. 10, S. 113 überein. Die Gl. 3 kann demnach als vollwertiger Ersatz der genauen Gl. 5, S. 112 verwendet werden. Die kleinste Axialspannung dieses Bereiches ergibt sich aus Gl. 30, S. 107 mit $W_1 \doteq 2{,}48\,W_2$ zu $\sigma_g = 1{,}03$ t/cm² (Punkt 1 in Abb. 90).

Für den Spannungszustand III ist die Gl. 24, S. 115 mit $b_1 = d$ zu verwenden, welche eine explizite Berechnung der kritischen Schlankheit ermöglicht.

Entwickelt man die für den Spannungszustand IV maßgebende Gl. 31, S. 116 in eine Reihe, so erhält man als allgemeinste Form die Gl. 34, S. 117, welche bei der vorliegenden Profilart lautet:

$$\lambda_{kr}^2 = \frac{\pi^2 E}{\sigma_{kr}} \left\{ 1 - \frac{W_1\,m\,\sigma_{kr}}{W_2\,(\sigma_s + \sigma_{kr})} + 0{,}25 \left[\frac{W_1\,m\,\sigma_{kr}}{W_2\,(\sigma_s + \sigma_{kr})} \right]^2 \right\}. \tag{5}$$

Hierbei konnte diese Reihe bereits nach dem dritten Gliede abgebrochen werden, da die Koeffizienten der weiteren Glieder außerordentlich klein — der Koeffizient des nächsten Gliedes wäre — 0,0052 — sind. Die Gl. 5 stellt daher einen für die praktische Auswertung geeigneten und vollwertigen Ersatz der Gl. 31, S. 116 dar. Die in Abb. 90 eingezeichnete Grenzlinie des Spannungszustandes IV entspricht jenen kritischen Gleichgewichtslagen, bei welchen am Biegedruckrand gerade die Stauchgrenze erreicht wird, sie ist unter Verwendung der Gleichungen 37 und 38, S. 117 zu ermitteln und schneidet die Euler-Hyperbel im Punkte 1 ($\sigma_g = 1{,}03$ t/cm²).

Für die Spannungszustände VI und VIII ist die kritische Schlankheit in expliziter Form durch die Gleichungen 52 und 72, § 10 gegeben.

Im Spannungszustande IX kann jedoch die kritische Schlankheit nicht unmittelbar als Funktion des Exzentrizitätsmaßes m und der Axialspannung σ_{kr} berechnet werden. Man könnte aber hier zu einer guten Annäherung an die wirklichen Verhältnisse gelangen, wenn man die Gleichungen 5 und 52, § 10 über ihre Gültigkeitsbereiche hinaus bis zum Schnitt der entsprechenden m-Linien verwendet, d. h. man würde dann den Spannungszustand IX für schlanke Stäbe durch den Spannungszustand IV und für gedrungene Stäbe durch den Spannungszustand VI ersetzen.

2. Stabilität quer zur Stegebene.

Bei der Untersuchung der Stabilitätsverhältnisse senkrecht zur Momentenebene ist sowohl die Knickgefahr des Vollstabes als auch die Ausweichgefahr des Druckgurtes in Betracht zu ziehen.

Die Ermittlung der **Knickfestigkeit des Vollstabes** ist nach Gl. 17, S. 105 vorzunehmen, wobei alle Spannungszustände zu untersuchen sind. Man kann sich jedoch die Aufgabe wesentlich vereinfachen, wenn man den verschwindend kleinen Anteil des Steges am Trägheitsmoment J_y vernachlässigt, denn dann bleibt die Untersuchung auf die Spannungszustände I und IX beschränkt. Es ist nun jene Axialspannung σ_k zu bestimmen, für welche die Stabilitätsgrenze des Vollstabes gegen seitliche Störungen der geraden Form der Stabachse erreicht wird, und man erhält voraussetzungsgemäß laut Gl. 17, S. 105 die zugeordnete **Knickschlankheit** aus:

$$\max \lambda_y^2 = \frac{\pi^2 E}{\sigma_k} \left(1 - \frac{\xi}{t} \right). \tag{6}$$

Bezeichnet man mit $\dfrac{L}{\varphi}$ die Knicklänge des Stabes in der z-Richtung — $\varphi = 1$ entspricht einer gelenkigen Lagerung, $\varphi = 2$ einer vollen Einspannung — so ergibt sich die **Vergleichsknickschlankheit** in der y-Richtung aus

$$\lambda_k^2 = \frac{\pi^2 E}{\sigma_k} \left(1 - \frac{\xi}{t} \right) \frac{J_y \varphi^2}{J_z}. \tag{7}$$

Die Breite des Fließgebietes am Biegedruckrand kann demnach nur innerhalb der Grenzen $0 \leq \xi \leq t$ liegen. Es kommen dann für die Berechnung von ξ, je nachdem die Axialspannung σ_k größer oder kleiner ist als der durch Gl. 13, S. 113 bestimmte Grenzwert $\sigma_k = 1{,}26\ \text{t/cm}^2$, die Spannungszustände I oder IX in Betracht.

Für den Spannungszustand I sind für $\xi \leq \xi_{kr}$ die Gleichungen 1, S. 111 und die Gl. 6, S. 102 heranzuziehen, aus welchen die einer bestimmten plastischen Formänderung auf der Biegedruckseite zugeordnete Schlankheit erhalten wird:

$$\lambda_k^2 = \frac{\pi^2 E}{\sigma_k} \left\{ 1 - \frac{b\,\xi^2\,(3\,e_1 - \xi)}{6\,J_z} - \frac{m\,\sigma_k}{2\,F\,e_1\,(\sigma_s - \sigma_k)} \left[b\,\xi^2 + 2\,F\,(e_1 - \xi) \right] \right\}. \tag{8}$$

Aus den beiden Gleichungen 7 und 8 ist zunächst ξ und schließlich die Vergleichsknickschlankheit λ_k (der Vergleich dieses Wertes erfolgt mit der kritischen Schlankheit) in Abhängigkeit von m und σ_k zu berechnen. Für $\lambda_k = 0$ ist $\xi = t$, und man erhält aus Gl. 8 die einem bestimmten Exzentrizitätsmaß zugeordnete größte Axialspannung zu

$$\sigma_{k,0} = \frac{\sigma_s}{(1 + 0{,}8\,m)}. \tag{9}$$

Bei der Auswertung des Spannungszustandes IX ist ähnlich vorzugehen; man ermittelt λ_k mit Hilfe der Gleichungen 77, S. 124 und 6, S. 102 und erhält dann eine der Gl. 8 ähnliche, aber weitaus kompliziertere Gleichung, die im Verein mit Gl. 7 die Lösung der Aufgabe ermöglicht:

$$\lambda_k^2 = \frac{\pi^2 E}{\sigma_k} \left\{ 1 - \frac{1}{6\,J_z} \left[b\,\xi^2\,(3\,e_1 - \xi) + d\,\zeta^2\,(3\,e_2 - \zeta) \right] - \right.$$
$$\left. - \frac{m\,\sigma_k}{2\,F\,e_1\,(\sigma_s - \sigma_k)} \left[b\,\xi^2 + 2\,F\,(e_1 - \xi) - d\,\zeta^2 \right] \right\}. \tag{10}$$

Hierbei ist ζ in Abhängigkeit von ξ und der Axialspannung $\sigma_a = \sigma_k$ aus Gl. 78, S. 124 zu bestimmen.

Das Gesamtergebnis dieser Untersuchung ist sowohl vom Verhältnis der Hauptträgheitsmomente als auch von der Art der Lagerung in der z-Richtung abhängig. Beim **T**-Querschnitt nach Abb. 89b liegen dann die in Abb. 91 graphisch dargestellten Verhältnisse vor. Bei beiderseits gelenkiger Lagerung ($\varphi = 1$) und mittigem Druck $m = 0$ ist die für $J_y < J_z$ stark gezeichnete Euler-Hyperbel maßgebend (als Abszissen sind die Schlankheitsgrade in der y-Richtung λ_z aufgetragen!). Oberhalb des Schnittpunktes II der Euler-Hyperbel mit der Begrenzungslinie $\xi = 0$ des Spannungszustandes IV verläuft die λ_k-Linie (Vergleichs-

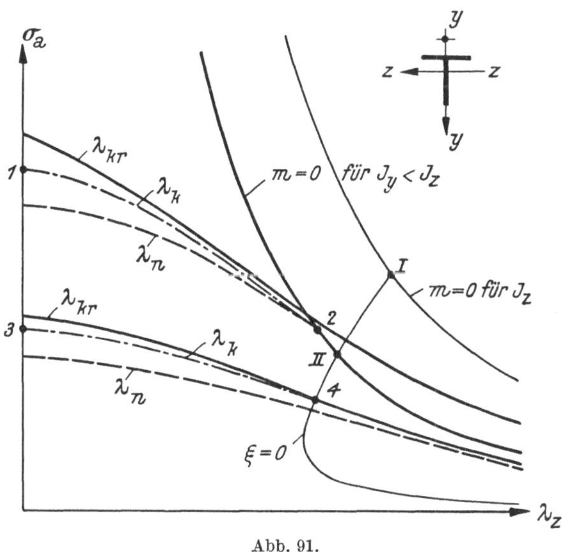

Abb. 91.

knickschlankheit) immer unterhalb der λ_{kr}-Linie (kritische Schlankheit für Ausweichen in der Momentenebene), sie verläßt die Ordinatenachse im Punkt 1 und erreicht die Euler-Hyperbel im Schnittpunkt 2 mit der Linie der Grenzspannungen des elastischen Bereiches (λ_n für $\xi = 0$). Verläuft dagegen die Linie der kritischen Spannungen unterhalb des Punktes II, so verläßt die λ_k-Linie die Ordinatenachse im Punkt 3 und erreicht die λ_{kr}-Linie im Schnittpunkt 4 mit der Begrenzungslinie des Spannungszustandes IV ($\xi = 0$). Zusammenfassend kann daher gesagt werden: Außerhalb des Gültigkeitsbereiches des Spannungszustandes IV, d. h. für die praktisch meist vorkommenden Exzentrizitätsmaße und Schlankheitsgrade ist immer die Knickgefahr quer zur Stegebene größer als die Ausweichgefahr in der Momentenebene und daher auch für die Tragfähigkeit maßgebend.

Für den in Abb. 89a dargestellten, aus zwei Winkeleisen bestehenden Querschnitt liegen die Verhältnisse schon insofern günstiger, als $J_y > J_z$ ist, und man erhält als Ergebnis der Untersuchung die Abb. 92. Die λ_k-Linie schneidet hier die λ_{kr}-Linie innerhalb des Diagrammbereiches (die Punkte 1 und 2 gehören verschiedenen m-Linien an), und zwar ist der geometrische Ort dieser Schnittpunkte durch die strichliert eingezeichnete Kurve G gegeben. Es ist dann die Tragfähigkeit in dem links bzw. rechts von dieser Linie gelegenen Diagrammbereich durch die Knickgefahr des Vollstabes quer zur Stegebene (Knickspannung σ_k), bzw. durch die Ausweichgefahr in der Momentenebene (kritische Spannung σ_{kr}) bestimmt.

Die Ausweichgefahr des Druckgurtes (Flansch) kann ebenso wie beim I-Querschnitt für den Spannungszustand I durch die Gleichungen 7,

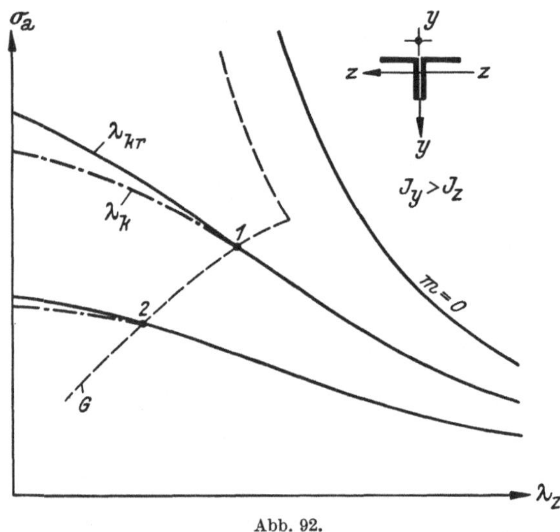

Abb. 92.

8 und 9, § 12 rechnerisch erfaßt werden. Vergleicht man jedoch die Gleichungen 8 und 9, S. 144 mit den Gleichungen 7 und 8 — aus diesen Gleichungspaaren ist jeweils die Breite des Fließgebietes ξ zu ermitteln —, so erkennt man, daß bei der vorliegenden Querschnittsform und beiderseits gelenkiger Lagerung ($\varphi = 1$) in allen praktisch vorkommenden Fällen die Knickgefahr des Vollstabes zu ungünstigeren Ergebnissen (kleineren Axialspannungen) führt als die Ausweichgefahr des Druckgurtes. Man kann schließlich ebenso wie bei den bisher behandelten Querschnittsformen die Stabilitätsgrenze senkrecht zur Momentenebene mit guter Annäherung an die wirklichen Verhältnisse aus der Bedingung $\xi_{\max} = t$ bestimmen; dann erhält man innerhalb des Gültigkeitsbereiches des Spannungszustandes I die hierfür maßgebende Gl. 28, S. 139 in der Form:

$$\lambda_{1\,kr}^2 = \frac{\pi^2 E}{\sigma_{1\,kr}}\left[1 - \frac{0,8\,m\,\sigma_{1\,kr}}{(\sigma_s - \sigma_{1\,kr})}\right]0,93. \tag{11}$$

Die einem gegebenen Exzentrizitätsmaß zugeordnete größtmögliche Axialspannung ergibt sich hieraus für $\lambda_{1\,kr} = 0$ zu

$$\sigma_{1,0} = \frac{\sigma_s}{(1 + 0,8\,m)}, \tag{12}$$

und dieser Wert ist identisch mit der durch Gl. 9 bestimmten, aus der Knickgefahr des Vollstabes ermittelten Nullspannung (genaue Rechnung). Die Gl. 11 darf gemäß Gl. 13, S. 113 nur für Axialspannungen $\sigma_{kr} \geq 1{,}26\,t/cm^2$ und für Schlankheitsgrade $\lambda \leq \lambda_g$ nach Gl. 4 verwendet werden. Für kleinere Axialspannungen sind die für den Spannungszustand IV (sehr schlanke Stäbe und größere Exzentrizitätsmaße) und den Spannungszustand IX abgeleiteten Beziehungen gültig; in letzterem Falle erhält man für $\xi = t$ aus Gl. 78, S. 124

$$\zeta_0 = \frac{F}{d}\left(1 - \frac{\sigma_{1\,kr}}{\sigma_s}\right) - (h - t) \tag{13}$$

und schließlich aus Gl. 10 die zugeordnete Schlankheit:

$$\lambda^2_{1\,kr} = \frac{\pi^2 E}{\sigma_{1\,kr}}\left\{1 - \frac{1}{6\,J_z}\left[b\,t^2\,(3\,e_1 - t) + d\,\zeta_0^2\,(3\,e_2 - \zeta_0)\right] - \right.$$
$$\left. - \frac{m\,\sigma_{1\,kr}}{2\,F\,e_1\,(\sigma_s - \sigma_{1\,kr})}\left[b\,t^2 + 2\,F\,(e_1 - t) - d\,\zeta_0^2\right]\right\}. \tag{14}$$

Für $\lambda_{1\,kr} = 0$ ergibt sich hieraus die einem bestimmten Exzentrizitätsmaß m zugeordnete Nullspannung $\sigma_{1,0}$. Bei der Auflösung der Gl. 14 wird zweckmäßig die Axialspannung und das Exzentrizitätsmaß angenommen und ζ_0 aus Gl. 13 berechnet. Die Gl. 14 ist daher für $\sigma_{1\,kr} \leq$ $\leq 1{,}26\,t/cm^2$ innerhalb des früher dem Spannungszustand VI zugewiesenen Bereiches zu verwenden.

3. Diagramme für Stahl St$_i$ 37.

Die Abb. 93 zeigt den für die absolute Tragfähigkeit eines T-Querschnittes maßgebenden Verlauf der Axialspannungen σ_{kr} in Abhängigkeit von m und λ_z. Die Gültigkeitsbereiche der in Betracht kommenden Spannungszustände I, IV und IX sind durch die eingezeichneten Grenzlinien und die beigefügten römischen Ziffern gekennzeichnet. Als Knickspannungslinie kommt die dem kleineren Hauptträgheitsmoment J_y zugeordnete Euler-Hyperbel (als Abszissen sind die Schlankheitsgrade λ_z aufgetragen!) in Betracht (vgl. die Abb. 91). Es sei nochmals hervorgehoben, daß innerhalb des Gültigkeitsbereiches des Spannungszustandes I das Versagen des Stabes durch die Instabilität in der z-Richtung eintreten wird; für die praktisch meist vorkommenden Schlankheitsgrade $\lambda > 30$ liegen die für die Knickfestigkeit quer zur Stegebene maßgebenden Axialspannungen allerdings nicht wesentlich tiefer als die kritischen Spannungen (vgl. die Abb. 90).

Aus dem Diagramm in Abb. 94 kann die absolute Tragfähigkeit eines aus zwei Winkeleisen zusammengesetzten Profils entnommen werden. Dieser Querschnitt besitzt zwar das gleiche Tragvermögen in der Momentenebene wie der T-Querschnitt, verhält sich jedoch seitlichen Störungen gegenüber (Knickung senkrecht zum Steg) etwas anders als jener, wie der Vergleich mit Abb. 93 zeigt. Die Tragfähigkeit ist hier innerhalb des Gültigkeitsbereiches des Spannungszustandes I durch die Gleichungen 3 und 11 bestimmt (Grenze λ_g nach Gl. 4). Innerhalb des

Bereiches IV (Spannungszustand IV) ist die kritische Schlankheit aus
Gl. 5 zu ermitteln. Man könnte — wie bereits erwähnt — die etwas
langwierige Auswertung der für den Spannungszustand IX entwickelten

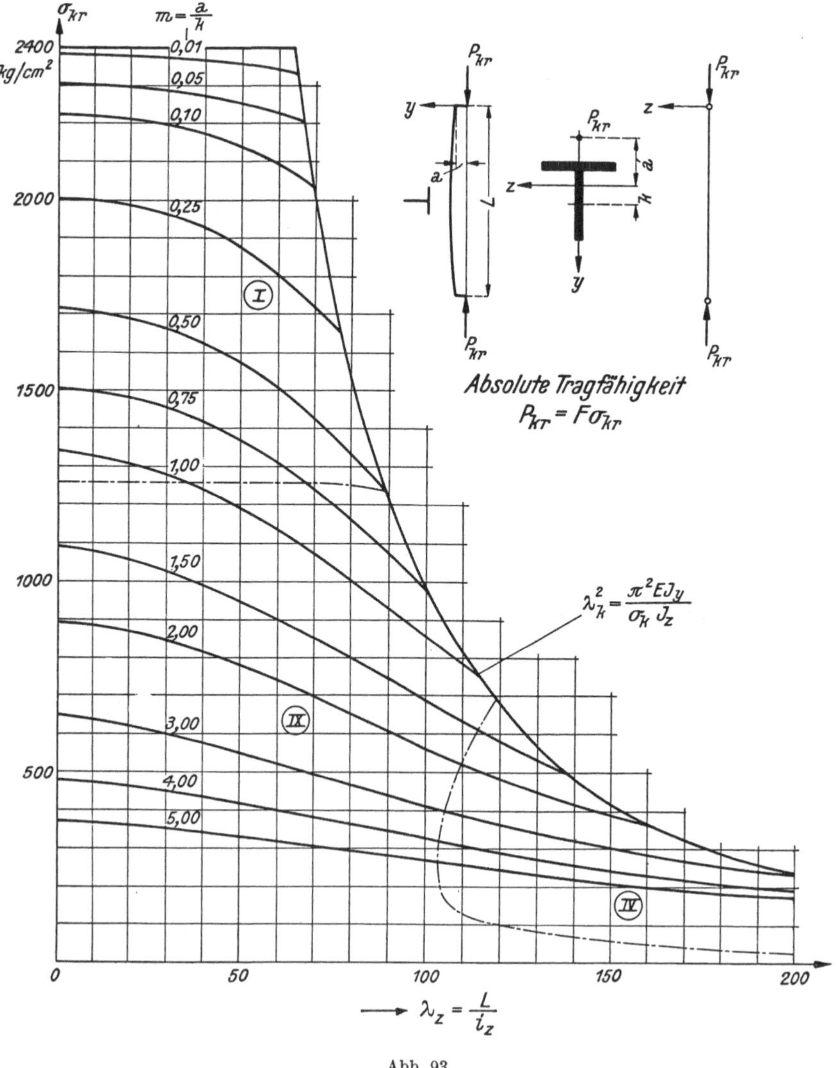

Abb. 93.

Gleichungen dadurch umgehen, daß man mit guter Näherung die Gleichungen 5 und 14 über ihre Gültigkeitsbereiche hinaus bis zum Schnittpunkt der entsprechenden m-Linien verwendet und erhielte dann für
größere Exzentrizitätsmaße $m > 1$ und mittelschlanke Stäbe Spannungen,

die um höchstens 3% (diese Abweichung würde etwa bei $\lambda = 80$ auftreten) größer sind als die in Abb. 94 angegebenen strengen Werte.

Das Diagramm Abb. 94 oder die Zahlentafel 8 kann schließlich auch

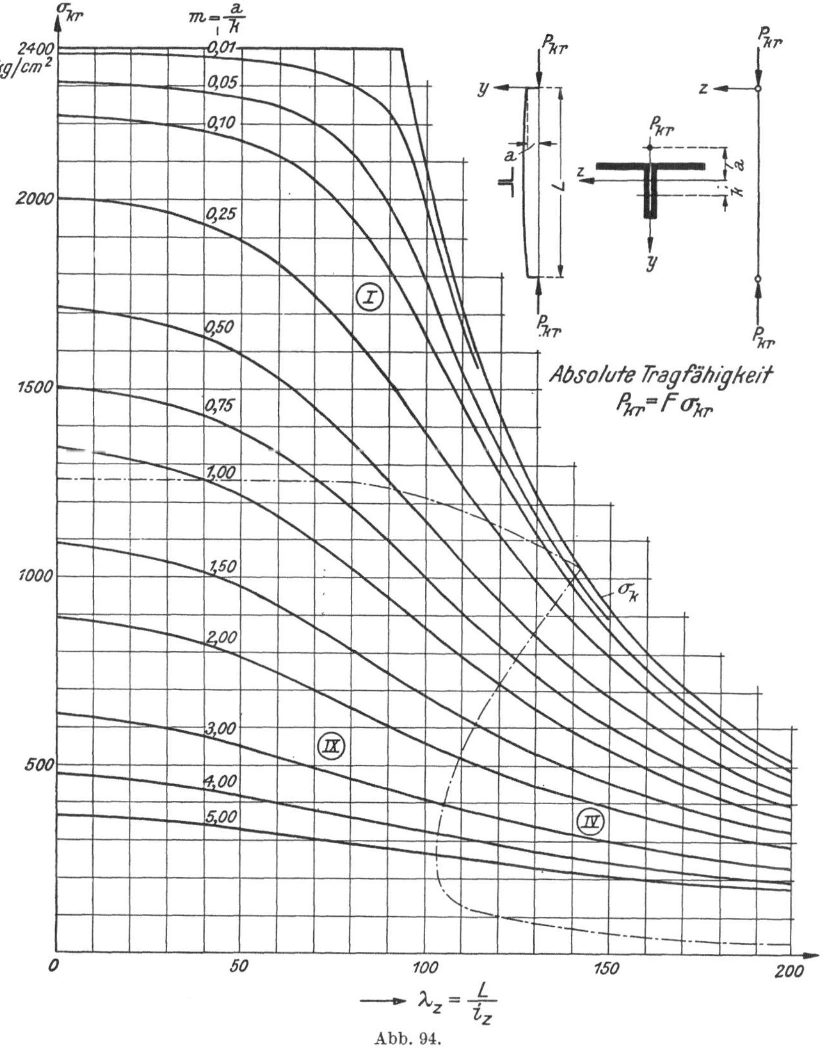

Abb. 94.

zur Ermittlung der absoluten Tragfähigkeit in anderen Belastungsfällen benutzt werden, wobei das Exzentrizitätsmaß ganz allgemein aus Gl. 19, S. 153 zu entnehmen ist. Man erhält dann das für mittigen Druck und gleichmäßige Querbelastung gültige Diagramm in Abb. 95, welches als Grundlage für die Bemessung querbelasteter und gekrümmter Druckstäbe aus Stahl St$_i$ 37 verwendet werden kann (vgl. Tafel 1, S. 90).

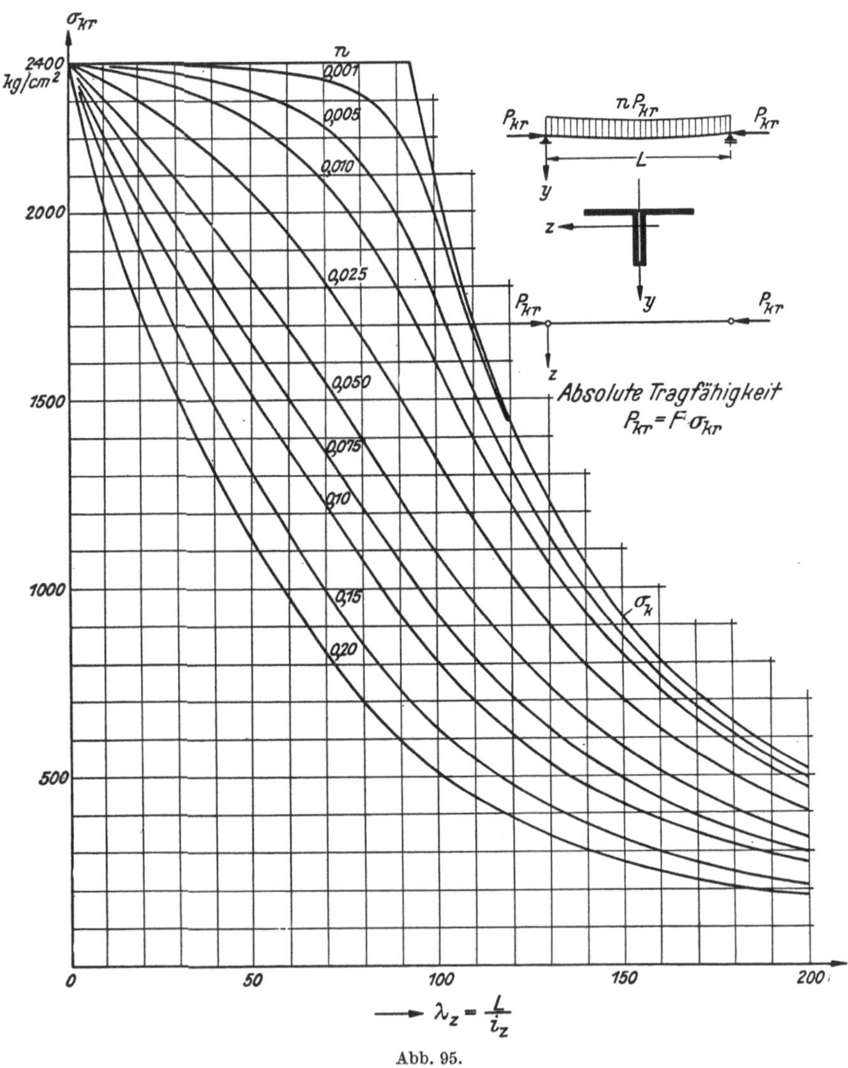

Abb. 95.

II. Zweistegige Querschnitte.

Zur Ausbildung der Druckgurte schwerbelasteter Fachwerksträger
werden häufig zweistegige T-Profile verwendet. Bei der Querschnitts-
gestaltung ist dann besonders darauf zu achten, daß die Stege im Verhältnis zur Stärke der Gurtplatten nicht zu schwach sind, da sie sonst
in den Knotenpunkten durch den Anschluß der Füllstäbe des Fachwerkes
leicht überlastet werden könnten. Man wird daher den Stegen einen
möglichst großen Teil der Querschnittsfläche zuweisen, so daß das Ver-

Tafel 8. Kritische Spannungen σ_{kr} in t/cm² für außermittig gedrückte Stäbe mit T-Querschnitt aus Stahl St$_i$ 37.

λ \ m	0,01	0,10	0,25	0,50	0,75	1,00	1,25	1,50	1,75	2,0	2,5	3,0	3,5	4,0	5,0
0	2,39	2,22	2,00	1,72	1,50	1,34	1,20	1,09	0,99	0,89	0,76	0,64	0,55	0,48	0,37
20	2,39	2,21	1,99	1,69	1,48	1,31	1,18	1,06	0,96	0,87	0,74	0,61	0,53	0,46	0,36
30	2,38	2,20	1,97	1,67	1,46	1,29	1,16	1,04	0,94	0,85	0,72	0,60	0,52	0,45	0,35
40	2,38	2,18	1,94	1,64	1,42	1,26	1,13	1,01	0,91	0,83	0,69	0,58	0,50	0,44	0,34
50	2,37	2,16	1,89	1,59	1,38	1,21	1,09	0,97	0,88	0,79	0,66	0,55	0,48	0,42	0,33
60	2,36	2,12	1,83	1,53	1,33	1,16	1,04	0,93	0,83	0,75	0,63	0,52	0,46	0,40	0,32
70	2,34	2,06	1,75	1,46	1,27	1,11	0,98	0,87	0,78	0,70	0,59	0,50	0,44	0,38	0,31
80	2,31	1,95	1,65	1,36	1,19	1,03	0,92	0,81	0,73	0,65	0,55	0,47	0,41	0,36	0,30
90	2,24	1,82	1,53	1,27	1,10	0,95	0,85	0,75	0,68	0,60	0,51	0,44	0,39	0,34	0,28
100	1,99	1,64	1,39	1,15	1,01	0,87	0,78	0,69	0,63	0,56	0,48	0,41	0,37	0,32	0,27
110	1,68	1,46	1,26	1,05	0,92	0,80	0,71	0,63	0,58	0,52	0,45	0,39	0,35	0,30	0,26
120	1,42	1,28	1,12	0,94	0,83	0,72	0,65	0,58	0,53	0,48	0,42	0,36	0,33	0,29	0,24
130	1,22	1,13	1,00	0,85	0,75	0,66	0,59	0,53	0,49	0,45	0,39	0,34	0,31	0,27	0,23
140	1,05	0,99	0,89	0,76	0,67	0,60	0,54	0,49	0,45	0,42	0,36	0,32	0,29	0,26	0,22
150	0,92	0,87	0,79	0,69	0,61	0,54	0,50	0,45	0,42	0,39	0,34	0,30	0,27	0,24	0,21
160	0,81	0,76	0,71	0,62	0,56	0,50	0,46	0,42	0,39	0,36	0,32	0,29	0,25	0,23	0,20
170	0,71	0,68	0,63	0,56	0,51	0,46	0,42	0,39	0,36	0,34	0,30	0,27	0,24	0,22	0,19
180	0,64	0,60	0,57	0,51	0,46	0,42	0,39	0,36	0,34	0,32	0,28	0,25	0,23	0,21	0,18
190	0,57	0,54	0,51	0,46	0,43	0,39	0,36	0,34	0,32	0,30	0,27	0,24	0,22	0,20	0,17
200	0,52	0,49	0,47	0,43	0,40	0,36	0,34	0,33	0,31	0,29	0,26	0,23	0,21	0,19	0,17

hältnis der Widerstandsmomente eines nach dieser Regel ausgebildeten Querschnittes innerhalb enger Grenzen bleibt $\left(1 < \dfrac{W_1}{W_2} < 3\right)$. Letzterer Umstand gewinnt im Festigkeitsfalle axialer Druck und Biegung besondere Bedeutung, da auch in gedrungenen Stäben mit stark unsymmetrischem Querschnitt $(W_1 \gg W_2)$ schon bei verhältnismäßig kleinen Exzentrizitäten des Kraftangriffes die für das Tragvermögen bedeutend ungünstigere Fließgefahr am Biegezugrand (Spannungszustand IV) maßgebend wird. Nachfolgend wird das Tragverhalten eines π-Querschnittes mit und ohne Saumwinkeln untersucht.

1. Der π-Querschnitt.

Der in Abb. 96 angegebene Querschnitt ist aus Winkeleisen und Blechen zusammengesetzt und besitzt die nachfolgenden Abmessungen und statischen Werte:

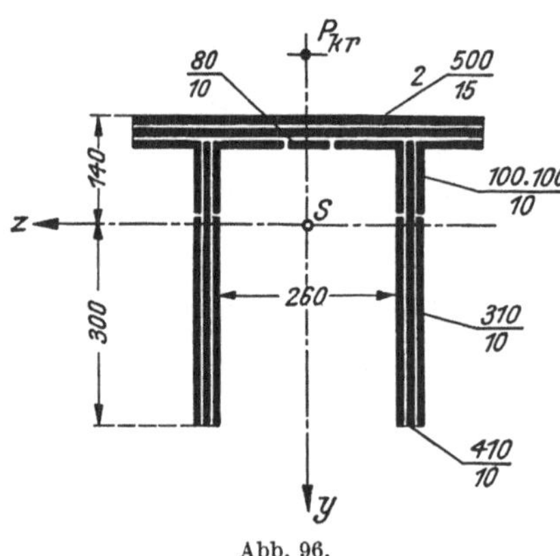

Abb. 96.

$h = 44$ cm		$J_z = 85\,100$ cm^4
$b = 50$ cm		$J_y = 92\,300$ cm^4
$t = 4$ cm		$F = 440$ cm^2
$b_1 = 6$ cm		$W_1 = 6\,080$ cm^3
$e_1 = 14$ cm		$W_2 = 2\,840$ cm^3
$e_2 = 30$ cm		$W_1 = 2{,}14\,W_2$

Für die Untersuchung der Stabilität in der Momentenebene kommen die bereits im I. Teil angeführten sieben Spannungszustände in Betracht, von welchen zwecks unmittelbaren Vergleiches mit den für die einstegigen Profile entwickelten Ergebnissen nur die leicht auswertbaren Beziehungen für die Spannungszustände I und IV angegeben werden. Die Grenze des Gültigkeitsbereiches des Spannungszustandes I ergibt sich nach Gl. 9, S. 113 für

$$\max\left(\frac{m\,\sigma_{kr}}{\sigma_s - \sigma_{kr}}\right) = 0{,}73. \tag{15}$$

Die kritische Schlankheit wird ausreichend genau aus Gl. 2, S. 142 berechnet und ergibt sich mit Benutzung der Gleichungen 15 und 6, S. 112 — es ist dann $w_{\max} = 0{,}72$ — zu

$$\lambda_{kr}^2 = \frac{\pi^2 E}{\sigma_{kr}}\left[1 - \frac{m\,\sigma_{kr}}{(\sigma_s - \sigma_{kr})} + 0{,}20\left(\frac{m\,\sigma_{kr}}{\sigma_s - \sigma_{kr}}\right)^2\right]. \tag{16}$$

Setzt man hier den Wert aus Gl. 15 ein, so erhält man die Grenzschlankheit des Bereiches aus:

$$\lambda_g^2 = 0{,}37\,\frac{\pi^2 E}{\sigma_{kr}}. \tag{17}$$

Dieses Schlankheitsverhältnis stimmt fast genau mit dem aus Gl. 10, S. 113

bestimmten strengen Wert überein. Die kleinste Axialspannung des Spannungszustandes I ergibt sich gemäß Gl. 30, S. 107 für Stahl St$_i$ 37 zu

$$\sigma_g = \frac{(W_1 - W_2)}{(W_1 + W_2)}\,\sigma_s = 0,87\ t/cm^2. \tag{18}$$

Im Spannungszustand IV (Fließen am Biegezugrand) ist die kritische Schlankheit aus der Reihenentwicklung nach Gl. 34, S. 117 zu ermitteln. Diese Reihe konvergiert gut, so daß mit den ersten drei Gliedern das Auslangen gefunden wird:

$$\lambda_{kr}^2 = \frac{\pi^2 E}{\sigma_{kr}}\left\{1 - \frac{W_1\,m\,\sigma_{kr}}{W_2\,(\sigma_s + \sigma_{kr})} + 0,25\left[\frac{W_1\,m\,\sigma_{kr}}{W_2\,(\sigma_s + \sigma_{kr})}\right]^2\right\}. \tag{19}$$

Verwendet man die Gleichungen 16 und 19 über die Gültigkeitsbereiche der Spannungszustände I und IV hinaus (vgl. Abb. 90), so ergeben beide Gleichungen für die durch Gl. 18 bestimmte kritische Axialspannung σ_g nahezu dasselbe Schlankheitsverhältnis, d. h. die Linien gleichen Exzentrizitätsmaßes schneiden sich nahezu auf der im Abstande σ_g zur Abszissenachse parallelen Geraden (dies gilt natürlich nur für kleinere Exzentrizitätsmaße $m < 1$). Dieses Ergebnis ist für eine später vorzunehmende Vereinfachung der Rechnung (§ 16) von größter Bedeutung, denn es gestattet im Bereiche kleinerer Exzentrizitätsmaße mit guter Annäherung den Ersatz der für den Spannungszustand IX entwickelten und etwas umständlich auswertbaren Beziehungen durch die Gleichungen 16 und 19.

Die Knickgefahr aus der Tragwandebene ist kleiner als die Ausweichgefahr in der Momentenebene. Das absolute Tragvermögen des Stabes ist jedoch im Hinblick auf die Ausbeulgefahr der Gurtplatten durch deren vollplastische Verformung zu begrenzen. Aus der Bedingung $\xi_{\max} = t$ erhält man innerhalb des Gültigkeitsbereiches des Spannungszustandes I, d. h. gemäß Gl. 13, S. 113, für Axialspannungen $\sigma_{1\,kr} \geqq 1{,}09\ t/cm^2$, die Gl. 28, S. 139, welche hier lautet:

$$\lambda_{1\,kr}^2 = \frac{\pi^2 E}{\sigma_{1\,kr}}\left[1 - \frac{0,83\,m\,\sigma_{1\,kr}}{(\sigma_s - \sigma_{1\,kr})}\right]0,94. \tag{20}$$

Aus dieser Gleichung ergibt sich die einem bestimmten Exzentrizitätsmaß zugeordnete größte Axialspannung zu

$$\sigma_{1,0} = \frac{\sigma_s}{(1 + 0,83\,m)}. \tag{21}$$

Die Gl. 20 gilt demnach für $\sigma_{1\,kr} \geqq 1{,}09\ t/cm^2$ und $\lambda_{1\,kr} \leqq \lambda_g$ nach Gl. 17, kann jedoch bis $m = 2$ mit guter Annäherung auch für kleinere Axialspannungen bis zum Schnittpunkt der betreffenden m-Linie mit der durch Gl. 19 bestimmten Linie der kritischen Spannungen verwendet werden. Der Vergleich der Gleichungen 16, 19, 20 und 21 mit den entsprechenden Gleichungen 3, 5, 11 und 12 zeigt, daß man für den hier untersuchten und damit auch für alle anderen ähnlich ausgeführten zweistegigen Π-Querschnitte — es kommt hier hauptsächlich auf das

Verhältnis der Widerstandsmomente an — das in Abb. 94 dargestellte Diagramm der absoluten Tragfähigkeit verwenden darf.

Das Verhältnis der Widerstandsmomente $\dfrac{W_1}{W_2}$, welches vornehmlich vom Verhältnis der Gurtstärke t zur Querschnittshöhe h abhängig ist, besitzt einen entscheidenden Einfluß auf das Tragvermögen. Da das T-Profil sowohl mit abnehmendem als auch mit zunehmendem Werte $\alpha = \dfrac{t}{h}$ sich dem Rechteckquerschnitte nähert, soll anschließend jener Wert α_1 bestimmt werden, für welchen das Verhältnis der Widerstandsmomente bei gegebenem Verhältnis von Gurtbreite b zu Stegstärke d einen Höchstwert erreicht. Setzt man $b = d\,(1 + \beta)$, so kann das Verhältnis der Schwerpunktsabstände von den beiden Rändern in der Form

$$\frac{e_1}{e_2} = \frac{W_2}{W_1} = \frac{d\,h^2 + (b - d)\,t^2}{d\,h^2 + (b - d)\,(2\,h - t)\,t} = \frac{1 + \beta\,\alpha^2}{1 + \alpha\,\beta\,(2 - \alpha)}$$

angegeben werden. Nimmt man β unveränderlich an, so ist diese Funktion nur vom Verhältniswert α abhängig und erreicht ihren Kleinstwert für

$$\alpha_1 = \frac{1}{\beta}\left(\sqrt{1 + \beta} - 1\right) = \frac{b}{(b - d)}\left(\sqrt{\frac{b}{d}} - 1\right).$$

Der Größtwert des Verhältnisses der Widerstandsmomente ist dann durch

$$\max\left(\frac{W_1}{W_2}\right) = \frac{1 + \alpha_1\,\beta\,(2 - \alpha_1)}{1 + \beta\,\alpha_1{}^2} = \frac{\alpha_1\,(1 + \beta)}{(1 - \alpha_1)}$$

bestimmt. Die Schwerachse liegt daher in diesem Falle immer in der Unterkante des Gurtes ($e_1 = t$). Zuerst sei ein Profil mit schmalem Gurt untersucht; setzt man z. B. $b = 9\,d$, also $\beta = 8$, so erhält man $\alpha_1 = 0{,}25$ und $\max\left(\dfrac{W_1}{W_2}\right) = 3$, d. h. bei der Gurtstärke $t = 0{,}25\,h$ erreicht das Verhältnis der Widerstandsmomente den Wert 3 und ist sowohl für größere als auch für kleinere Gurtstärken kleiner als dieses Maximum; der besprochene Fall würde etwa einem aus zwei Winkeleisen 100.100.14 und einer aufgenieteten Gurtplatte 200.14 gebildeten T-Profil entsprechen. Wählt man dagegen ein Profil mit breitem Gurt und setzt z. B. $b = 16\,d$, also $\beta = 15$, so ergibt sich $\alpha_1 = 0{,}2\,h$ und $\max\left(\dfrac{W_1}{W_2}\right) = 4$. Man erkennt, daß auch bei sehr ungewöhnlich starken Gurtplatten höchstens mit einem Verhältniswerte $\dfrac{W_1}{W_2} = 4$ zu rechnen ist; die Fließgefahr am Biegezugrande tritt daher praktisch gemäß Gl. 18 erst bei Axialspannungen $\sigma_{kr} \leqq 0{,}6\,\sigma_s$ ein.

2. Der ∏-Querschnitt mit Saumwinkeln.

Zur Verhinderung des seitlichen Ausweichens der Stege werden bei mittig gedrückten Stäben häufig Saumwinkel angeordnet, deren Seitensteifigkeit durch Querverbindungen (Bindebleche oder Vergitterung) gesichert ist. Der Abstand der Querverbindungen ist dann aus der Bedingung zu ermitteln, daß der Saumwinkel unter der auf ihn entfallenden

Druckkraft die gleiche Knicksicherheit besitzt wie der Vollstab. Ein derartiger unsymmetrischer **I**-Querschnitt liegt dann der Form nach zwischen den symmetrischen **I**-Profilen und den **T**-Profilen und es soll daher nachfolgend untersucht werden, wie weit sein Tragverhalten von diesen beiden Grenzfällen abweicht. Der in Abb. 97 dargestellte, aus zwei **U**-Eisen Nr. 30 und vier Blechen zusammengesetzte Querschnitt besitzt die nachfolgenden Abmessungen und statischen Werte:

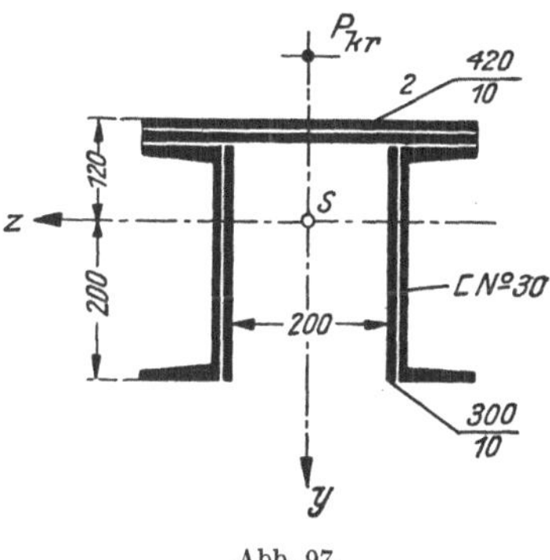

Abb. 97.

$$h = 32 \text{ cm} \qquad J_z = 35\,200 \text{ cm}^4$$
$$b = 42 \text{ cm} \qquad J_y \doteq 42\,000 \text{ cm}^4$$
$$t = 2 \text{ cm} \qquad F = 262 \text{ cm}^2$$
$$b_1 = 22 \text{ cm} \qquad W_1 = 2930 \text{ cm}^3$$
$$e_1 = 12 \text{ cm} \qquad W_2 = 1760 \text{ cm}^3$$
$$e_2 = 20 \text{ cm} \qquad W_1 = 1{,}66\, W_2$$

Die Stabilität in der Momentenebene ist nach § 9 zu untersuchen, wobei insgesamt 15 Spannungszustände in Betracht zu ziehen sind. Zum unmittelbaren Vergleich mit den bisherigen Ergebnissen sollen jedoch nur die Spannungszustände I und IV ausgewertet werden. Die Grenze des Gültigkeitsbereiches des Spannungszustandes I ergibt sich nach Gl. 9, S. 113 für $\xi_{kr} = t$ zu

$$\max \left(\frac{m\,\sigma_{kr}}{\sigma_s - \sigma_{kr}} \right) = 0{,}45. \tag{22}$$

Zur Berechnung der kritischen Schlankheit kann wieder die Gl. 2, S. 142 herangezogen werden, wobei nach Gl. 6, S. 112 ... $w_{max} = 0{,}43$ zu setzen ist, und man erhält:

$$\lambda_{kr}^2 = \frac{\pi^2 E}{\sigma_{kr}} \left\{ 1 - \frac{m\,\sigma_{kr}}{(\sigma_s - \sigma_{kr})} + 0{,}17 \left(\frac{m\,\sigma_{kr}}{\sigma_s - \sigma_{kr}} \right)^2 \right\}. \tag{23}$$

Die kleinste Schlankheit, für welche die obige Formel noch verwendbar ist, ergibt sich gemäß Gl. 22 aus

$$\lambda_g^2 = 0{,}57\,\frac{\pi^2 E}{\sigma_{kr}}. \tag{24}$$

Die kleinste Axialspannung des Spannungszustandes I erhält man laut Gl. 30, S. 107 für Stahl St 37 zu

$$\sigma_g = 0{,}60 \text{ t/cm}^2. \tag{25}$$

Der Spannungszustand IV kann daher erst für Axialspannungen, die kleiner sind als der oben angegebene Wert, eintreten und spielt bei der vorliegenden Querschnittsform nur für sehr schlanke Stäbe eine Rolle.

Man erhält aus Gl. 34, S. 117 die kritische Schlankheit in der Form:

$$\lambda_{kr}^2 = \frac{\pi^2 E}{\sigma_{kr}} \left\{ 1 - \frac{W_1\,m\,\sigma_{kr}}{W_2(\sigma_s + \sigma_{kr})} + 0{,}1 \left[\frac{W_1\,m\,\sigma_{kr}}{W_2(\sigma_s + \sigma_{kr})} \right]^2 \right\}. \tag{26}$$

Die seitliche **Knickgefahr** des Vollstabes ist bei der vorliegenden Querschnittsform kleiner als die Ausweichgefahr in der Momentenebene und besitzt daher auf das Tragvermögen keinen Einfluß. Die Tragfähigkeit gedrungener Stäbe ist jedoch durch die bei vollplastischer Verformung der Gurtplatten eintretende **Ausbeulgefahr** derselben nach oben hin zu begrenzen. Aus der Bedingung $\xi_{max} = t$ erhält man innerhalb des Gültigkeitsbereiches des Spannungszustandes I, d. h. für Axialspannungen $\sigma_{kr} \geqq 0{,}60$ t/cm², aus Gl. 28, S. 139 die sekundäre kritische Schlankheit:

$$\lambda_{kr}^2 = \frac{\pi^2 E}{\sigma_{1\,kr}} \left[1 - \frac{0{,}89\, m\, \sigma_{1\,kr}}{(\sigma_s - \sigma_{1\,kr})} \right] 0{,}97. \tag{27}$$

Die einem bestimmten Exzentrizitätsmaß m zugeordnete größtmögliche Axialspannung ergibt sich demnach für $\lambda_{1\,kr} = 0$ zu

$$\sigma_{1,0} = \frac{\sigma_s}{(1 + 0{,}89\, m)}. \tag{28}$$

Man erkennt, daß zur Ermittlung der absoluten Tragfähigkeit für die praktisch vorkommenden Exzentrizitätsmaße $m \leqq 3$ und Schlankheitsgrade $\lambda \leqq 180$ mit den Gleichungen 23 und 27 das Auslangen gefunden wird (Grenzschlankheit λ_g nach Gl. 24), die übrigen dreizehn Spannungszustände brauchen daher hier gar nicht untersucht werden. Die so ermittelten kritischen Spannungen liegen — wie ein Vergleich der Gleichungen 23, 27 und 28 mit den entsprechenden Gleichungen 3, 12 und 13, § 12 zeigt — nur wenig höher als die für den symmetrischen **I**-Querschnitt bestimmten Werte, so daß die vorliegende Querschnittsform trotz des verhältnismäßig schwachen Zuggurtes — als Zuggurt sind die abstehenden Flanschen der beiden **U**-Eisen anzusehen, deren Fläche nur etwa 11⁰/₀ der gesamten Querschnittsfläche beträgt — eigentlich bereits unter die symmetrischen **I**-Profile einzureihen ist; zur Bestimmung der absoluten Tragfähigkeit kann dann für Axialspannungen $\sigma_{kr} \geqq 0{,}60$ t/cm² ohne weiteres das Diagramm in Abb. 77 verwendet werden. Zusammenfassend kann daher gefolgert werden, daß die Anordnung von Saumwinkeln sich besonders bei schlankeren Stäben und größeren Exzentrizitäten des Kraftangriffes s e h r u n g ü n s t i g auf die Tragfähigkeit auswirkt, wie aus einem Vergleich der Abbildungen 77 und 94 zu entnehmen ist.

§ 15. Der ⌐-Querschnitt.

Die in § 14 behandelten Querschnittsformen sollen nun für den Fall, daß durch die außermittige Kraftwirkung eine Ausbiegung nach der Flanschseite erzwungen wird, untersucht werden. Diese Art der Belastung tritt vielleicht weniger häufig auf, läßt aber ganz besonders durch Vergleich mit den Ergebnissen in § 14 die Bedeutung der Lage des Angriffspunktes der Axialkraft für die Tragfähigkeit erkennen und bildet daher eine wesentliche Ergänzung der bisherigen Untersuchungen über den Einfluß der Querschnittsform.

I. Einstegige Querschnitte.

1. Stabilität in der Momentenebene.

Die in den Abbildungen 98a und 98b dargestellten beiden Querschnittsformen sind hinsichtlich des Tragverhaltens in der Momentenebene als gleichwertig anzusehen und entstehen aus dem in § 10 behandelten allgemeinen Profil, wenn $b = d$ und $t = (h - t_1)$ gesetzt wird. Da das Widerstandsmoment des Biegedruckrandes kleiner ist als das des Biegezugrandes ($W_1 < W_2$), kommen für die Ermittlung der Tragfähigkeit in der Momentenebene nur die Verzerrungszustände A und C in Betracht, welche aber mit Rücksicht auf die unstetige Querschnittsbegrenzung in die Spannungszustände I, III, VI, VIII und IX zu unterteilen sind.

Die Abb. 99 zeigt den Verlauf der für den Eintritt des kritischen Gleichgewichtszustandes in der Momentenebene maßgebenden Axialspannung σ_{kr} in Abhängigkeit vom Exzentrizitätsmaß $m=0$ bis 5 und

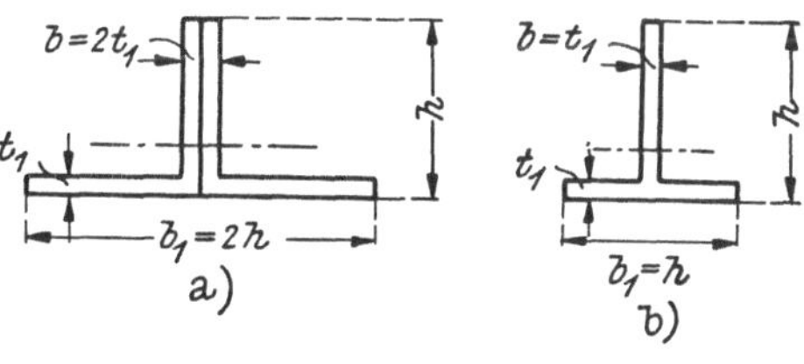

Abb. 98.

vom Schlankheitsgrade $\lambda_z = 0$ bis 200. Da bei der gewählten Querschnittsform die Flanschfläche größer ist als die Stegfläche, fällt der Spannungszustand VIII überhaupt weg. Die Gültigkeitsbereiche der übrigen vier Spannungszustände sind durch die eingezeichneten Grenzlinien geschieden und durch römische Ziffern bezeichnet. Man erkennt, daß für alle praktisch vorkommenden Schlankheitsgrade $\lambda_z \geqq 20$ und Exzentrizitätsmaße $m \leqq 5$ nur der Spannungszustand I in Betracht zu ziehen ist, was die Lösung der Aufgabe wesentlich erleichtert. Es kann daher ausschließlich die Gl. 5, S. 112 verwendet werden, deren Gültigkeitsgrenze durch $\xi_{kr} = t$ gegeben ist. Man erhält dann zunächst aus Gl. 9, S. 113:

$$\max \left(\frac{m \, \sigma_{kr}}{\sigma_s - \sigma_{kr}} \right) = 1{,}78. \tag{1}$$

Benutzt man zur Berechnung der kritischen Schlankheit die Reihenentwicklung nach Gl. 8, S. 112, so erhält man genau genug:

$$\lambda_{kr}^2 = \frac{\pi^2 E}{\sigma_{kr}} \left\{ 1 - \frac{m \, \sigma_{kr}}{(\sigma_s - \sigma_{kr})} + 0{,}25 \left(\frac{m \, \sigma_{kr} \cdot}{\sigma_s - \sigma_{kr}} \right)^2 \right\}. \tag{2}$$

Die weiteren Glieder können wegen der sehr kleinen Koeffizienten — der Koeffizient des nächsten Gliedes würde — 0,0052 sein — weggelassen werden, da sie auf das Endergebnis keinen nennenswerten Einfluß besitzen. Die Gl. 2 kann daher unter Beachtung der Gl. 1 für Schlankheitsgrade verwendet werden, die größer sind als der nachfolgend angegebene Wert:

$$\lambda_g^2 = 0{,}01 \, \frac{\pi^2 E}{\sigma_{kr}}. \tag{3}$$

In Wirklichkeit könnte der Spannungszustand I nach der strengen

Lösung Gl. 10, S. 113 für noch gedrungenere Stäbe verwendet werden,
doch kommt diesem Umstand angesichts der nach Gl. 3 berechneten
außerordentlich kleinen Schlankheitsgrade λ_g keinerlei praktische

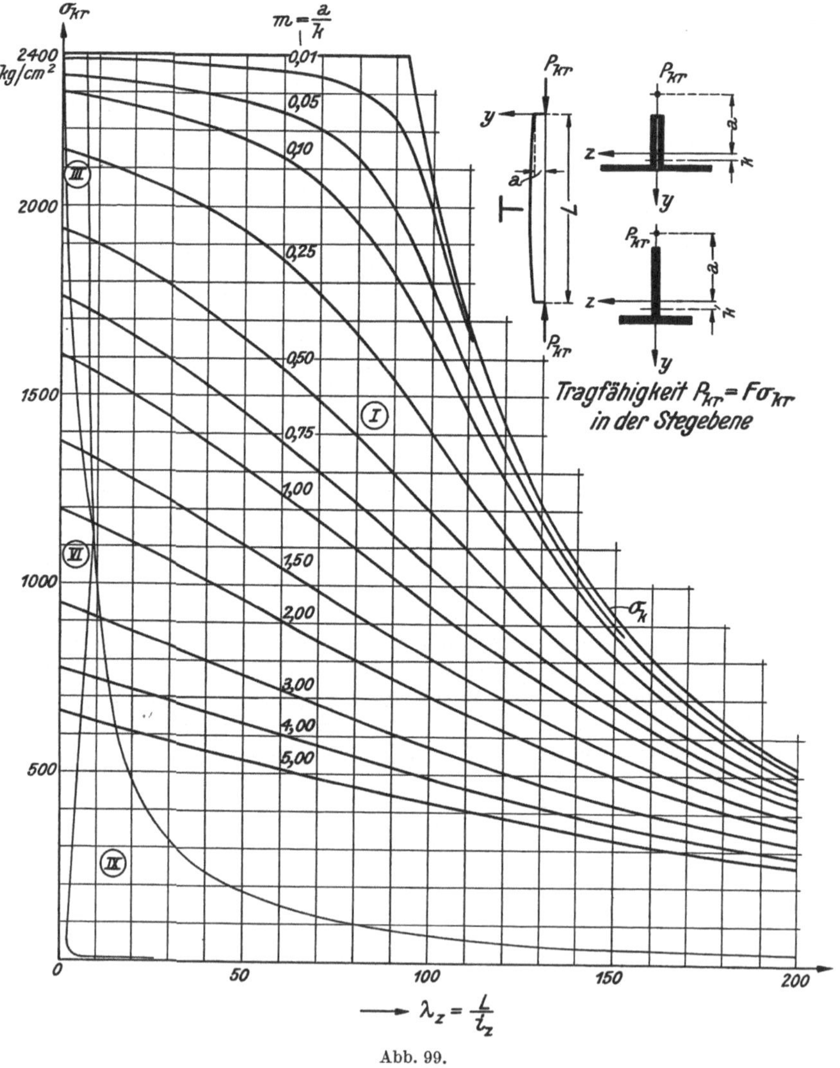

Abb. 99.

Bedeutung zu. Man kann daher mit ausreichender Genauigkeit die Gl. 2
bis $\lambda_{kr}=0$ verwenden und erhält dann die einem bestimmten Exzentrizitätsmaß zugeordnete größte Axialspannung zu

$$\sigma_0' = \frac{\sigma_s}{(1+0,5\,m)}. \tag{4}$$

Diese Gleichung ergibt für die in Betracht gezogenen Exzentrizitätsmaße nur um höchstens $2^0/_0$ größere Spannungswerte (die größte Abweichung ergibt sich bei $m = 5$) als die strenge Gl. 55, S. 120. Die vorliegende Querschnittsform besitzt daher für $m \lessgtr 4$ eine etwas kleinere bzw. größere Tragfähigkeit als der Rechteckquerschnitt und verhält sich besonders bei größeren Schlankheitsgraden und Exzentrizitätsmaßen wesentlich günstiger als ein nach der Stegseite ausgebogenes T-Profil gleicher Abmessungen. Es sei nicht unerwähnt, daß ein aus zwei Winkeleisen und einer aufgenieteten Gurtplatte zusammengesetztes Profil noch etwas größere Spannungswerte σ_0 ergibt als die Gl. 4, so daß mit der untersuchten Querschnittsform der ungünstigste Fall behandelt erscheint.

2. Stabilität quer zur Stegebene.

Die Berechnung des Vollstabes auf Knickung senkrecht zur Momentenebene ist nach Gl. 17, S. 105 vorzunehmen. Innerhalb des für alle praktischen Fälle gültigen Bereiches des Spannungszustandes I wird das Trägheitsmoment J_y durch die teilweise plastische Verformung des Steges ($\xi < t$) nur unwesentlich bzw. unter Vernachlässigung des verschwindend kleinen Anteiles des Steges am Gesamtträgheitsmoment J_y überhaupt nicht vermindert. Man erkennt, daß die Knickgefahr des in Abb. 98a ($J_y > J_z$) dargestellten Querschnittes immer kleiner ist als die Ausweichgefahr in der Momentenebene und daher für das Tragvermögen bedeutungslos ist. Für den in Abb. 98b dargestellten Querschnitt ($J_y < J_z$) dagegen wird die Linie der kritischen Spannungen von der für das kleinere Trägheitsmoment J_y maßgebenden Knickspannungslinie geschnitten; man erhält dann ein Diagramm gemäß Abb. 69, doch liegen hier die Punkte 2 und 4 so nahe beisammen, daß man die Linie der kritischen Spannungen mit ausreichender Genauigkeit bis zum Schnittpunkte mit der Euler-Hyperbel $\lambda_k^2 = \dfrac{\pi^2 E J_y}{\sigma_k J_z}$ als gültig ansehen kann (λ_k ist bekanntlich die auf die Steifigkeit in der Momentenebene bezogene Vergleichs-Knickschlankheit).

Für sehr gedrungene Stäbe, die allerdings keinerlei Bedeutung besitzen ($\lambda < 20$), wäre die Tragfähigkeit mit Rücksicht auf die Ausbeulgefahr des Steges durch jene sekundäre kritische Spannung bestimmt, welcher eine vollplastische Verformung des Steges entspricht ($\xi_{max} = t$). Man erhält dann innerhalb des Gültigkeitsbereiches des Spannungszustandes I, d. h. für Axialspannungen $\sigma_{1\,kr} \geq 1,14 \text{ t/cm}^2$ (für diese Axialspannung wird bei vollplastischer Verformung des Steges am Biegezugrand gerade die Streckgrenze erreicht), die zugeordnete sekundäre kritische Schlankheit aus Gl. 28, S. 139 in der Form:

$$\lambda_{1\,kr}^2 = \frac{\pi^2 E}{\sigma_{1\,kr}} \left[1 - \frac{0,51\,m\,\sigma_{1\,kr}}{(\sigma_s - \sigma_{1\,kr})} \right] 0,072. \tag{5}$$

Die einem gegebenen Exzentrizitätsmaß zugeordnete größte Axialspannung beträgt daher

$$\sigma_{1,0} = \frac{\sigma_s}{(1 + 0,51\,m)} \tag{6}$$

Tafel 9. Kritische Spannungen σ_{kr} in t/cm² für außermittig gedrückte Stäbe mit ⊥-Querschnitt aus Stahl St$_i$ 37.

λ \ m	0,01	0,10	0,25	0,50	0,75	1,00	1,25	1,50	1,75	2,0	2,5	3,0	3,5	4,0	5,0
0	2,39	2,30	2,15	1,94	1,76	1,61	1,49	1,38	1,28	1,20	1,06	0,95	0,86	0,78	0,66
20	2,39	2,27	2,09	1,85	1,66	1,50	1,39	1,28	1,18	1,11	0,98	0,87	0,79	0,72	0,61
30	2,38	2,24	2,05	1,79	1,60	1,44	1,32	1,22	1,13	1,06	0,93	0,84	0,76	0,69	0,58
40	2,38	2,21	2,00	1,73	1,53	1,38	1,26	1,16	1,08	1,01	0,89	0,80	0,73	0,66	0,56
50	2,37	2,18	1,94	1,65	1,46	1,31	1,20	1,10	1,02	0,96	0,84	0,76	0,69	0,63	0,53
60	2,36	2,13	1,86	1,57	1,38	1,24	1,13	1,04	0,97	0,91	0,80	0,72	0,66	0,60	0,51
70	2,34	2,06	1,77	1,49	1,30	1,17	1,06	0,98	0,91	0,85	0,76	0,68	0,63	0,57	0,49
80	2,31	1,96	1,66	1,40	1,22	1,10	1,00	0,92	0,86	0,80	0,71	0,65	0,59	0,54	0,47
90	2,24	1,82	1,54	1,30	1,14	1,02	0,93	0,86	0,80	0,75	0,67	0,61	0,56	0,51	0,44
100	2,00	1,65	1,41	1,20	1,05	0,95	0,87	0,81	0,75	0,70	0,63	0,58	0,53	0,49	0,42
110	1,69	1,46	1,27	1,10	0,96	0,87	0,80	0,75	0,70	0,66	0,59	0,54	0,50	0,46	0,40
120	1,43	1,28	1,14	1,00	0,88	0,80	0,74	0,70	0,65	0,62	0,56	0,51	0,47	0,44	0,38
130	1,22	1,13	1,02	0,90	0,81	0,74	0,69	0,65	0,61	0,57	0,52	0,48	0,44	0,41	0,36
140	1,05	0,99	0,91	0,81	0,74	0,69	0,64	0,60	0,56	0,53	0,49	0,45	0,42	0,39	0,35
150	0,92	0,88	0,81	0,73	0,68	0,63	0,59	0,55	0,53	0,50	0,46	0,42	0,39	0,37	0,33
160	0,81	0,78	0,73	0,66	0,62	0,58	0,55	0,51	0,49	0,46	0,43	0,40	0,37	0,35	0,31
170	0,72	0,69	0,65	0,60	0,57	0,53	0,51	0,48	0,45	0,43	0,40	0,37	0,35	0,33	0,30
180	0,64	0,62	0,59	0,55	0,52	0,49	0,47	0,44	0,42	0,40	0,38	0,35	0,33	0,31	0,28
190	0,57	0,56	0,53	0,50	0,48	0,45	0,43	0,41	0,40	0,38	0,36	0,34	0,32	0,30	0,27
200	0,52	0,50	0,48	0,46	0,44	0,42	0,40	0,38	0,37	0,36	0,34	0,32	0,30	0,28	0,26

und ist nur unwesentlich kleiner als der durch Gl. 4 bestimmte Wert. Für Axialspannungen $\sigma_{1\,kr} \leqq 1{,}14$ t/cm² wäre der Spannungszustand IX zur Ermittlung der sekundären kritischen Schlankheit heranzuziehen, der jedoch qualitativ zu dem gleichen Ergebnis führt wie der Spannungszustand I — die sekundäre kritische Nullspannung $\sigma_{1,0}$ unterscheidet sich nur unwesentlich von der Nullspannung nach Gl. 4 — und daher hier nicht näher behandelt werden soll.

3. Diagramme für Stahl St₁ 37.

Die absolute Tragfähigkeit eines außermittig gedrückten Stabes mit dem in Abb. 98a dargestellten Querschnitt ist demnach für alle praktisch vorkommenden Fälle durch den Eintritt des kritischen Gleichgewichtszustandes in der Momentenebene bestimmt und kann für Stahl St₁ 37 aus dem Diagramm in Abb. 99 entnommen werden. Zur Ermittlung der kritischen Spannung ist die Gl. 2 heranzuziehen, welche auch für den in Abb. 98b angegebenen ⊥-Querschnitt bis zum Schnittpunkte der entsprechenden m-Linie mit der dem kleineren Hauptträgheitsmoment J_y zugeordneten Euler-Hyperbel verwendet werden darf.

Das Diagramm Abb. 99 oder auch die Zahlentafel 9 kann ferner zur Ermittlung der Tragfähigkeit in anderen Belastungsfällen verwendet werden, wenn als Exzentrizitätsmaß m der durch Gl. 19, S. 153 angegebene Wert in die Rechnung eingeführt werden. Für mittig gedrückte und gleichmäßig querbelastete Stäbe der vorliegenden Querschnittsform ist dann die kritische Spannung in Abhängigkeit vom Querbelastungsverhältnis n und vom Schlankheitsgrade λ_z aus dem Diagramm in Abb. 100 zu entnehmen, welches gemäß Tafel 1, S. 90 die Grundlage für die Bemessung querbelasteter und gekrümmter Druckstäbe bildet.

II. Zweistegige Querschnitte.
1. Der ⊥⊥-Querschnitt.

Nachfolgend wird der in Abb. 96 angegebene Querschnitt für den Fall, daß die Axialkraft unterhalb der Schwerachse z angreift, untersucht. Die Abmessungen und statischen Werte dieses Profils können sinngemäß aus § 14, S. 194 entnommen werden, d. h. es ist den in § 10 verwendeten Bezeichnungen entsprechend b mit b_1, e_1 mit e_2, W_1 mit W_2 zu vertauschen und schließlich für $t = 40$ cm zu setzen. Für den Spannungszustand I gilt als obere Grenze die vollplastische Verformung des Steges, und man erhält mit $\xi_{kr} = t$ aus Gl. 9, S. 113 zunächst:

$$\max\left(\frac{m\,\sigma_{kr}}{\sigma_s - \sigma_{kr}}\right) = 1{,}85. \tag{7}$$

Die kritische Schlankheit ist aus Gl. 8, S. 112 zu berechnen — wobei die dort angegebene Reihe gut konvergiert und mit dem dritten Glied abgebrochen werden kann — und ergibt sich aus:

$$\lambda_{kr}^2 = \frac{\pi^2 E}{\sigma_{kr}}\left[1 - \frac{m\,\sigma_{kr}}{(\sigma_s - \sigma_{kr})} + 0{,}25\left(\frac{m\,\sigma_{kr}}{\sigma_s - \sigma_{kr}}\right)^2\right] \tag{8}$$

Die kleinste Schlankheit, für welche diese Formel noch verwendet
werden darf, erhält man unter Beachtung von Gl. 7 aus:

$$\lambda_g^2 = 0{,}005\,\frac{\pi^2\,E}{\sigma_{kr}}. \tag{9}$$

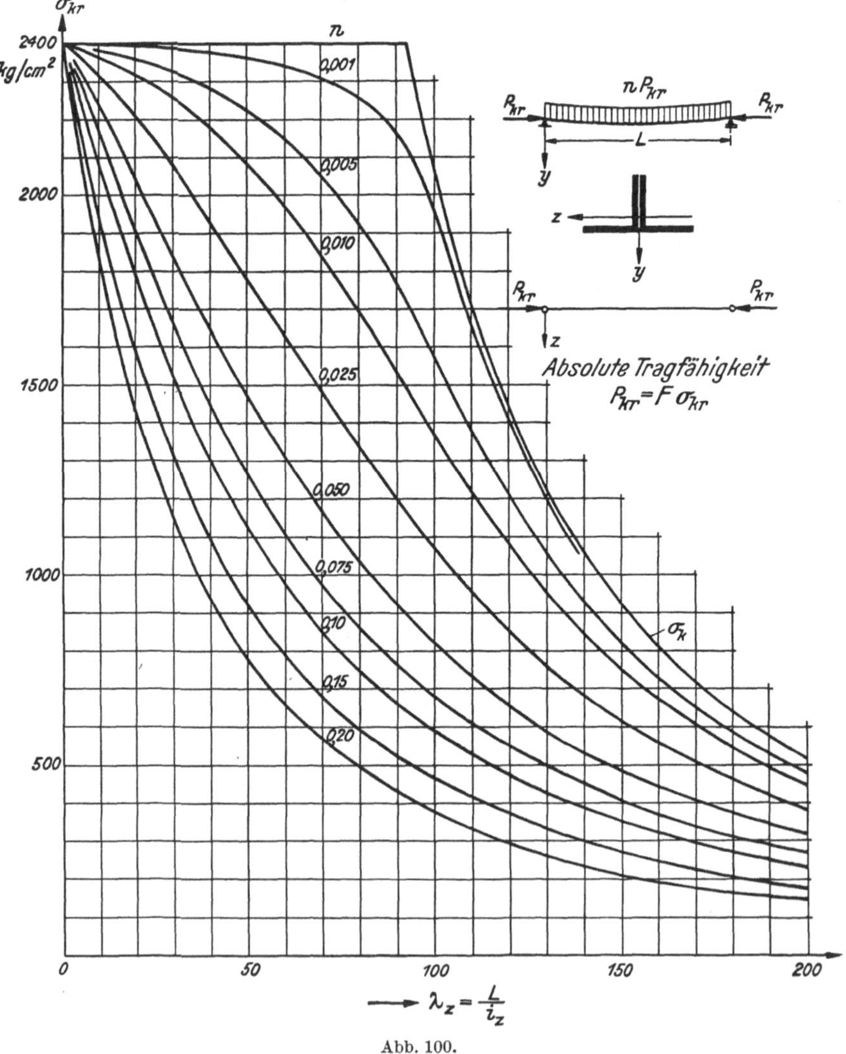

Abb. 100.

Dieser Wert ist so klein, daß für alle praktisch zur Ausführung gelangenden Schlankheitsgrade die Gl. 8 unbeschränkt verwendet werden
kann.

Die Ausbeulgefahr des Steges tritt daher erst bei außerordentlich gedrungenen Stäben ($\lambda < 20$) auf und braucht nicht berücksichtigt werden. Für ein gegebenes Exzentrizitätsmaß m ergibt sich die größtmögliche Axialspannung aus Gl. 8, die mit ausreichender Genauigkeit bis $\lambda_{kr} = 0$ verwendet werden darf, zu

$$\sigma_0 = \frac{\sigma_s}{(1 + 0{,}5\,m)}. \tag{10}$$

Die völlige Übereinstimmung der Gleichungen 8 und 10 mit den Gleichungen 2 und 4 zeigt, daß auch für die vorliegende Querschnittsform die Diagramme Abb. 99 und Abb. 100 zur Ermittlung der absoluten Tragfähigkeit außermittiger bezw. querbelasteter Druckstäbe aus St 37 verwendet werden dürfen.

2. Der ⊔-Querschnitt mit Saumwinkeln.

Greift die Axialkraft bei dem in Abb. 97 dargestellten Querschnitt unterhalb der Schwerachse z an, so sind die Abmessungen und statischen Werte dieses Profils aus § 14, S. 197 sinngemäß zu entnehmen, d. h. es ist b mit b_1, e_1 mit e_2, W_1 mit W_2 zu vertauschen und $t = 1{,}6$ cm zu setzen. Der Anwendungsbereich des Spannungszustandes I ist durch die Bedingung $\xi_{kr} = t$ begrenzt, und man erhält zunächst aus Gl. 9, S. 113:

$$\max\left(\frac{m\,\sigma_{kr}}{\sigma_s - \sigma_{kr}}\right) = 0{,}44. \tag{11}$$

Zur Berechnung der kritischen Schlankheit ist die Gl. 8, S. 112 zu verwenden und man erhält:

$$\lambda_{kr}^2 = \frac{\pi^2\,E}{\sigma_{kr}}\left[1 - \frac{m\,\sigma_{kr}}{(\sigma_s - \sigma_{kr})} + 0{,}10\left(\frac{m\,\sigma_{kr}}{\sigma_s - \sigma_{kr}}\right)^2\right] \tag{12}$$

Die Gl. 12 darf gemäß Gl. 11 für Schlankheitsgrade verwendet werden, deren untere Grenze durch

$$\lambda_g^2 = 0{,}58\,\frac{\pi^2\,E}{\sigma_{kr}} \tag{13}$$

gegeben ist. Bei vollplastischer Verformung der abstehenden, auf Druck beanspruchten Flanschen der U-Eisen besteht die Gefahr des Ausbeulens derselben, was zwar noch kein sofortiges Versagen des Gesamtquerschnittes zur Folge hat, jedoch als durchaus unerwünschter Zustand bezeichnet werden muß. Begrenzt man die Traglast durch die Bedingung $\xi_{\max} = t$, so erhält man aus Gl. 28, S. 139:

$$\lambda_{1\,kr}^2 = \frac{\pi^2\,E}{\sigma_{1\,kr}}\left[1 - \frac{0{,}93\,m\,\sigma_{1\,kr}}{(\sigma_s - \sigma_{1\,kr})}\right]0{,}98. \tag{14}$$

Das vorliegende Profil verhält sich demnach wesentlich ungünstiger als die unter II/1 behandelte Querschnittsform ohne Saumwinkel, da die größte praktisch erreichbare Axialspannung

$$\sigma_{1,0} = \frac{\sigma_s}{(1 + 0{,}93\,m)} \tag{15}$$

nicht unerheblich kleiner ist als der durch Gl. 10 gegebene Wert. Die absolute Tragfähigkeit ist — je nachdem $\lambda \gtreqless \lambda_g$ (nach Gl. 13) ist — aus Gl. 12 oder aus Gl. 14 zu ermitteln. Die so berechneten kritischen Spannungen liegen sogar noch etwas unter den für den symmetrischen I-Querschnitt geltenden Werten, wie ein Vergleich mit den in § 12 entwickelten Gleichungen 12 und 13 lehrt. Man kann hieraus den Schluß ziehen, daß die Anordnung von Saumwinkeln im vorliegenden Belastungsfalle nicht zweckmäßig erscheint, da deren Ausbeulgefahr die Festigkeit des Stabes nicht unerheblich herabsetzt.

§ 16. Formelmäßige Lösung für die technisch wichtigsten Querschnitte.

1. Der Einfluß der Querschnittsform.

Die Ergebnisse der in § 10 bis 15 durchgeführten Untersuchungen sollen nun zur endgültigen Klärung des Einflusses der Querschnittsform auf die Festigkeit von auf axialen Druck und Biegung beanspruchten Stahlstäben zusammenfassend besprochen werden. Den Ausgangspunkt für diese Betrachtung bilden dann die in den Abbildungen 48, 77, 85, 94 und 99 für die absolute Tragfähigkeit der Grundquerschnittsformen angegebenen Axialspannungen σ_{kr}, welche unter der Annahme des normenmäßigen Stahles St 37 ermittelt wurden. Die Abb. 101 zeigt in übersichtlicher Weise das Tragverhalten der einzelnen Querschnittsformen für die Exzentrizitätsmaße $m = 0{,}10$, $1{,}0$ und $5{,}0$ sowie für die Schlankheitsgrade $\lambda_z = 0$ bis 200. Man erkennt aus dieser Zusammenstellung, daß der Einfluß der Querschnittsform sowohl mit abnehmendem Exzentrizitätsmaß $m \to 0$ — bei dem angenommenen Formänderungsgesetz ist die Knickspannungslinie auch im elastisch-plastischen Bereich von der Querschnittsform unabhängig — als auch mit zunehmender Schlankheit $\lambda \to \infty$ ganz allgemein abnimmt. Zur Beurteilung des Tragverhaltens der einzelnen Querschnittsformen eignet sich ferner in besonderem Maße die Grenzspannung des elastischen Bereiches σ_n, bei deren Ermittlung zwei Gruppen von Querschnitten zu unterscheiden sind. Bei der Gruppe 1 ($W_1 \leqq W_2$) wird mit zunehmender Belastung immer die Fließgefahr am Biegedruckrand (Widerstandsmoment W_1), bei der Gruppe 2 ($W_1 \geqq W_2$) jedoch unterhalb einer bestimmten Axialspannung σ_g nach Gl. 30, S. 107 die vom Verhältnis der Widerstandsmomente abhängt und für $W_1 = W_2$ gleich Null ist, nur die Fließgefahr am Biegezugrand für das weitere Tragverhalten ausschlaggebend. In die Gruppe 1 ist daher der Rechteck-, I-, ⊢- und ⊥-Querschnitt einzureihen, die untere Grenze für die kritische Spannung ergibt sich aus Gl. 14, S. 104 und ist nur vom Exzentrizitätsmaß m abhängig; man erkennt aus Abb. 101, daß die kritische Spannung für sehr schlanke Stäbe nur wenig oberhalb der Grenzspannung σ_n liegt und mit ausreichender Genauigkeit durch diese ersetzt werden kann.[37] Zur Gruppe 2 gehört der T-Querschnitt, für

---

[37] Die Einführung des als Verhältniswert von Exzentrizität des Kraft-

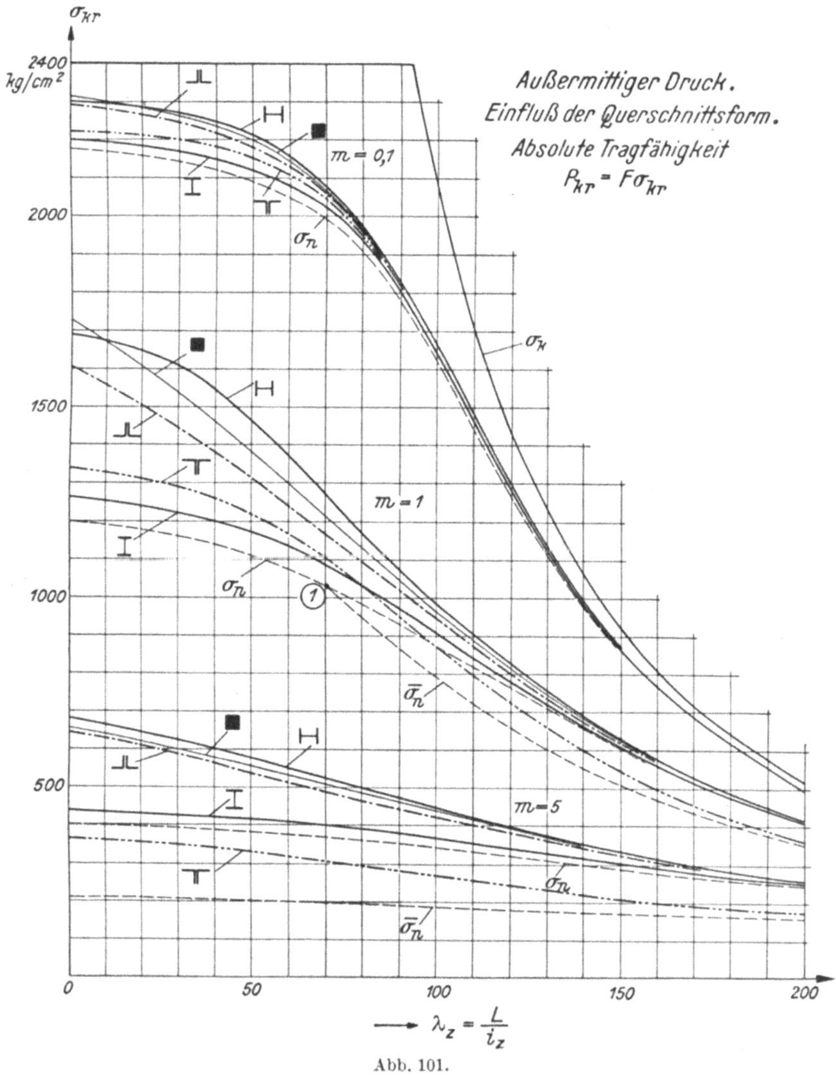

Abb. 101.

angriffes a zu gegenüberliegender Kernweite $\dfrac{W_1}{F}$ definierten Exzentrizitätsmaßes m erweist sich daher als sehr zweckmäßig, da hierdurch die Unab-
hängigkeit der Gl. 14, S. 104 von der Querschnittsform erreicht wird.
Bezieht man hingegen a auf den Trägheitshalbmesser i_z, führt man demnach
als Exzentrizitätsmaß den Verhältniswert $\dfrac{a}{i_z}$ in die Rechnung ein, so ist die für
das Erreichen der Fließgrenze maßgebende Axialspannung sowohl von $\dfrac{a}{i_z}$ als
auch von der Querschnittsform abhängig; die einem bestimmten Verhältnis-

welchen die Grenze des elastischen Formänderungsbereiches unterhalb der Axialspannung σ_g durch die Gl. 27, S. 107 festgelegt ist; letztere Beziehung ist bei unveränderlichem Verhältnis der Widerstandsmomente $\dfrac{W_1}{W_2}$ ebenfalls nur vom Exzentrizitätsmaß abhängig und entspricht der strich-

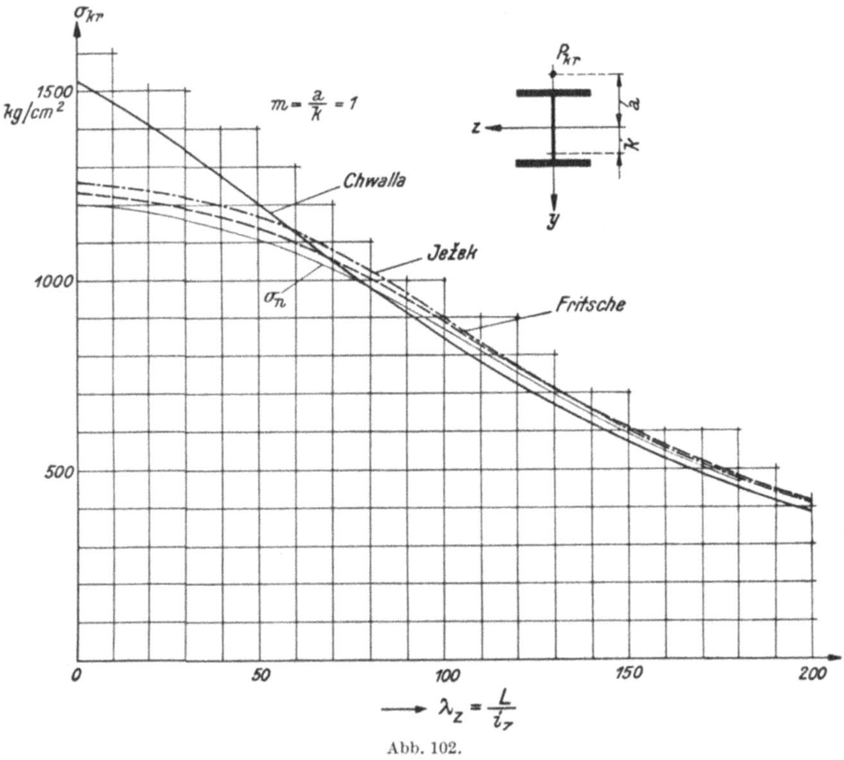

Abb. 102.

liert eingezeichneten Linie $\bar{\sigma}_n$, welche von der σ_n-Linie in der Höhe der Grenzspannung σ_g abzweigt (Punkt 1).

Zum Vergleich seien noch die wichtigsten bisher bekanntgewordenen, aus anderen Untersuchungsmethoden gewonnenen Ergebnisse über den Einfluß der Querschnittsform auf das Tragvermögen außermittig gedrückter Stahlstäbe kurz besprochen.

Das von A. Eggenschwyler[37] unter der Annahme einer ideal-

wert $\dfrac{a}{i_z}$ zugeordneten kritischen Spannungen zeigen dann keine leicht erkennbare Gesetzmäßigkeit hinsichtlich des Einflusses der Querschnittsform. — Vgl. hierzu die Zusammenstellung der Ergebnisse des zur Bestimmung der Stabilitätsgrenze in der Momentenebene entwickelten zeichnerischen Näherungsverfahrens von A. Eggenschwyler: Die Knickfestigkeit von Stäben aus Baustahl. Schaffhausen 1935 (Selbstverlag), II. Teil, Abb. 70.

plastischen Arbeitslinie entwickelte zeichnerische Lösungsverfahren beruht auf der bekannten Konstruktion der Biegelinie als Seilkurve. Bei unveränderlicher Exzentrizität des Kraftangriffes und der Stablänge bzw. Schlankheit kann ebenso wie beim Kármánschen Verfahren (§ 2/I) die Axialspannung in Abhängigkeit von der größten Ausbiegung dargestellt, d. h. die sogenannte Lastkurve (s. Abb. 18) gefunden werden, deren Höchstwert σ_{kr} der Grenze des stabilen Gleichgewichtszustandes in der Momentenebene entspricht. Die aus dieser langwierigen graphischen Untersuchung gefundene Tragfähigkeit von Stäben mit Rechteckquerschnitt zeigt gute Übereinstimmung mit den aus den Formeln I und I*, S. 83 bestimmten Werten. Für die in § 10 bis 15 behandelten Querschnittsformen sind jedoch die Ergebnisse von Eggenschwyler — selbst wenn man davon absieht, daß die sekundären Instabilitätserscheinungen (Knickung, Beulung, Kippung) nicht berücksichtigt wurden — nur als Annäherung an die wirklichen Verhältnisse zu bezeichnen, da gerade jene Spannungszustände, welche durch den Beginn des Fließens in den dünnwandigen, senkrecht oder parallel zur Momentenebene gelegenen Querschnittsteilen — es sind dies die Flanschen der I-, T- und ⊥-Profile sowie die Flanschen des ⊢⊣-Querschnittes — gekennzeichnet sind, ganz einfach vernachlässigt wurden. Die Zahl der in Betracht gezogenen Spannungszustände — beim I-Profil 1 statt 7, beim T-Profil 3 statt 6, beim ⊥-Profil 1 statt 5 und beim ⊢⊣-Profil 4 statt 7 (der rein elastische Formänderungszustand wurde hierbei nicht mitgezählt) — reicht jedoch zu einer verläßlichen Ermittlung der Stabilitätsgrenze in der Momentenebene nicht aus und zwar ergeben sich besonders für die beiden ersten angeführten Profile zu kleine Spannungswerte. Die Annahme unendlich dünner Flanschen führt aber unter Berücksichtigung der sekundären Instabilitätserscheinungen zu dem Ergebnis, daß bei I- und T-Querschnitten mit dem Eintritt des Fließens auch bereits die Tragfähigkeit erreicht wird, was mit der strengen Untersuchung im Widerspruch steht ($\sigma_{1\,kr} > \sigma_n$).

E. Chwalla[38] versucht die für die einzelnen Profile verschiedenen Lösungen durch Einführung eines „ideellen" Exzentrizitätsmaßes

$$m_i = \varphi\, m \tag{1}$$

auf eine gemeinsame Lösung zurückzuführen und wählt den Rechteckquerschnitt als Bezugsform. Hiermit bliebe in einfachster Weise die Bemessung für sämtliche Querschnittsformen auf die Benutzung des für den Rechteckquerschnitt geltenden Diagramms der kritischen Spannungen oder auf die Anwendung der Formeln I und I* beschränkt. Auf Grund einer unvollständigen Lösung — die Untersuchung wurde nach dem Kármánschen Verfahren für die beiden Laststufen $\sigma_{kr} = 1{,}0$ und $1{,}9\ \mathrm{t/cm^2}$ und eine bestimmte Stahlsorte, die etwa dem österreichischen Stahl St 44 ($\sigma_s = 2{,}70\ \mathrm{t/cm^2}$) entspricht, durchgeführt — und ohne Berücksichtigung der sekundären Instabilitätserscheinungen schlägt Chwalla vor, für Stäbe mit Rechteck-, T- und ⊥-Querschnitt $\varphi = 1$, für Stäbe

---

[38] E. Chwalla: Der Einfluß der Querschnittsform auf das Tragvermögen außermittig gedrückter Baustahlstäbe. Stahlbau (8) 1935, S. 193.

mit **I**-Querschnitt $\varphi = 1{,}43$ und für Stäbe mit **H**-Querschnitt $\varphi = 0{,}77$ zu setzen. Zu einem ähnlichen Ergebnis gelangt auch J. Fritsche — allerdings auf Grund der physikalisch unbegründeten und experimentell widerlegten Annahme einer „Erhöhung der Fließgrenze" bei Biege-

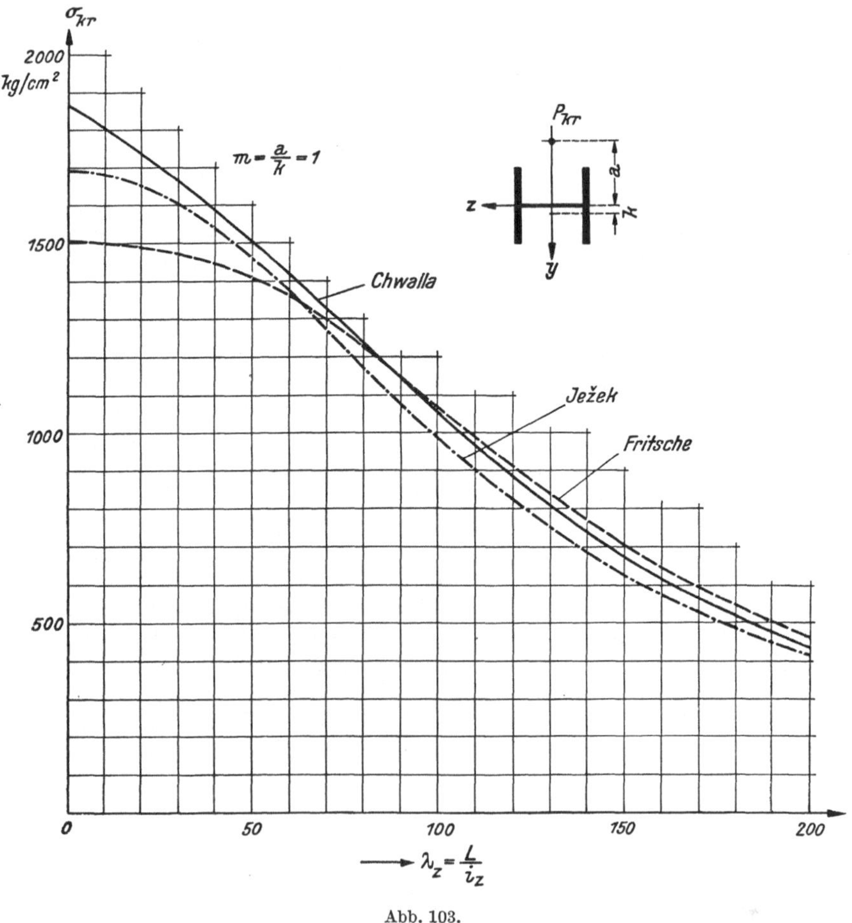

Abb. 103.

beanspruchung (vgl. hierzu die Ausführungen auf S. 83).[39] Nach Fritsche würde man unter der Annahme einer Sinushalbwelle als Biegelinie die kritische Schlankheit für Stäbe der Querschnittsgruppe 1 ($W_1 \leqq W_2$) in der Form

$$\lambda_{kr}^2 = \frac{\pi^2 E}{\sigma_{kr}}\left[1 - \frac{\varphi\, m\, \sigma_{kr}}{(\sigma_s - \sigma_{kr})}\right] \tag{2}$$

---

[39] J. Fritsche: Der Einfluß der Querschnittsform auf die Tragfähigkeit außermittig gedrückter Stahlstäbe. Stahlbau (9) 1936, S. 90.

und für Stäbe der Querschnittsgruppe 2 unterhalb der Axialspannung σ_g nach Gl. 30, S. 107 zu

$$\lambda_{kr}^2 = \frac{\pi^2 E}{\sigma_{kr}} \left[1 - \frac{\varphi\, m\, W_1\, \sigma_{kr}}{W_2\, (\sigma_s + \sigma_{kr})} \right] \tag{3}$$

erhalten. Hierbei wäre nach Fritsche für Stäbe mit Rechteckquerschnitt

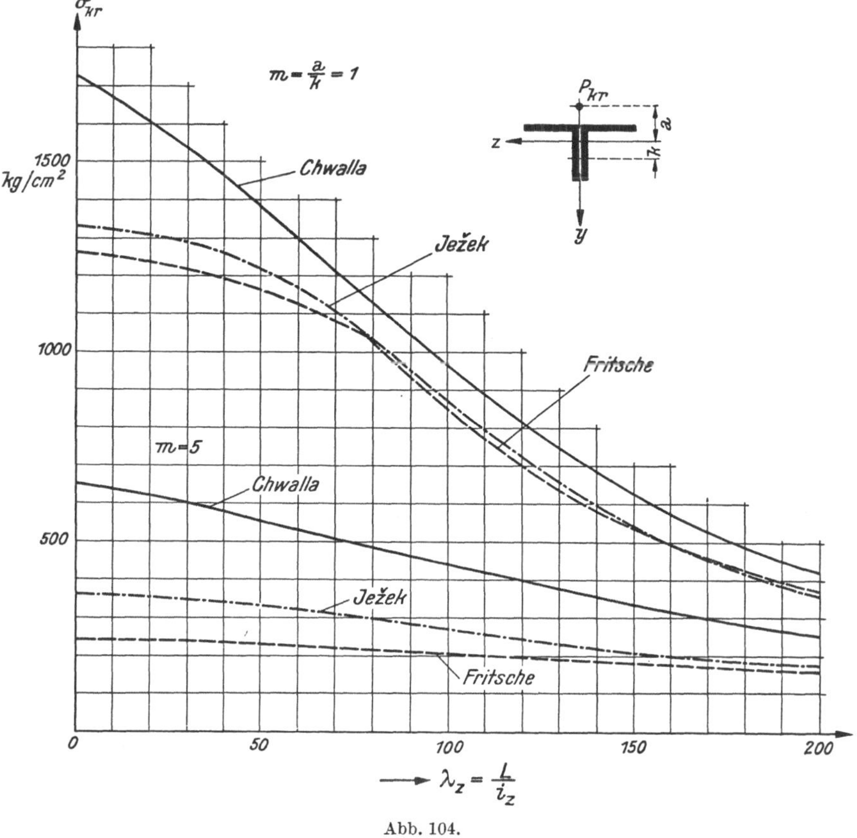

Abb. 104.

$\varphi = \dfrac{1}{2} \sqrt{2} = 0{,}707$, für den **I**-Querschnitt $\varphi = 0{,}95$, für den ⊢-Querschnitt $\varphi = 0{,}605$, für den **T**-Querschnitt $\varphi = 0{,}912$ und für das ⊥-Profil $\varphi = 0{,}682$ zu setzen, d. h. die Bemessung für sämtliche Profile könnte auf Grund der für die Grenzspannungen σ_n geltenden Gleichungen 14, S. 104 und 27, S. 107 vorgenommen werden.

Die Anwendbarkeit der Lösungen von Chwalla und Fritsche soll nun an Hand der in § 10 bis 15 entwickelten strengen Lösung nachgeprüft werden. Die Abb. 102 zeigt den Verlauf der kritischen Spannungen für **I**-Profile aus Stahl St 37 und $m = 1$, wobei die strichpunktiert eingezeichnete Linie der strengen Lösung und die stark voll bzw. die strichliert gezeichnete Linie den Lösungsvorschlägen von Chwalla und Fritsche entspricht. Die Lösung von Chwalla ergibt demnach für gedrungene Stäbe zu große, für schlanke Stäbe zu kleine Spannungen und schneidet außerdem die für $m = 1$ eingetragene Linie der Grenzspannungen σ_n (untere Grenze für die kritische Spannung), was nach den obigen Ausführungen

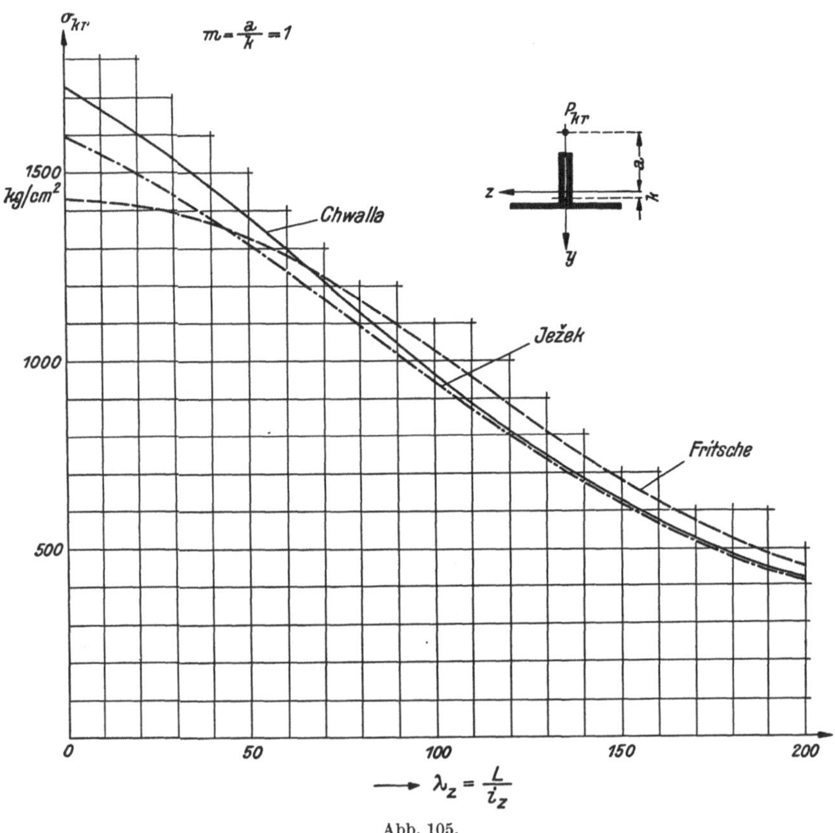

Abb. 105.

unmöglich ist. Die Lösung von Fritsche stimmt hier ganz gut mit den strengen Werten überein, und zwar deshalb, weil der Reduktionsfaktor φ nahe an Eins liegt (0,95), ergibt jedoch grundsätzlich für gedrungene Stäbe zu kleine und für schlanke Stäbe zu große Spannungswerte. Für Stäbe mit I-Querschnitt (Abb. 103) liefert die Chwallasche Lösung durchwegs zu große Spannungswerte, während nach dem Vorschlag von Fritsche für gedrungene Stäbe zu kleine und für schlanke Stäbe zu große Spannungen erhalten werden. Im Falle eines T-Profils (Abb. 104) ergibt die Lösung von Chwalla immer zu große Spannungswerte, wobei der Unterschied mit wachsendem Exzentrizitätsmaß zunimmt und bis zu 80% des wahren Wertes betragen kann; hierzu sei

noch bemerkt, daß diese Abweichungen mit zunehmendem Verhältniswert $\dfrac{W_1}{W_2}$ noch weitaus größer sein können und z. B. im Falle eines
breitfüßigen T-Profils 180% der wirklichen Spannung erreichen! Die
Lösung von Fritsche ergibt im vorliegenden Falle durchwegs zu
kleine Spannungen. Für das ⊥-Profil (Abb. 105) gelten dieselben
Schlußfolgerungen wie für den ⊢⊣-Querschnitt. Die an sich einfachen
Lösungsvorschläge von Chwalla und Fritsche zeigen nur in vereinzelten
Fällen eine halbwegs gute Annäherung an die wirklichen Verhältnisse und
erfüllen daher nicht die an ein allgemein brauchbares Näherungsverfahren gestellten Anforderungen.

2. Entwicklung einer einheitlichen Näherungsformel.

Die Untersuchungen in §§ 11 bis 15 haben gezeigt, daß zur Berechnung
der absoluten Tragfähigkeit in allen praktisch vorkommenden Fällen mit
den für die Spannungszustände I und IV abgeleiteten Beziehungen das
Auslangen gefunden wird. Das Tragvermögen von Stäben der Querschnittsgruppe 1 ($W_1 \leqq W_2$) ist dann je nach dem Schlankheitsgrade
ganz allgemein durch die Gleichungen 5, S. 112 (schlanke Stäbe), und 28,
S. 139 (gedrungene Stäbe) bestimmt. Entwickelt man die Gl. 5, S. 112
in eine Reihe, so erhält man die kritische Schlankheit schlanker
Stäbe mit ausreichender Genauigkeit aus:

$$\lambda_{kr}^2 = \frac{\pi^2 E}{\sigma_{kr}} \left[1 - \frac{m\,\sigma_{kr}}{(\sigma_s - \sigma_{kr})} + \mu \left(\frac{m\,\sigma_{kr}}{\sigma_s - \sigma_{kr}} \right)^2 \right]. \tag{4}$$

Der Beiwert μ hängt von der Querschnittsform ab und ist je nach der
Konvergenz der Reihe entweder aus Gl. 8, S. 112 (der Koeffizient des
nächsten und der übrigen Glieder ist sehr klein) oder aus Gl. 2, S. 142
zu ermitteln. Die Schlankheit gedrungener Stäbe ist ganz allgemein
durch die Beziehung

$$\lambda_{kr}^2 = \frac{\pi^2 E}{\sigma_{kr}} \left[1 - \mu_1 \frac{m\,\sigma_{kr}}{(\sigma_s - \sigma_{kr})} \right] \bar{\mu} \tag{5}$$

gegeben, wobei die Bedeutung der Beiwerte μ_1 und $\bar{\mu}$ aus Gl. 28, S. 139
zu entnehmen ist. Der Anwendungsbereich dieser beiden Gleichungen ist
durch die Gl. 9, S. 113 bestimmt, mit deren Hilfe die Grenzschlankheit
berechnet werden kann. Die einem bestimmten Exzentrizitätsmaß m
zugeordnete größtmögliche Axialspannung ergibt sich aus Gl. 5 für
$\lambda_{kr} = 0$ zu

$$\sigma_0 = \frac{\sigma_s}{(1 + \mu_1 m)}. \tag{6}$$

Dieser Spannungshöchstwert und damit auch der Beiwert

$$\mu_1 = \frac{3\,W_1\,[b\,t^2 + 2\,F\,(e_1 - t)]}{F\,[6\,J_z - b\,t^2\,(3\,e_1 - t)]} < 1 \tag{7}$$

sind besonders kennzeichnend für die Querschnittsform. Die
Verwendung von zwei Gleichungen erscheint jedoch noch etwas zu umständlich und kann mit guter Annäherung zunächst in jenen Fällen,

für welche $\mu \leqq \dfrac{1}{4}$ ist (**I**- und $\perp$-Querschnitt), durch die unbeschränkte Benutzung der Gleichung

$$\lambda_{kr}^2 = \frac{\pi^2 E}{\sigma_{kr}} \left[1 - \mu_1 \frac{m\,\sigma_{kr}}{(\sigma_s - \sigma_{kr})} \right] \left[1 - \mu_2 \frac{m\,\sigma_{kr}}{(\sigma_s - \sigma_{kr})} \right] \qquad \textbf{Formel II}$$

vermieden werden. Liegt die Linie der kritischen Spannungen immer innerhalb des durch die Linie der Grenzspannungen σ_n $(\mu_2 = 0)$ und die zugehörige m-Linie des Rechteckquerschnittes abgegrenzten Bereiches — dies trifft für das **I**-Profil unbeschränkt und für das $\perp$-Profil falls $m < 4$ zu —, so gilt $(\mu_1 + \mu_2) = 1$, $\mu_1 \geqq \dfrac{1}{2}$ und $\mu_1 \mu_2 = \mu$. Die Formel II kann aber mit ausreichender Genauigkeit auch dann verwendet werden, wenn die Linie der kritischen Spannungen stets oberhalb der zugehörigen m-Linie des Rechteckquerschnittes verläuft ($\vdash\!\dashv$-Querschnitt), also für den Fall $\mu_1 < \dfrac{1}{2}$; für den $\vdash\!\dashv$-Querschnitt kann man mit genügender Annäherung $\mu_1 = \mu_2 = 0,4 < \dfrac{1}{2}$ setzen und erhält dann im Bereiche kleiner Schlankheitsgrade etwas kleinere Spannungswerte als nach Gl. 1, S. 169. Die Formel II ist also allgemein anwendbar und zwar unbeschränkt für die Querschnittsgruppe 1 $(W_1 \leqq W_2)$, d. h. für den Rechteckquerschnitt, hier gilt $\mu_1 = \mu_2 = \dfrac{1}{2}$ (vgl. Gl. 9, S. 132), für den **I**-Querschnitt, den $\perp$-Querschnitt und den $\vdash\!\dashv$-Querschnitt, ferner beschränkt, d. h. innerhalb des Bereiches

$$\frac{(W_1 - W_2)}{(W_1 + W_2)} \leqq \frac{\sigma_{kr}}{\sigma_s} \leqq 1 \qquad (8)$$

auch für die Querschnittsgruppe 2 $(W_1 \geqq W_2)$, also für den **T**-Querschnitt; für kleinere Axialspannungen wird im letzteren Falle die Fließgefahr am Biegezugrand maßgebend für die Tragfähigkeit. Die Vereinfachung der für den Spannungszustand IV entwickelten Gl. (34), S. 117 darf nun nicht mehr willkürlich vorgenommen werden, sondern folgt zwangsläufig aus der Bedingung, daß die gesuchte Formel II* an der oberen Grenze der Gl. 8 dieselbe Schlankheit ergibt wie die Formel II; man erhält daher:

$$\lambda_{kr}^2 = \frac{\pi^2 E}{\sigma_{kr}} \left[1 - \mu_1 \frac{W_1\,m\,\sigma_{kr}}{W_2\,(\sigma_s + \sigma_{kr})} \right] \left[1 - \mu_2 \frac{W_1\,m\,\sigma_{kr}}{W_2\,(\sigma_s + \sigma_{kr})} \right]. \quad \textbf{Formel II*}$$

Mit $\mu_1 = 1$, $\mu_2 = 0$ ergibt sich hieraus die Grenzspannung σ_n nach Gl. 27, S. 107 und für $\lambda_{kr} = 0$ folgt die einem bestimmten Exzentrizitätsmaß zugeordnete größte Axialspannung zu

$$\sigma_0 = \frac{W_2\,\sigma_s}{(\mu_1\,m\,W_1 - W_2)} \qquad (9)$$

Für Stäbe mit **T**-Querschnitt können die abgeleiteten Formeln bis $m \leqq 2$ mit einem Fehler von höchstens $3^0/_0$ an Stelle der strengen Lösung verwendet werden; für größere, praktisch aber nur selten vorkommende Exzentrizitätsmaße würde die oben entwickelte Näherungsrechnung im

Tafel 10. Berechnungsgrundlagen für außermittig gedrückte Stahlstäbe.

<table>
<tr><td>Querschnitt</td><td>Formel für die kritische Schlankheit</td><td>Gültigkeitsbereich</td><td colspan="2">Beiwerte
μ_1 | μ_2</td><td>Anmerkung</td></tr>
<tr><td rowspan="5"></td><td rowspan="5">$\lambda^2 = \dfrac{\pi^2 E}{\sigma_{kr}}\left[1 - \mu_1\dfrac{m\,\sigma_{kr}}{(\sigma_s - \sigma_{kr})}\right]\left[1 - \mu_2\dfrac{m\,\sigma_{kr}}{(\sigma_s - \sigma_{kr})}\right]$</td><td rowspan="5">unbeschränkt
$0 \leqq \sigma_{kr} \leqq \sigma_s$</td><td>0,5</td><td>0,5</td><td rowspan="11">Es bedeutet:

L .... Stablänge

F .... Querschnitts-
fläche

$W_{1,2}$ ..... Widerstands-
moment des
Biegedruck-
bzw. des Bie-
gezugrandes

i .... Trägheitsradius

$\lambda = \dfrac{L}{i}$ ... Schlankheit

a .... Exzentrizität

$m = \dfrac{aF}{W_1}$ Exzentrizitäts-
maß

σ_s .... Fließgrenze

E .... Elastizitäts-
modul

σ_{kr} ..... Kritische Span-
nung

$P_{kr} = F\,\sigma_{kr}$ Tragkraft</td></tr>
<tr><td>0,5</td><td>0,5</td></tr>
<tr><td>0,4</td><td>0,4</td></tr>
<tr><td>0,9</td><td>0,1</td></tr>
<tr><td>0,9</td><td>0,1</td></tr>
<tr><td rowspan="2"></td><td rowspan="2">$\lambda^2 = \dfrac{\pi^2 E}{\sigma_{kr}}\left[1 - \mu_1\dfrac{W_1\,m\,\sigma_{kr}}{W_2(\sigma_s + \sigma_{kr})}\right]\left[1 - \mu_2\dfrac{W_1\,m\,\sigma_{kr}}{W_2(\sigma_s + \sigma_{kr})}\right]$</td><td>$\dfrac{\sigma_{kr}}{\sigma_\varepsilon} \geqq \dfrac{W_1 - W_2}{W_1 + W_2}$</td><td rowspan="2">0,8</td><td rowspan="2">0,2</td></tr>
<tr><td>$\dfrac{\sigma_{kr}}{\sigma_s} \leqq \dfrac{W_1 - W_2}{W_1 + W_2}$</td></tr>
</table>

Bereiche kleiner Schlankheiten größere Abweichungen ergeben — man erhält allerdings auch dann zu kleine Spannungswerte (größte Abweichung für $m = 5$ und $\lambda > 30$ ungefähr $8^0/_0$ des wahren Wertes) und rechnet daher zu ungünstig — und es müßte dann das Diagramm in Abb. 94 verwendet werden. Besonders gut stimmt die Näherungsrechnung für Stäbe mit I-Querschnitt und ⊥-Querschnitt mit der strengen Lösung überein. Die zur Auswertung der Formeln II und II*, welche die vom praktischen Standpunkt aus wünschenswerte und einheitliche Lösung des Festigkeitsproblems axial gedrückter und auf Biegung beanspruchter Stahlstäbe darstellen, erforderlichen Unterlagen sind in Tafel 10 für die wichtigsten Querschnittsformen zusammengestellt.[40] Die beiden Formeln sind natürlich auch für andere Belastungsfälle verwendbar, wenn das Exzentrizitätsmaß in seiner allgemeinsten Bedeutung aus Gl. 19, § 12 entnommen wird (vgl. auch Tafel 1).

Mit abnehmender Exzentrizität des Kraftangriffes $m \to 0$ wird der Einfluß der Querschnittsform immer geringer, und die Linie der kritischen Spannungen geht schließlich in die aus der Euler-Hyperbel und der Geraden $\sigma_k = \sigma_s$ gebildete und von der Querschnittsform unabhängige Knickspannungslinie über. Nun ist aber zu bedenken, daß sehr kleine Exzentrizitäten des Kraftangriffes oder geringe Stabkrümmungen weder zu vermeiden noch verläßlich festzustellen sind und daher der Idealfall des mittig gedrückten Stabes praktisch nie zu verwirklichen ist. Die einer zusätzlichen Biegung entsprechende Abminderung des Tragvermögens erreicht für $\lambda_s = \pi \sqrt{\dfrac{E}{\sigma_s}}$ (Abszisse des Schnittpunktes der Euler-Hyperbel mit der Geraden $\sigma_k = \sigma_s$) ihren Höchstwert. Nachfolgend wird das einer bestimmten Abweichung $\varDelta\sigma_k$ von der theoretischen Knickspannungslinie zugeordnete Exzentrizitätsmaß m_0 ermittelt, wobei bei kleineren $\varDelta\sigma_k$-Werten die von der Querschnittsform unabhängige Gl. 14, S. 104 benutzt werden kann. Setzt man in dieser Gleichung $\sigma_{kr} = \sigma_n = = (\sigma_s - \varDelta\sigma_k)$ und $\lambda_n = \lambda_s$, so erhält man

$$m_0 = \left(\frac{\varDelta\sigma_k}{\sigma_s}\right)^2 \frac{1}{\left(1 - \dfrac{\varDelta\sigma_k}{\sigma_s}\right)} \doteq \left(\frac{\varDelta\sigma_k}{\sigma_s}\right)^2. \tag{10}$$

Soll beispielsweise die Abweichung $\varDelta\sigma_k$ höchstens $10^0/_0$ der Stauchgrenze betragen, so ergibt sich aus dieser Bedingung und Gl. 10 $m_0 = 0{,}01$, d. h. die Zentrierung des Stabes müßte bis auf $^1/_{100}$ der Kernweite genau erfolgen! Es ist sehr zu bezweifeln, ob derartige Zentrierungsfehler beim Versuchsstab, geschweige denn bei einem innerhalb eines Tragwerkes befindlichen Druckstabe zu vermeiden sind und daher ziemlich müßig, bei der Festlegung der Knickspannungslinie über die Zulässigkeit des Hookeschen Gesetzes bis

---

[40] Die hier angegebenen Beiwerte μ_1 und μ_2 weichen nur für die I-Querschnitte und T-Profile von den der Tragfähigkeit in der Momentenebene entsprechenden Werten ab. — Vgl. hierzu K. Ježek: Die Festigkeit außermittig gedrückter Stahlstäbe beliebiger Querschnittsform. Bauing. (17) 1936, S. 366.

zur Fließgrenze (diesem Umstande wird von mancher Seite große Bedeutung beigemessen) zu debattieren, da ein kleiner Zentrierungsfehler oder die Schwankung in der Höhenlage der Fließgrenze die Tragfähigkeit in weit höherem Maße beeinflußt als der Verlauf der Arbeitslinie zwischen Proportionalitäts- und Stauchgrenze. Noch anschaulicher wirkt die Untersuchung des Einflusses einer kleinen Krümmung (mittlere Ausbiegung im unbelasteten Zustande u_0) auf die Tragfähigkeit eines „entwurfsgemäß geraden" Druckstabes. Einer größten Abminderung $\Delta \sigma_k = = 0{,}1 \sigma_s$ entspricht gemäß Tafel 1 (es wird hier der Einfachheit halber ein Rechteckquerschnitt vorausgesetzt) ein Krümmungsverhältnis

$$\left(\frac{u_0}{L}\right) = \frac{m_0}{\lambda_s \sqrt{3}} = \frac{1}{16\,000}, \tag{11}$$

d. h. bei einem Stab von der Länge $L = 5$ m dürfte die ursprüngliche Ausbiegung höchstens 0,3 mm betragen! Die Wirkung stärkerer Krümmungen kann aus Abb. 41 oder auch den Ausführungen in § 4 entnommen werden. Damit erscheint nachgewiesen, daß außerordentlich kleine Exzentrizitäten des Kraftangriffes oder verschwindend geringe Stabkrümmungen eine erhebliche Herabsetzung der Tragfähigkeit mittelschlanker Stäbe bewirken. Ich schlage daher vor, bei jedem „theoretisch" auf mittigen Druck beanspruchten Stab der Einfachheit halber mit einer „unvermeidlichen Exzentrizität" des Kraftangriffes zu rechnen und die praktisch erreichbare Knickschlankheit aus der Gleichung

$$\lambda_k^2 = \frac{\pi^2 E}{\sigma_k}\left[1 - \frac{m_0\,\sigma_k}{(\sigma_s - \sigma_k)}\right] \tag{12}$$

zu bestimmen. Zur Abschätzung von m_0 stehen meines Wissens keine ausreichenden Beobachtungsergebnisse zur Verfügung. Man könnte aber m_0 aus der für eine bestimmte Stahlsorte experimentell gefundenen oder vorgeschriebenen „Knickspannungslinie" gemäß Gl. 10 berechnen und erfaßt damit auch gleichzeitig in einfachster Weise den Einfluß einer zwischen Proportionalitäts- und Fließgrenze vom Hookeschen Gesetz stärker abweichenden Arbeitslinie, deren genaue Bestimmung bekanntlich innerhalb dieses Bereiches große Schwierigkeiten bereitet. Für den meist verwendeten Konstruktionsstahl St 37 wäre auf Grund der Versuche des Deutschen Stahlbauverbandes (loc. cit.) als unvermeidliches Exzentrizitätsmaß $1/100$ der Kernweite anzunehmen und als „Knickformel" die nachstehende Gleichung zu verwenden:

$$\lambda_k^2 = \frac{\pi^2 E}{\sigma_k}\left[1 - \frac{0{,}01\,\sigma_k}{(\sigma_s - \sigma_k)}\right]. \tag{13}$$

Diese Beziehung stellt eine Gleichung 2. Grades für σ_k dar, sodaß auch die Knickspannung selbst explizit als Funktion der Schlankheit angegeben werden kann, doch ist die explizite Darstellung der Schlankheit λ_k nicht nur einfacher, sondern auch für die praktische Anwendung der Formel (Querschnittsbemessung) vorzuziehen. Diese „Knickformel" entspricht grundsätzlich der für die derzeit gebräuchlichen Stahlsorten verwendeten Knickspannungslinie: Für gedrungene Stäbe $\lambda < 50$ ist die

Knickspannung nur unwesentlich kleiner als die Stauchgrenze, für sehr schlanke Stäbe $\lambda > 120$ wird der Klammerausdruck in Gl. 12 bzw. Gl. 13 nahezu gleich Eins und die Knickspannung liegt daher nur wenig unter der Euler-Spannung. Als besonderer Vorteil wäre noch anzuführen, daß die Gl. 12 unbeschränkt gilt, daß also die übliche Unterteilung in „Knickung im elastischen Bereich" und „Knickung im unelastischen Bereich" durch die Verwendung der obigen Formel vermieden wird.

Den vorstehenden Gedankengängen folgend, ist dann bei endlicher Außermittigkeit des Kraftangriffes an Stelle des wirklichen Exzentrizitätsmaßes m ein ideeller Wert

$$m_i = m + m_0 \tag{14}$$

in den Formeln II und II* in Rechnung zu stellen. Es entspricht daher m_0 einem bei der Einschätzung von m begangenen Fehler, dessen Einfluß auf die Größe der kritischen Spannung sinngemäß mit zunehmender Exzentrizität des Kraftangriffes rasch abnimmt — bei $m_0 = 0,01$ beträgt der Fehler für $m = 1$ nur mehr $1^0/_0$ — und daher bei größeren Exzentrizitätsmaßen unberücksichtigt bleiben kann. Ist m_0 jedoch verhältnismäßig groß, so wäre die Knickspannungslinie für jede Querschnittsform gesondert nach Formel II zu bestimmen.

§ 17. Der außermittig gedrückte Stab mit ungleichen Hebelarmen.

Die bisherigen Untersuchungen umfaßten ausschließlich das Gleichgewichtsproblem des beiderseits gelenkig gelagerten Druckstabes mit gleichen Hebelarmen oder symmetrischer Querbelastung. Bei einem im Verbande eines Tragwerkes befindlichen Druckstab, z. B. bei einem Fachwerksstab, liegt dagegen sehr häufig der Fall vor, daß die Exzentrizität des Kraftangriffes an den Stabenden nicht nur verschieden groß, sondern unter Umständen sogar entgegengesetzt gerichtet ist. Diese praktisch wichtigen Abweichungen vom „Normalfall" gleicher Hebelarme und ihr Einfluß auf das Tragvermögen bedarf daher noch einer eingehenden Untersuchung.

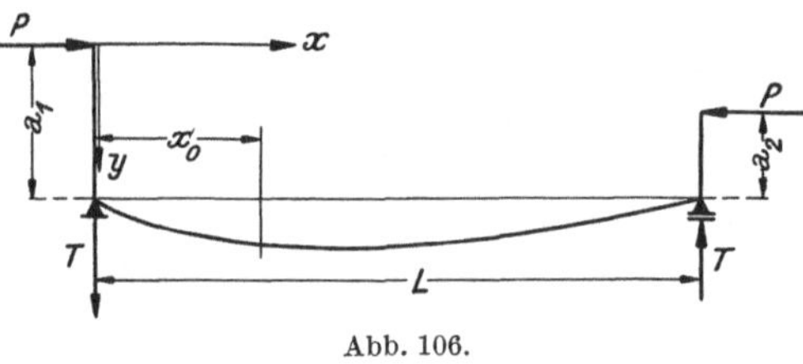

Abb. 106.

Der in Abb. 106 dargestellte, beiderseits gelenkig gelagerte Stab von der Stützweite L wird durch die in den Endquerschnitten an ungleichen Hebelarmen $|a_1| \geqq |a_2|$ angreifende Axialkraft $P = F \sigma_a$ auf axialen Druck und Biegung beansprucht. Zunächst sei das Tragverhalten des Stabes unter der Annahme rein elastischer Formänderungen untersucht. Die Auflagerdrücke ergeben sich zu

$$T = \frac{P}{L}(a_1 - a_2), \tag{1}$$

und das Biegemoment in einem beliebigen Querschnitt in der Entfernung x vom linken Stabende beträgt

$$M_x = P y - T x. \tag{2}$$

Führt man zur Abkürzung die Ausdrücke

$$\alpha^2 = \frac{P}{E J}, \quad \beta^2 = \frac{T}{E J} \tag{3}$$

ein, so lautet die Differentialgleichung der Biegelinie

$$y'' = -\frac{M_x}{E J} = -\alpha^2 y + \beta^2 x. \tag{4}$$

Die Gleichung der Biegelinie besitzt daher die Form

$$y = A \sin \alpha x + B \cos \alpha x + \frac{T}{P} x. \tag{5}$$

Die Integrationskonstanten A und B sind aus den Randbedingungen $x = 0, L \ldots y = a_1$ zu bestimmen, und man erhält

$$A = \frac{a_2 - a_1 \cos \alpha L}{\sin \alpha L}, \quad B = a_1. \tag{6}$$

Das größte Biegemoment tritt in der Entfernung x_0 vom linken Stabende auf und läßt sich in der Form

$$M_{\max} = \frac{P a_1}{\cos \alpha x_0} \tag{7}$$

darstellen. Der Wert x_0 ist hierbei aus der nachstehenden Gleichung zu ermitteln:

$$a_2 \cos \alpha x_0 - a_1 \cos \alpha (L - x_0) = 0. \tag{8}$$

Da nun $0 \leqq x_0 \leqq \dfrac{L}{2}$ und daher $0 \leqq \alpha x_0 \leqq \dfrac{\pi}{2}$ (die obere Grenze gilt für $a_1 = a_2 = 0$, d. h. für den mittig gedrückten Stab) ist, kann

$$\cos \alpha x_0 \doteq 1 - \frac{4 \alpha^2 x_0{}^2}{\pi^2} \tag{9}$$

gesetzt werden. Setzt man $\lambda_0 = \dfrac{2 x_0}{i}$ und bezeichnet mit W_1 das Widerstandsmoment des Biegedruckrandes und führt

$$m_1 = \frac{a_1 F}{W_1} \tag{10}$$

als Exzentrizitätsmaß am linken Stabende ein, so ergibt sich jene Axialspannung σ_n, für welche im Querschnitt x_0 am Biegedruckrand gerade die Fließgrenze erreicht wird, aus

$$\lambda_0^2 = \frac{\pi^2 E}{\sigma_n} \left[1 - \frac{m_1 \sigma_n}{(\sigma_s - \sigma_n)} \right]. \tag{11}$$

Der Vergleich zwischen Gl. 11 und Gl. 14, S. 104 ergibt die wichtige Tatsache, daß der nach Abb. 106 belastete Stab durch einen beiderseits gelenkig gelagerten Stab von der Stützweite $2 x_0$ (Schlankheit λ_0) und mit gleichen Hebelarmen a_1 (Exzentrizitätsmaß m_1) ersetzt werden darf. Die Gl. 11 gilt **unbeschränkt für Stäbe der Querschnitts-gruppe 1** ($W_1 \leqq W_2$); für **Stäbe der Querschnittsgruppe 2** ($W_1 \geqq W_2$) gilt unterhalb der durch Gl. 30, S. 107 gegebenen Axialspannung die Gl. 27, S. 107, wobei sinngemäß λ_n durch λ_0 und m durch m_1 zu ersetzen ist. Die größtmögliche Axialspannung ergibt sich aus Gl. 11 für $\lambda_0 = 0$ zu

$$\sigma_{n,0} = \frac{\sigma_s}{(1 + m_1)}, \tag{12}$$

und die zugehörige Grenzschlankheit des Stabes $\lambda_g = \dfrac{L}{i}$ ist aus Gl. 8 zu berechnen:

$$\cos \lambda_g \sqrt{\frac{\sigma_n}{E}} = \frac{a_2}{a_1}. \tag{13}$$

Für gedrungene Stäbe $0 \leq \lambda \leq \lambda_g$ tritt demnach die größte Beanspruchung immer im Endquerschnitt ($x_0 = 0$) auf und die Grenzspannung des elastischen Bereiches σ_n ist aus Gl. 12 oder auch aus Gl. 27, S. 107 zu bestimmen. Nachfolgend werden die drei häufigsten Sonderfälle besprochen.

Fall I: $a_2 = a_1$ (Grundfall).

Bei gleich großen Hebelarmen erhält man den bereits ausführlich behandelten Grundfall mit $x_0 = \dfrac{L}{2}$, $\lambda_n = \lambda_0$ und $\lambda_g = 0$.

Fall II: $a_2 = 0$.

Greift die Axialkraft im rechten Endquerschnitt mittig an, so folgt aus Gl. 8:

$$\cos \alpha \, (L - x_0) = 0. \tag{14}$$

Hieraus ergibt sich, wenn λ_e die **Euler-Schlankheit** bedeutet, die Schlankheit des Stabes in der Form:

$$\lambda_n = \frac{1}{2} (\lambda_0 + \lambda_e). \tag{15}$$

Unter Benutzung von Gl. 11 erhält man schließlich die der Grenzspannung σ_n zugeordnete Schlankheit λ_n aus:

$$\lambda_n^2 = \frac{\pi^2 E}{4 \sigma_n} \left\{ 1 + \sqrt{1 - \frac{m_1 \sigma_n}{(\sigma_s - \sigma_n)}} \right\}^2. \tag{16}$$

Bei Querschnitten der Gruppe 2 ($W_1 \geqq W_2$) ist jedoch unterhalb der durch Gl. 30, S. 107 bestimmten Axialspannung σ_g die Fließgefahr am Biegezugrand maßgebend, und man erhält daher gemäß Gl. 15 und Gl. 27, S. 107:

$$\lambda^2 = \frac{\pi^2 E}{4 \sigma_n} \left\{ 1 + \sqrt{1 - \frac{W_1 m_1 \sigma_n}{W_2 (\sigma_s + \sigma_n)}} \right\}^2. \tag{17}$$

Die Grenzschlankheit ergibt sich aus Gl. 13 in der Form:

$$\lambda_g = \frac{\lambda_e}{2} = \frac{\pi}{2} \sqrt{\frac{E}{\sigma_n}}. \tag{18}$$

Der Gültigkeitsbereich der Gleichungen 16 und 17 ist demnach durch die Bedingungen $\lambda_n \geqq \lambda_g$ und $\sigma_n \leqq \sigma_{n,0}$ festgelegt; für kleinere Schlankheitsgrade $0 \leq \lambda_n \leq \lambda_g$ ist die Axialspannung un veränderlich und gleich der Nullspannung $\sigma_{n,0}$ (diese Nullspannung erhält man aus den Gleichungen 16 und 17, wenn die Quadratwurzel gleich Null gesetzt wird).

Fall III: $a_2 = -a_1$.

Greift die Axialkraft in den beiden Endquerschnitten an entgegengesetzt gleich großen Hebelarmen an, so folgt aus Gl. 8:

$$-\cos \alpha\; x_0 = \cos \alpha\; (L - x_0). \tag{19}$$

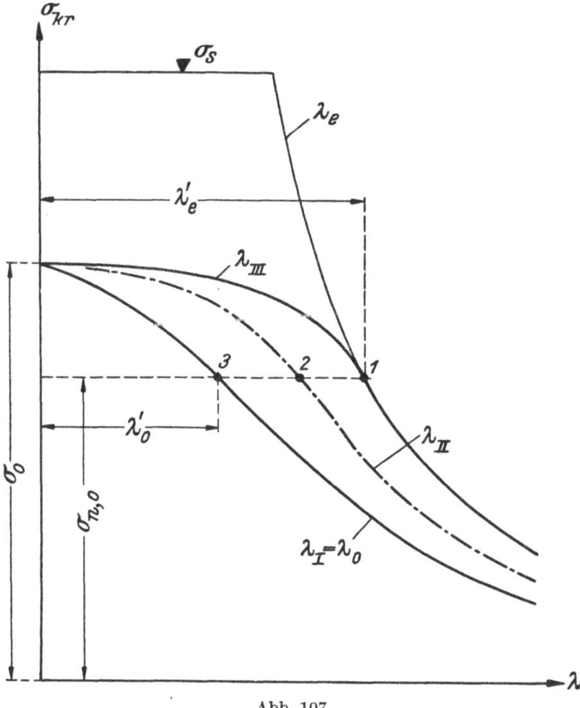

Abb. 107.

Aus dieser Gleichung folgt:

$$\lambda^2 = \frac{\pi^2 E}{\sigma_k}. \tag{20}$$

In diesem besonderen Belastungsfalle liegt demnach ein reines Stabilitätsproblem vor.[41] Für das Erreichen der Fließgrenze ist die Axialspannung $\sigma_{n,0}$ nach Gl. 12 bzw. aus Gl. 27, S. 107 (hier ist $\lambda_n = 0$ zu setzen) maßgebend und zwar für Schlankheitsgrade

$$0 \leq \lambda \leq \lambda_g = \pi \sqrt{\frac{E}{\sigma_{n,0}}}. \tag{21}$$

---

[41] Vgl. H. Zimmermann: Lehre vom Knicken auf neuer Grundlage, S. 41. Berlin 1930. — E. Chwalla: Eine Grenze elastischer Stabilität unter exzentrischem Druck. Z. angew. Math. Mech. (10) 1930, S. 415.

Für größere Schlankheitsverhältnisse dagegen ist die Axialspannung aus Gl. 20 zu ermitteln.

Mit weiter zunehmender Belastung treten zunächst in der Umgebung des Querschnittes x_0 bleibende Formänderungen auf. Die Untersuchung des teilweise plastisch verformten Stabes gestaltet sich infolge der unsymmetrischen Belastung und der damit verbundenen Änderung der Stelle des Größtmoments außerordentlich schwierig, führt aber ebenfalls zur Berechnung einer bestimmten kritischen Belastung, die der Grenze des stabilen Gleichgewichtszustandes entspricht. In Abb. 107 ist der Verlauf der der Grenze des Tragvermögens entsprechenden kritischen Spannungen für die angeführten drei Belastungsfälle bei gleichem Exzentrizitätsmaß m_1 eingezeichnet. Die dem Grundfalle I ($a_1 = a_2$) zugeordnete Linie der kritischen Spannungen $\lambda_\mathrm{I} = \lambda_0$ stellt die untere Grenze des Tragvermögens für die beiden anderen Belastungsfälle II ($a_2 = 0$) und III ($a_2 = -a_1$) dar. In allen drei Belastungsfällen ist jedoch die größte Axialspannung σ_0 nach Gl. 6 bzw. Gl. 9, § 16 bestimmt. Insbesonders erreicht die λ_III-Linie für $\sigma_{kr} = \sigma_{n,0}$ die Euler-Hyperbel (Punkt 1) und findet von hier ab, d. h. für größere Schlankheitsgrade, ihre Fortsetzung in der Knickspannungslinie. In allen anderen Belastungsfällen $a_1 \geq a_2 \geq -a_1$ verläuft daher die Linie der kritischen Spannungen innerhalb des durch die λ_I-Linie (Grundfall I), die λ_III-Linie (Fall III) und die Euler-Hyperbel abgegrenzten Diagrammbereiches. Man kann nun, wie die entsprechende Untersuchung ergab, sämtliche Belastungsfälle $a_2 \geq 0$ mit guter Annäherung an die wirklichen Verhältnisse aus dem Belastungsfall I durch die nachfolgende Transformation ableiten. Für Axialspannungen

$$0 \leq \sigma_{kr} \leq \sigma_{n,0} \tag{22}$$

kann die zugeordnete kritische Schlankheit $\lambda_{kr} = \dfrac{L}{i}$ aus dem für den elastischen Formänderungsbereich streng gültigen Gesetz Gl. 8 bestimmt werden, welches für die praktische Anwendung mit ausreichender Genauigkeit in der leichter zugänglichen Form

$$\lambda_{kr} = \frac{1}{2}\left[\left(1 + \frac{a_2}{a_1}\right)\lambda_0 + \left(1 - \frac{a_2}{a_1}\right)\lambda_e\right] \tag{23}$$

angeschrieben wird. Die Gl. 23 stimmt für die drei angeführten Belastungsfälle genau mit Gl. 8 überein, für dazwischenliegende Fälle $a_2 \gtrless 0$ erhält man etwas zu kleine bzw. zu große Spannungswerte. Für Axialspannungen

$$\sigma_{n,0} \leq \sigma_{kr} \leq \sigma_0 \tag{24}$$

wird die kritische Schlankheit aus der Transformation

$$\lambda_{kr} = \frac{\lambda_0}{2}\left[\left(1 + \frac{a_2}{a_1}\right) + \left(1 - \frac{a_2}{a_1}\right)\frac{\lambda_e'}{\lambda_0'}\right] \tag{25}$$

bestimmt, wobei λ_0' und λ_e' die Werte von λ_0 und λ_e für $\sigma_{kr} = \sigma_{n,0}$ bedeuten. Die Gleichungen 23 und 25 ermöglichen eine einfache graphische Konstruktion der kritischen Schlankheit für die verschiedenen Belastungs-

fälle aus dem für den Grundfall I bekannten Diagramm, wobei ausdrücklich festgestellt sei, daß die aus Gl. 25 erhaltenen Ergebnisse auf der
sicheren Seite der Rechnung liegen. Die Abbildungen 108 und 109 zeigen

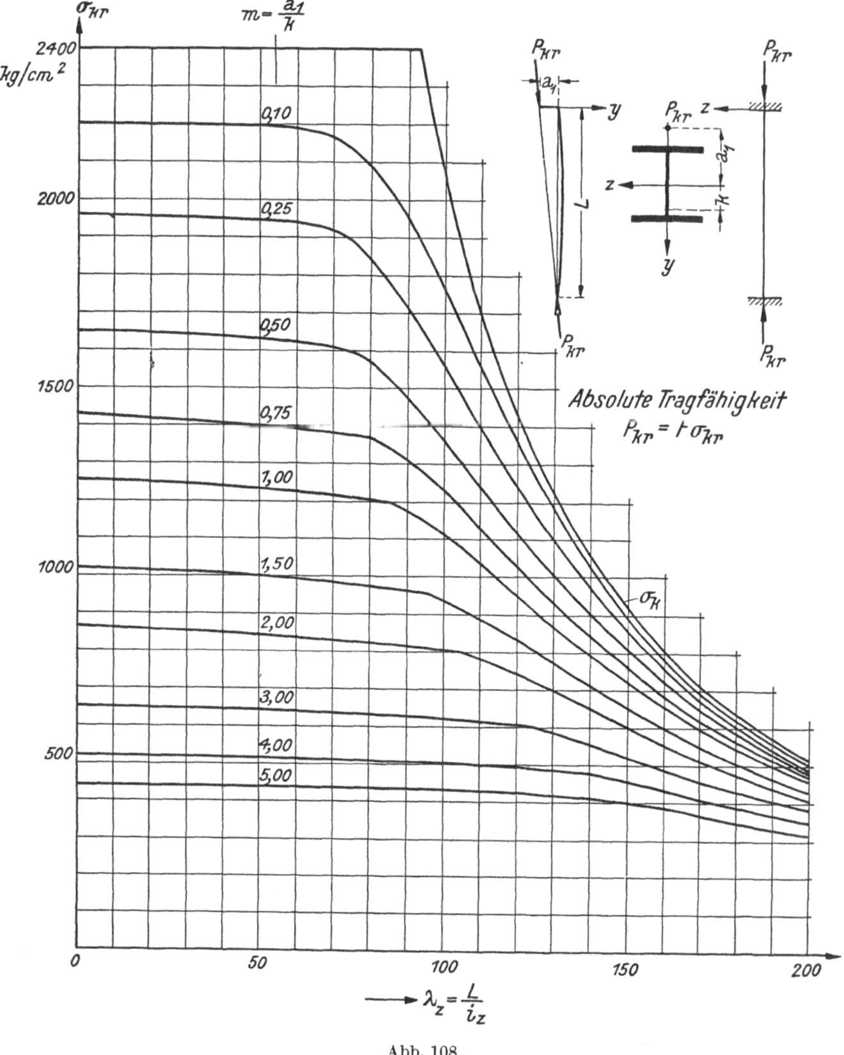

Abb. 108.

den Verlauf der kritischen Spannungen für die Belastungsfälle II und III
und Stäbe mit **I**-Querschnitt auf Grund des in Abb. 77 dargestellten
Normalfalles I.

Dieses Näherungsverfahren ist bei symmetrischen Querschnitten für alle Belastungsfälle $a_1 \leqq a_2 \leqq -a_1$ anwendbar, bei unsymmetrischen Querschnitten dagegen auf die Belastungsfälle $a_2 \geqq 0$ beschränkt; beim unsymmetrischen T-Querschnitt z. B. wäre in allen Belastungsfällen

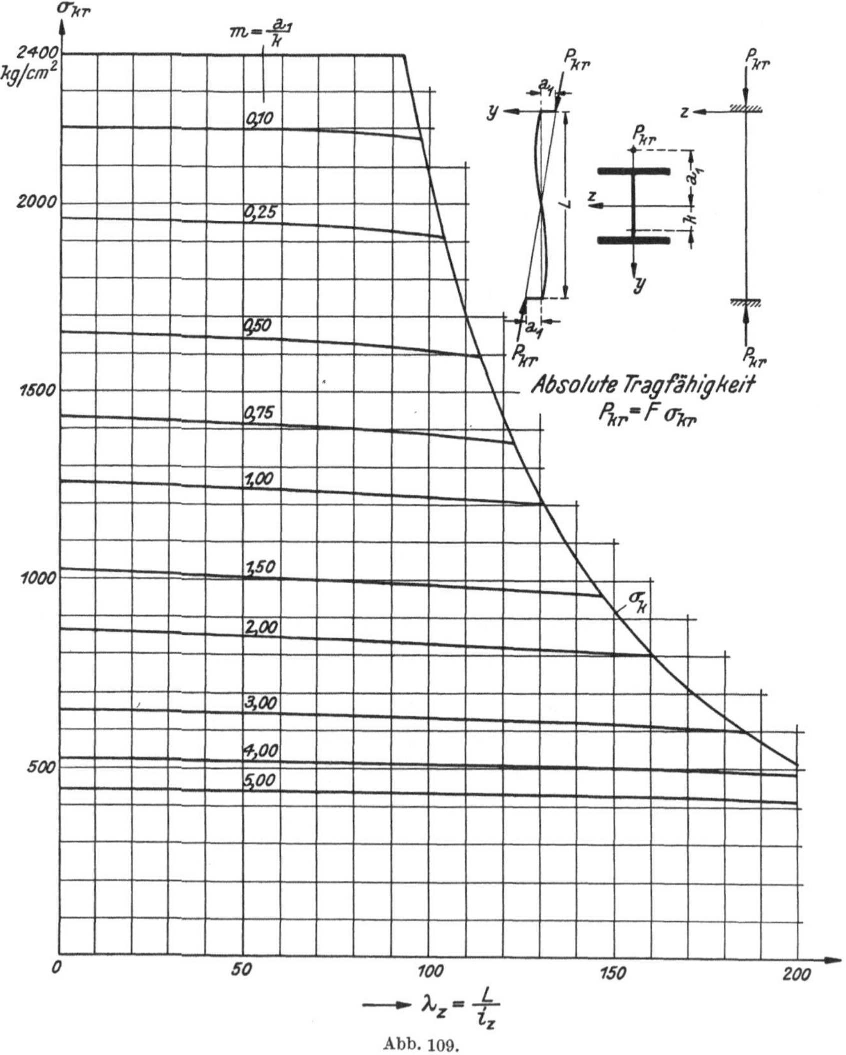

Abb. 109.

$a_2 < 0$ die Fließgefahr in beiden Stabhälften zu prüfen und der ungünstigere Fall der Berechnung zugrunde zu legen.

Zur rechnerischen Ermittlung der kritischen Vergleichsschlankheit λ_0 können daher die in § 16 entwickelten Formeln II und II* verwendet werden, wenn dort λ_{kr} durch λ_0 und m durch m_1 ersetzt wird. Die kritische

Schlankheit des Stabes selbst ist dann aus den Gleichungen 23 und 25
zu berechnen, wobei letztere Gleichung nach Einführung der Werte λ_0'
und λ_e' die Form

$$\lambda_{kr} = \frac{\lambda_0}{2}\left[\left(1 - \frac{a_2}{a_1}\right)\frac{1}{\sqrt{(1-\mu_1)(1-\mu_2)}} + \left(1 + \frac{a_2}{a_1}\right)\right] \tag{26}$$

annimmt. Für symmetrische Querschnitte könnte man in sämtlichen
Belastungsfällen auch die nachfolgende Näherungsrechnung durchführen.
Für Axialspannungen, die innerhalb der durch Gl. 22 festgelegten Grenzen
liegen, kann die kritische Schlankheit aus Formel II berechnet werden,
wenn als Exzentrizitätsmaß der Mittelwert der Exzentrizitätsmaße an
den Stabenden

$$m = \frac{1}{2}(m_1 + m_2) \tag{27}$$

eingeführt wird. Für den durch Gl. 24 festgelegten Spannungsbereich
wäre die kritische Schlankheit unter Benutzung von Formel II durch den
Ausdruck

$$\lambda_{kr}^2 = \frac{\pi^2 E}{\sigma_{kr}}\left[1 - \mu_1 \frac{m_1 \sigma_{kr}}{(\sigma_s - \sigma_{kr})}\right]\left[1 - \mu_2 \frac{m_1 \sigma_{kr}}{(\sigma_s - \sigma_{kr})}\right] K \tag{28}$$

gegeben, wobei

$$K = \frac{\left[2 - \mu_1\left(1 + \frac{m_2}{m_1}\right)\right]\left[2 - \mu_2\left(1 + \frac{m_2}{m_1}\right)\right]}{4(1-\mu_1)(1-\mu_2)} \tag{29}$$

bedeutet und aus der Bedingung, daß die Formel II für $m = \frac{1}{2}(m_1 + m_2)$
und die Gl. 28 unter der Axialspannung $\sigma_{n,0}$ nach Gl. 12 dasselbe Schlankheitsverhältnis ergeben, ermittelt wurde. Die Ergebnisse dieser Näherungsrechnung weichen nur wenig von den aus den Gleichungen 23 und 25
bzw. 26 bestimmten Werten ab.

Vierter Abschnitt.

Versuchsergebnisse.

Ein endgültiges Urteil über die Anwendbarkeit der theoretischen
Untersuchungen kann erst nach einem Vergleich ihrer Ergebnisse mit
Beobachtungen an außermittig beanspruchten und querbelasteten Stahlstützen gefällt werden. Zur Überprüfung der Formeln II und II* stehen
leider derzeit nur verhältnismäßig wenige verläßliche Beobachtungen zur
Verfügung, da eine Reihe von durchgeführten Einzelversuchen für den
vorliegenden Zweck wegen mangelhafter Versuchsbeschreibung ungeeignet sind und daher ausgeschieden werden müssen. Die umfang-
reichsten Versuche mit axial gedrückten und auf Biegung beanspruchten
Stahlstäben sind von M. Roš und J. Brunner in der Materialprüfungs-
anstalt der Eidgenössischen Technischen Hochschule Zürich im Auftrage
der Technischen Kommission des Verbandes schweizerischer Brücken-
und Eisenhochbaufabriken durchgeführt worden. Diese Beobachtungen
und einige in letzter Zeit bekanntgewordene Teilergebnisse einer Versuchsreihe des Deutschen Stahlbauverbandes sollen nachfolgend besprochen
werden.

§ 18. Die schweizerischen Versuche.

Die Versuche des Materialprüfungsamtes der Eidgen. Technischen Hochschule Zürich sowie die diesbezüglichen Berichte von Ros anläßlich der Tagungen der Internationalen Vereinigung für Brückenbau und Hochbau in Wien 1928 und Paris 1932 haben nicht nur das Interesse für die praktische Bedeutung des Stabilitätsproblems axial gedrückter und auf Biegung beanspruchter Stahlstäbe außerordentlich gefördert, sondern auch zum ersten Male eine experimentell befriedigende Klärung des Tragverhaltens derart belasteter Stäbe erbracht und bieten eine zwar etwas knappe, aber ausreichende Unterlage zur Überprüfung der Rechenergebnisse.

Die erste Versuchsreihe bezweckte die Ermittlung der Tragfähigkeit außermittig gedrückter Stahlstützen und umfaßte 28 Probestäbe mit **I**-Normalprofilen Nr. 32 und Nr. 22 verschiedener Schlankheitsgrade, deren Ausweichgefahr in der Richtung des kleinsten Widerstandes untersucht wurde. Als Werkstoff wurde ein Konstruktionsstahl von Handelsgüte verwendet, dessen gemittelte Festigkeitseigenschaften durch die Werte $\sigma_s = 2{,}70$ t/cm², $\sigma_p = 1{,}90$ t/cm² und $E = 2210$ t/cm² gegeben sind. Die aus mehreren Druckversuchen gemittelte Arbeitslinie besitzt einen auffallend **kurzen** Fließbereich — die Verfestigung beginnt bereits bei einer spezifischen Stauchung von $6^0/_{00}$ — und zeigt eine ziemlich starke Ausrundung zwischen Proportionalitäts- und Fließgrenze. Aus dieser Arbeitslinie kann die theoretische Knickspannungslinie im unelastischen Bereich $\sigma_p \leqq \sigma_k \leqq \sigma_s$ unter Benutzung der **Engesser**schen Knickformel (vgl. die Gleichungen 18 und 21, S. 10) bestimmt werden und diese zeigt bei $\lambda_s = \pi \sqrt{\dfrac{E}{\sigma_s}} \doteq 90$ eine größte Abweichung $\varDelta\sigma_k = {} = 0{,}54$ t/cm² gegenüber der Knickspannungslinie des Ideal-Stahles gleicher Stauchgrenze. Diese vom Ideal-Stahl abweichenden Werkstoffeigenschaften können näherungsweise durch Einführung eines „unvermeidlichen" Exzentrizitätsmaßes, welches sich aus Gl. 10, S. 216 zu $m_0 \doteq 0{,}05$ ergibt, berücksichtigt werden. Zur Berechnung der **kritischen Schlankheit** bei außermittigem Druck ist daher die Formel II, S. 214 zu verwenden, wobei für die vorliegende Querschnittsform $\mu_1 = \mu_2 = 0{,}44$ — zur Ermittlung von μ_1 ist die Gl. 7, S. 213 zu benutzen — zu setzen ist. Die kritische Schlankheit ergibt sich daher zu

$$\lambda_{kr} = \pi \sqrt{\frac{E}{\sigma_{kr}}} \left[1 - \frac{0{,}44\,(m + 0{,}05)\,\sigma_{kr}}{(\sigma_s - \sigma_{kr})} \right]. \tag{1}$$

In Abb. 110 ist der Verlauf der kritischen Spannungen nach Gl. 1 für die Exzentrizitätsmaße $m = 1$ und 3, ferner die theoretische Knickspannungslinie nach **Engesser** und die ideelle Knickspannungslinie nach Gl. 1 für $m = 0$ — da hier m_0 etwas größer ist, wurde hier nicht die Gl. 12, S. 217, sondern die obige Gleichung verwendet — durch strichpunktierte Linien dargestellt. Der **Vergleich** mit den eingetragenen Beobachtungswerten von **Ros** ergibt für die Exzentrizitätsmaße $m = 1$

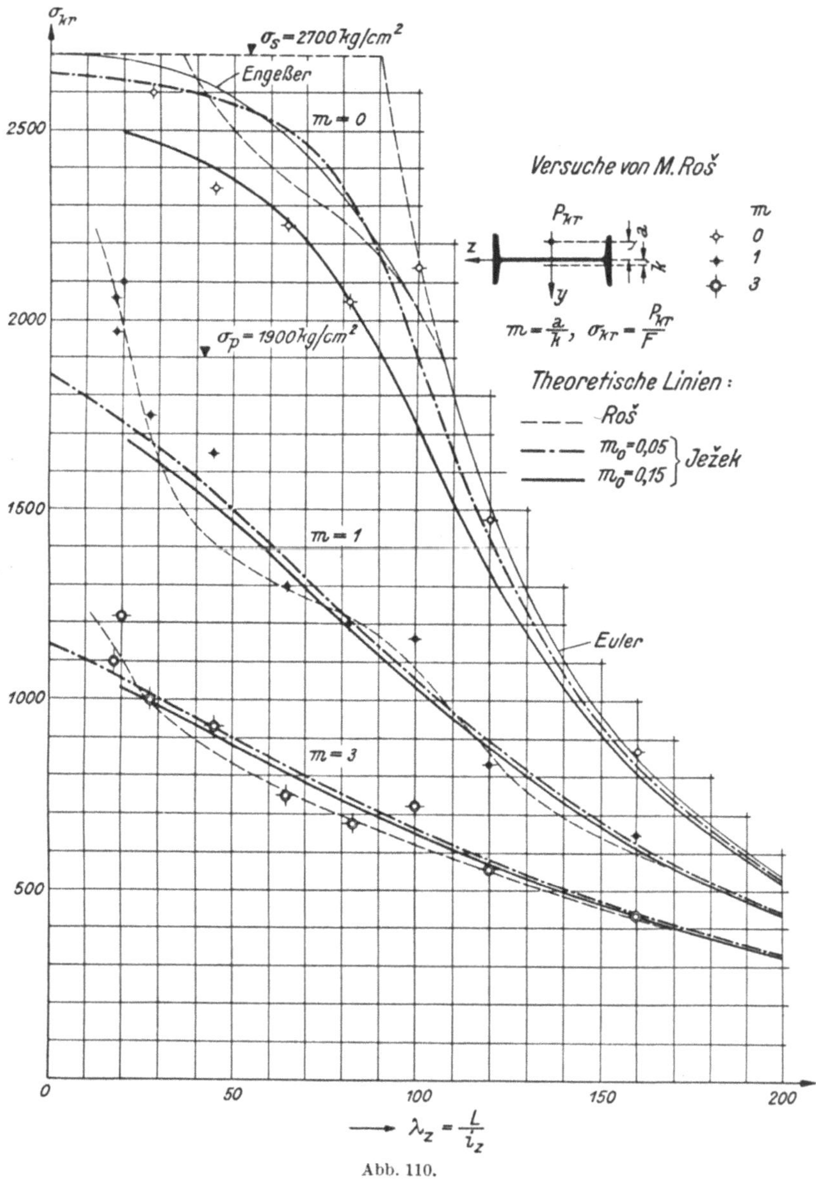

Abb. 110.

und 3 und die praktisch in Betracht kommenden Schlankheitsgrade.
$\lambda > 25$ eine befriedigende Übereinstimmung zwischen Rechnung und
Versuch, wenn man bedenkt, daß die von Roš angegebene Stauchgrenze
σ_s einem mittleren Beobachtungswert entspricht, der leicht
Schwankungen bis zu $10^0/_0$ unterworfen sein kann; die Spannungsunter-

schiede bewegen sich dann innerhalb der durch die möglichen Schwankungen in den Werkstoffeigenschaften und die Beobachtungsungenauigkeiten bedingten und zu erwartenden Fehlergrenzen. Die Versuchswerte für „mittigen" Druck weichen jedoch innerhalb des unelastischen Bereiches recht erheblich von der theoretischen Knickspannungslinie nach Engeßer (dünn voll gezeichnete Linie) ab, was wohl in erster Linie auf Schwankungen in der Fließgrenze und Ungenauigkeiten bei der Zentrierung der Probestäbe zurückzuführen sein dürfte. Den Beobachtungswerten für die Schlankheitsgrade $\lambda_z = 45$, 65 und 82 würde im Mittel — falls die Stauchgrenze als unveränderlich angesehen wird — eine fehlerhafte Zentrierung von rund $^{15}/_{100}$ der Kernweite, d. h. bei den untersuchten Profilen ein Fehlerhebel von etwa 1,5 mm entsprechen. Es wäre dann $m_0 = 0,15$ zu setzen und der entsprechende Verlauf der kritischen Spannungen ist aus Gl. 1, wenn dort sinngemäß $(m + 0,15)$ eingeführt wird, zu berechnen; man erhält dann die in Abb. 110 stark vollgezeichneten Linien für die Exzentrizitätsmaße $m = 0$ (ideelle Knickspannungen), 1 und 3, welche im allgemeinen eine noch bessere Übereinstimmung mit den beobachteten Werten zeigen als die nach Gl. 1 gefundenen Rechenergebnisse.

In Abb. 110 ist ferner noch der von Roš und Brunner angegebene theoretische Verlauf — Lösungsverfahren nach § 6 — der kritischen Spannungen durch die strichliert gezeichneten Linien angedeutet; in dem Schlußberichte über die II. Internationale Tagung für Brückenbau und Hochbau in Wien 1928 wird die gute Übereinstimmung zwischen Versuch und Rechnung besonders hervorgehoben. Der stetige Übergang dieser Linien in den der Verfestigung zugeordneten Bereich kleiner Schlankheitsgrade ist jedoch unzutreffend (vgl. hierzu die Ausführungen in § 2/I und die Abb. 19), die auffallende bezw. unbegründete Wellenbildung der $m = 1$—Linie und insbesondere der Verlauf der Knickspannungslinie selbst lassen aber vermuten, daß diese Linien nur überschlägig gerechnet wurden.

Eine weitere Versuchsreihe war zur Klärung des Tragverhaltens mittig gedrückter und durch eine quergerichtete Einzelkraft auf Biegung beanspruchter Probestäbe von der bei der ersten Versuchsreihe verwendeten Querschnittsform und Stahlsorte bestimmt. Zur rechnerischen Ermittlung der kritischen Schlankheit ist daher wieder die Formel II bzw. die aus ihr abgeleitete Gl. 1 heranzuziehen, wobei als Exzentrizitätsmaß — die Querlast wurde proportional der Axialkraft gewählt — gemäß Gl. 19, S. 153

$$m = \frac{\mathfrak{M}_{kr}\,F}{P_{kr}\,W_1} = \frac{n\,\lambda}{4}\,\sqrt{\frac{F\,e_1}{W_1}} = 0{,}615\,n\,\lambda \tag{2}$$

zu setzen ist. Nach Einführung dieses Wertes in Gl. 1 ergibt sich für die kritische Schlankheit die nachfolgende Gleichung:

$$\lambda_{kr}\left[1 + \frac{0{,}27\,n\,\sigma_{kr}\,\pi}{(\sigma_s - \sigma_{kr})}\,\sqrt{\frac{E}{\sigma_{kr}}}\right] = \pi\,\sqrt{\frac{E}{\sigma_{kr}}}\left[1 - \frac{0{,}022\,\sigma_{kr}}{(\sigma_s - \sigma_{kr})}\right]. \tag{3}$$

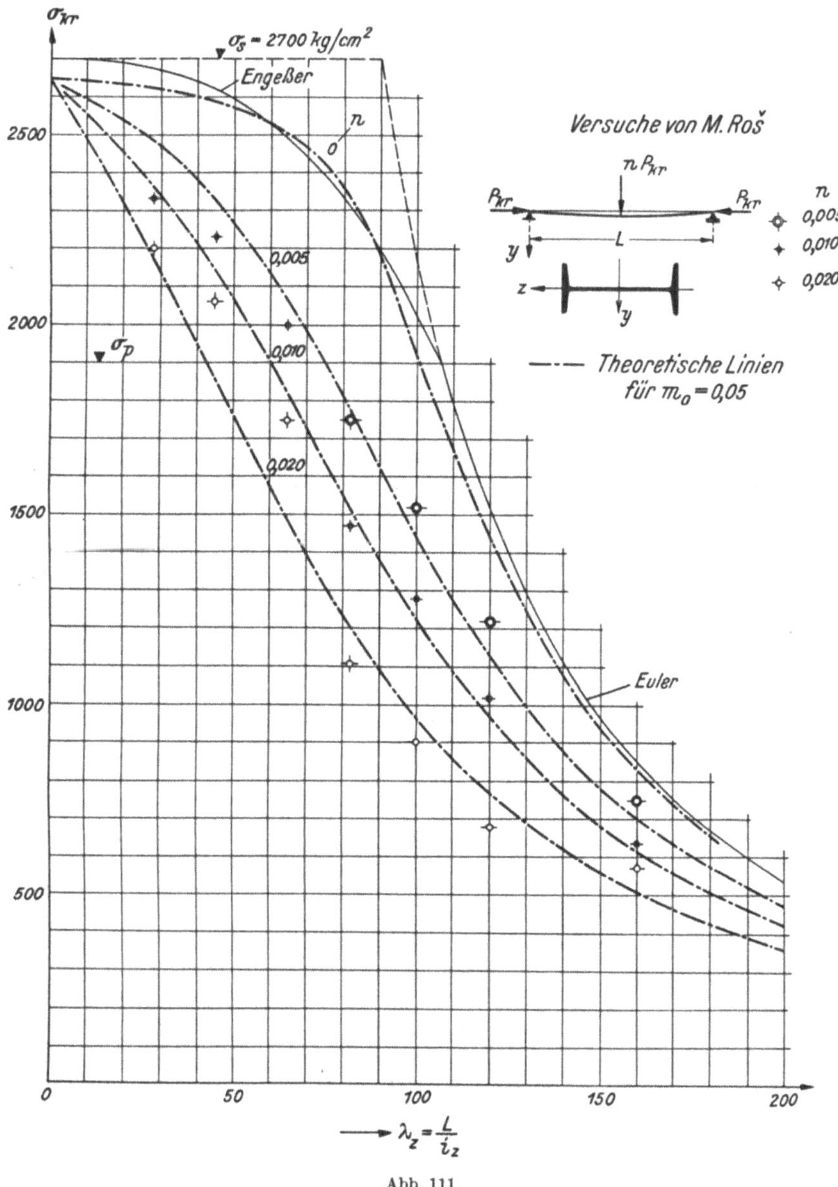

Abb. 111.

In Abb. 111 ist der nach Gl. 3 ermittelte Verlauf der kritischen Spannungen für die von Roš untersuchten Querbelastungsverhältnisse $n =$ $= 0,005$, $0,01$ und $0,02$ durch die strichpunktierten Linien dargestellt; für $n = 0$ ergibt sich die Linie der „praktisch erreichbaren Knickspannungen", welche bereits in Abb. 110 verwendet wurde. Der Vergleich mit den Beobachtungsergebnissen zeigt für größere Schlankheitsgrade eine innerhalb der zu erwartenden Fehlergrenzen liegende und gute Übereinstimmung zwischen Rechnung und Versuch. Für die Schlankheitsgrade $\lambda_z = 28$, 45 und 65 liegen jedoch die beobachteten kritischen Spannungen bis zu $17^0/_0$ über den theoretischen Werten, was sowohl auf Schwankungen in der Fließgrenze und Verfestigungserscheinungen (der Fließbereich ist hier sehr kurz, was sich im vorliegenden Belastungsfalle auch bei größeren Schlankheitsgraden auswirkt, vgl. den Verlauf der Grenzlinie Γ in Abb. 36 für einen Fließbereich von rund $10^0/_{00}$) als auch auf Ungenauigkeiten bei der Aufrechterhaltung der Proportionalität zwischen Axialkraft und Querlast — alle Einflüsse kommen besonders bei kleineren Schlankheitsgraden stark zur Geltung — zurückzuführen ist.

Anläßlich des I. Internationalen Kongresses für Brückenbau und Hochbau in Paris 1932 berichtete Roš auch über einige Versuche mit außermittig gedrückten T-Stützen, die jedoch keine ausreichende Beurteilung des Tragverhaltens derartiger Stäbe ermöglichen und außerdem wegen mangelhafter Versuchsbeschreibung zur Überprüfung der theoretischen Erkenntnisse wenig geeignet sind.

§ 19. Die Versuche des Deutschen Stahlbauverbandes.

Im Rahmen einiger Versuchsprogramme des Deutschen Stahlbauverbandes wurde im Materialprüfungsamt Berlin-Dahlem auch die Tragfähigkeit außermittig gedrückter Stahlstützen untersucht. Den wenigen bisher bekanntgewordenen Beobachtungsergebnissen kommt jedoch trotz der geringen Zahl — es handelt sich hierbei um fünf Einzelversuche, über welche G. Grüning in der Zeitschrift „Der Stahlbau" (9), 1936, S. 17 berichtet — eine große Bedeutung zu, da hierbei einige grundsätzliche Fragen sorgfältig untersucht wurden. Als wesentliches Teilergebnis dieser Versuche ist u. a. die auch bereits durch F. Rinagl (Technische Hochschule Wien) erfolgte Widerlegung der leider noch in manchen Fachkreisen vertretenen Hypothese einer „Erhöhung der Fließgrenze bei Biegebeanspruchung" (vgl. die Ausführungen am Schlusse des § 8/1) und die Bestätigung der von mir als selbstverständlich getroffenen Annahme, daß die aus dem Druckversuch ermittelte Stauchgrenze als Grundlage für die weiteren Rechnungen benutzt werden kann, anzusehen. Im Gegensatz zu den bekannten Versuchen von E. Meyer[3] wurde allerdings im plastischen Bereich eine merkliche Abweichung von der als gültig vorausgesetzten Hypothese ebenbleibender Querschnitte beobachtet; in welchem Maße hierdurch die Ergebnisse beeinflußt werden, sollen die nachfolgenden Vergleichsrechnungen zeigen.

Versuch 1: Der Querschnitt dieses Probestabes ist ein I P-Profil Nr. 16, welches quer zum Steg auf außermittigen Druck belastet ist. Der Werkstoff ist ein Stahl St 37 mit einer unteren Fließgrenze $\sigma_s = {}= 2{,}62$ t/cm² und einem Elastizitätsmodul $E = 2070$ t/cm², dessen Arbeitslinie nahezu bis zur Fließgrenze dem Hookeschen Gesetz folgt, sodaß von der Einführung des Wertes m_0 (s. S. 216) Abstand genommen werden kann. Das Tragvermögen dieses Stabes wurde bei einer Schlankheit $\lambda = 52$ und einem Exzentrizitätsmaß $m = 1$ für die Axialspannung $\sigma_{kr} = 1{,}57$ t/cm² erreicht. Aus Formel II erhält man mit $\mu_1 = \mu_2 \doteq 0{,}4$ und den gegebenen Belastungsverhältnissen die kritische Spannung zu $\sigma_{kr}' = 1{,}52$ t/cm². Der relative Fehler in der kritischen Spannung beträgt somit —3% des Versuchswertes.

Versuch 2: Der Querschnitt dieser Stütze ist ein **I** P-Profil Nr. 20, welches quer zur Stegebene auf außermittigen Druck beansprucht wird. Die Stauchgrenze wurde hier aus einem Knickversuch ermittelt und ergab sich zu $\sigma_s = 2{,}40$ t/cm². Der Stab begann bei einer Schlankheit $\lambda = 66$ und einem Exzentrizitätsmaß $m = 1$ unter der Axialspannung $\sigma_{kr} = 1{,}28$ t/cm² auszuweichen. Für die gleiche Schlankheit und Exzentrizität des Kraftangriffes erhält man aus Formel II mit $\mu_1 = \mu_2 = 0{,}4$ eine kritische Axialspannung $\sigma_{kr}' = 1{,}30$ t/cm² oder einen um rund 1,5% zu großen Wert.

Versuch 3: Eine aus zwei **U**-Eisen Nr. 14 bestehende Stütze wurde parallel zu den Stegen auf außermittigen Druck beansprucht, wobei $\lambda = 68$ und $m = 0{,}38$ betrug. Die untere Fließgrenze wurde aus Versuchen an Flacheisen zu $\sigma_s = 2{,}85$ t/cm² ermittelt und die kritische Spannung zu $\sigma_{kr} = 1{,}87$ t/cm² gefunden. Zur rechnerischen Ermittlung der kritischen Spannung ist die Formel II mit $\mu_1 = 0{,}9, \mu_2 = 0{,}1$ (s. Tafel 10) zu verwenden und ergibt $\sigma_{kr}' = 1{,}80$ t/cm², also einen um rund 4% kleineren Wert als der Versuch.

Versuch 4: Dieser Versuch betraf ein aus vier Winkeleisen 110.110.12, einem Flacheisen 260.14 und zwei Flacheisen 125.14 (diese Flacheisen liegen zwischen den Winkeleisen) zusammengesetztes **Kreuzprofil**, wobei $\lambda = 75$ und $m = 1$ gewählt wurde. Der Werkstoff war ein Stahl St 52 mit einer unteren Fließgrenze $\sigma_s = 3{,}45$ t/cm² und einem Elastizitätsmodul $E = 2070$ t/cm². Die Stütze versagte bei einer Axialspannung $\sigma_{kr} = 1{,}45$ t/cm². Da die Arbeitslinie dieses Werkstoffes **erheblich** vom Formänderungsgesetz des Ideal-Stahles gleicher Stauchgrenze abweicht, erweist sich die Einführung des Wertes m_0, welcher dies näherungsweise zu berücksichtigen gestattet, als notwendig. Aus der dieser Arbeitslinie entsprechenden theoretischen Knickspannungslinie ergibt sich für $\lambda_s = 77$ ein Spannungsunterschied $\varDelta \sigma_k = 0{,}90$ t/cm² und damit aus Gl. 10, S. 216 $m_0 = 0{,}09$. Aus Formel II erhält man mit $\mu_1 = \mu_2 \doteq 0{,}4$ und $m_i = 1{,}09$ (vgl. Gl. 14, S. 218) eine kritische Spannung $\sigma_{kr}' = 1{,}52$ t/cm², welche um rund 5% größer ist als der Versuchswert.

Versuch 5: Eine aus einem **I** P-Profil Nr. 20 bestehende Stahlstütze von der Schlankheit $\lambda = 66$ wurde durch eine am Kernrand des Steges angreifende Axialkraft ($m = 1$) belastet und versagte bei einer Axialspannung $\sigma_{kr} = 1{,}18$ t/cm². Die Arbeitslinie des Werkstoffes folgte praktisch bis zur Fließgrenze $\sigma_s = 2{,}70$ t/cm² dem Hookeschen Gesetz. Man erhält aus Formel II mit $\mu_1 = 0{,}9$ und $\mu_2 = 0{,}1$ eine kritische Spannung $\sigma_{kr}' = 1{,}20$ t/cm² und damit eine um rund 2% größere Tragfähigkeit als beim Versuch.

Diese Gegenüberstellung bestätigt nicht nur die Richtigkeit der theoretischen Untersuchungen, sondern zeigt auch die allgemeine Brauchbarkeit der Formel II für beliebige Stahlsorten. Weicht die Arbeitslinie eines Stahles zwischen Proportionalitäts- und Fließgrenze erheblich vom Hookeschen Gesetz ab, so bewährt sich die Einführung eines zusätzlichen Exzentrizitätsmaßes m_0 nach Gl. 10, S. 216. Die Spannungsunterschiede betragen in den untersuchten Fällen höchstens $5^0/_0$ des beobachteten Wertes und sind daher im Hinblick auf die von allen Rechnungen der technischen Festigkeitslehre zu erwartende Übereinstimmung mit der Wirklichkeit vollkommen bedeutungslos. Abschließend sei noch bemerkt, daß die Höhe der Fließgrenze auch bei schlanken Stäben einen nicht unerheblichen Einfluß auf die Größe der kritischen Spannung besitzt (vgl. hierzu den Zuschriftenwechsel in Stahlbau (9), 1936, S. 119), während ein merklicher Einfluß der bei den Versuchen beobachteten Abweichungen von der Bernoullischen Hypothese im plastischen Bereich auf die Rechenergebnisse nicht festgestellt werden konnte.

Die Ergebnisse der Rechnung und der bisher durchgeführten Versuche sind zunächst nur unter der Voraussetzung einer einmaligen Belastung bis zum Eintritt des kritischen Gleichgewichtszustandes (statische Tragfähigkeit) gültig. Es wäre daher noch die Festigkeit außermittig gedrückter Stäbe für wiederholte Belastung und Entlastung über die Fließgrenze hinaus festzustellen und ferner der Einfluß einer schwingenden Belastung, welche bei auf Biegung beanspruchten Druckstäben wegen der für größere Axialspannungen verhältnismäßig nahe benachbarten sekundären Gleichgewichtslage (vgl. die Ausführungen in § 2 und die Abb. 26) besonders gefährlich erscheint, zu untersuchen. Das Versuchswesen hat demnach noch viele Aufgaben zu bewältigen, wobei die grundsätzliche Klärung der hier angeschnittenen Fragen meines Erachtens am zweckmäßigsten und bei geringstem Kostenaufwand durch zahlreiche, aber sorgfältig durchgeführte Versuche mit kleineren Probestäben, also mehr auf wissenschaftlich-experimenteller Grundlage erfolgen sollte.

Fünfter Abschnitt.

Die Querschnittsbemessung von Druckstäben aus Stahl.

§ 20. Behördliche Vorschriften.

Vor der Besprechung der für die zweckmäßige Querschnittsbemessung axial gedrückter und auf Biegung beanspruchter Stahlstäbe maßgebenden Gesichtspunkte sollen die behördlichen Vorschriften der deutschen Staaten einer eingehenden Überprüfung an Hand der gefundenen Ergebnisse unterzogen werden.

Der grundlegenden Erkenntnis, daß eine außermittige Kraftwirkung

das Tragvermögen von Druckstäben im ungünstigen Sinne beeinflußt,
tragen sowohl die deutschen als auch die ihnen angepaßten österreichischen
Vorschriften dadurch Rechnung, daß bei derart belasteten Stäben der
Nachweis einer idéellen Spannung, die mit der zulässigen Inanspruchnahme σ_{zul} zu vergleichen ist, gefordert wird. Bezeichnet man mit
$N = F\sigma_m$ die Nutzlast, mit W_1 bzw. W_2 die Widerstandsmomente des
Biegedruckrandes bzw. des Biegezugrandes und mit $\mathfrak{M}_N$ das auf die nichtverformte Stabachse bezogene Nutzmoment, so nehmen die beiden Vorschriften die nachfolgende Form an:

$$\sigma_\omega = \omega\,\frac{N}{F} + \frac{\mathfrak{M}_N}{W_1} = \sigma_{zul} = \sigma_m\left(\omega + \frac{\mathfrak{M}_N F}{N\,W_1}\right). \tag{1}$$

Der Formulierung der Gl. 1 scheint der Gedanke zugrunde gelegen zu
sein, daß die Wirkung der Axialkraft bei einem gleichzeitig vorhandenen
Biegemoment in ähnlicher Weise zu berücksichtigen ist wie bei mittiger
Beanspruchung und daß für die Tragfähigkeit des Stabes nur Druckspannungen maßgebend sein können, was auch bei allen Querschnittsformen mit $W_1 \gtrless W_2$ zutrifft. Nun wurde aber nachgewiesen, daß das
Tragvermögen von Querschnitten mit $W_1 > W_2$ (z. B. T-Querschnitt)
unter Umständen nur von der Fließgefahr am Biegezugrand abhängt und
daher durch Zugspannungen begrenzt ist. Die Vorschriften wären also
zunächst in diesem Sinne zu ergänzen und man erhält dann für Stäbe
der Querschnittsgruppe 2 eine zweite Gleichung

$$-\sigma_{zul} = \sigma_m\left(\omega - \frac{\mathfrak{M}_N}{N\,W_2}\right), \tag{2}$$

die jedoch nur für Axialspannungen

$$\sigma_m \leqq \frac{(W_1 - W_2)\,\sigma_{zul}}{(W_1 + W_2)\,\omega} \tag{3}$$

anzuwenden wäre [vgl. hierzu auch „Bauingenieur" (17), 1936, S. 366].
In diesen Gleichungen bedeutet $\omega = \dfrac{\nu\,\sigma_{zul}}{\sigma_k}$ die „Knickzahl", die jedoch
für die deutschen und österreichischen Vorschriften verschieden ist, da
in den beiden Ländern verschiedene Knickspannungslinien und Sicher-
heitsgrade ν verwendet werden. Die Tragfähigkeit eines außermittig
gedrückten Stabes wäre demnach mit $\mathfrak{M}_N = Na$ und $m = \dfrac{aF}{W_1}$ (Exzentrizitätsmaß) durch die Axialspannung

$$\sigma_V = \nu\,\sigma_m = \frac{\omega\,\sigma_k}{(\omega + m)} \tag{4}$$

gegeben, die unmittelbar mit der kritischen Spannung verglichen werden
kann. Für Querschnitte der Gruppe 2 ergibt sich nach sinngemäßer
Ergänzung der Vorschriften laut Gl. 2 die Vergleichsspannung zu

$$\sigma_V = \nu\,\sigma_m = \frac{\omega\,W_2\,\sigma_k}{(m\,W_1 - \omega\,W_2)}. \tag{5}$$

Diese Gleichung ist jedoch gemäß Gl. 3 nur für Axialspannungen

$$\sigma_V \leqq \frac{(W_1 - W_2)}{(W_1 + W_2)} \sigma_k \tag{6}$$

zur Abschätzung der Tragfähigkeit heranzuziehen. Nachfolgend soll die Axialspannung σ_V mit der der wirklichen Tragfähigkeit entsprechenden kritischen Spannung verglichen werden.

In Abb. 112 ist die **deutsche Berechnungsvorschrift** (DINORM 1050) für **außermittig gedrückte** Stäbe aus Flußstahl St 37 graphisch dargestellt. Die Vergleichsspannungen σ_V sind für Querschnitte der

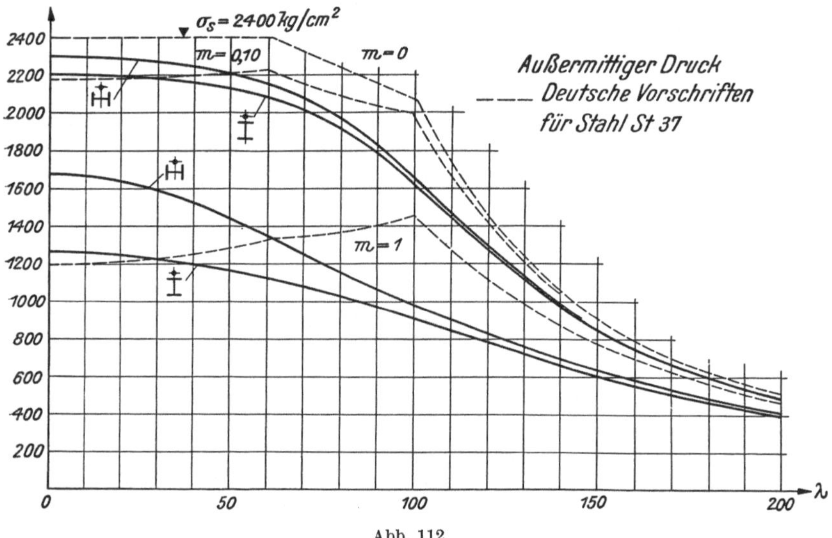

Abb. 112.

Gruppe 1 ($W_1 \gtreqless W_2$) laut Gl. 4 von der besonderen Profilform unabhängig und für die Exzentrizitätsmaße $m = 0$ (Knickspannungen), 0,10 und 1,0 durch strichlierte Linien angedeutet. Da der Sicherheitsgrad zwischen $\lambda = 0$ und $\lambda = 100$ von $\nu = 1,71$ bis $\nu = 3,5$ ansteigt, ergibt sich die merkwürdige Erscheinung, daß die Vergleichsspannung σ_V innerhalb dieses Schlankheitsbereiches **nicht abnimmt, sondern sogar zunimmt.** Im Gegensatz hierzu ist die **wirkliche Festigkeit** von der Querschnittsform abhängig und die Abb. 112 zeigt den Verlauf der kritischen Spannung σ_{kr} für die ihrem Tragverhalten nach am meisten verschiedenen I- und ⊢-Profile; die kritische Spannung wurde hierbei für die Exzentrizitätsmaße $m = 0,10$ und 1,0 aus den Diagrammen in Abb. 77 und 85 entnommen (genaue Werte). Der Vergleich zwischen den zugeordneten Spannungswerten σ_{kr} und σ_V zeigt, daß die deutschen Vorschriften im allgemeinen für gedrungene Stäbe zu kleine und für schlanke Stäbe zu große Festigkeiten voraussetzen. Besonders bedenklich erscheinen jedoch die **großen** Spannungsunterschiede für **schlanke**

Stäbe, die für $\lambda = 100$ ihren Höchstwert erreichen und bei **I**-Querschnitten und $m = 0,10$ bereits **24%**, bei $m = 1,0$ aber sogar **60%** des **wahren Wertes** betragen; der **absolut größte Spannungsunterschied** tritt aber bei $m = 5$ auf und beträgt **81%** des wahren Wertes, sodaß der Sicherheitsgrad in diesem Falle statt $\nu = 3,5$ nur mehr $\nu = 1,87$ beträgt! Für **H**- und **⊥**-Profile ergeben sich nach der Vorschrift nur unwesentlich kleinere Unterschiede gegenüber der wirklichen Tragfähigkeit als beim **I**-Querschnitt. Würde man dagegen die Vorschriften in ihrer wirklichen

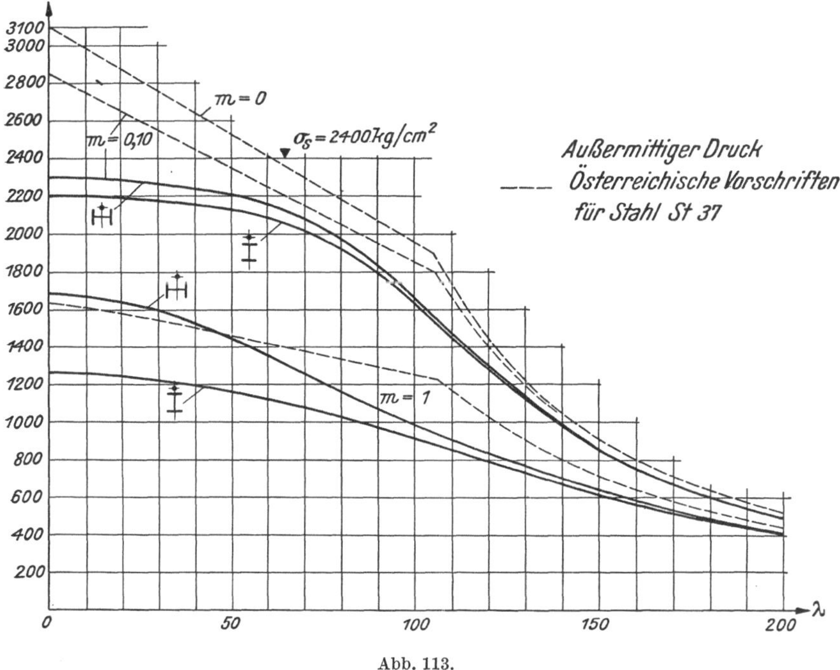

Abb. 113.

Fassung unbedenklich auch für Stäbe mit **T**-Querschnitt verwenden, so erhielte man aus Gl. 4 für $m = 5$ einen größten Spannungsunterschied, der **150%** des wahren Wertes beträgt, bei Anwendung der sinngemäß ergänzten Vorschriften nach Gl. 5 jedoch nur eine um **81%** zu große Tragfähigkeit!

In Abb. 113 wird die **österreichische Vorschrift** für **außermittig gedrückte Stäbe** aus Stahl St 37 der wirklichen Tragfähigkeit von Stäben mit **I**- und **H**-Querschnitt gegenübergestellt. Die nach Gl. 4 berechnete Vergleichsspannung nimmt zwar, da die Sicherheit $\nu = 2,5$ unveränderlich ist, mit wachsender Schlankheit ab, liegt aber fast durchwegs oberhalb der kritischen Spannung. Insbesondere aber ist zu beanstanden, daß die österreichischen Vorschriften für die Bemessung **mittig gedrückter Stäbe** $(m = 0)$ noch immer die **Tetmajer**-Formel vorschreiben, obwohl diese mit dem Arbeitsgesetz der derzeit verwendeten Stähle — bei ausgeprägtem Fließbereich ist unter allen Umständen die Stauchgrenze als Höchstmaß für die Knickspannung anzusehen — im Widerspruch steht. Man erhält daher auch für gedrungene Stäbe recht erheblich oberhalb der wirklichen Tragkraft gelegene Festigkeitswerte. Die größten Spannungsunterschiede zwischen σ_{kr} und σ_V ergeben sich bei der Schlankheit $\lambda = 105$ und betragen für I-Profile und $m = 0,1, 1, 2$ und 5 jeweils $17^0/_0$, $42^0/_0$, $46^0/_0$ und $42^0/_0$ des wahren Wertes; die bei $m = 2$ auftretende größte Differenz hat eine Herabsetzung des Sicherheitsgrades von $v = 2,5$ auf $v = 1,70$ zur Folge. Noch weitaus ungünstiger liegen die Verhältnisse bei T-Profilen; die Vorschriften ergeben hier Axialspannungen σ_V, die für $m = 2,5$ und 5 jeweils um $76^0/_0$ und $100^0/_0$ über der wirklichen Festigkeit liegen! Ergänzt man die Vorschriften nach Gl. 5, so bleibt die Spannungsdifferenz bei $m = 2,5$ gerade noch unverändert (Grenze zwischen Gl. 4 und Gl. 5) und vermindert sich bei $m = 5$ auf rund $24^0/_0$ des wahren Wertes.

Ganz ähnliche Verhältnisse liegen auch bei anderen Stahlsorten und in anderen Belastungsfällen vor. Es muß daher zusammenfassend festgestellt werden, daß die besprochenen Vorschriften einer den theoretischen und versuchsmäßigen Erkenntnissen angepaßten Abänderung bedürfen.

§ 21. Der Sicherheitsgrad.

Die Kenntnis der Festigkeit eines Bauwerksteiles bildet in allen Belastungsfällen die einzige verläßliche Grundlage für seine wirtschaftliche Querschnittsbemessung. Bei der Festlegung der Nutzlast kommt es jedoch nicht nur auf diese Grenze des Tragvermögens allein, sondern auch auf jene Ursachen an, welche ein Versagen des betrachteten Bauwerksteiles herbeiführen, d. h. es ist unter allen Umständen auch dem Tragverhalten mit zunehmender Belastung besondere Beachtung zuzuwenden. Bei außermittig gedrückten Stäben wird die Grenze des Tragvermögens durch die Ausbildung eines labilen Gleichgewichtszustandes erreicht, doch wächst die Ausweichgefahr keineswegs proportional mit der Belastung. Die früher vielfach vertretene Meinung, daß der Nachweis einer unterhalb der zulässigen Inanspruchnahme bleibenden örtlichen Beanspruchung (größte Randspannung) eine ausreichende und gleichmäßige Sicherung gegen das Versagen des Stabes darstelle, erweist sich demnach als unzutreffend. Man könnte nun mit der Nutzbelastung im allgemeinen ziemlich nahe an die Tragfähigkeit herangehen, wenn die äußeren Kräfte, die genauen Querschnittsabmessungen und die wirklichen Werkstoffeigenschaften verläßlich festgestellt werden könnten. Die praktisch unmögliche Erfüllung der vorgenannten Bedingungen sowie manche zur Vereinfachung der Rechnung notwendige Annahmen bedingen aber eine gewisse Unsicherheit in der Ermittlung der Traglast und alle diese Einflüsse zusammen können nur durch Einführung des sogenannten Sicherheitsgrades, der somit als Verhältniswert aus Traglast zu Nutzlast eindeutig definiert ist, berücksichtigt werden. Von der Wahl des Sicherheitsgrades hängt die Wirtschaftlichkeit unserer Bauwerke ab und es müssen daher alle jene Umstände besprochen werden, welche auf die Größe dieser Unsicherheitszahl im vorliegenden Belastungsfalle einen entscheidenden Einfluß ausüben.

Zunächst sei der Einfluß von Änderungen in den Werkstoffeigenschaften untersucht. Der Elastizitätsmodul E ist für sämtliche Stahlsorten nahezu unveränderlich und zeigt von dem den deutschen Vorschriften zugrunde gelegten Mittelwerte $E = 2100$ t/cm² Höchstabweichungen von $5^0/_0$, die sich im ungünstigsten Falle in einer $5^0/_0$igen Abminderung der Knickspannung schlanker Stäbe bemerkbar machen würden, dagegen auf die kritische Spannung gedrungener Stäbe nahezu keinen Einfluß besitzen. Eine Schwankung in der Höhenlage der Fließgrenze, welche erfahrungsgemäß zu $\pm 10^0/_0$ des Mittelwertes — dieser wird im allgemeinen den Vorschriften zugrunde gelegt — angenommen werden kann, wirkt sich bei gedrungenen Stäben nahezu im gleichen Ausmaße, bei schlanken Stäben dagegen in weitaus geringerem Umfange in der Größe der kritischen Spannung aus.

Die Unsicherheit in der Annahme der äußeren Lasten und die Abminderung der tragenden Querschnittsteile von den rechnungsmäßigen Maßen kann bei sorgfältiger Kalkulation und Bauausführung insgesamt mit $20^0/_0$ des wahren Wertes eingesetzt werden, wobei selbstverständlich der Einfluß bewegter Lasten durch die allgemein übliche Einführung einer Stoßziffer zu berücksichtigen ist.

Die zur Vereinfachung der Rechnung getroffenen Voraussetzungen — ideal-plastische Arbeitslinie, Annahme ebenbleibender Querschnitte und einer Sinuslinie als Biegelinie — wurden zum Teile bereits durch die Einführung eines zusätzlichen Exzentrizitätsmaßes m_0 nach Gl. 10, S. 216 berücksichtigt und bewirken Abweichungen in der kritischen Spannung, die mit höchstens $10^0/_0$ der Versuchswerte (§ 18) zu veranschlagen sind.

Schließlich sei noch eine Abschätzung des bereits erwähnten ungünstigen Einflusses von unbeabsichtigten Exzentrizitäten des Kraftangriffes oder kleinen Stabkrümmungen auf das Tragvermögen mittelschlanker und theoretisch auf „mittigen Druck" beanspruchter Stäbe vorgenommen. Zu diesem Zwecke wird das für außermittig gedrückte Stäbe mit **I**-Profil geltende Diagramm in Abb. 77 verwendet. Berücksichtigt man den Versuchen von Rein und Grüning entsprechend den von der Hookeschen Geraden abweichenden Verlauf der Arbeitslinie zwischen Proportionalitäts- und Fließgrenze gemäß Gl. 13, S. 217 (für Stahl St 37), so erhält man als praktisch erreichbare Knickspannungslinie die für $m = 0{,}01$ eingetragene Linie. Eine unbeabsichtigte Exzentrizität von $^1/_{10}$ der Kernweite ist jedoch nach den Versuchen von Roš ohne weiteres möglich und führt zu der für $m = 0{,}10$ gezeichneten Linie der kritischen Spannungen, welche für $\lambda_z = 0$ um rund $7^0/_0$ und für $\lambda_z = 93$ um rund $20^0/_0$ (absolut größte Abweichung) kleinere Spannungen ergibt als die $m = 0{,}01$-Linie. Eine unbeabsichtigte Krümmung mit einer mittleren Ausbiegung von $^1/_{1000}$ der Stablänge wäre leicht denkbar, bei mittelschlanken Stäben kaum zu bemerken und entspricht für $\lambda_z = 93$ nach Gl. 11, S. 217 einem Exzentrizitätsmaß $m = 0,16$; man entnimmt hierzu aus Abb. 77 eine kritische Spannung, die um rund $24^0/_0$ kleiner ist als der $m = 0,01$ zugeordnete Spannungswert. Bei ungünstiger Zusammenwirkung beider Fehlerquellen ergibt sich demnach für $\lambda_z = 93$ eine dem Exzentrizitätsmaß $m = 0,10 + 0,16 = 0,26$ entsprechende größte Spannungsdifferenz von $33^0/_0$ des $m = 0,01$ zugeordneten Wertes.

Alle erörterten Einflüsse zusammen wären daher bei „entwurfsgemäß" mittig gedrückten Stäben mit höchstens $70^0/_0$ der rech-

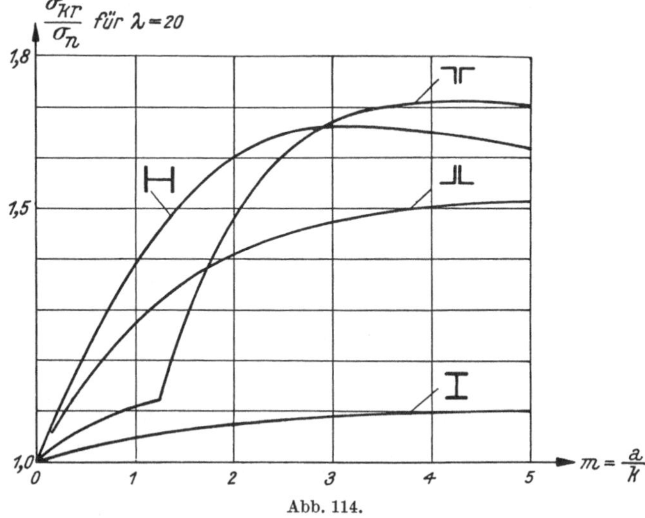

Abb. 114.

nerischen Knickspannung ($m = 0,01$), dagegen bei Stäben mit größerer Außermittigkeit des Kraftangriffes (z. B. $m = 1$) mit höchstens $40^0/_0$ der rechnerisch ermittelten kritischen Spannung zu veranschlagen.

Bei der Wahl des Sicherheitsgrades ist ferner noch zu beachten, daß unter der Nutzlast keine bleibenden Formänderungen des Stabes eintreten sollen. Es ist also noch der Verhältniswert aus kritischer Spannung zu jener Spannung σ_n zu untersuchen, für welche der Stab gerade noch elastische Formänderungen erfährt (Grenzspannung des elastischen Bereiches) und die je nach der Querschnittsform aus den Gleichungen 14 und 27, § 9 oder auch aus den Formeln II und II*, S. 214 für $\mu_1 = 1$ und $\mu_2 = 0$ zu ermitteln ist. Dieser Verhältniswert nimmt mit wachsender Schlankheit ab und ist in Abb. 114 für die kleinste, praktisch vielleicht gerade noch in Betracht kommende Schlankheit $\lambda = 20$ unter Benutzung der Diagramme in Abb. 77, 85, 94 und 99 graphisch dargestellt. Man erkennt, daß der Höchstwert dieses Quotienten 1,71 beträgt und für T-Profile bei $m = 4,5$ erreicht wird.

Zusammenfassend kann daher gesagt werden, daß die Traglast bei gleichzeitiger Wirkung aller ungünstigen Einflüsse im selben Sinne sowohl für schlanke als auch für gedrungene Druckstäbe mindestens das 1,7fache der Nutzlast betragen sollte, sodaß die Annahme eines unveränderlichen Sicherheitsgrades $v = 2$ für sämtliche Belastungsfälle axial gedrückter Stahlstäbe gerechtfertigt und ausreichend erscheint.[42] Hierzu sei aber noch ausdrücklich bemerkt, daß insbesondere mittelschlanke Stäbe ($\lambda = 70$ bis 120), bei welchen die „entwurfsgemäß" mittige Kraftübertragung oder die gerade Form der Stabachse (z. B. Wirkung des Eigengewichtes bei waagrecht gelagerten Druckstäben, vgl. die Ausführungen in § 3/III und die Abb. 39) nicht einwandfrei sichergestellt werden kann, unter der Annahme eines Mindest-Exzentrizitätsmaßes $m = 0,10$ auf außermittigen Druck zu bemessen sind.

§ 22. Richtlinien für die Querschnittsbemessung.

1. Die Belastungsarten.

Die Festlegung von Richtlinien für die Querschnittsbemessung außermittig gedrückter Stäbe ist von der Art der Belastung abhängig, und zwar sind hierbei drei Fälle zu unterscheiden: a) **ruhende Belastung**, b) **wiederholte Belastung** und Entlastung zwischen Null und einem oberen Grenzwert (schwellende Belastung), c) **wechselnde Belastung** zwischen einem unteren und oberen Grenzwert.

Fall a. Bei **ruhender Belastung** (Stützen im Stahlhochbau) ist nur die Möglichkeit einer **einmaligen** Erhöhung der Belastung bis zum Eintritt des kritischen Gleichgewichtszustandes in Betracht zu ziehen, sodaß sich die unter der Nutzlast N auftretende Axialspannung aus der Bedingung

$$\sigma_m = \frac{N}{F} = \frac{\sigma_{kr}}{v} \tag{1}$$

ergibt, wobei der Sicherheitsgrad nach den Ausführungen in § 21 gleich $v = 2$ zu setzen ist. Zur Berechnung der kritischen Spannung sind dann die gemäß Gl. 14, S. 218 ergänzten Formeln II und II* zu verwenden, die die nachfolgende Form annehmen.

$$\lambda_{kr}^2 = \frac{\pi^2 E}{\sigma_{kr}} \left[1 - \mu_1 \frac{(m + m_0)\,\sigma_{kr}}{(\sigma_s - \sigma_{kr})} \right] \left[1 - \mu_2 \frac{(m + m_0)\,\sigma_{kr}}{(\sigma_s - \sigma_{kr})} \right] \quad \textbf{Formel III}$$

ist unbeschränkt für die Querschnittsgruppe 1 ($W_1 \gtrless W_2$) zu verwenden. Für die Querschnittsgruppe 2 ($W_1 \geqq W_2$) ist jedoch für Axialspannungen

$$\sigma_{kr} \leqq \frac{(W_1 - W_2)}{(W_1 + W_2)}\,\sigma_s$$

---

[42] Zum Vergleiche sei angeführt, daß die Sicherheit eines auf reine Biegung belasteten und unter Einhaltung der zulässigen Inanspruchnahme (derzeitige Vorschriften) bemessenen Trägers mit **I**-Querschnitt bei Ausnutzung des elastisch-plastischen Arbeitsvermögens (das Tragmoment ist dann aus der vollplastischen Verformung des Profils zu berechnen) rund $v \doteq 2$ beträgt.

an Stelle der obigen Gleichung die Gleichung

$$\lambda_{kr}^2 = \frac{\pi^2 E}{\sigma_{kr}} \left[1 - \mu_1 \frac{W_1 (m + m_0)\, \sigma_{kr}}{W_2\, (\sigma_s + \sigma_{kr})} \right] \left[1 - \mu_2 \frac{W_1 (m + m_0)\, \sigma_{kr}}{W_2\, (\sigma_s + \sigma_{kr})} \right] \qquad \textbf{Formel III*}$$

zu benutzen. Es sei ferner festgestellt, daß bei der Ableitung der obigen Formeln die sekundären Instabilitätserscheinungen durch die Wahl der Beiwerte μ_1 und μ_2 bereits berücksichtigt sind (s. Tafel 10), sodaß nur mehr die eventuelle Knickgefahr des Vollstabes senkrecht zur Momentenebene zu untersuchen ist (falls $J_y < J_z$ ist).

Unter Einführung des Verhältniswertes

$$\varkappa = \frac{\sigma_k}{\sigma_{kr}} = f\,(\lambda, m) \geqq 1 \qquad (2)$$

und der „Knickzahl"

$$\omega = \frac{\nu\, \sigma_{zul}}{\sigma_k} \qquad (3)$$

erhält man die nachfolgende, den deutschen Berechnungsvorschriften für mittig gedrückte Stäbe angepaßte Bemessungsformel:

$$\varkappa\, \omega\, \frac{N}{F} \leqq \sigma_{zul}. \qquad (4)$$

Die Knickspannungen wären aus Gl. 12, S. 217 zu bestimmen, wobei in Anlehnung an die Knickspannungslinien der deutschen Vorschriften für Stahl St 37 bzw. St 52 das zusätzliche Exzentrizitätsmaß etwa mit $m_0 = 0{,}01$ bzw. $0{,}02$ anzunehmen ist. Die Verhältniszahl $\varkappa$ ist jedoch sowohl von der Querschnittsform als auch von der Stahlsorte abhängig, sodaß für die beiden meist verwendeten Stahlsorten und die vier Grundquerschnitte insgesamt a c h t T a f e l n angefertigt werden müßten, was sowohl die Anwendung als auch den Überblick außerordentlich erschwert. Es wird deshalb e m p f o h l e n , die Querschnittsbemessung unter u n mittelbarer Verwendung der Formel III bzw. III*, deren Beiwerte aus Tafel 10, S. 215 zu entnehmen sind oder aus Gl. 7, S. 213 bestimmt werden können (dies wäre allerdings nur bei Profilen, die von den Grundquerschnittsformen stark abweichen, notwendig), durchzuführen.

Bei zweifacher Sicherheit ($\nu = 2$) gegen den Eintritt des kritischen Gleichgewichtszustandes treten — wie in § 21 nachgewiesen wurde — keine bleibenden Formänderungen auf. Stellt man jedoch die bei kleineren Schlankheitsgraden und größeren Exzentrizitätsmaßen berechtigte F o r derung, daß im vorliegenden Belastungsfalle gegen den Eintritt bleibender Formänderungen dieselbe Sicherheit besteht wie bei auf reine Biegung beanspruchten Stäben, so ist die Grenzspannung σ_n als Maß für die Formänderung anzusehen. Diese Spannung, die fernerhin als „n u t z bare Axialspannung des elastischen Bereiches" bezeichnet werden soll, ergibt sich gemäß Gl. 14 bzw. Gl. 27, § 9 und unter Einführung des zusätzlichen Exzentrizitätsmaßes m nach Gl. 10, S. 216 aus:

$$\lambda_n^2 = \frac{\pi^2 E}{\sigma_n} \left[1 - \frac{(m + m_0)\, \sigma_n}{(\sigma_s - \sigma_n)} \right]. \qquad \textbf{Formel IV}$$

Tafel 11. Nutzbare Axialspannung σ_n in t/cm² für außermittig gedrückte Stäbe aus Baustahl St 37.

λ \ m	0	0,10	0,25	0,50	0,75	1,00	1,25	1,50	1,75	2,0	2,5	3,0	3,5	4,0	5,0
0	2,38	2,16	1,91	1,59	1,36	1,19	1,06	0,96	0,87	0,80	0,69	0,60	0,53	0,48	0,40
20	2,38	2,15	1,89	1,57	1,35	1,18	1,05	0,95	0,86	0,79	0,68	0,59	0,53	0,48	0,40
30	2,38	2,14	1,87	1,55	1,33	1,16	1,03	0,93	0,85	0,78	0,67	0,59	0,52	0,47	0,39
40	2,37	2,13	1,84	1,52	1,31	1,14	1,01	0,91	0,83	0,77	0,66	0,58	0,52	0,47	0,39
50	2,37	2,10	1,80	1,48	1,27	1,11	0,99	0,89	0,81	0,75	0,65	0,57	0,51	0,46	0,38
60	2,36	2,05	1,75	1,43	1,22	1,07	0,96	0,86	0,79	0,73	0,63	0,56	0,50	0,45	0,38
70	2,34	1,99	1,68	1,37	1,17	1,03	0,92	0,83	0,76	0,71	0,61	0,54	0,49	0,44	0,37
80	2,31	1,90	1,59	1,30	1,11	0,98	0,88	0,80	0,73	0,68	0,59	0,52	0,47	0,43	0,36
90	2,23	1,77	1,48	1,22	1,05	0,93	0,84	0,76	0,70	0,65	0,57	0,51	0,45	0,41	0,35
100	1,99	1,61	1,36	1,13	0,98	0,88	0,79	0,72	0,67	0,62	0,55	0,49	0,44	0,40	0,34
110	1,68	1,43	1,24	1,04	0,91	0,82	0,74	0,68	0,63	0,59	0,52	0,47	0,42	0,39	0,33
120	1,42	1,26	1,11	0,95	0,84	0,76	0,70	0,64	0,60	0,56	0,50	0,45	0,41	0,37	0,32
130	1,21	1,11	1,00	0,87	0,78	0,71	0,65	0,60	0,56	0,53	0,47	0,43	0,39	0,36	0,31
140	1,05	0,98	0,89	0,79	0,72	0,66	0,61	0,56	0,53	0,50	0,45	0,41	0,37	0,34	0,30
150	0,91	0,87	0,80	0,72	0,66	0,61	0,57	0,53	0,50	0,47	0,42	0,39	0,36	0,33	0,29
160	0,81	0,78	0,72	0,65	0,60	0,56	0,53	0,49	0,47	0,44	0,40	0,37	0,34	0,31	0,28
170	0,71	0,69	0,65	0,59	0,55	0,52	0,49	0,46	0,44	0,41	0,38	0,35	0,32	0,30	0,27
180	0,64	0,62	0,58	0,54	0,51	0,48	0,45	0,43	0,41	0,39	0,36	0,33	0,31	0,29	0,26
190	0,57	0,56	0,53	0,50	0,47	0,44	0,42	0,40	0,38	0,37	0,34	0,31	0,29	0,27	0,25
200	0,52	0,50	0,48	0,46	0,44	0,41	0,39	0,37	0,36	0,34	0,32	0,30	0,28	0,26	0,24

Tafel 12. Nutzbare Axialspannung σ_n in t/cm² für außermittig gedrückte Stäbe aus Baustahl St 52.

λ \\ m	0	0,10	0,25	0,50	0,75	1,00	1,25	1,50	1,75	2,0	2,5	3,0	3,5	4,0	5,0
0	3,53	3,22	2,84	2,37	2,04	1,78	1,59	1,43	1,30	1,20	1,03	0,90	0,80	0,72	0,60
20	3,52	3,19	2,80	2,33	2,00	1,75	1,56	1,40	1,28	1,18	1,01	0,89	0,79	0,71	0,60
30	3,51	3,16	2,76	2,28	1,96	1,71	1,53	1,38	1,25	1,16	0,99	0,87	0,78	0,70	0,59
40	3,50	3,11	2,69	2,22	1,90	1,66	1,48	1,34	1,22	1,13	0,97	0,85	0,76	0,69	0,58
50	3,48	3,02	2,58	2,12	1,81	1,59	1,42	1,29	1,18	1,09	0,94	0,83	0,74	0,67	0,57
60	3,43	2,90	2,45	2,00	1,71	1,51	1,36	1,23	1,13	1,04	0,91	0,80	0,72	0,65	0,55
70	3,30	2,70	2,27	1,87	1,60	1,42	1,28	1,16	1,07	0,99	0,87	0,77	0,69	0,63	0,54
80	2,94	2,43	2,07	1,71	1,49	1,32	1,20	1,09	1,01	0,94	0,83	0,74	0,67	0,61	0,52
90	2,44	2,12	1,84	1,55	1,36	1,22	1,11	1,02	0,95	0,89	0,78	0,70	0,64	0,58	0,50
100	2,01	1,82	1,61	1,40	1,24	1,12	1,03	0,95	0,88	0,83	0,74	0,66	0,61	0,56	0,48
110	1,68	1,56	1,41	1,25	1,12	1,02	0,94	0,88	0,82	0,78	0,69	0,63	0,58	0,53	0,46
120	1,42	1,35	1,24	1,11	1,01	0,93	0,86	0,81	0,76	0,72	0,65	0,59	0,55	0 50	0,44
130	1,20	1,16	1,08	0,99	0,91	0,84	0,79	0,74	0,70	0,67	0,61	0,56	0,52	0,48	0,42
140	1,05	1,01	0,95	0,88	0,82	0,76	0,72	0,68	0,65	0,62	0,57	0,52	0,49	0,45	0,40
150	0,92	0,88	0,84	0,79	0,74	0,69	0,66	0,62	0,60	0,57	0,53	0,49	0,46	0,43	0,38
160	0,81	0,78	0,75	0,70	0,66	0,63	0,60	0,57	0,55	0,53	0,49	0,46	0,43	0,40	0,36
170	0,72	0,69	0,67	0,63	0,60	0,57	0,55	0,53	0,51	0,49	0,46	0,43	0,40	0,38	0,34
180	0,64	0,62	0,60	0,57	0,55	0,52	0,50	0,49	0,47	0,45	0,43	0,40	0,38	0,36	0,32
190	0,57	0,56	0,54	0,52	0,50	0,48	0,46	0,45	0,43	0,42	0,40	0,37	0,36	0,34	0,30
200	0,52	0,51	0,49	0,48	0,46	0,44	0,43	0,42	0,40	0,39	0,37	0,35	0,34	0,32	0,29

Für die Querschnittsgruppe 2 ($W_1 \geqq W_2$) ist aber für Axialspannungen

$$\sigma_n \leqq \frac{(W_1 - W_2)}{(W_1 + W_2)} \sigma_s \qquad (5)$$

die nachstehende Gleichung zu verwenden:

$$\lambda_n^2 = \frac{\pi^2 E}{\sigma_n} \left[1 - \frac{W_1 (m + m_0) \sigma_n}{W_2 (\sigma_s + \sigma_n)} \right]. \qquad \textbf{Formel IV*}$$

Die nutzbare Axialspannung σ_n ist gemäß Formel IV für die Stähle St 37 und St 52 mit $m_0 = 0,01$ und $m_0 = 0,02$ in den Tafeln 11 und 12 in Abhängigkeit vom Schlankheitsgrad λ und vom Exzentrizitätsmaß m bis auf 10 kg/cm² genau angegeben.

Bei auf reine Biegung belasteten Stäben darf die Randspannung die zulässige Inanspruchnahme σ_{zul} nicht überschreiten und die Sicherheit gegen Erreichen der Fließgrenze σ_s beträgt somit nach den Vorschriften

$$v' = \frac{\sigma_s}{\sigma_{zul}} = 1,71.$$ Im vorliegenden Belastungsfalle wächst jedoch die Randspannung nicht proportional mit der Belastung und jene Axialspannung σ_m', welche die Sicherheit $v' = 1,71$ gegen den Eintritt bleibender Formänderungen gewährleistet, ergibt sich zu:

$$\sigma_m' = \frac{\sigma_n}{v'}. \qquad (6)$$

Die Querschnittsbemessung wäre dann, je nachdem $\sigma_m' \gtreqless \sigma_m$ ist, entweder unter Benutzung der Formel III bzw. III* oder unter Verwendung der Formel IV bzw. IV* vorzunehmen. Bildet man

$$v \sigma_m' = \sigma_n' = \frac{v}{v'} \sigma_n = 1,17 \, \sigma_n, \qquad (7)$$

so kann die Spannung σ_n' unmittelbar mit der kritischen Spannung verglichen werden. In Abb. 115 ist der Verlauf der kritischen Spannung σ_{kr} für die vier Grundquerschnittsformen und die Vergleichsspannung σ_n' für die Exzentrizitätsmaße $m = 0,1$ und 1 graphisch dargestellt. Man erkennt, daß für kleinere Exzentrizitätsmaße immer die kritische Spannung σ_{kr}, dagegen für größere Exzentrizitätsmaße und kleinere Schlankheitsgrade unter Umständen die Forderung einer 1,71-fachen Sicherheit gegen den Eintritt bleibender Formänderungen für die Querschnittsbemessung maßgebend wird. Für außermittig gedrückte Stäbe mit I- und T-Querschnitt ist jedoch innerhalb des praktisch meist vorkommenden Bereiches $m = 0$ bis 2 für sämtliche Schlankheitsgrade die Querschnittsbemessung auf Grund der kritischen Spannung σ_{kr} nach Gl. 1 durchzuführen.

Fall b. Erfährt der Stab mit zunehmender Belastung eine unelastische Verformung, so wird bei einer darauffolgenden Entlastung, die bis auf Null oder eine von Null verschiedene Druckkraft zurückgeführt werden kann, der elastische Anteil der Formänderung rückgängig gemacht und es verbleiben im Träger Eigenspannungen. Wenn diese Eigenspannungen unterhalb der Elastizitätsgrenze des Werkstoffes liegen, und dies trifft bei den hier in Betracht gezogenen kleinen bleibenden Formänderungen immer zu, so ist ihre Verteilung durch das lineare Entlastungsgesetz bestimmt.[43] Bei einer neuerlichen Belastung bis auf den

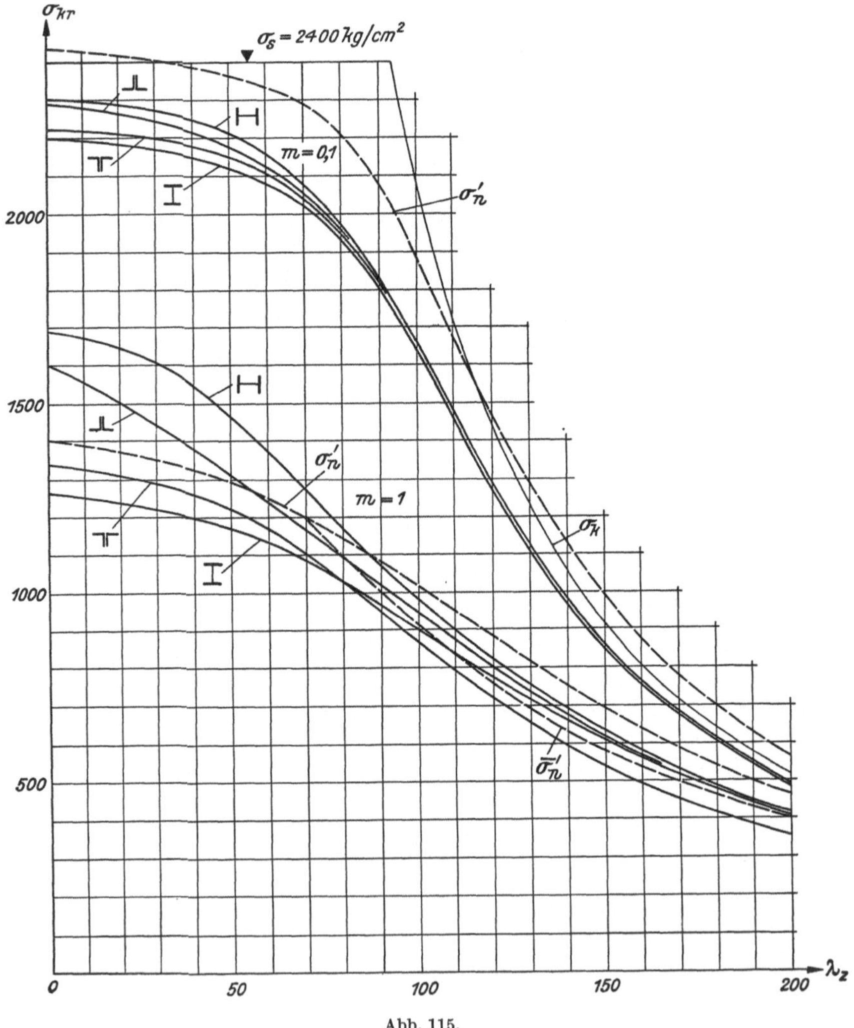

Abb. 115.

ursprünglichen Wert treten keine zusätzlichen Längenänderungen auf, da die gesamte Formänderung des gebogenen Stabes durch den elastisch gebliebenen Querschnittskern begrenzt ist, und man erhält daher

[43] Vgl. A. Nádai: Der bildsame Zustand der Werkstoffe, S. 163. Berlin: J. Springer. 1927.

wieder die ursprüngliche Spannungsverteilung.[44] Die Belastung und Entlastung kann daher trotz der örtlich auftretenden bleibenden Formänderungen beliebig oft wiederholt werden, solange der kritische Gleichgewichtszustand nicht erreicht ist. Hierbei müßte allerdings eine genügend langsame Veränderung der Belastung gefordert werden, da
ein rascher Lastwechsel Schwingungen verursachen könnte, die den
Stab leicht in die knapp unterhalb der kritischen Last sehr nahe benachbarte sekundäre Gleichgewichtslage und damit zum Ausweichen bringen
würden. Entsprechende Versuchserfahrungen liegen derzeit nicht vor.
Bei gesicherter langsamer Belastung und Entlastung kann daher die Querschnittsbemessung gemäß Gl. 1 vorgenommen wer-
den. Ist jedoch aus irgendwelchen Gründen ein
rascher Lastwechsel zu erwarten, so wäre vorsichts-
halber für die Querschnittsbemessung die Formel IV
bzw. IV* zu empfehlen, die übrigens für I- und
T-Profile keine nennenswert kleineren Traglasten
ergibt als die Formel III bzw. III* und insbesondere
für schlanke Stäbe ($\lambda > 100$) immer benutzt werden
darf.

Fall c. Ein außermittig angeschlossener Stab kann
unter Umständen in axialer Richtung abwechselnd
auf Zug und Druck beansprucht werden. Ruft die
größte Druckbelastung bereits bleibende Formänderungen hervor, so treten bei einer darauffolgenden
Umkehrung des Richtungssinnes der Axialkraft (Zugkraft) mehr oder weniger verwickelte Spannungszustände auf, und es erscheint daher berechtigt, mit
der größten Randspannung bis höchstens an die Fließgrenze heranzugehen, wobei die Wechselfestig-
keit durch eine entsprechend erhöhte Axialkraft γP berücksichtigt

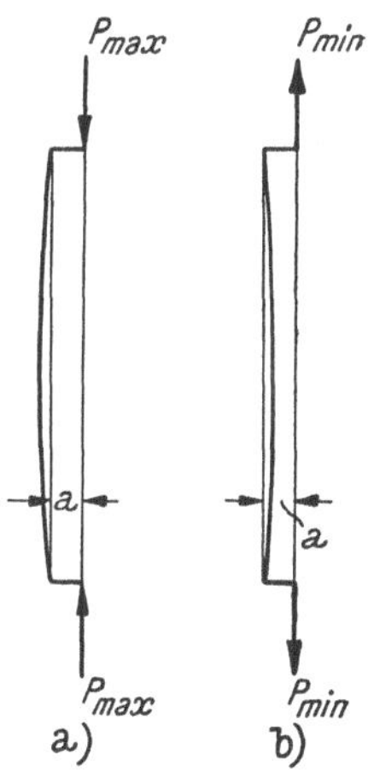

Abb. 116.

werden könnte; der Beiwert γ ist vom Verhältnis der größten Druckkraft
zur größten Zugkraft abhängig und könnte vorläufig — Versuche mit
außermittig wechselnd beanspruchten Stäben liegen bisher nicht vor —
gleich dem für mittig beanspruchte Wechselstäbe vorgeschriebenen Werte
(γ-Verfahren der deutschen Vorschriften) gesetzt werden. Die Rechnung
wäre dann wie folgt durchzuführen:

Zufolge der Druckkraft P_{max} (Abb. 116a) erfährt der Stab seine
größte Ausbiegung und Beanspruchung im mittleren Querschnitt und die
Nutzspannung, bei welcher eine ν-fache Sicherheit gegen Erreichen der
Fließgrenze vorhanden ist, ergibt sich unter Benutzung der Formel IV
bzw. IV* zu

$$\sigma_m = \frac{\sigma_n}{\nu} = \frac{\gamma\,P_{max}}{F}. \tag{8}$$

Da die Formel IV von der Querschnittsform unabhängig ist — als Be-

---

[44] Vgl. auch F. Bleich: Stahlhochbauten. I. Bd., S. 400. Berlin:
J. Springer. 1932.

dingung gilt nur $W_1 \gtrless W_2$ —, könnte die Querschnittsbemessung unter Benutzung der Gl. 4 erfolgen. Die Knickzahl ω und der Verhältniswert $\varkappa$ sind dann für die Stähle St 37 und St 52 aus den Tafeln 13, 14 und 15 zu entnehmen. Durch die Zugkraft $P_{\min}$ (Abb. 116b) wird die größte Beanspruchung in den Endquerschnitten hervorgerufen. Die zulässige Axialspannung, für welche eine ν-fache Sicherheit gegen Erreichen der Fließgrenze besteht, ergibt sich dann zu

$$\overline{\sigma}_m = \frac{\sigma_s}{\nu\,(1 + m + m_0)} = \frac{\gamma\,P_{\min}}{F}. \tag{9}$$

Tafel 13.

λ	ω		λ	ω	
	St 37	St 52		St 37	St 52
0	1,17	1,19	110	1,67	2,50
20	1,17	1,19	120	1,97	2,96
30	1,18	1,20	130	2,31	3,50
40	1,18	1,20	140	2,67	4,00
50	1,18	1,21	150	3,08	4,62
60	1,19	1,22	160	3,48	5,22
70	1,20	1,27	170	4,00	6,00
80	1,21	1,43	180	4,40	6,60
90	1,26	1,72	190	4,92	7,38
100	1,41	2,09	200	5,44	8,16

Für die Querschnittsgruppe 2 ($W_1 \geqq W_2$) tritt jedoch für

$$\overline{\sigma}_m \leqq \frac{(W_1 - W_2)}{(W_1 + W_2)}\,\sigma_s \quad \text{oder} \quad (m + m_0) \geqq \frac{2\,W_2}{(W_1 - W_2)} \tag{10}$$

an Stelle der Gl. 9 die Formel

$$\overline{\sigma}_m = \frac{\sigma_s\,W_2}{[(m + m_0)\,W_1 - W_2]\,\nu}. \tag{11}$$

Bedeuten $P_{\max}$ und $P_{\min}$ die Absolutwerte der größten Druck- und Zugkraft, so ist der von ihrem Verhältnis abhängige, der Wechselbeanspruchung zugeordnete Beiwert γ für Stahl St 37 nach den deutschen Vorschriften durch

$$\gamma = 1,0 + 0,3\,\frac{P_{\min}}{P_{\max}} \tag{12}$$

gegeben. Für $P_{\min} = 0$ erhält man hieraus $\gamma = 1$ (schwellende Belastung) und mit $P_{\min} = P_{\max}$ folgt aus Gl. 12 $\gamma = 1,3$ (schwingende Beanspruchung). Diese Rechnung dürfte eine ausreichende Tragsicherheit gewährleisten ($\nu = 2$), wäre aber ebenfalls durch Versuche zu überprüfen.

Tafel 14. Verhältniszahlen $\varkappa = \dfrac{\sigma_k}{\sigma_n}$ für außermittig gedrückte Stäbe aus Baustahl St 37.

λ \ m	0,10	0,25	0,50	0,75	1,00	1,25	1,50	1,75	2,0	2,5	3,0	3,5	4,0	5,0
0	1,10	1,24	1,50	1,75	2,00	2,25	2,48	2,73	2,98	3,45	3,97	4,48	4,96	5,95
20	1,10	1,26	1,51	1,76	2,02	2,26	2,51	2,77	3,02	3,50	4,02	4,50	4,98	5,98
30	1,11	1,27	1,53	1,78	2,04	2,30	2,55	2,79	3,04	3,54	4,05	4,54	5,04	6,05
40	1,12	1,29	1,56	1,81	2,08	2,34	2,60	2,85	3,08	3,58	4,09	4,58	5,08	6,09
50	1,13	1,32	1,60	1,86	2,13	2,40	2,66	2,92	3,16	3,65	4,15	4,65	5,15	6,17
60	1,15	1,35	1,65	1,93	2,20	2,47	2,74	2,99	3,23	3,74	4,24	4,73	5,24	6,27
70	1,18	1,39	1,71	2,00	2,27	2,54	2,82	3,08	3,32	3,84	4,33	4,83	5,32	6,35
80	1,22	1,45	1,78	2,08	2,36	2,63	2,90	3,17	3,40	3,92	4,42	4,92	5,40	6,40
90	1,26	1,50	1,83	2,13	2,40	2,67	2,93	3,20	3,43	3,93	4,40	4,90	5,38	6,36
100	1,24	1,46	1,76	2,03	2,27	2,52-	2,76	2,98	3,21	3,63	4,10	4,52	4,97	5,85
110	1,18	1,36	1,61	1,84	2,05	2,27	2,47	2,67	2,85	3,23	3,65	4,02	4,37	5,09
120	1,13	1,27	1,49	1,68	1,86	2,04	2,22	2,38	2,54	2,84	3,19	3,54	3,81	4,46
130	1,09	1,21	1,39	1,55	1,70	1,86	2,01	2,15	2,29	2,55	2,83	3,10	3,36	3,92
140	1,07	1,17	1,32	1,45	1,59	1,71	1,86	1,98	2,10	2,33	2,57	2,80	3,02	3,47
150	1,05	1,14	1,27	1,38	1,49	1,60	1,72	1,83	1,95	2,15	2,36	2,55	2,76	3,14
160	1,04	1,12	1,24	1,34	1,43	1,53	1,63	1,73	1,83	2,02	2,20	2,37	2,55	2,89
170	1,04	1,10	1,21	1,30	1,38	1,47	1,56	1,63	1,73	1,90	2,05	2,21	2,38	2,67
180	1,03	1,08	1,18	1,26	1,34	1,42	1,50	1,56	1,64	1,80	1,94	2,07	2,22	2,48
190	1,03	1,07	1,15	1,22	1,30	1,37	1,44	1,50	1,57	1,71	1,83	1,95	2,07	2,29
200	1,02	1,06	1,12	1,19	1,26	1,33	1,40	1,45	1,50	1,62	1,73	1,83	1,94	2,14

Tafel 15. Verhältniszahlen $\varkappa = \dfrac{\sigma_k}{\sigma_n}$ für außermittig gedrückte Stäbe aus Baustahl St 52.

$\lambda\,\backslash\,m$	0,10	0,25	0,50	0,75	1,00	1,25	1,50	1,75	2,0	2,5	3,0	3,5	4,0	5,0
0	1,10	1,24	1,49	1,73	1,99	2,22	2,47	2,72	2,94	3,43	3,92	4,42	4,91	5,89
20	1,10	1,26	1,51	1,76	2,01	2,26	2,51	2,75	2,99	3,49	3,96	4,46	4,96	5,92
30	1,11	1,27	1,54	1,79	2,05	2,29	2,54	2,81	3,03	3,53	4,02	4,52	5,02	5,96
40	1,12	1,30	1,58	1,84	2,11	2,36	2,61	2,87	3,10	3,60	4,11	4,61	5,09	6,03
50	1,15	1,35	1,64	1,92	2,19	2,44	2,70	2,96	3,19	3,69	4,20	4,70	5,19	6,14
60	1,18	1,40	1,71	2,00	2,27	2,53	2,79	3,05	3,29	3,78	4,28	4,77	5,27	6,23
70	1,22	1,45	1,77	2,06	2,32	2,58	2,84	3,09	3,32	3,79	4,29	4,78	5,24	6,14
80	1,21	1,42	1,72	1,97	2,23	2,45	2,69	2,91	3,13	3,54	3,99	4,41	4,83	5,68
90	1,15	1,33	1,57	1,79	2,00	2,20	2,39	2,58	2,75	3,12	3,48	3,82	4,19	4,88
100	1,10	1,24	1,44	1,62	1,80	1,95	2,12	2,28	2,42	2,72	3,03	3,30	3,61	4,18
110	1,08	1,19	1,35	1,50	1,65	1,78	1,92	2,05	2,16	2,42	2,67	2,91	3,17	3,68
120	1,06	1,15	1,28	1,40	1,53	1,65	1,76	1,87	1,97	2,18	2,40	2,60	2,82	3,24
130	1,05	1,12	1,22	1,33	1,44	1,53	1,63	1,73	1,80	1,98	2,17	2,34	2,52	2,90
140	1,04	1,10	1,19	1,28	1,38	1,45	1,54	1,62	1,70	1,85	2,01	2,16	2,32	2,64
150	1,04	1,09	1,16	1,24	1,32	1,39	1,47	1,53	1,60	1,73	1,87	2,04	2,14	2,42
160	1,03	1,08	1,14	1,21	1,28	1,34	1,41	1,46	1,52	1,64	1,76	1,87	2,01	2,24
170	1,03	1,07	1,12	1,18	1,24	1,29	1,35	1,40	1,45	1,55	1,66	1,77	1,87	2,09
180	1,02	1,06	1,11	1,16	1,21	1,26	1,31	1,35	1,40	1,48	1,59	1,67	1,77	1,98
190	1,02	1,06	1,10	1,14	1,19	1,23	1,27	1,32	1,36	1,43	1,53	1,59	1,69	1,87
200	1,01	1,05	1,09	1,13	1,17	1,21	1,24	1,29	1,33	1,39	1,47	1,53	1,62	1,77

2. Anwendungsbeispiele.

1. Beispiel. Ein aus zwei Winkeleisen gebildeter Stab ist beiderseits an ein Knotenblech von der Stärke $\delta = 10$ mm angeschlossen und hat bei einer Länge $L = 400$ cm eine Druckkraft $N = 25$ t aufzunehmen (Abb. 117). Welches Profil ist zu wählen, wenn die Sicherheit $\nu = 2$ gefordert und als Werkstoff ein Stahl St 37 verwendet wird?

Die beiden gleichschenkeligen Winkeleisen sind miteinander vernietet, doch ist für die nachfolgende Rechnung kein Nietabzug erforderlich, da der Eintritt des kritischen Gleichgewichtszustandes von der mittleren Durchbiegung und daher von der Steifigkeit des Vollstabes abhängig ist. Die kritische Belastung des Stabes beträgt $P_{kr} = \nu N = 50$ t, die Außermittigkeit des Kraftangriffes und die Stabschlankheit ist jedoch vorläufig unbekannt und kann erst angegeben werden, wenn ein bestimmtes Profil gewählt wurde. Man berechne zuerst das kleinste erforderliche Trägheitsmoment aus der Euler-Formel zu

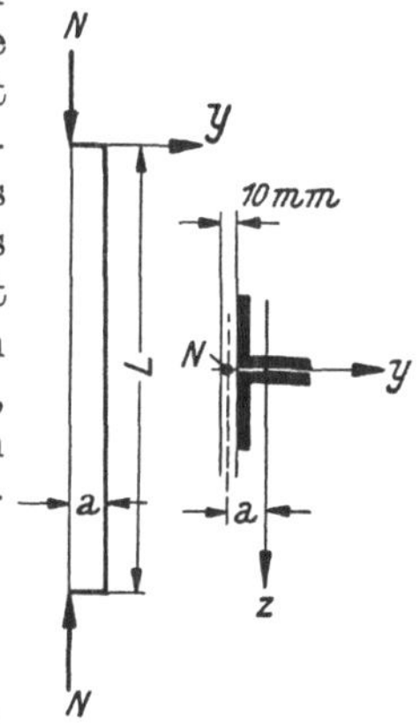

Abb. 117.

$$\min J_z = \frac{P_{kr}\,L^2}{\pi^2\,E} = 386 \text{ cm}^4$$

und findet die untere Grenze für den Querschnitt zu zwei Winkeleisen 100.100.12.

1. Annahme: $2 \cdot \dfrac{120 \cdot 120}{11}$. — Die zur Rechnung benötigten Zahlenwerte sind:

$$W_1 = 203{,}0 \text{ cm}^3, \qquad e_1 = 3{,}36 \text{ cm},$$
$$F = 50{,}8 \text{ cm}^2, \qquad a = e_1 + 0{,}5\,\delta = 3{,}86 \text{ cm},$$
$$\frac{W_1}{W_2} = 2{,}57, \qquad m = \frac{a\,F}{W_1} = 0{,}97,$$
$$\sigma_{kr} = 0{,}99 \text{ t/cm}^2, \qquad \lambda_1 = 109.$$

Nach Gl. 8, S. 214 ist die Formel III* zu verwenden ($\sigma_{kr} < 1{,}06$ t/cm²), wobei $\mu_1 = 0{,}8$ und $\mu_2 = 0{,}2$ (s. Tafel 10) zu setzen ist. Man erhält dann

$$(\lambda_1')^2 = \frac{\pi^2\,E}{\sigma_{kr}}\left[1 - \frac{0{,}8\,m_i\,\sigma_{kr}\,W_1}{W_2\,(\sigma_s + \sigma_{kr})}\right]\left[1 - \frac{0{,}2\,m_i\,\sigma_{kr}\,W_1}{W_2\,(\sigma_s + \sigma_{kr})}\right]$$

und mit $m_i = 0{,}98 \ldots \lambda_1' = 86 < 109$. Das gewählte Profil ist also zu klein und die Schlankheit des gesuchten Querschnittes liegt in der Nähe des Mittelwertes $\lambda = \frac{1}{2}(\lambda_1 + \lambda_1') = 98$; dieser Schlankheit würde ein Trägheitshalbmesser $i_z = 4{,}08$ cm und damit etwa zwei Winkeleisen 130.130.14 entsprechen.

2. Annahme: $2 \cdot \dfrac{130 \cdot 130}{12}$. — Die zur Rechnung erforderlichen Werte betragen:

$$W_1 = 259 \text{ cm}^3, \qquad e_1 = 3{,}64 \text{ cm},$$
$$F = 60 \text{ cm}^2, \qquad a = 4{,}14 \text{ cm},$$
$$\frac{W_1}{W_2} = 2{,}57, \qquad m = 0{,}97,$$
$$\sigma_{kr} = 0{,}83 \text{ t/cm}^2, \qquad \lambda_2 = 101.$$

Bei dieser kritischen Spannung ist zur Überprüfung der Schlankheit wieder die oben angegebene Gleichung gemäß Formel III* mit $m_i = 0{,}98$ zu verwenden. Man erhält $\lambda_2' = 103$ und dieser Wert stimmt bereits genügend genau mit der gegebenen Schlankheit überein; eine volle Übereinstimmung ist wegen der Abstufung der Profile im allgemeinen nicht zu erreichen. Zur Querschnittsausbildung sind daher zwei Winkeleisen 130.130.12 zu verwenden.

Man könnte zur Querschnittsbemessung hier auch das Diagramm in Abb. 94 oder die Zahlentafel 8 benutzen, doch erfordert die dort vorzunehmende Interpolation zwischen den λ- und m-Werten keine wesentlich kürzere Rechnung als die unmittelbare Auswertung der Formel III*.

2. Beispiel. Ein beiderseits gelenkig gelagerter Stab von der Länge $L = 500$ cm wird durch eine Axialkraft $N = 200$ t auf mittigen Druck und durch eine in Stabmitte wirkende Querlast $Q = 3$ t auf Biegung beansprucht (Abb. 118). Welches **I** P-Profil ist zu wählen, wenn der kritische Gleichgewichtszustand bei zweifacher Erhöhung der Gesamtbelastung ($\nu = 2$) erreicht werden soll und als Werkstoff ein Stahl St 52 ($\sigma_s = 3{,}60$ t/cm², $m_0 = 0{,}02$) verwendet wird?

Die kritische Axialkraft beträgt $P_{kr} = 400$ t, die kritische Querlast $Q_{kr} = 6$ t und die Querbelastungszahl

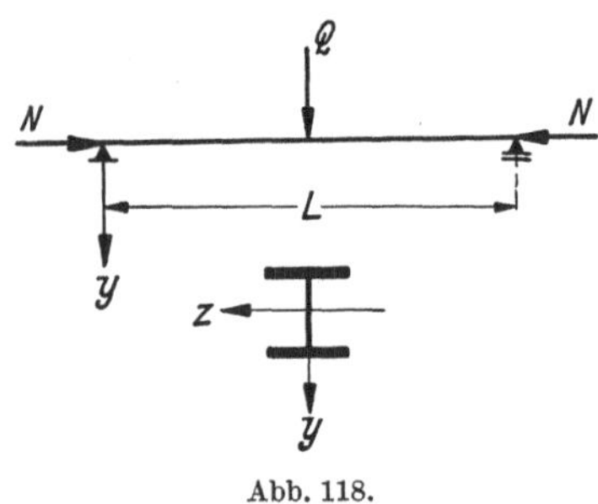

Abb. 118.

$n = 0{,}015$. Aus der Berechnung auf Knickung erhält man **I** P Nr. 24 als unteren Grenzwert für das gesuchte Profil.

1. Annahme: **I** P Nr. 30. — Die zur Rechnung erforderlichen Werte sind:

$$W_1 = 1720 \text{ cm}^3, \qquad \lambda_1 = 39,$$
$$F = 154 \text{ cm}^2, \qquad \sigma_{kr} = 2{,}60 \text{ t/cm}^2.$$
$$e_1 = 15 \text{ cm},$$

Zur Ermittlung der kritischen Schlankheit ist die Formel III mit $\mu_1 = 0{,}9$ und $\mu_2 = 0{,}1$ (s. Tafel 10, S. 215) heranzuziehen, wobei das Exzentrizitätsmaß laut Gl. 19, S. 153 gleich

$$m = \frac{\mathfrak{M}_{kr}\, F}{P_{kr}\, W_1} = \frac{n\, L\, F}{4\, W_1} = \frac{n\, \lambda}{4} \sqrt{\frac{F'\, e_1}{W_1}}$$

zu setzen ist. Mit den obigen Werten erhält man $m = 0{,}169$ und mit $m_0 = 0{,}02$ aus Formel III ... $\lambda_1' = 65 > 39$, d. h. das gewählte Profil ist zu groß.

2. Annahme: **I** P Nr. 28. — Mit den Werten

$$W_1 = 1480 \text{ cm}^3, \qquad \lambda_2 = 42,$$
$$F = 144 \text{ cm}^2, \qquad \sigma_{kr} = 2{,}78 \text{ t/cm}^2,$$
$$e_1 = 14 \text{ cm}, \qquad m = 0{,}184$$

erhält man aus Formel III ... $\lambda_2' = 51$, also noch immer einen zu großen Wert. Das nächstkleinere Profil Nr. 26 besitzt aber bereits eine weit kleinere Querschnittsfläche, so daß das untersuchte Profil Nr. 28 gewählt werden muß. Die Tragfähigkeit dieses Querschnittes ergibt sich zu $P_{kr} = 414$ t und ist somit um rund $3,5\%$ größer als die geforderte Festigkeit. Schließlich ist noch die seitliche Knicksicherheit des Vollstabes zu prüfen, da $J_y < J_z$ ist, und zwar muß

$$\lambda_y \leqq \pi \sqrt{\frac{E}{\sigma_{kr}}} = 85$$

sein. Besitzt der Stab für Knickung um die y-Achse die Knicklänge $L = 500$ cm, so beträgt sein Schlankheitsverhältnis $\lambda_y = 70$ und die obige Bedingung ist erfüllt.

3. Beispiel. Ein beiderseits gelenkig gelagerter Stab von der Länge $L = 500$ cm wird durch die am oberen Ende im Abstande $a = 4$ cm außermittig angreifende und am unteren Ende mittig wirkende Druckkraft $N = 100$ t belastet (Abb. 119). Welches I P-Profil (die Biegung erfolgt um die Achse des kleineren Widerstandes) ist zu verwenden, wenn die Sicherheit $\nu = 2$ und ein normenmäßiger Stahl St 37 gewählt wird?

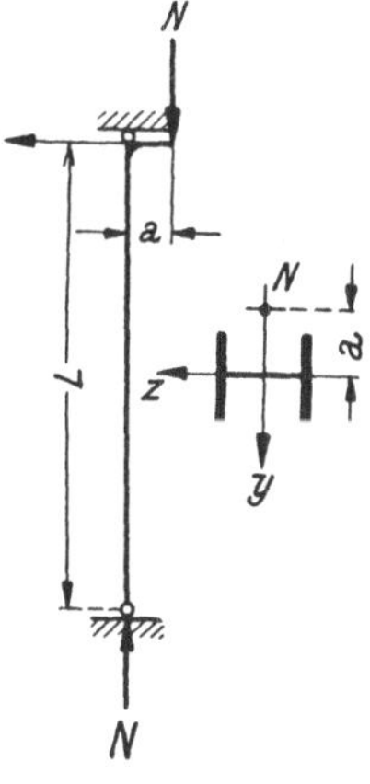

Abb. 119.

Die kritische Last beträgt $P_{kr} = 200$ t und die untere Grenze für das Profil ergibt sich aus der Berechnung auf Knickung zu **I P Nr. 22.**

1. Annahme: I P Nr. 28. — Die zur Rechnung erforderlichen Werte sind:

$$W_1 = 523 \text{ cm}^3, \quad m_0 = 0,01,$$
$$F = 144 \text{ cm}^2, \quad \sigma_{kr} = 1,39 \text{ t/cm}^2,$$
$$m_1 = 1,10, \quad \lambda_1 = 70.$$

Zur Berechnung der kritischen Belastung sind die in § 17 gefundenen Ergebnisse zu verwenden. Man berechnet zuerst aus Gl. 12

$$\sigma_{n,0} = \frac{\sigma_s}{1 + (m_1 + m_0)} = 1,14 \text{ t/cm}^2 < \sigma_{kr}.$$

Die kritische Schlankheit ist daher aus Gl. 26 zu ermitteln und ergibt sich mit $\mu_1 = \mu_2 = 0,4$ (Tafel 10, S. 215) und $a_2 = 0$ zu

$$\lambda_{kr} = 1,33 \lambda_0.$$

Zur Bestimmung der Vergleichsschlankheit λ_0 ist die Formel III zu verwenden:

$$\lambda_0 = \pi \sqrt{\frac{E}{\sigma_{kr}}} \left[1 - \frac{0,4 \, (m + m_0) \, \sigma_{kr}}{(\sigma_s - \sigma_{kr})} \right] = 48.$$

Die kritische Schlankheit $\lambda_{kr} = 64$ ist etwas kleiner als der gegebene Wert. Unter Verwendung dieses Querschnittes erhält man $P_{kr} = 195$ t, demnach eine um $2,5\%$ zu kleine Tragfähigkeit. Es wird daher das nächstgrößere Profil untersucht.

2. Annahme: I P Nr. 30. — Mit den Werten

$$W_1 = 600 \text{ cm}^3, \quad m_0 = 0,01,$$
$$F = 154 \text{ cm}^2, \quad \sigma_{kr} = 1,30 \text{ t/cm}^2,$$
$$m_1 = 1,03, \quad \lambda_2 = 66$$

erhält man zunächst $\sigma_{n,0} = 1{,}18$ t/cm² $< \sigma_{kr}$ und schließlich aus Formel III die Vergleichsschlankheit $\lambda_0 = 64$. Die kritische Schlankheit ist so wie früher zu berechnen und ergibt sich zu $\lambda_{kr} = 85$. Das gewählte Profil ist daher zu groß und die tatsächlich tragbare Last $P_{kr} = 215$ t liegt um rund 7,5⁰/₀ **über der geforderten Festigkeit.** Man wird daher besser das **I** P-Profil Nr. 28 verwenden und die geringfügige Unterschreitung der Tragfähigkeit in Kauf nehmen. Eine Untersuchung der seitlichen Knickgefahr kommt hier nicht in Betracht, da $J_y > J_z$ ist.

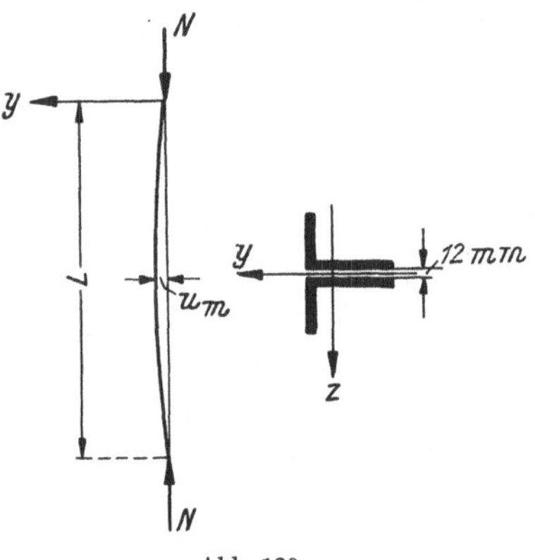

Abb. 120.

4. Beispiel. Ein beiderseits gelenkig gelagerter Stab von der Länge $L = 500$ cm wird durch eine Axialkraft $N = 25$ t auf mittigen Druck beansprucht. Die Querschnittsbemessung — es sollen zwei ungleichschenkelige Winkeleisen verwendet werden — ist unter der Annahme einer unbeabsichtigten Ausbiegung $u_m = 5$ mm (unbeabsichtigte Krümmung nach Abb. 120) und einer Sicherheit $\nu = 2$ gegen Erreichen der Traglast durchzuführen (Stahl St 37).

Nimmt man an, daß die Knicklänge aus der Tragwandebene $0{,}8\,L = 400$ cm beträgt, so besteht der erforderliche Querschnitt für Knickung um die z-Achse aus zwei Winkeleisen 80.120.12; die Knickspannung beträgt $\sigma_k = 1{,}10$ t/cm² und die Schlankheit ergibt sich zu $\lambda = \dfrac{L}{i_z} = 133$. Nun soll die durch die vorhandene Ausbiegung u_m hervorgerufene Abminderung des Tragvermögens berechnet werden. Gemäß Gl. 19, S. 153 erhält man das Exzentrizitätsmaß zu

$$m = \frac{u_m\,F}{W_1} = \left(\frac{u_m}{L}\right)\lambda\sqrt{\frac{F\,e_1}{W_1}} = 0{,}28.$$

Die kritische Spannung ist nun, da sowohl m als auch λ bekannt ist, aus Formel III mit $\mu_1 = \mu_2 = 0{,}5$ (s. Tafel 10) zu ermitteln und ergibt sich zu $\sigma_{kr} = 0{,}96$ t/cm². Die unbeabsichtigte Ausbiegung von $^1/_{1000}$ der Stablänge hat daher eine um rund 13⁰/₀ niedrigere Tragfähigkeit zur Folge.

Jenes Profil, welches den gegebenen Bedingungen entspricht, ergibt sich unter Benutzung der Formel III sowie des obigen Exzentrizitätsmaßes und man erhält zwei Winkeleisen 90.130.12. Man erkennt aus dieser Rechnung den nicht unerheblichen Einfluß einer verschwindend kleinen Krümmung des Stabes auf die Tragfähigkeit.